KB004248

내 손으로 직접 수확하는

과수[果樹] 재배대사전

KOBAYASHI MIKIO 감수 | 김현정 옮김

Green Home

재배 초보자의 궁금증 해결!

이것이 알고 싶다 과일나무 Q&A

「앞으로 과일나무를 기르고 싶다!」
「맛있는 열매가 많이 열리게 만들고 싶다!」
이런 초보자가 궁금해하는 다양한 질문에 답해드립니다!

01

Q 가장 쉽게 기를 수 있는 과일나무는?

A 1그루만 있어도 열매가 열리는 베리 종류.

기르기 쉬운 것은 뭐니 뭐니 해도 베리류이다. 그중에서도 1그루만 있어도 열매가 열리는 라즈베리, 블랙베리, 커런트, 구스베리는 초보자도 도전해볼 수 있다. 모두 떨기나무(관목)로 크게 자라지 않아서 가지치기도 간단하다. 베리류 외에 앵두나무도 떨기나무이고, 1그루만으로도 열매를 맺기 때문에 초보자가 키우기 좋은 과일나무이다.

블랙베리는 열매가 많이 달린다. ▶

02

Q 심고 나서 열매가 빨리 열리는 나무는?

A 베리류와 복숭아, 밤나무가 빠르다.

베리류는 심고 나서 1~2년 지나면 열매가 달리기 시작한다. 블루베리, 라즈베리, 블랙베리, 커런트, 구스베리 등이 좋다. 복숭아와 밤은 3~4년 정도 걸린다.

과일나무를 심고 나서 열매가 달릴 때까지 걸리는 시간은 정원에 심을 경우 3~5년, 컨테이너에 심을 경우에는 2~4년 정도 걸리는 것이 일반적이다. 어린나무를 심고 나서 열매가 달리려면 나무가 성장해야 하기 때문이다. 열매가 달린 상태에서 판매되는 묘목을 컨테이너에서 재배하면, 1~2년 뒤부터 열매를 즐길 수 있다.

03

Q 바로 시작하고 싶은데, 먼저 어떤 것부터 해야 할까?

A 종류 선택이 가장 중요하다.

과일나무 재배에서 특히 중요한 것은 나무 종류와 품종 선택이다. 먼저 환경에 맞는 나무를 선택해야 한다. 일조량, 재배온도, 재배공간에 따라 적합한 과일나무가 달라진다. 묘목을 구입할 때는 반드시 품종명이나 특성을 확인해야 한다. 묘목은 접나무모(접목묘)를 추천한다. 씨모(실생묘)의 경우 열매가 달릴 때까지 시간이 걸리므로 주의한다.

▼꽃유자는 초보자에게 적합하다.

04

Q 1그루만 있어도 열매가 달리는 나무는?

A 포도나 비파, 감귤류 등이 있다.

1그루만 있어도 열매가 달리는 과일나무는 정해져 있으므로 기억해 두자.

또한 올리브나 블루베리 등과 같이 원래 2가지 품종이 필요한 과일나무라도, 「1그루만 있어도 어느 정도 열매가 달리는」 품종이 있다. 그러나 열매가 많이 달리게 하려면 2가지 품종이 필요한 경우가 많다.

1그루로 열매를 맺는 과일나무	
갈잎 과일나무	무화과, 석류, 대추, 비파, 포도, 복숭아(백도 제외)
감귤류	온주밀감, 금귤, 유자, 레몬, 하귤 등(팔삭, 일향하 제외)
베리류	라즈베리, 블랙베리, 준베리, 커런트, 구스베리

05

Q 좁은 장소에서도 키울 수 있는 나무는?

A 떨기나무나 덩굴성 과일나무를 선택한다.

떨기나무로 크게 자라지 않는 과일나무는 꽃사과, 앵두, 금귤, 베리류 등이 있다. 또한 덩굴성 과일나무는 원하는 모양의 울타리형으로 만들어서 재배할 수 있으므로 좁은 장소에서도 키울 수 있다. 으름덩굴이나 멀꿀, 포도 등이 있다.

블루베리는 ▶ 제한된 공간에서도 키울 수 있다.

06

Q 컨테이너 재배에 적합한 나무는?

A 베리류나 향산감귤류가 좋다.

대부분의 과일나무는 컨테이너 재배가 가능하지만, 열매가 많이 달리게 하는 것은 상당히 어려운 일이다. 컨테이너 재배를 추천할 만한 나무는 베리류나 앵두, 금귤 등. 또한 향산감귤류에 속하는 꽃유자, 가보스, 영귤, 레몬 등은 열매가 조금 달려도 이용가치가 높으므로 컨테이너 재배에 적합하다.

▼과일나무를 꽃이나 풀과 함께 심어도(모아심기) 좋다.

07

Q 달콤하고 맛있는 과일을 수확하기 위해서는?

A 맛있는 과일을 위한 7가지 포인트!

1. 햇빛이 잘 드는 장소에 심는다. → 심기(p.204)
2. 궁합이 좋은 2가지 품종을 선택한다. → 각 항목 참조
3. 열매가 지나치게 많이 달리지 않도록 솎아낸다. → 열매솎기(p.245)
4. 병해충에서 지킨다. → 병해충 대처 방법(p.256~263)
5. 꽃가루받이를 시킨다. → 인공꽃가루받이(p.244)
6. 가지치기를 한다. → 가지치기(p.218~236)
7. 비료를 알맞게 준다. → 비료(p.238~241)

08

Q 가지치기를 꼭 해야 될까?

A 해마다 맛있는 과일을 수확하기 위해 필요하다.

가지치기를 하지 않아도 적당히 열매가 달리게 할 수는 있다. 그러나 가지치기를 하지 않고 방치하면 나무가 점점 자라서 나중에는 사다리를 사용하지 않으면 수확도 할 수 없게 된다. 또한 가지치기를 하지 않으면 가지가 복잡해져서 바깥쪽에만 열매가 달리거나, 과일이 많이 달리는 해와 적게 달리는 해가 번갈아 반복되는 해거리(격년결과)도 발생하기 쉽다. 가지치기는 해마다 맛있는 열매가 많이 달리게 해주는 중요한 작업이다.

가지치기는 맛있는 열매가 많이 달리게 만드는 작업이다. ▶

09

Q 가장 중요한 관리작업은?

A 과일나무를 계속 관찰하는 것!

맛있는 열매가 달리게 하려면 무엇보다 관찰이 중요하다. 꽃이 피면 인공꽃가루받이를 해주고 열매가 많이 달리면 솎아낸다. 또 가지가 복잡해지기 시작하면 가지치기를 하고 벌레가 있으면 빨리 잡아서 제거한다. 이러한 작업은 모두 나무를 잘 관찰해야 가능한 일이다. 지금 과일나무가 무엇을 원하는지 과일나무가 원하는 것을 알 수 있을 정도가 되면, 초보 재배자 딱지도 뗄 수 있다. 컨테이너 재배에서는 관찰과 더불어 물주기와 분갈이가 중요하다.

봉지씌우기는 병해충 대책으로 효과적이다. ▶

10

Q 왜 2그루를 심어야 열매가 달릴까?

A 「제꽃가루받이」와 「다른꽃가루받이」가 있다.

식물 중에는 자신의 꽃가루로 수정해서 열매를 맺는 「제꽃가루받이(자가수분)」를 하는 식물과 다른 품종의 꽃가루로 「다른꽃가루받이(타가수분)」를 하는 식물이 있다. 나무마다 정해진 성질로, 2그루라고 해도 같은 품종 2그루를 심으면 안 되고 다른 품종을 심어야 한다. 또한 2그루의 개화시기가 겹치는 등 궁합이 잘 맞는 품종을 선택하는 것도 중요하다.

11

Q 과일나무를 재배할 때 어려운 점은?

A 병해충 대처와 가지치기가 어렵다.

과일나무 재배에서 어려운 점은 바로 병해충에 대한 대처와 가지치기이다. 병해충에 의한 피해를 입지 않도록 빨리 대처하는 것이 중요하다. 또한 장미과(매실, 체리, 복숭아, 배, 사과 등) 식물 등은 가지치기를 하지 않으면 좋은 열매가 달리지 않기 때문에 신경 써서 가지치기를 해야 한다. 맛있는 열매를 수확하기 위해서는 적절한 가지치기 작업이 꼭 필요하다.

장미과 과일나무를 기를 때는 가지 끝을 자르는 자름 가지치기가 중요하다. ▶

12

Q 인공꽃가루받이를 꼭 해야 할까?

A 좋은 열매를 맺게 하려면 필요하다.

곤충이 많은 정원에 심는다면 인공꽃가루받이가 필요 없다. 그러나 곤충이 적거나 베란다에서 컨테이너로 재배할 때는 인공꽃가루받이가 반드시 필요하다. 인공꽃가루받이는 좀 더 확실하게 좋은 열매를 맺게 만드는 작업이다. 또한 꽃이 폈을 때 비가 오는 경우에도 곤충이 적기 때문에 인공꽃가루받이를 해주는 편이 좋다.

인공꽃가루받이를 시키면 맛있는 열매가 많이 달린다. ▶

13

Q 열매를 솎아내지 않으면 어떻게 될까?

A 작은 열매가 많아진다.

열매솎기(적과)는 하지 않아도 좋지만 해주면 좀 더 맛있고 커다란 열매를 수확할 수 있다. 또한 열매가 너무 많이 달리면 다음 해에는 열매가 적게 달리는 해걸이(격년결과)가 발생하거나, 나무가 약해지는 경우도 있다. 해마다 맛있는 열매를 수확하기 위해서는 알맞게 솎아주는 것이 중요하다.

◀ 크고 맛있는 열매를 수확하기 위해서는 열매솎기가 필요하다.

14

Q 과일나무를 재배하면 어떤 점이 좋을까?

A 사계절 내내 오래 즐길 수 있다.

시판하는 과일은 빨리 수확한 것이 많지만 가정에서 재배하는 과일은 나무 위에서 완전히 익힐 수 있다. 따라서 매우 맛있는 완숙 과일을 안심하고 먹을 수 있다. 또한 과일나무는 한 번 심으면 오래 즐길 수 있고, 4계절의 변화를 가까이서 느낄 수 있다.

블루베리는 ▶
가을의 단풍도 아름답다.

15

Q 10년 이상 열매를 맺지 않는 나무가 있다면?

A 새로운 묘목을 심어보자.

정원에 오랫동안 열매를 맺지 않는 과일나무가 있는데 품종도 모른다는 경우가 많이 있다. 어떻게든 열매가 달리게 하고 싶은 마음은 알지만, 안타깝게도 열매를 맺는다는 보장은 없고 설사 열매가 달린다고 해도 맛이 없는 경우도 많다. 또 방치해서 크게 자란 나무에 사다리를 타고 올라가서 가지치기하다가 사고가 나는 경우도 있다.

이럴 때는 과감하게 나무를 잘라내고 새로운 과일나무를 심을 것을 권한다. 접나무모(접목묘)라면 3~4년 뒤에 맛있는 열매가 달리기 시작한다. 추억이 있는 나무라면 기념으로 남겨두고, 새로운 묘목을 다른 장소에 심어보자.

과수[果樹] 재배대사전

PART 01 인기 과일나무

PART 02 감귤류

PART 03 베리류

PART 04 열대 과일나무

PART 05 과수 재배의 기초

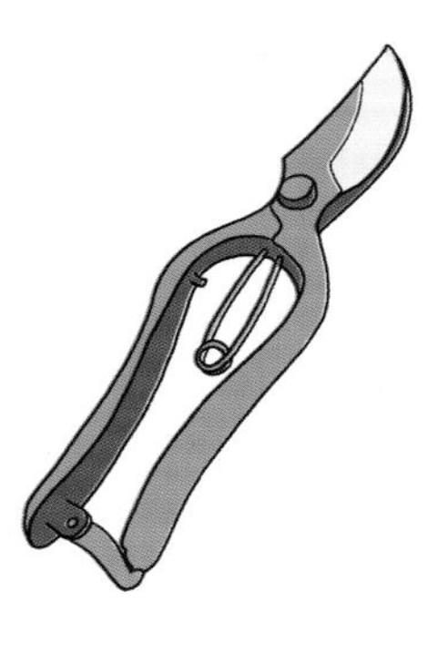

나에게 맞는 과일나무를 찾아보자!

목적별 사진 INDEX

초보자도 재배할 수 있는 과일나무

한 그루만 있어도 열매가 잘 달리는 과일나무

무화과 ▶ p.38

열매 맺는 기간
정원_ 2~3년
컨테이너_ 2년
수확시기 6~10월

비파 ▶ p.60

열매 맺는 기간
정원_ 4~5년
컨테이너_ 3~4년
수확시기 6월

앵두 ▶ p.90

열매 맺는 기간
정원_ 2~3년
컨테이너_ 2~3년
수확시기 6월

포도 ▶ p.122

열매 맺는 기간
정원_ 2~3년
컨테이너_ 1~2년
수확시기 8~10월

금귤류 ▶ p.146

열매 맺는 기간
정원_ 3~4년
컨테이너_ 3~4년
수확시기 12~2월

레몬 • 라임 ▶ p.140

열매 맺는 기간
정원_ 3~4년
컨테이너_ 2~3년
수확시기 9~5월

밀감류 ▶ p.142

열매 맺는 기간
정원_ 5~6년
컨테이너_ 3~4년
수확시기 10~12월

유자류 ▶ p.146

열매 맺는 기간
정원_ 3~4년
컨테이너_ 3~4년
수확시기 8~12월

구스베리 ▶ p.172

열매 맺는 기간
정원_ 3~4년
컨테이너_ 2~3년
수확시기 6~7월

블랙베리 ▶ p.156

열매 맺는 기간
정원_ 2년
컨테이너_ 2년
수확시기 7~8월

커런트 ▶ p.172

열매 맺는 기간
정원_ 3~4년
컨테이너_ 2~3년
수확시기 6~7월

라즈베리 ▶ p.152

열매 맺는 기간
정원_ 2년
컨테이너_ 2년
수확시기 7~10월

준베리 ▶ p.168

열매 맺는 기간
정원_ 3~4년
컨테이너_ 2~3년
수확시기 5~6월

크랜베리 ▶ p.176

열매 맺는 기간
정원_ 2~3년
컨테이너_ 2~3년
수확시기 9~11월

정원을 대표하는 과일나무

감 ▶ p.16

열매 맺는 기간
정원_ 4~5년
컨테이너_ 3~4년
수확시기 10~11월

매실 ▶ p.30

열매 맺는 기간
정원_ 3~4년
컨테이너_ 3년
수확시기 5~7월

밤 ▶ p.44

열매 맺는 기간
정원_ 3~4년
컨테이너_ 3년
수확시기 8~10월

대추 ▶ p.26

열매 맺는 기간
정원_ 3~4년
컨테이너_ 3년
수확시기 9~10월

모과 • 마르멜로 ▶ p.34

열매 맺는 기간
정원_ 4~5년
컨테이너_ 3년
수확시기 9~11월

보리수 ▶ p.54

열매 맺는 기간
정원_ 3~4년
컨테이너_ 3년
수확시기 5~6월, 7~8월

살구 ▶ p.76

열매 맺는 기간
정원_ 3~4년
컨테이너_ 3년
수확시기 5~7월

석류 ▶ p.80

열매 맺는 기간
정원_ 5~6년
컨테이너_ 4~5년
수확시기 9~10월

올리브 ▶ p.94

열매 맺는 기간
정원_ 2~3년
컨테이너_ 2~3년
수확시기 9~10월

키위 ▶ p.112

열매 맺는 기간
정원_ 4~5년
컨테이너_ 3~4년
수확시기 10~11월

호두 ▶ p.128

열매 맺는 기간
정원_ 5~6년
컨테이너_ 4년
수확시기 8~10월

오렌지류 ▶ p.144

열매 맺는 기간
정원_ 4~5년
컨테이너_ 3~4년
수확시기 12~1월

잡감류 ▶ p.144

열매 맺는 기간
정원_ 4~5년
컨테이너_ 3~4년
수확시기 12~6월

블루베리 ▶ p.160

열매 맺는 기간
정원_ 2~3년
컨테이너_ 2~3년
수확시기 6~9월

특이한 과일나무

다래 ▶ p.22

열매 맺는 기간
정원_ 2~3년
컨테이너_ 2~3년
수확시기 9~11월

뽀뽀나무 ▶ p.66

열매 맺는 기간
정원_ 4~5년
컨테이너_ 3~4년
수확시기 9~10월

소귀나무 ▶ p.84

열매 맺는 기간
정원_ 4~5년
컨테이너_ 4~5년
수확시기 6~7월

으름덩굴·멀꿀 ▶ p.98

열매 맺는 기간
정원_ 3~4년
컨테이너_ 2~3년
수확시기 8~10월

페이조아 ▶ p.118

열매 맺는 기간
정원_ 4~5년
컨테이너_ 3~4년
수확시기 10~12월

페피노 ▶ p.192

열매 맺는 기간
정원_ 1년
컨테이너_ 1년
수확시기 7~8월

실력이 쌓이면 도전해볼 과일나무

친숙한 과일나무

배·서양배 ▶ p.50

열매 맺는 기간
정원_ 3~4년 / 5~7년
컨테이너_ 3년
수확시기 8~10월

복숭아·천도복숭아 ▶ p.56

열매 맺는 기간
정원_ 3년
컨테이너_ 3년
수확시기 6~8월

사과 ▶ p.70

열매 맺는 기간
정원_ 5~7년
컨테이너_ 3년
수확시기 9~11월

아몬드 ▶ p.88

열매 맺는 기간
정원_ 4년
컨테이너_ 3년
수확시기 7~8월

자두·서양자두 ▶ p.102

열매 맺는 기간
정원_ 3~4년
컨테이너_ 3~4년
수확시기 7~9월

체리 ▶ p.106

열매 맺는 기간
정원_ 4~5년
컨테이너_ 2~3년
수확시기 6~7월

남쪽나라 분위기가 물씬 나는 열대 과일나무

구아버·스트로베리 구아버 ▶ p.180

열매 맺는 기간 2~3년
수확시기 9~10월

리치 ▶ p.181

열매 맺는 기간 3~5년
수확시기 7~8월

망고 ▶ p.182

열매 맺는 기간 3~4년
수확시기 9~10월

바나나 ▶ p.183

열매 맺는 기간 1~2년
수확시기 7~9월

스타프루트 ▶ p.184

열매 맺는 기간 2~3년
수확시기 10~11월

아보카도 ▶ p.185

열매 맺는 기간 2~3년
수확시기 11~12월

아세로라 ▶ p.186

열매 맺는 기간 1~2년
수확시기 5~11월

자부치카바 ▶ p.187

열매 맺는 기간 5~6년
수확시기 6~11월

커피 ▶ p.188

열매 맺는 기간 3~4년
수확시기 12월

파인애플 ▶ p.189

열매 맺는 기간 3년
수확시기 8~9월

파파야 ▶ p.190

열매 맺는 기간 1~2년
수확시기 10~11월

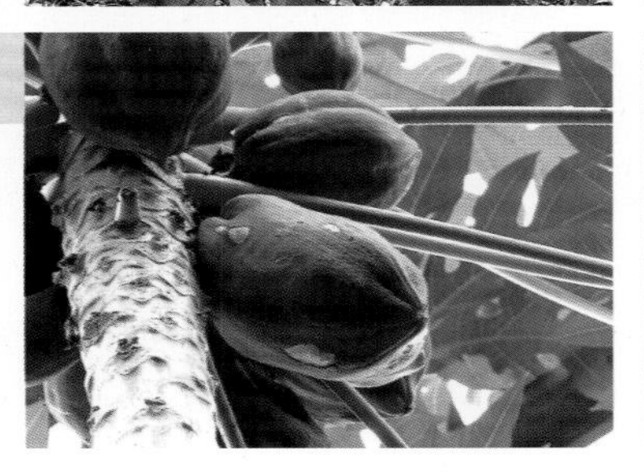

패션프루트 ▶ p.191

열매 맺는 기간 1~2년
수확시기 7~9월

그 밖의 열대과일 ▶ p.193

- 마카다미아
- 미라클프루트
- 수리남체리
- 시쿠와사
- 용과
- 용안
- 자바애플
- 체리모야
- 카니스텔
- 화이트 사포테

이 책을 보는 방법

과수명·과명

일반적인 이름을 표기하였다. 아래에는 해당 과일나무의 식물분류학상 과명을 소개.

관리작업

심기, 가지치기, 개화, 꽃가루받이, 열매솎기, 수확 등 기본적인 관리작업을 설명. 관리작업에 대해서는 p.242~245도 참조한다.

비료주기

밑거름, 웃거름, 가을거름 등 비료 주는 방법을 소개. 비료에 대해서는 p.238~241도 참조한다.

나무모양만들기

적합한 나무모양(수형)이나 추천하는 나무모양을 그림으로 소개. 나무모양은 p.214~216도 참조한다.

재배 포인트

과일나무를 재배할 때 특히 주의할 점을 정리.

난이도

재배의 난이도를 「조금 어려움」, 「보통」, 「쉬움」의 3종류로 표시. 초보자는 「보통」 또는 「쉬움」으로 표시된 것부터 시작하는 것이 좋다.

병해충 대책

과수에 발생하기 쉬운 병이나 해충에 대해 설명. 대처 방법은 p.256~263도 참조한다.

열매 맺는 습성

꽃눈이나 잎눈, 열매가 어디에 달리는지(열매맺음성), 그림으로 알기 쉽게 설명.

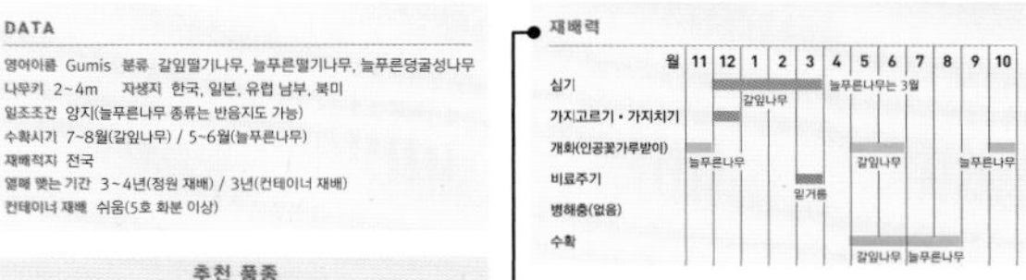

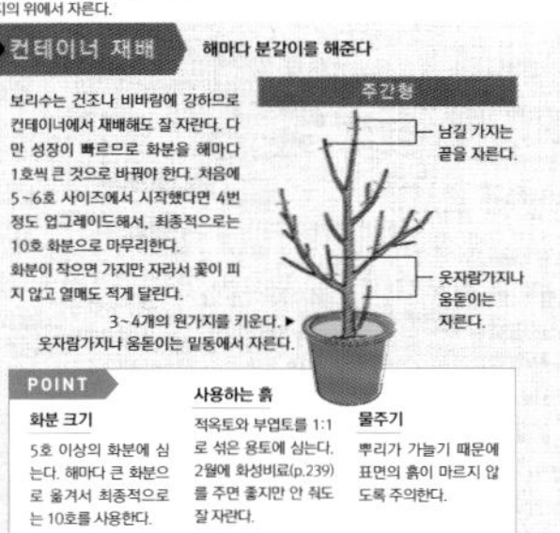

DATA

영어이름, 갈잎나무, 늘푸른나무 등의 분류, 나무키, 재배적지, 열매 맺는 기간 등, 재배에 필요한 데이터를 간단하게 정리. 여기서 소개하는 재배적지는 노지 재배(정원 재배) 기준이며, 열대 과수를 비롯하여 한국에서 노지 재배가 불가능한 과수나 현재 재배적지에 대한 정보가 없는 경우에는 생략하였다.

재배력

1년 동안 이루어지는 관리작업을 12개월 달력으로 소개. 과일나무 심기에 최적인 11월부터 시작되는 달력이다. 이 책의 재배력은 일본 관동지방을 기준으로 했다(한국의 경우 중부지방에 해당).

추천 품종

인기 품종이나 기르기 쉬운 품종 등, 많이 기르는 품종에 대해 설명.

특징과 선택 방법

과일나무의 특징이나 품종 선택 방법을 알기 쉽게 소개.

컨테이너 재배

화분 크기, 사용하는 흙과 비료, 물주기 등 컨테이너로 재배할 때 알아야 할 포인트를 소개.

처음 과일나무를 기르는 분들께

과일나무가 있는 생활을 즐기는 사람들이 늘어나고 있습니다.
계절마다 다양한 표정을 보여주는 과일나무는 가족과 함께 성장하고 우리집 정원을 대표하는 심벌트리로도 오랜 기간 즐길 수 있는 것이 가장 큰 장점입니다. 신록의 잎, 아름다운 꽃, 그리고 맛있는 과일 등 과일나무는 매력이 넘칩니다. 갈잎(낙엽) 과일나무 중에는 단풍을 즐길 수 있는 종류도 있습니다.
과일나무 재배는 묘목을 심는 일부터 시작되며, 처음 몇 년 동안은 과일을 수확하는 것보다 나무를 잘 기르는 것이 중요합니다. 「빨리 과일을 따고 싶다!」는 마음은 잘 알지만 참아야 합니다. 튼튼하게 잘 기르면 곧 맛있는 과일을 많이 수확하게 될 것입니다.
이 책에서는 과일나무 재배 초보자를 대상으로 품종 선택부터 심기, 가지치기와 열매솎기, 수확 등의 관리 작업을 알기 쉽게 설명하였습니다.

「어떤 품종을 선택하는 것이 좋을까?」
「열매가 달리지 않는 이유는 뭘까?」
「가지치기 방법을 알고 싶다!」
「열매솎기는 왜 할까?」
「비료는 언제 주면 되지?」
「수확할 타이밍은?」 등등.

자주 하는 질문을 해결할 수 있도록 그림과 사진으로 자세히 설명하였습니다.
또한 정원에 심을 때뿐 아니라 컨테이너 재배에 대해서도 설명하였으므로 베란다나 좁은 공간에서도 손쉽게 과일나무를 재배할 수 있습니다.
앞으로 과일나무를 기르고 싶은 사람부터 이미 과일나무를 기르고 있는 사람까지, 많은 분들이 과일나무와 함께 풍요로운 생활을 누리는 데 이 책이 보탬이 되기 바랍니다.

고바야시 미키오[小林幹夫]

PART 01

인기 과일나무

친숙하고 인기가 많은 과일나무를 모아서 소개한다.
정원이나 컨테이너에서 꼭 키워보고 싶은 과일나무들이다.
늘푸른나무와 잎이 떨어지는 갈잎나무가 있다.

감

정원수로도 익숙한 과일나무.
가지가 휘도록 감이 달린 감나무는 가을의 상징이다.

감나무과 | **난이도** 보통

크게 단감과 떫은감으로 나눌 수 있다. 품종에 따라 재배환경이 다르므로 지역에 맞는 품종을 선택한다.

DATA

영어이름 Japanese Persimmon
분류 갈잎큰키나무
나무키 2.5~3m
자생지 한국, 중국, 일본
일조조건 양지
수확시기 10~11월
재배적지 중부 이남·남부 내륙지방(떫은감) / 중부 이남(단감)
열매 맺는 기간 4~5년(정원 재배) / 3~4년(컨테이너 재배)
컨테이너 재배 조금 어려움(7호 화분 이상)

추천 품종

단감	
부유	대표적인 단감 품종. 단맛이 강한 과육이 맛있다. 1가지 품종만 심어도 열매가 달리지만 꽃가루받이나무가 있으면 더 잘 달린다.
차랑	과육의 밀도가 높고 단맛이 강하며 모양은 납작하다. 열매 배꼽부분이 잘 터지므로 주의한다.
태추	열매가 크고 오래 간다. 가지가 단단해서 부러지기 쉽다. 덜 익어도 살짝 달콤하고 씹는맛이 좋아서 샐러드 등에 사용할 수 있다.
신추	조생품종 중에서 가장 단맛이 강해서 완전히 익혀서 먹으면 맛이 좋다. 커다란 열매는 생리적 낙과가 적다.
불완전단감(씨앗이 많이 생기면 떫은맛이 빠진다)	
서촌조생	조기결실성이 있어서 9월 하순~10월 상순에 수확할 수 있다. 인공꽃가루받이를 시키면 떫은맛이 빠진다. 꽃가루받이나무로 좋다.
선사환	수꽃이 많이 달려 예전부터 꽃가루받이나무로 사용되었다. 단맛이 강한 중과의 만생품종.
떫은감	
봉옥	끝부분이 조금 뾰족하다. 빨리 마르므로 질 좋은 곶감을 만들 수 있다.
평핵무	꽃가루받이나무가 없어도 된다. 열매는 납작하고 사각형에 가까우며 곶감을 만들기 좋다.
서조	떫은맛이 잘 빠져서 곶감으로 만들기 좋다. 꽃가루받이나무가 없어도 된다.
시전시	날것은 떫은맛이 강하지만 떫은맛을 빼고 곶감으로 만들면 단맛이 강하고 맛이 좋다. 수꽃이 잘 달린다.
사구	곶감으로 만들면 매우 달고 맛있다. 오래 보관할 수 있다.

재배력

특징

한국, 중국, 일본 등에서 널리 재배하는 과일나무

감나무는 동아시아 온대의 특산종으로 한국, 중국, 일본에서 널리 재배하는 과일나무이다. 감은 크게 단감과 떫은감으로 나눌 수 있는데, 단감은 일본에서 개량된 것이다.

감나무는 원래 온대에 적합한 과수로, 특히 단감의 경우 열매가 익는 가을에 빨리 추워지거나 일조량이 부족하면 떫은맛이 잘 빠지지 않기 때문에, 한국의 경우 중부 이북에서는 단감 재배가 어렵다. 단감은 주로 그대로 먹거나 샐러드 등으로 이용하며, 떫은감은 곶감 등 가공용으로 이용한다.

품종 선택 방법

2가지 품종을 심으면 열매가 잘 달리고 맛이 좋아진다

감은 암수딴꽃으로 대부분의 품종은 수꽃이 적고 품종에 따라서는 꽃가루받이를 하지 않아도 어느 정도 열매가 달리는데, 이를 단위결실이라고 한다.

단감이나 떫은감 모두 꽃가루받이나무가 있는 쪽이 열매가 더 잘 달리고, 잘 익으며, 떫은맛도 쉽게 빠지기 때문에 2가지 품종을 심는 것이 좋은데, 가까운 곳에 꽃가루받이나무가 있으면 1그루만 심어도 된다. 단감이나 떫은감 모두 인공꽃가루받이를 시키는 것이 좋다.

1 심기 11월 중순~12월 말(온난지) / 2월 말~3월 말(한랭지)

11~12월에 심는 것이 가장 좋지만 눈이 많이 쌓이는 지역에서는 3월에 심는 것이 좋다. 감은 건조한 것을 싫어하고 수분을 좋아하므로 깊이 심는다.

비료주기

밑거름_ 12~1월에 유기질배합비료(p.239) 1kg을 기준으로 준다. 3월에는 화성비료(p.239) 150g을 기준으로 준다.

웃거름_ 꽃이 핀 뒤 6월에 화성비료(p.239) 50g을 기준으로 준다.

01 부유 3년생 접나무모. 햇빛이 잘 들며 점토가 조금 섞이고 수분 보존력이 좋은 땅에 심는다

02 포트를 빼고 뿌리를 본다. 검은 것이 감나무 뿌리이고, 그 외에는 잡초 뿌리이므로 제거한다.

03 감나무는 뿌리가 상하기 쉬우므로 상하지 않도록 바닥을 조금만 파낸다.

04 구덩이를 판 뒤 파낸 흙과 부엽토, 적옥토를 섞어서 다시 구덩이에 넣고(p.205) 묘목을 놓는다.

05 묘목 윗면과 지면의 높이가 같게 심는다.

06 묘목 주위에 도랑을 파서 물집을 만든다.

07 물을 듬뿍 준다.

08 물집을 허물고 흙을 살짝 덮어준다.

09 나무심기 완성.

POINT

깊게 심을 때는 흙을 잘 눌러준다

묘목을 깊게 심을 때는 흙을 손으로 잘 눌러서 안정시킨다.

2 가지치기 1~2월

낙엽기에 가지치기를 한다. 햇빛을 잘 받은 가지에 꽃눈이 달리기 때문에 복잡한 부분을 솎아내는 가지치기를 한다.

나무모양만들기

어린나무일 때는 성장이 느리므로 자름 가지치기를 하면서 가운데에 공간이 있는 「개심자연형」으로 완성한다.

개심자연형

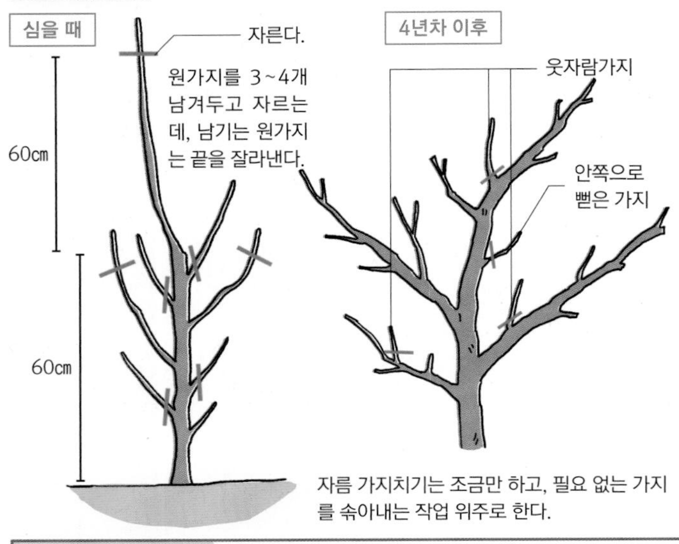

자름 가지치기는 조금만 하고, 필요 없는 가지를 솎아내는 작업 위주로 한다.

감의 꽃눈·잎눈

▲ 새가지 끝에 달린 혼합꽃눈은 볼록한 삼각형 모양이다.

▲ 잎눈은 날씬한 모양.

열매 맺는 습성

새가지의 끝부분 가까이에 꽃눈이 달리므로 자르지 않는다.

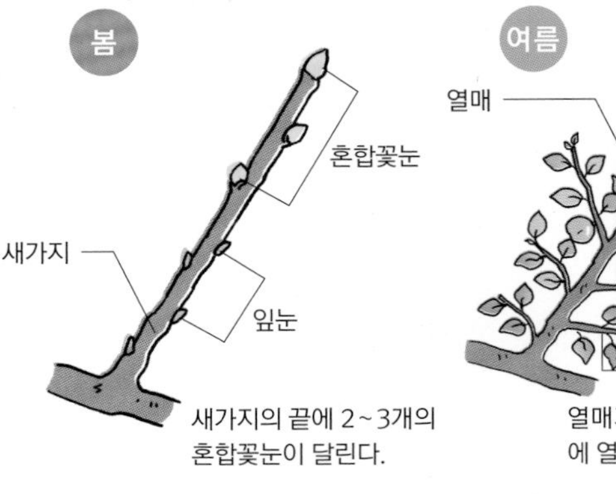

새가지의 끝에 2~3개의 혼합꽃눈이 달린다.

열매가 달린 가지는 다음해에 열매가 달리지 않는다.

겨울가지치기

감은 가지가 부드러워서 가지가 자연스럽게 처지기 쉽다. 여기서는 원가지 3개로 완성하는 변칙주간형(p.214)으로 만드는 방법을 소개한다. 과일은 20~30㎝ 가지의 끝부분에 잘 달린다.

Before

01 먼저 남겨둘 원가지를 정한다. 원가지는 좌우로 어긋나게 남기는 것이 좋다.

02 뒤에서 본 모습. 다양한 각도에서 보고 남길 가지를 정한다.

03 오른쪽의 평행지를 톱으로 자른다.

04 위의 버금가지 중 안쪽으로 뻗은 가지를 자른다.

05 위로 뻗은 웃자람가지를 밑동에서 자른다.

06 웃자람가지 2개를 정리한 모습.

07 가장 위에 있는 원가지의 끝을 정한다.

08 바퀴살가지이므로 아래로 뻗은 가지를 자른다.

09 위로 뻗은 평행지를 1개 자른다.

10 가지를 정리한 모습.

11 열매가 달렸던 가지의 끝을 잘라두면, 다음 해에 좋은 열매가 달린다.

12 같은 방법으로 다른 원가지도 바퀴살가지, 웃자람가지, 안쪽으로 뻗은 가지를 정리한 모습.

병해충 대책

병_ 둥근무늬낙엽병에 걸리면 잎에 둥근 반점이 생기고, 가을이 되면 잎이 떨어진다. 떨어진 잎은 바로 제거해야 한다.

탄저병은 6월경부터 잎이나 열매에 검은 반점이 생기고, 열매가 떨어지는 경우도 있다. 증세가 나타난 부분은 바로 제거한다.

해충_ 감꼭지나방은 유충이 열매를 갉아먹고 꼭지만 남긴다. 겨울철 낙엽기에 감꼭지나방의 월동장소인 거친껍질을 깎아서 예방한다.

▲ 감꼭지나방의 피해를 입은 열매.

▲ 낙엽병에 걸린 감나무 잎.

▲ 노랑쐐기나방의 유충. 독침이 있어서 만지면 위험하다.

POINT

거친껍질을 깎아서 병해충을 예방한다

나무껍질이 터지거나, 돌기가 생기거나, 울퉁불퉁해지거나, 갈라져 있으면 둥근무늬낙엽병 등의 균 또는 포자가 있거나, 해충(감꼭지나방이나 노랑쐐기나방)이 산란할 가능성이 높다. 특히 가지 표면과 갈라지는 부분을 주의한다.

1~2월에 가지치기 가위 등으로 코르크 상태가 된 부분이나 검게 변한 부분을 깎는다. 속에 있는 부드러운 녹색 조직이 드러나지 않게 깎고, 하얀 껍질이 살짝 보이는 정도는 관계없다. 첫해에는 손이 많이 가지만 해마다 하면 어렵지 않다. 매끈하게 깎아두면 농약도 적게 쓸 수 있다. 단, 깎아낸 나무껍질을 나무 밑에 그대로 두면 흙 속에서 균이나 포자가 살아남기 때문에 깨끗이 치워야 한다.

3 개화 · 꽃가루받이 5월 말~6월 초

가정에서 키우는 과일나무는 인공꽃가루받이를 시켜야 열매가 잘 달린다. 꽃 모양 때문에 솔을 사용하는 것이 편하다.

POINT

꽃봉오리는 5월경에 솎아내는 것이 좋다

1개의 가지에 봉오리가 2개 있으면 1개, 3개 있으면 1~2개, 4개 있으면 2개를 기준으로 솎아내는 것이 좋다. 큰 봉오리를 남겨둔다. 꽃의 수를 제한하면 나무의 부담이 줄어든다.

인공꽃가루받이

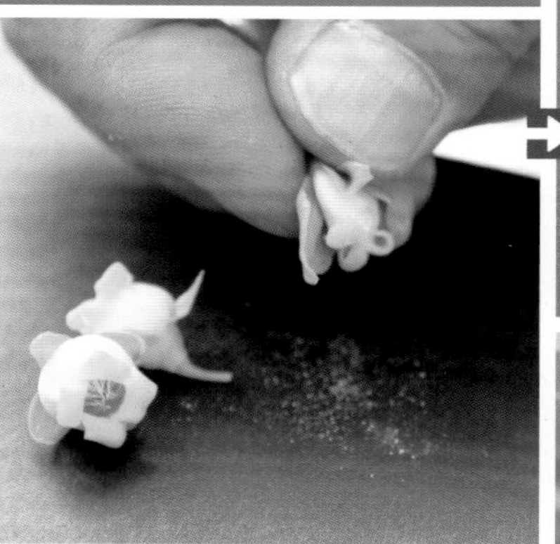

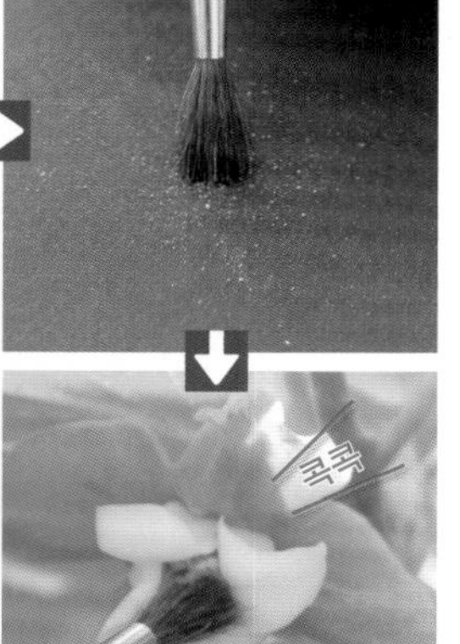

수꽃 꽃가루를 검은 종이에 떨어뜨리고 솔로 모은 뒤 암꽃의 암술에 묻혀서 인공꽃가루받이를 한다.

4 여름가지고르기 6월

열매가 달려 있는 시기의 가지고르기는 최소한만 하고 반복하지 않는다.

케이스1

60㎝가 넘는 긴 가지는 자른다. 끝에서 1/3 정도를 자르면 다음 해에 열매가 달리는 가지가 늘어난다.

케이스 2

새가지가 여러 개 있을 때는, 방향이나 두께를 보고 좋은 것을 남기고 나머지 가지는 정리한다.

POINT

잎을 이용하려면 초여름에 딴다

감잎을 사용할 경우에는 5~8월경의 부드러운 잎이 좋다. 감잎차를 만들 때는 잘게 썬 다음 쪄서 말리는 방법과, 잘게 썰어서 그대로 말리는 방법이 있다. 잎은 단감이든 떫은감이든 모두 사용할 수 있다.

초여름의 어린잎을 딴다.

여름에 가지고르기한 가지의 잎을 사용하면 좋다.

5 열매솎기 7월 하순~8월 상순

생리적 낙과가 끝나는 7월 하순경에 잎 15~20장에 열매 1개를 기준으로 솎아낸다.

가지 길이 20~40㎝에 열매 1~2개가 기준. 감은 가지 끝에 달린 열매, 아래로 향한 열매가 크게 자라므로, 가지 밑동 가까이에 달린 열매나 위를 향한 열매는 솎아낸다.

케이스 1 3개의 열매가 있는데 가지 1개당 열매 1개가 되도록 1개를 솎아낸다. 꼭지가 남지 않도록 가위로 자른다.

케이스 2 가지 1개에 3개의 열매가 있는데 1개만 남긴다. 왼쪽부터 큰 것, 작은 것, 큰 것 순서이므로, 중앙의 열매와 가지 밑동에 가까운 왼쪽 열매를 솎아낸다.

이것이 알고 싶다! >>>감

Q 열매가 작을 때나 익기 전에 떨어지는 이유는?

A 꽃가루받이나 병해충 등이 원인이다.

원인1_ 꽃가루받이가 제대로 이루어지지 않으면 낙과하기 쉬우며, 꽃가루받이나무를 가까이에 심거나 인공꽃가루받이를 해주면 낙과율이 감소한다.

원인2_ 감꼭지나방이나 낙엽병 등 병해충 때문에 열매가 떨어지는 경우도 있다. 가을에 익은 열매만 가지에 남고 잎은 전부 떨어진 감나무는 낙엽병에 걸린 나무이다. 잎이 떨어지면 씨앗도 성숙하지 못해서 낙과가 많아진다.

병해충을 예방하려면 잎이 나오기 시작하는 3월 상순에 살균제를 1주일 간격으로 2번, 잎눈이나 나무껍질에 뿌려주면 효과적이다.

원인3_ 열매가 너무 많이 달린 경우, 햇빛이 부족한 경우, 비료가 지나치게 많거나 부족한 경우, 수분이 부족한 경우 등에 자연적으로 낙과하는 것을 생리적 낙과라고 한다. 열매가 많이 달렸을 때는 적당히 솎아내고, 햇빛이 부족하면 가지치기로 안쪽에도 햇빛이 잘 들게 한다. 비료는 질소를 너무 많이 주지 않도록 주의한다.

Q 작년에는 열매가 많이 달렸는데 올해는 달리지 않는 이유는?

A 작년에 너무 많이 달린 것이 원인이다.

전년도에 열매가 많이 달리면 나무가 영양부족이 되어 다음 해에 꽃눈을 만들지 못해 열매가 달리지 않는 현상을 해거리라고 한다. 해마다 안정적으로 수확하려면, 열매가 너무 많이 달리지 않도록 꽃봉오리를 솎아내거나(p.245) 열매를 솎아내야 한다. 적당한 잎의 수는 15~20장인데, 서촌조생은 잎 20장에 열매 1개, 부유는 15장에 1개가 기준이다.

6 수확 10~11월

열매가 오렌지색으로 익으면 수확한다.

▲ 열매가 달린 채로 두면 나무에 부담이 가서 다음 해에 열매가 달리는 데 영향을 주므로 빨리 수확한다.

◀ 가위로 잘라서 수확한다. 곶감을 만들 때는 가지를 T자 모양으로 남겨두면 좋다.

과일 이용 방법

단감은 그대로 먹을 수 있지만 떫은감은 떫은맛을 빼야 한다. 단감이나 떫은감 모두 곶감을 만들 수 있지만 떫은감이 당도가 높아서 곶감을 만들기 좋다.

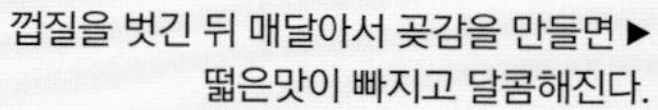

껍질을 벗긴 뒤 매달아서 곶감을 만들면 ▶ 떫은맛이 빠지고 달콤해진다.

POINT

떫은맛 빼는 방법

과일은 수확한 뒤 상처가 나면 에틸렌이 늘어나서 대사가 빨라진다. 따라서 수확하고 바로 떫은맛을 빼면 곰팡이가 생기기 쉬우므로, 떫은맛을 빼는 작업은 수확 후 하루가 지난 뒤에 하는 것이 좋다.

01 35% 소주에 꼭지 부분을 살짝 담근다.

02 비닐봉지에 넣는다. 수량이 많은 경우에는 종이상자에 비닐봉지를 끼우고 꼭지가 아래로 가게 차곡차곡 쌓는다. 소주가 마르기 전에 재빨리 작업한다.

03 비닐봉지 입구를 잘 묶어서 밀폐시키고, 15~20℃ 정도의 서늘하고 어두운 장소에 1~2주 정도 둔다. 떫은맛이 빠지면 상자를 열고 비닐에서 꺼낸다.

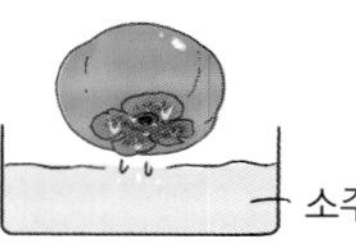

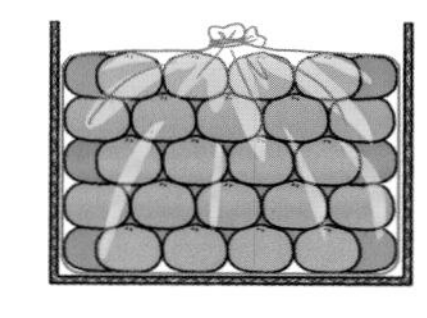

컨테이너 재배 열매가 달리면 열매솎기를 한다

컨테이너 재배도 기본적으로는 땅에 심을 때와 같은 방법으로 관리한다. 화분의 높이와 비슷한 높이로 원줄기를 잘라서 변칙주간형이나 개심자연형으로 만든다(p.217). 감은 건조한 것을 싫어하므로 흙 표면이 언제나 촉촉하게 물을 듬뿍 준다. 또한 해마다 고르게 수확하기 위해서는 반드시 열매솎기를 해야 한다. 열매를 솎아주지 않으면 잎도 적어지고 나무의 수명도 짧아진다.

묘목 심기

Before

01 원가지가 3개뿐이므로 모두 남기지만 끝은 자른다.

여기를 자른다

02 각각 끝에서 1/3~1/4 부분을 자르는데, 키우고 싶은 방향으로 달린 눈 바로 위에서 자른다. 원래 길이의 1/2 이하로 자르지 않게 눈을 선택한다.

Cut

03 바깥쪽 눈 위에서 자른다.

Cut

04 2번째 원가지도 가지가 벌어지는 방향으로 달린 눈 위에서 자른다.

Cut

05 아래쪽 원가지도 끝을 자른다.

After

06 심고 가지치기한 모습.

POINT

화분 크기

7~8호 화분에 심는다. 어린나무일 때는 1년에 1번, 다 자라면 1~2년에 1번씩 한 치수 큰 화분에 옮겨 심는다. 감나무는 물을 좋아하기 때문에 많이 주는 것이 좋은데, 가늘고 긴 화분은 아래쪽의 수분 증발이 늦기 때문에 정사각형에 가까운 화분이 좋다.

사용하는 흙

건조 예방을 위해 적옥토, 부엽토에 흑토를 배합한다. 비율은 1:1:1. 12~1월, 9월에 유기질 배합비료(p.239)를 준다.

물주기

흙 표면을 촉촉하게 유지한다. 표면이 완전히 말랐을 때 물 주는 것을 반복하면 뿌리가 죽는다. 생육이 빠른 5~8월은 아침저녁으로 1일 2번, 물을 듬뿍 준다.

다래

키위를 닮은 작은 과일은
단맛과 신맛이 알맞게 섞여서 맛이 좋다.

다래나무과 | **난이도** 쉬움

암수딴그루의 경우에는 양쪽을 모두 심는다. 인공꽃가루받이로 열매 맺는 비율을 높인다.

DATA

영어이름 Tara vine　　분류 갈잎덩굴성
나무키 덩굴성이므로 나무모양에 따라 다르다.
자생지 한국, 일본, 중국 동북부, 사할린　　수확시기 9월 하순~11월 상순
일조조건 양지　　컨테이너 재배 쉬움(5호 화분 이상)
재배적지 연평균 기온 16~30℃의 지역
열매 맺는 기간 2~3년(정원 재배) / 2~3년(컨테이너 재배)

추천 품종

광향	암수한그루로 1그루만 있어도 열매를 맺는다. 단맛이 강하고 신맛은 중간 정도. 9월 하순에 열매가 익고, 후숙 방법도 간단하다.
봉향	암수딴그루. 과즙이 풍부해서 날것으로 먹기 좋다. 10월 상순에 열매가 익는다. 특유의 향이 강하다.
사식(자바미)	야마가타현 니시카와마치 자바미 지역에 자생하는 재래종. 암그루. 열매는 작고 당도도 높지 않으나 열매가 잘 달린다.
소화계	가가와현 농업시험장의 수집·보존계통. 암그루. 과일은 녹색으로 단맛이 강하다. 후숙 방법도 간단하고 열매도 많이 달린다.
월산계	가가와현 농업시험장의 수집·보존계통. 암그루. 단맛이 강하고 신맛도 있다. 털은 별로 없다.
담로계	가가와현 농업시험장의 수집·보존계통. 암그루. 꽃이 빨리 핀다.

작은 키위 같은 다래

재배력

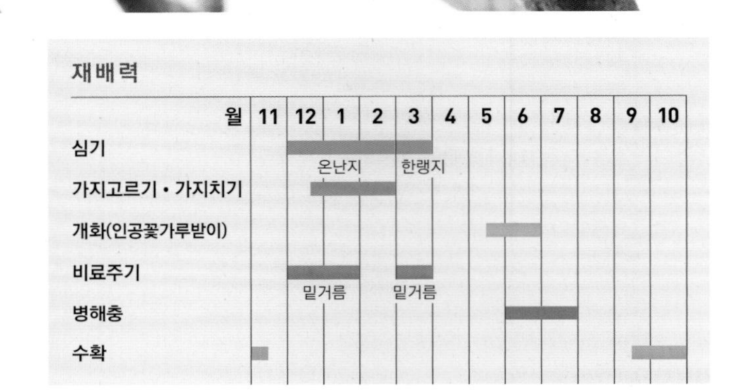

특징

키위를 닮은 작은 과일로 쉽게 재배할 수 있다

다래나무는 다래나무과 식물로 개다래나 키위 등과 같은 종류이다. 껍질에는 털이 거의 없기 때문에 껍질째 먹을 수 있다. 열매는 키위보다 상당히 작아서 길이 3㎝ 정도. 방울토마토를 길게 늘린 것 같은 모양이다. 시중에는 거의 유통되지 않으므로 가정에서 재배하기 좋다. 기본적인 재배방법은 키위나무와 같지만 키위보다 손이 가지 않아 초보자도 키울 수 있다.

품종 선택 방법

2가지 품종을 함께 재배하고, 키위와 섞어서 심어도 OK

암수딴그루인 품종이 많으므로 암그루와 수그루를 함께 심거나, 또는 암수한그루인 품종을 심는다. 다래와 키위는 교배가 가능하므로, 다래 암그루 품종과 키위 수그루 품종을 같이 키워도 좋다. 다래와 개다래의 잡종품종인 「신산」과 「무록」도 있다. 묘목을 구입할 때는 암수를 확인한 뒤 구입한다.

1 심기 12~2월(온난지) / 3월(한랭지)

암그루와 수그루를 함께 심는 것이 기본.
수그루는 키위나무도 괜찮다.

햇빛이 잘 들고 수분보존력이 있는 토양을 골라서 심고, 받침대나 시렁으로 유인한다. 암수한그루라면 1그루만 심어도 된다.

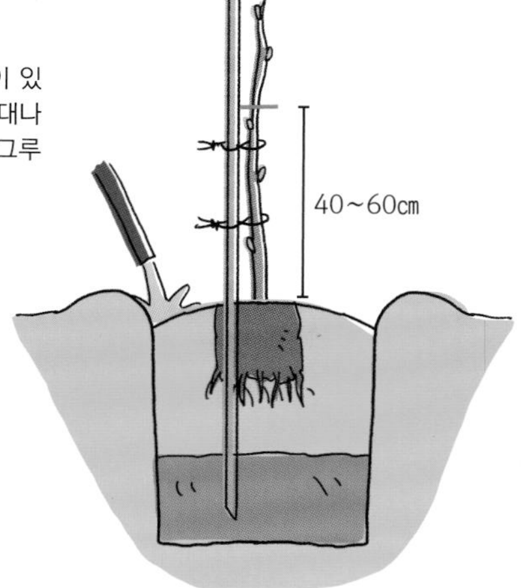

비료주기

밑거름_ 12~1월에 유기질배합비료(p.239) 1kg을 기준으로 준다. 3월에는 화성비료(p.239) 150g을 기준으로 준다. 다래나무는 초봄에 눈이 트기 시작할 때 양분이나 수분을 흡수하기 시작하므로, 그때까지 비료를 주는 것이 좋다. 웃거름은 특별히 필요 없다.

2 가지치기 12~2월

잎이 떨어진 겨울에 가지치기한다.
눈과 눈 사이를 자르는 가지치기를 한다.

나무모양만들기

키위처럼 덩굴시렁을 만들어서 유인한다.

T자형 높이 2m 정도의 시렁을 만들고 원가지 2개를 좌우로 벌려서 유인한 뒤, 그곳에서 나오는 버금가지를 키워서 유인한다.

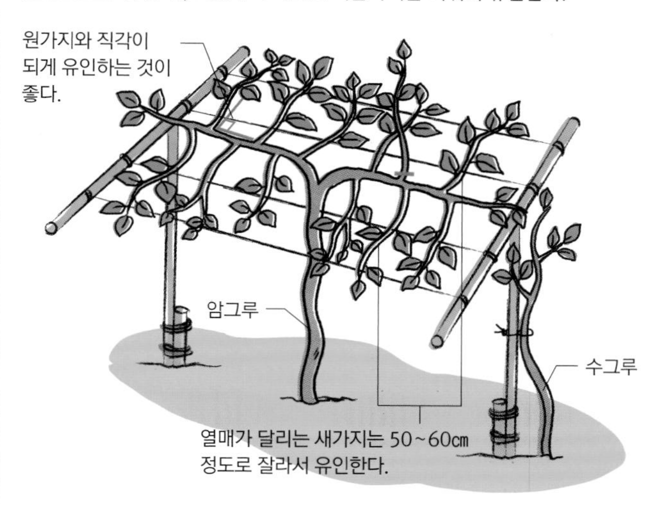

POINT

열매는 그 해의 새가지에 달린다

다래나무는 키위나무처럼 봄에 자란 새가지 아래쪽에 꽃이 핀다(p.114). 키위는 아래쪽에서 4~5번째 마디에 꽃이 피지만, 다래는 4~11번째 마디 사이에서 꽃이 핀다. 10㎝ 정도의 새가지에 열매가 잘 달린다.

겨울가지치기

원가지의 끝을 정한 뒤 버금가지가 좌우로 어긋나게 남도록 필요 없는 가지를 정리한다.

01 오래된 안쪽으로 뻗은 가지를 자른다.

02 밑동을 자른다.

03 자른 모습.

04 새가지는 끝을 잘라서 열매가 달리는 곁가지가 나오게 한다.

05 자른 모습.

POINT

눈과 눈 사이를 자르는 가지치기

다래나무는 눈 바로 옆을 자르는 것이 아니라, 눈과 눈 사이를 자르는 가지치기를 한다. 눈 바로 옆을 자르면 마르는 경우가 있으니 주의한다.

06 같은 곳에서 2개가 나왔기 때문에 정리한다.

07 짧은 쪽을 자른다.

08 자른 모습.

09 남겨둘 새가지는 끝을 자른다.

10 1/3 정도에서 자른다.

11 긴 버금가지도 새가지가 나온 곳에서 자른다.

12 자른 모습.

13 2년 된 가지가 계속 자라고 있으므로 자른다.

14 새가지가 나온 곳에서 자른다.

15 가는 바퀴살가지는 정리한다.

16 튼튼한 새가지와 연결된 부분에서 자른다.

POINT

가지치기가 끝나면 가지를 유인한다

01 가지치기가 끝나면 덩굴시렁으로 유인한다.

02 다래나무는 가지가 부드러우므로 원하는 방향으로 자라도록 끈이나 철사로 묶는다.

3 개화 · 꽃가루받이 5월 중순~6월 하순

암수한그루인 경우 외에는 수꽃의 꽃가루를 암꽃에 묻히는 인공꽃가루받이를 해주는 것이 좋다.

다래나무 꽃봉오리.

다래나무 암꽃. 인공꽃가루받이를 시킬 때는 솔 등으로 암술에 꽃가루를 묻힌다.

4 열매솎기 6~7월 하순

좋은 열매를 얻기 위해 너무 많이 달리면 솎아낸다.

열매가 달리는 가지의 마디마다 3개씩 달리므로, 1개씩 남기고 솎아내는 것이 좋다. 작거나 모양이 이상한 것, 병에 걸린 것을 우선적으로 솎아낸다.

5 수확 9월 하순~11월 상순

키위처럼 수확한 뒤에 후숙시키는 품종이 많지만, 다래는 나무 위에서 완전히 익히는 품종도 있다.

▲ 후숙이 필요한 품종은 수확한 뒤 2주 정도 둔다.

익은 다래를 자른 모습. ▶

병해충 대책

병_ 거의 없다. 키위보다 병해충에 강하다.
해충_ 진딧물이나 박쥐나방은 발견 즉시 제거한다. 박쥐나방은 6~7월에 줄기나 가지를 갉아먹기 때문에 주의한다.

과일 이용 방법

단맛과 신맛이 알맞게 있어서 날것으로 먹는 방법 외에 잼이나 과실주를 만들어도 좋다. 말려서 먹어도 맛있다.

컨테이너 재배 키위보다 아담해서 키우기 쉽다

다래나무를 컨테이너에서 재배하는 방법은 키위와 거의 같다(p.112~117). 암그루와 수그루를 각각의 컨테이너에 나누어 심고, 울타리형 또는 원형 받침대를 세우면 아담하게 재배할 수 있다.
컨테이너에 심을 때는 꽃이 피면 반드시 인공꽃가루받이를 시켜야 한다. 암수한그루인 품종을 재배할 때도 인공꽃가루받이를 해주면 열매가 잘 달린다.

원형 받침대

원형 받침대를 사용해서 재배한다. ▶ 암그루와 수그루는 각각 다른 컨테이너에 심는다.

POINT

화분 크기

5호 이상의 화분에 심는다. 심을 때 뿌리가 마르지 않도록 주의한다.

사용하는 흙

적옥토와 부엽토를 6:4, 그리고 석회질비료인 고토석회를 조금 섞은 용토에 심는다. 비료는 12~1월에 유기질배합비료(p.239)를 주고, 3월에는 화성비료(p.239)를 준다.

물주기

건조한 것을 싫어하므로 물이 부족하지 않도록 주의한다. 특히 한여름에는 더욱 주의해야 한다.

대추

시골집 앞마당에서 흔히 보는 과일나무.
아름다운 붉은색 열매는 관상용으로도 인기가 높다.

갈매나무과 | **난이도** 쉬움

크게 자라기 쉬우므로 나무키를 낮게 유지하고, 새가지 1개에 열매가 3~4개 달리도록 열매를 솎아낸다.

DATA

영어이름 Jujube
분류 갈잎큰키나무
나무키 3~3.5m
자생지 유럽남동부, 아시아 동부~남부
일조조건 양지
수확시기 9~10월
재배적지 중부지방과 남부지방
열매 맺는 기간 3~4년(정원 재배) / 3년(컨테이너 재배)
컨테이너 재배 가능(7호 화분 이상)

추천 품종	
점보대추	중국계 대추. 크기가 일본대추의 5배 정도로, 열매 1개의 무게가 10~25g인 지름 5㎝의 진한 갈색 열매가 달린다. 배와 사과를 섞은 듯한 맛. 별명 왕대추.
일본계 대추	일본에서 재배되는 품종. 중국계 대추보다 열매가 작지만 일본 기후에 잘 맞는다.
인도계 대추	열매가 커서 자두 크기 정도로 자란다. 익으면 사과 같은 맛이 난다.

대추나무의 꽃은 작고
잎 아래쪽에 핀다.

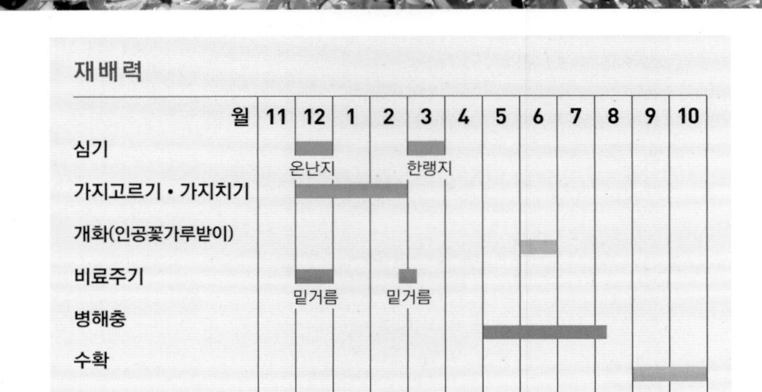

특징

영양이 풍부한 대추는 건강식품으로도 인기가 높다

대추나무는 중국이나 유럽에서 오래전부터 재배된 과일나무로 한국에서 재배되는 대추는 중국에서 전해진 것으로 알려져 있다. 중국에서는 「매일 대추를 3개씩 먹으면 나이를 먹지 않는다」고 하며, 살짝 데쳐서 말린 대추를 「대조(大棗)」라고 해서 한약 재료로 사용한다.

한국에서도 말린 것은 한약 재료로 사용하기도 하며 날것으로도 많이 먹는다. 일반 가정의 정원에서 흔히 볼 수 있는 과일나무이다.

품종 선택 방법

대추는 1그루만 있어도 열매가 달린다

대추는 몇 가지 품종이 있는데, 가정용 과일나무로는 열매가 큰 품종이 「점보대추」, 「왕대추」 등의 이름으로 유통된다. 한국에서 재배되는 대추는 특별한 품종명은 없고, 대추 주산지의 이름을 붙여서 판매하는 경우가 많다.

대추는 1그루만 있어도 열매가 달리기 때문에 1가지 품종만 심으면 된다. 열매를 먹으려면 열매가 큰 품종을 선택하는 것이 좋다.

1 심기 12월 · 3월

햇빛이 잘 들고 물이 잘 빠지는 장소를 골라서 심는다. 온난지는 12월, 한랭지는 3월경이 좋다.

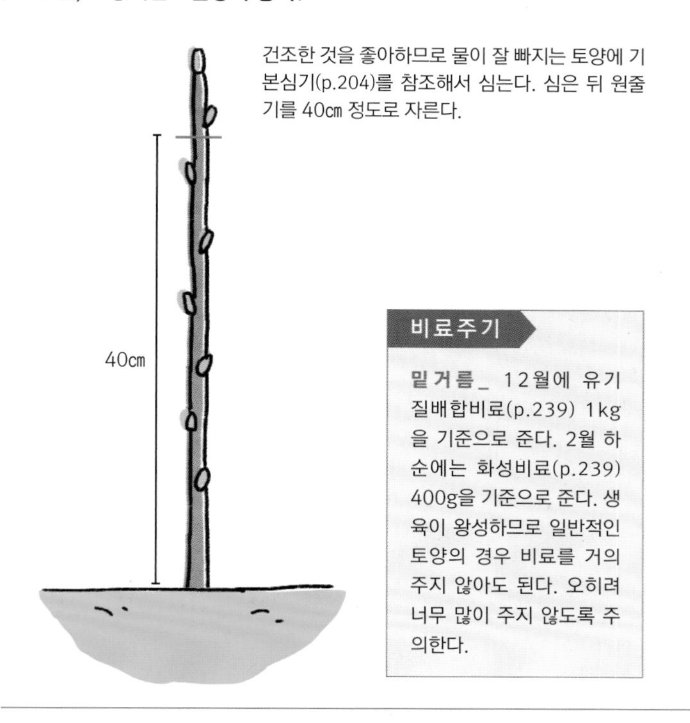

건조한 것을 좋아하므로 물이 잘 빠지는 토양에 기본심기(p.204)를 참조해서 심는다. 심은 뒤 원줄기를 40㎝ 정도로 자른다.

비료주기

밑거름_ 12월에 유기질배합비료(p.239) 1kg을 기준으로 준다. 2월 하순에는 화성비료(p.239) 400g을 기준으로 준다. 생육이 왕성하므로 일반적인 토양의 경우 비료를 거의 주지 않아도 된다. 오히려 너무 많이 주지 않도록 주의한다.

2 가지치기 12~2월

주간형이나 변칙주간형 등 단간형이 기본. 원가지를 4~5개 남기고 높이 2m 정도로 만들면 열매가 잘 달린다.

나무모양만들기 정원수로는 단간형이 일반적이다. 크게 자라지 않게 가지치기하고, 햇빛이 잘 들게 한다.

주간형

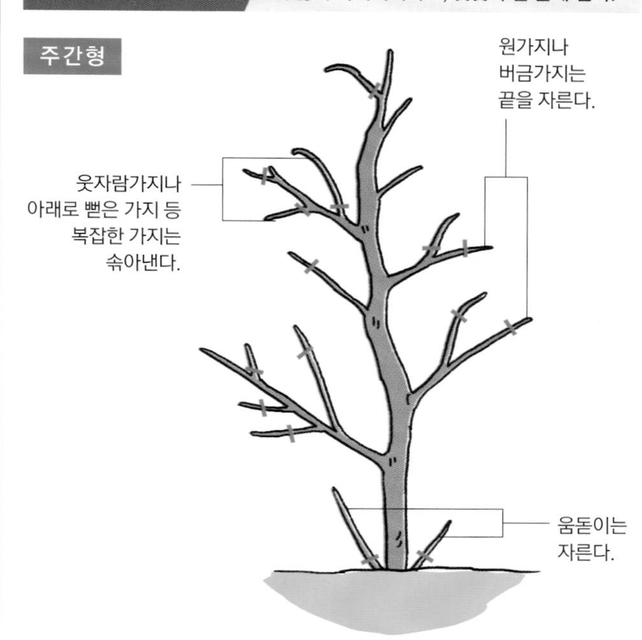

열매 맺는 습성 봄에 자란 새가지의 아래쪽 잎겨드랑이에 꽃이 3~4송이 피고, 그중에 1~2개가 열매를 맺는다.

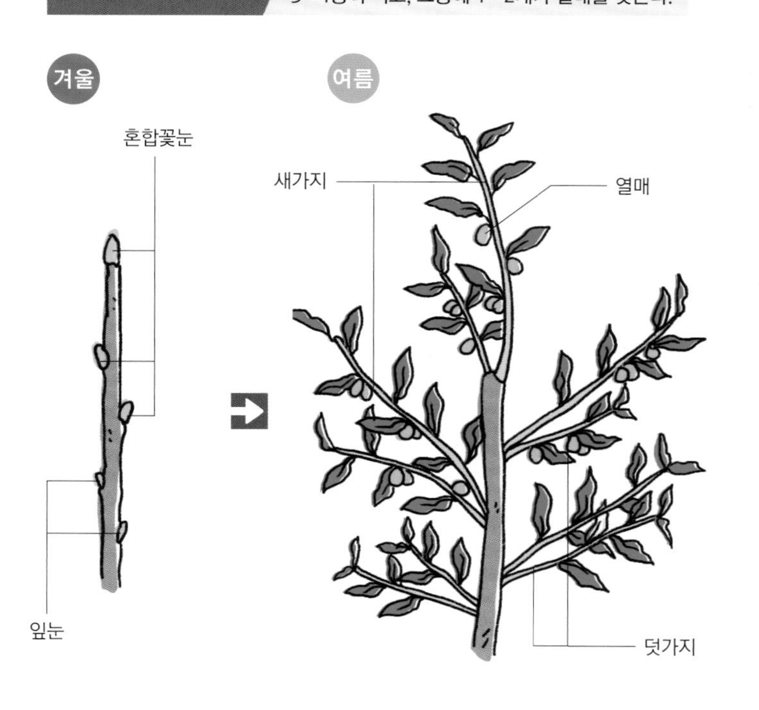

주간형

동그랗고 울퉁불퉁한 것이 혼합꽃눈이며, 여기에서 새가지가 자란다.

가시가 있는 품종은 작업할 때 주의한다.

겨울가지치기

전년도에 자란 튼튼한 가지의 끝부분에 혼합꽃눈이 달린다. 웃자람가지나 아래로 뻗은 가지를 정리해서 전체적으로 햇빛이 잘 들게 한다.

여기서부터 시작!

Before

01 길게 자란 가지는 관리하기 쉬운 높이로 끝을 정한다.

02 밖으로 자라는 새가지의 위에서 자른다.

03 자른 모습. 남기는 새가지는 끝을 잘라두면 좋다.

04 위에서 2번째의 버금가지는 끝에서 1/4을 자른다.

05 자른 모습.

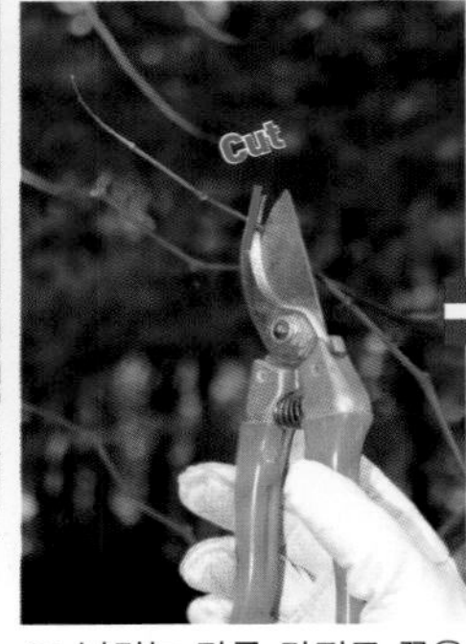

06 남기는 다른 가지도 끝을 자른다.

07 자른 모습.

08 아래로 뻗은 가지는 밑동을 잘라서 나무갓에 햇빛이 잘 들게 한다.

09 자른 모습.

10 가는 가지나 바퀴살가지를 정리한다.

11 가는 가지를 정리한 모습.

12 어중간한 길이의 가지는 잘라낸다.

13 나무키를 작업하기 쉬운 높이로 유지하면서, 열매가 잘 달리도록 남기는 가지의 끝을 자르는 것이 포인트.

이것이 알고 싶다! >>> 대추

Q 작년에는 열매가 잘 달렸는데 올해는 잘 달리지 않는다면?

A 열매가 너무 많이 달리지 않게 주의한다.

대추는 열매가 너무 많이 달리면 다음 해에 열매가 잘 안 달리는 「해거리」를 하는 경우가 있다. 열매가 너무 많이 달리지 않도록 적당히 솎아내서 해거리를 예방해야 한다.

병해충 대책

병_ 특별히 없다.

해충_ 대추작은나비의 유충. 5월 하순~8월 상순에 발생한다. 5월 하순~6월 초에 나오기 시작하므로 발견하면 제거하거나 약을 친다.

3 개화 · 꽃가루받이 6월

대추는 자가결실성이 있어서 1그루만으로도 열매가 달린다. 인공꽃가루받이는 필요 없지만, 해주면 열매가 더 많이 달린다.

▲ 대추 꽃봉오리. 새 가지에 난 잎의 잎겨드랑이에 달린다.

◀ 대추 꽃. 꽃이 폈을 때 비가 오거나, 베란다에서 재배하는 경우에는 꽃을 붓으로 쓰다듬듯이 인공꽃가루받이를 해주는 것이 좋다.

4 열매솎기 7월 하순

열매가 너무 많이 달리면 다음 해에 열매가 잘 달리지 않으므로 적당히 솎아낸다.

▲ 7월 하순경 새가지 1개당 열매 3~4개 정도로, 크기가 비슷한 열매를 남기고 솎아낸다.

정원에 심으면 열매가 많이 달리므로 ▶ 솎아내는 것이 좋다.

5 수확 9~10월

과일은 지름 1.5~2.5㎝ 정도이며 비타민C가 풍부하다. 붉은색으로 익으면 수확한다.

열매가 녹색에서 암적색이 되면 수확한다.

가지의 아래쪽에서 끝쪽으로 훑듯이 비틀어서 딴다.

과일 이용 방법

날것으로 먹거나 콩포트, 꿀절임, 과실주 등으로 이용할 수 있다. 말릴 때는 살짝 삶아서 햇빛에 말린다.

컨테이너 재배

기본적인 재배방법은 땅에서 재배할 때와 같다. 1그루만 있어도 열매가 달리므로 1가지 품종만 재배하고, 더위와 추위에 강하므로 초보자도 쉽게 키울 수 있다. 또한 개화기가 장마철과 겹치므로 개화기에는 열매가 잘 달리도록 비를 맞지 않는 장소로 옮겨준다.

6월경에 작은 가지가 많이 나오므로 여분의 가지는 초여름에 솎아낸다. 물이 잘 안 빠지면 뿌리가 썩기 때문에 1~2년에 1번은 한 치수 큰 화분으로 옮겨준다.

묘목심기

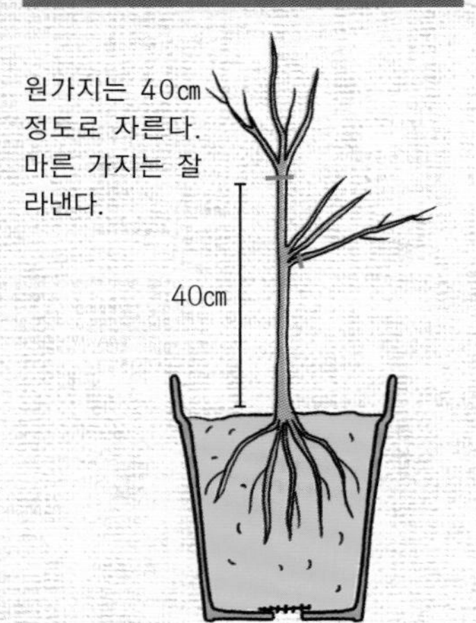

POINT

화분 크기

7~8호 화분에 심고, 최종적으로 10호 화분에 심는다.

사용하는 흙

적옥토와 부엽토를 1:1로 섞은 용토에 심는다. 12월 또는 3월에 유기질배합비료(p.239)를 준다.

물주기

물이 잘 안 빠지는 흙을 싫어하므로 너무 많이 주지 않는다. 표면이 마르면 물을 듬뿍 준다.

매실

오래전부터 재배된 과일나무.
과일은 다양하게 사용되며 꽃도 아름답다.
꽃은 매화라고 한다.

장미과 | **난이도** 보통

1그루만으로는 열매를 맺지 못하는 품종이 많으므로, 궁합이 좋은 다른 품종의 나무와 함께 심는다.

DATA

영어이름 Japanese apricot
분류 갈잎큰키나무
나무키 2.5~3m
자생지 한국, 중국, 일본
일조조건 양지
수확시기 5~7월
재배적지 강진, 여천, 고성, 김해, 해남, 나주 등(연평균 기온이 12℃ 이상 되는 지역)
열매 맺는 기간 3~4년(정원 재배) / 3년(컨테이너 재배)
컨테이너 재배 쉬움(7호 화분 이상)

추천 품종

갑주최소	소과. 꽃가루가 많고 자가결실성이 있는 편이다. 매실장아찌나 매실주에 적합하다.
용협소매	소과. 꽃가루가 많은 편이고 자가결실성도 높은 편이다. 매실장아찌나 아삭한 절임을 만들 수 있다.
월세계	소중과. 꽃가루가 많은 편이고 자가결실성이 강하다. 연한 핑크색 꽃이 아름답다.
옥영	대과. 꽃가루가 적은 편이므로 꽃가루받이나무가 필요하다. 수확량은 많다.
백가하	대과. 꽃가루가 적으므로 꽃가루받이나무가 필요하다.
앵숙	대과. 꽃가루가 많고 자가결실성이 있는 편이다. 과일의 색깔이 아름답다. 매실주에 적합하다.
남고	대과. 꽃가루는 많지만 꽃가루받이나무가 필요하다. 매실장아찌에 적합한 품종.
풍후	대과. 꽃가루가 많고 자가결실성이 있는 편이다. 한랭지 재배에 적합하다.

※ 꽃가루받이나무로는 열매가 작은 소매 품종 외에 매향, 도적 등이 좋다.

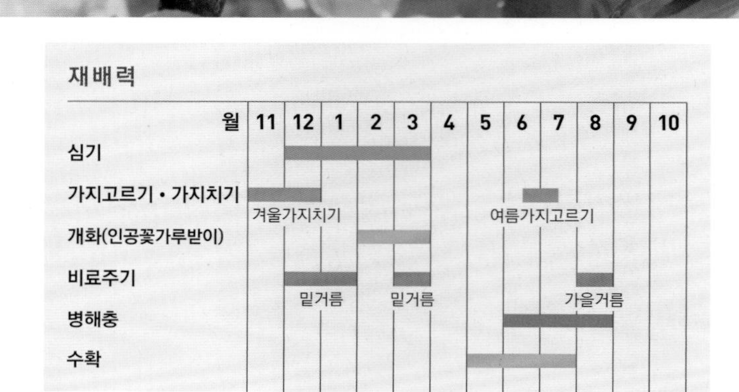

특징

과일을 여러 가지로 활용할 수 있고, 꽃은 향기가 좋고 아름답다

매실장아찌, 매실잼, 매실주, 매실청 등 여러 가지 방법으로 과일을 이용할 수 있고, 재배방법도 비교적 간단해서 인기가 높은 과일나무이다. 향기가 좋은 꽃은 붉은색 또는 흰색으로 아름답게 펴서, 벚꽃과 함께 봄의 볼거리이다.

개화부터 수확까지의 기간이 약 3개월로 짧아서, 봄에 꽃이 핀 뒤부터 초여름에 열매를 맺을 때까지 집중적으로 관리한다. 겨울가지치기를 해두면 관리하기 쉬운 과일나무이다.

품종 선택 방법

꽃가루가 많고 자가결실이 잘 되는 품종을 선택한다

매실나무는 같은 품종의 꽃가루로는 꽃가루받이가 잘 안 되는 경우가 많으므로, 꽃가루가 많고 제꽃가루받이가 잘 되는 품종을 선택한다. 제꽃가루받이가 안 되는 것은 다른 품종을 같이 심어야 한다.

갑주최소, 용협소매 등의 소매 품종은 단일재배로도 열매가 달리지만, 그럴 경우에는 다른 품종과 같이 재배했을 때 수확하는 양의 20% 정도로 열매가 적게 달린다.

1 심기 12~3월

묘목은 줄기가 두꺼운 것을 선택하고, 한국의 경우 중부 이남에서는 12월, 한랭지에서는 싹트기 직전(3월경)에 심을 것을 추천한다.

햇빛이 잘 들고, 바람이 잘 통하며, 물이 잘 빠지는 비옥한 토양이 좋다. 기본심기(p.204)를 참조해서 조금 얕게 심는다.

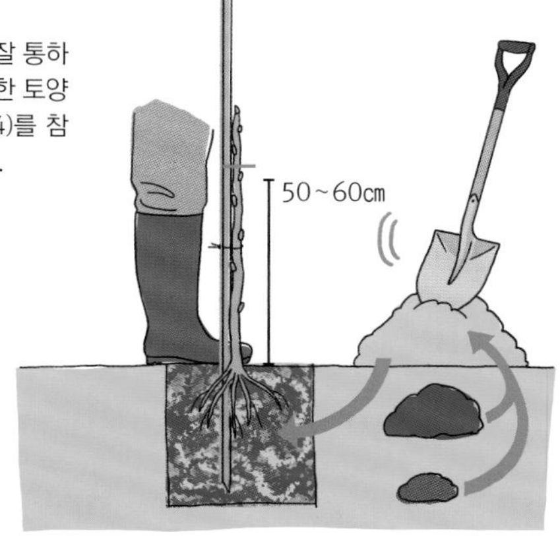

이것이 알고 싶다! >>> 매실

Q 1그루만 심어도 열매가 달릴까?

A **다른 품종 2가지를 재배하는 것이 기본이다.**
매실은 품종에 따라 다르지만 갑주최소 등의 소매 품종은 비교적 자가결실성이 높은 편이므로 1그루만 재배해도 된다. 그렇지만 그럴 경우 다른 품종을 함께 재배했을 때의 약 20% 정도로 열매가 적게 달린다. 또한 남고 등 자가결실성이 낮은 품종은 다른 품종 2가지를 함께 재배해야 열매가 잘 달린다.

비료주기

밑거름_ 심을 때는 12~1월·3월에 유기질배합비료(p.239) 1kg을 기준으로 준다. 3월에는 화성비료(p.239) 150g을 기준으로 준다.
가을거름_ 수확 후 8월에 화성비료 100g을 기준으로 준다.

2 가지치기 11~12월(겨울가지치기)

봄에 많은 꽃을 피우고 열매가 잘 달리게 하려면 나무모양만들기와 가지치기 작업이 필수이다.

나무모양만들기

「개심자연형」이나 「Y자형」을 기본으로 짧은 열매가지가 많아지게 가지치기한다.

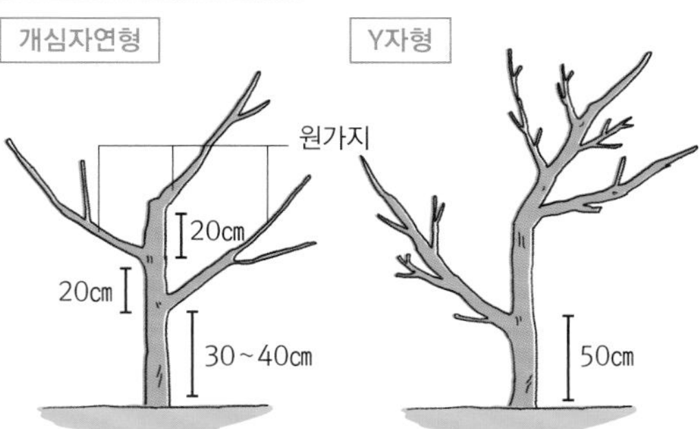

원가지 3개를 균형 있게 배치한다.

지면에서 50㎝ 정도 위에서, 좌우로 균형을 이루도록 2개의 원가지를 키운다.

열매 맺는 습성

전년도 가지에 꽃눈이 달리고 그곳에 열매가 달린다.

긴열매가지는 꽃눈은 달리지만 열매가 달리지 못하므로 끝 1/3을 자른다.

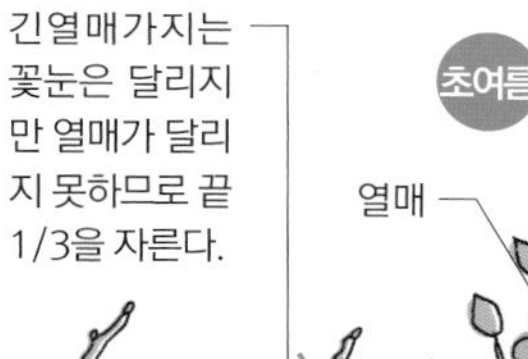

짧은열매가지는 꽃눈이 많고 열매가 잘 달린다.

15㎝ 정도의 짧은열매가지나 중간열매가지에 열매가 많이 달린다.

꽃눈 구별법

동그랗게 부풀어 있는 것이 꽃눈.

POINT

단단한 가지는 톱으로 살짝 잘라둔다

매실나무는 과일나무 중에서 가장 가지가 단단하므로, 가지치기용 가위로 자르기 어려운 경우에는 톱으로 살짝 자른 다음 자르면 잘 잘린다.

나무모양을 만들기 위한 겨울가지치기(7~8개의 원가지 중 3개만 남긴다)

01 원가지가 7~8개 있다. 전체의 균형을 보면서 3개만 남긴다.

02 잘라낼 원가지를 정한다. 가는 가지나 마른 가지를 잘라낸다.

03 가지는 밑동에서 자른다.

04 남은 원가지가 삼각형을 이루도록 가지치기한다. 끝을 정하고 자른다.

05 3개의 원가지를 남기고 손질하기 쉬운 높이로 만들었다.

겨울가지치기 열매가 잘 달리도록 웃자람가지를 자르는 가지치기는 잎이 떨어진 뒤 12월~1월에 한다.

바퀴살가지 가지치기

같은 곳에서 몇 개씩 가지가 나오는 바퀴살가지는 잘라내야 한다. 3개가 있으면 1개만 남긴다.

01 가지치기하기 전 모습.

02 안쪽으로 자란 1개를 자른다.

03 위로 웃자란 가운데 가지를 자른다

04 좋은 방향으로 자란 1개만 남긴 모습.

긴열매가지 가지치기

긴열매가지를 끝에서 잘라 짧은열매가지가 나오게 하면 수확량이 늘어난다.

01 긴열매가지의 끝 1/3을 자른다.

02 짧은열매가지에는 꽃이 잘 피고, 열매도 잘 달린다.

3 개화·꽃가루받이 2~3월

인공꽃가루받이를 하지 않아도 좋지만 개화기에 인공꽃가루받이를 해주면 열매가 많이 달린다.

인공꽃가루받이

꽃가루가 많은 다른 품종의 꽃을 따서, 열매를 맺게 하고 싶은 꽃에 직접 문질러서 꽃가루받이를 시킨다.

◀ 꽃 색깔은 흰색이나 핑크색 등.

4 열매솎기 4월 하순~5월

기본적으로는 열매를 솎지 않고 자연낙과만으로도 괜찮다. 열매가 많을 때나 열매를 크게 키우고 싶을 때는 열매솎기를 한다.

01 열매를 솎아내기 전 모습. 잎에 비해 열매가 많다.

02 주변에 열매가 많이 달린 부분을 솎아낸다. 잎이 가까이에 있는 것은 남겨둔다. 상처나 병이 있는 것 우선으로 솎아낸다.

03 알맞게 열매를 솎은 모습.

5 수확 5~7월

청매실을 사용하는 경우에는 아삭한 상태로 수확하고, 황매실을 사용하는 경우에는 나무 위에서 완전히 익힌 다음에 수확한다.

01 가위를 사용하지 않고 손으로 비틀어서 딴다.

02 청매실은 열매의 성장이 멈출 때쯤 수확하는데, 중부지방은 6월 상순이 기준이다.

병해충 대책

병_ 검은별무늬병, 궤양병, 검은점무늬병 등. 바람이 잘 통하고 햇빛이 잘 들도록 가지치기하면 예방할 수 있다.
해충_ 진딧물 외에 깍지벌레류, 바구미류, 박각시류 등 발견하는 대로 제거한다.

▲ 검은점무늬병에 걸린 매실.

과일 이용 방법

매실주, 매실청, 매실잼, 매실장아찌 등 다양하게 즐길 수 있다. 가정에서 재배하면 노란색으로 완전히 익혀서 수확할 수 있으므로, 달콤한 장아찌나 잼을 만들 수 있다.

▲ 황매실잼(왼쪽)과 청매실잼(오른쪽)

6 여름가지고르기 6월 중순~7월 중순

수확 후에 하는 여름가지고르기는 바람이 잘 통하고 햇빛이 잘 들게 하는 것이 목적으로 웃자람가지를 솎아낸다.

01 가지와 잎이 복잡하게 나 있어서 바람이 잘 통하지 않고, 안쪽에는 햇빛이 잘 들지 않으므로 필요 없는 가지를 잘라낸다.

02 잘라낼 가지는 밑동을 가지치기용 가위로 자른다.

POINT

나무의 상태를 보고 가지고르기를 한다

여름에 자르면 다음 해에, 겨울에 자르면 2년 후에, 짧은열매가지가 나온다.
그러나 여름이나 겨울이나 해마다 자르기만 하면 열매가 많이 달리는 것은 아니다. 열매가 많이 달린 해에는 나무의 생육 상태가 나빠지므로 여름에는 자르지 않고 겨울에 자르는 등, 나무나 열매의 상태에 따라 언제 자를지 판단한다.

가지고르기한 가지에서 ▶ 다음 해에 짧은열매가지가 나온 모습.

컨테이너 재배 수년 뒤의 나무모양을 생각하면서 가지치기한다

컨테이너 재배도 기본은 땅에서 재배할 때와 같은 방법으로 관리한다. 묘목을 심을 때는 수년 뒤의 나무모양을 생각해서 가지치기를 한다. 2년생이면 5년 후에 원가지가 3~4개가 되도록 만드는 것이 좋다. 1번에 3~4개로 만드는 것이 아니라, 해마다 가지치기해서 마지막에 3~4개가 되게 한다. 꽃눈이 있더라도 나중을 생각해서 주저하지 말고 자르는 것이 중요하다.

▲ 묘목을 위에서 보고, 가지가 균형을 이루게 만든다.

◀ 오른쪽의 컨테이너 재배로 키운 백가하에 달린 어린 열매.

묘목 심기와 가지치기

01 백가하(2년생) 포트묘. 중간부터 아래쪽에 있는 곁가지는 모두 자른다.

02 꺾였거나 매우 가늘어 보이는 등 약한 가지는 모두 자른다. 두껍고 길며 간격이 있는 다른 가지를 선택한다.

03 맨 위에 남길 가지를 생각한다. 첫해에는 2개 정도 선택해서 남겨도 된다.

04 심고 가지치기한 모습.

POINT

화분 크기

7~8호 화분에 심고, 열매가 달리면 2~3년에 1번 옮겨 심는다.

사용하는 흙

적옥토와 부엽토를 1:1로 섞은 용토에 심는다. 12~1월, 8월에 유기질배합비료(p.239)를 준다.

물주기

건조해도 비교적 잘 견디지만 지나치게 건조해지지 않도록 주의한다. 여름에는 하루 2번을 기준으로 물을 듬뿍 주는 것이 좋다.

모과·마르멜로

크게 신경 쓰지 않아도 열매가 많이 달리고,
과실주 등으로 다양하게 이용할 수 있는 과일나무.

장미과 | **난이도** 보통

비교적 좁은 장소에서도 재배할 수 있지만, 가지치기로 나무모양을 잘 만들어야 한다.

DATA

영어이름 Chinese quince(모과), Quince(마르멜로)
나무키 3~3.5m 분류 갈잎큰키나무
일조조건 양지 자생지 중국(모과), 중앙아시아(마르멜로)
재배적지 중부 이남 수확시기 9~11월 상순
열매 맺는 기간 4~5년(정원 재배) / 3년(컨테이너 재배)
컨테이너 재배 가능(7호 화분 이상)

추천 품종

모과 재래종	모과는 본종밖에 없다. 잎은 타원모양이며 과육은 단단해서 날것으로는 먹지 못한다. 열매 색깔은 노란색 또는 진한 노란색. 나무모양은 단간형으로 위로 자란다.
마르멜로 재래종	마르멜로는 가지가 가늘어서 갈라지기 쉽다. 과육은 단단해서 날것으로 먹지 못한다. 꽃가루가 많고 1그루만 있어도 열매를 맺는다. 나무모양은 퍼짐성이 있어서 옆으로 넓게 퍼진다. 꽃가루받이나무로 적합하다.
스미르나	마르멜로 외래종. 서양배 모양의 열매는 크기가 크고 익으면 껍질과 과육 모두 노란색이 된다. 1그루만 있어도 열매가 잘 달린다. 나무모양은 단간형이다.

진한 핑크색이 사랑스러운 모과 꽃봉오리.

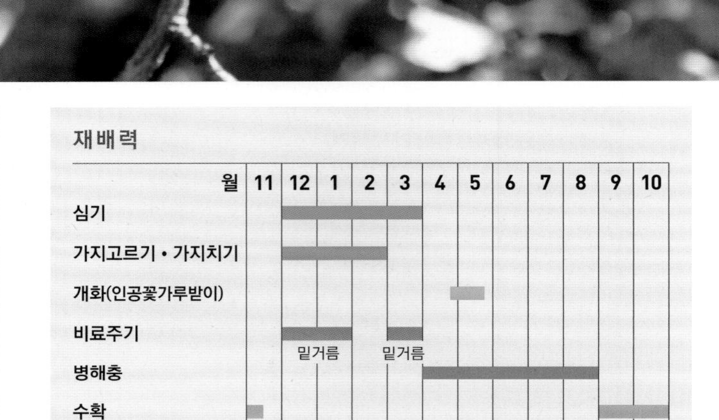

특징

꽃이 아름다우며 개화기에는 좋은 향기가 퍼진다

모과와 마르멜로는 같은 것으로 생각하기 쉽지만 특징이 다르다. 모과는 나무모양이 위로 자라는 단간형이지만, 재래종 마르멜로는 가지가 옆으로 퍼지기 때문에 모과보다 나무키가 낮다.

그리고 모과는 붉은색, 마르멜로는 흰색이나 핑크색 꽃을 피운다. 꽃이 사랑스러워서 관상용 과일나무로도 손색이 없다. 또한 마르멜로 열매의 껍질에는 솜털이 있지만 모과에는 없다. 그러나 재배방법은 거의 같다.

품종 선택 방법

모과는 재래종뿐이고, 마르멜로는 몇 가지 품종이 있다

모과는 특별히 품종이 없다. 다만 나무모양이나 열매 크기 등에서 특징이 다른 몇 가지 계통이 있다. 모과는 1그루만 있어도 열매가 달리기 때문에 꽃가루받이나무는 필요 없다.

마르멜로 의 경우 재래종 외에 외래종이 몇 종류 있다. 마르멜로도 1그루만 있어도 열매가 달리지만 양이 많지는 않다. 마르멜로를 재배하려면 스미르나와 재래종 등과 같이 2종류를 심는 것이 좋다.

1 심기 12~3월

시원한 환경을 좋아해서 사과와 재배적지가 비슷하다. 겨울에 햇빛이 잘 드는 장소에 심는다.

건조에 약하고 습기를 좋아하므로, 적당히 습기가 있는 장소를 선택하는 것이 좋다. 접붙이기가 잘 된 묘목을 선택하고, 기본 심기(p.204)를 참조해서 심은 뒤 물을 듬뿍 준다. 묘목은 원줄기를 50~60㎝ 정도로 자른다.

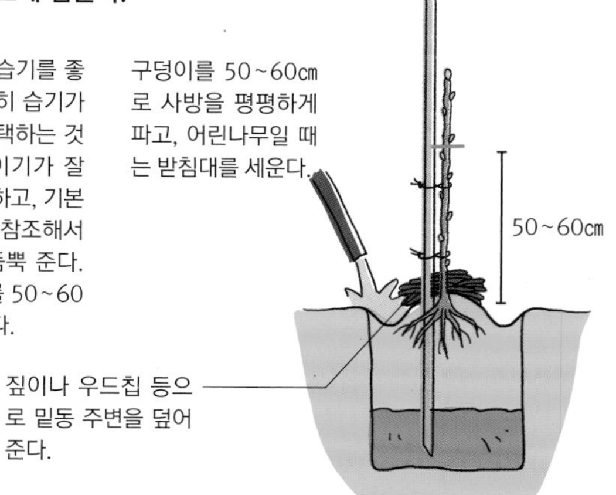

이것이 알고 싶다! >>> 모과·마르멜로

Q 마르멜로는 1그루만 심으면 열매가 안 달릴까?

A 마르멜로는 2가지 품종을 심어야 한다.
마르멜로는 모과와 달리 1그루만 심으면 열매가 잘 달리지 않으므로, 재래종과 외래종을 각각 1그루씩 심는 방법을 추천한다. 개화기에 인공꽃가루받이를 해주면 더 효과적이다.

비료주기

밑거름_ 12~1월에 유기질배합비료(p.239) 1kg을 기준으로 준다. 3월에는 화성비료(p.239) 150g을 기준으로 준다.

2 가지치기 12~2월

원가지를 3~4개 남기고 아담하게 완성한다. 나무갓에 햇빛이 잘 들도록 솎음 가지치기를 한다.

나무모양만들기

개심자연형 또는 U자형(p.215)으로 만든다.

개심자연형

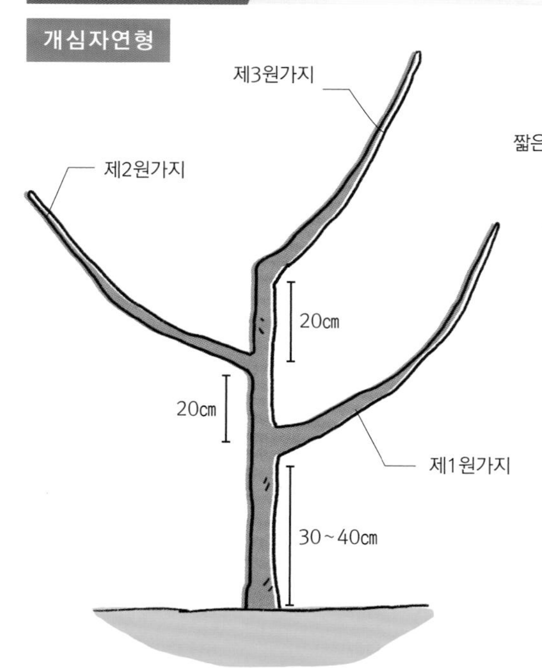

균형을 맞춰서 3개의 원가지를 만든다.
각각의 원가지는 20㎝ 정도 간격을 둔다.

열매 맺는 습성

모과와 마르멜로는 꽃눈이 달리는 방식에 차이가 있다.

모과

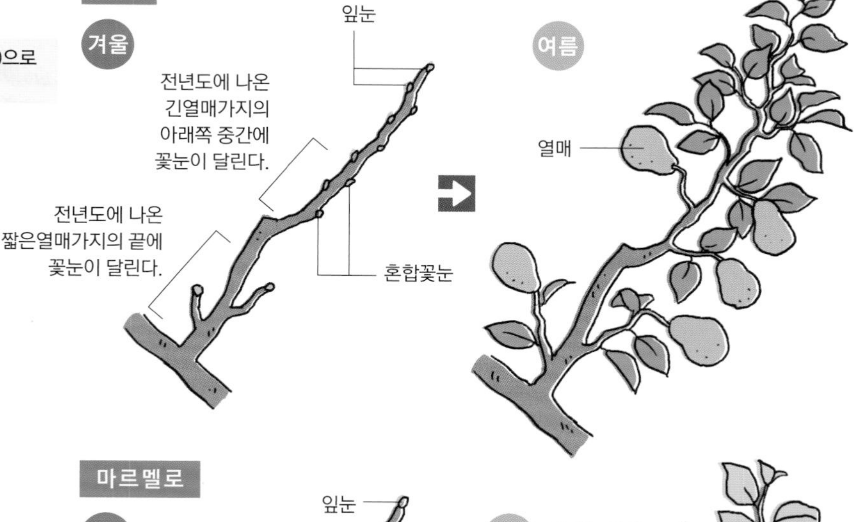

마르멜로

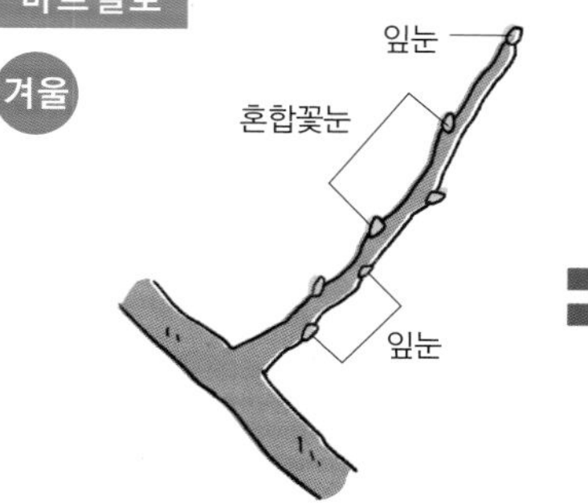

전년도의 새가지 끝부분 가까이에 혼합꽃눈이 달리고, 봄에는 그곳에서 자란 새가지 끝에 1개의 꽃눈이 달린다.

겨울가지치기 긴열매가지를 잘라서 짧은열매가지가 나오게 만드는 것 외에, 복잡한 부분이 있으면 솎아내듯이 밑동에서 자른다. 사진은 모과의 예.

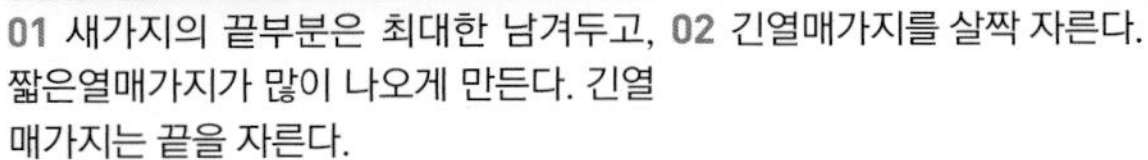

01 새가지의 끝부분은 최대한 남겨두고, 짧은열매가지가 많이 나오게 만든다. 긴열매가지는 끝을 자른다.

02 긴열매가지를 살짝 자른다.

03 왼쪽의 긴열매가지도 자른다.

04 자른 부분에서 짧은열매가지가 나와, 다음 해에 열매가 많이 달린다.

3 개화 · 꽃가루받이 4월 하순~5월 상순

열매가 잘 달리게 하려면 인공꽃가루받이를 해주는 것이 좋다.

모과의 인공꽃가루받이는 붓으로 꽃 안쪽을 간질이듯이 한다.

POINT

인공꽃가루받이를 할 때는 씨방의 크기를 체크한다

가정에서는 인공꽃가루받이를 해주는 것이 좋다. 인공꽃가루받이를 할 때는 꽃 아래쪽에 있는 씨방(자방)이 큰 꽃을 선택한다. 씨방이 작은 꽃은 낙과하기 쉬우므로 큰 것을 선택하는 것이 성공의 포인트. 모과는 제꽃가루받이를 해도 좋으나, 마르멜로는 다른 품종의 꽃가루로 한다. 붓으로 꽃가루를 암술에 묻힌다.

씨방이 큰 것을 선택한다. ▶

4 열매솎기 5월 하순~6월 상순

기본적으로 열매솎기는 필요 없지만 모양이 이상한 열매는 솎아낸다. 봉지를 씌워서 해충을 예방한다.

열매를 솎아내는 경우에는 모과는 잎 20~25장에 열매 1개, 마르멜로는 소과와 중과는 잎 40장, 대과는 잎 60장에 열매 1개를 기준으로 상태가 좋은 열매를 남긴다. 6월 하순까지 봉지씌우기를 끝내면 심식충 등의 해충을 예방할 수 있다.

병해충 대책

병_ 붉은별무늬병은 향나무 종류나 노송나무 같은 나무가 가까이 있으면 균이 전파되기 쉬우므로 가까이 있는지 체크한다.

해충_ 바구미는 발견하는 즉시 잡아서 제거한다. 심식충(명나방 종류의 유충) 종류가 열매 속에 들어가 열매를 갉아먹기도 하므로 봉지를 씌워서 예방한다.

◀ 가지에 기생하는 공깍지벌레가 성충이 되면 달라붙어서 안 떨어지므로 발견하는 즉시 제거한다.

과일을 갉아먹는 복숭아거위벌레. ▶ 발견 즉시 잡아서 제거한다.

5 수확 9~11월 상순

열매 색깔이 녹색에서 노란색으로 변하고 향기가 나기 시작하면 수확한다.

모과 열매.

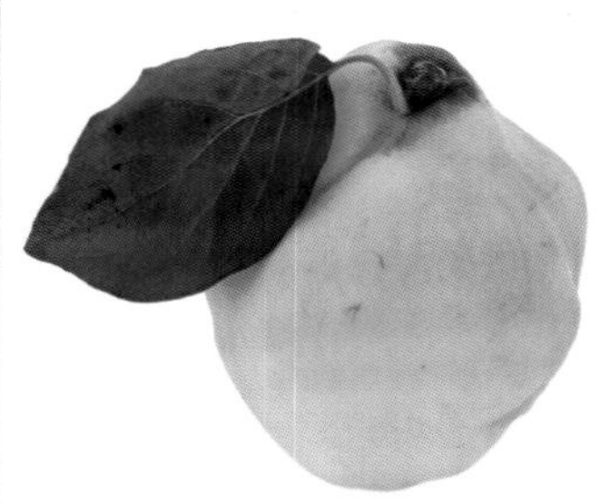
마르멜로 열매.

이것이 알고 싶다! >>> 모과 · 마르멜로

Q 모과 열매가 잘 달리지 않는 이유는?

A **인공꽃가루받이를 해주는 것이 좋다.**
도시에서는 꽃가루를 날라주는 방화곤충(등에나 꿀벌)이 적은 지역도 많기 때문에, 꽃가루받이가 안 되서 열매가 잘 달리지 않게 된다. 특히 고층 아파트의 베란다 등에는 방화곤충이 거의 오지 않기 때문에 인공꽃가루받이를 시켜야 한다.

과일 이용 방법

향이 풍부하기로 유명한 모과나 마르멜로는 감기에 걸리거나 목이 아플 때 약효가 있어서 인기 있는 과일이다. 날것으로 먹을 수는 없으나 여러 가지 가공방법이 있다.
모과는 과실주나 설탕절임, 꿀절임 등으로, 마르멜로는 잼이나 젤리 등으로 가공하면 좋다.

컨테이너 재배 새가지를 잘라서 짧은열매가지가 나오게 한다

모과나 마르멜로는 배를 닮아서 수분을 좋아하는 과일나무이다. 컨테이너에서 재할 때는 물을 충분히 줘야 하며, 특히 여름에는 하루 2번씩 아침저녁으로 물을 듬뿍 준다.
나무모양은 땅에 심을 때와 마찬가지로 개심자연형도 좋지만, 베란다에서는 U자형이 더 좋다. 2개의 원가지를 U자형으로 만들고 버금가지가 위로 자라게 한다. 어떤 나무모양이든 짧은열매가지를 많이 만들기 위해 지나치게 긴 새가지는 끝을 1/3 정도 자른다.

POINT

화분 크기

7~8호 화분에 심는다.

사용하는 흙

적옥토와 부엽토를 1:1로 섞은 용토에 심는다. 12~1월에 유기질배합비료(p.239) 1kg을 기준으로 준다.

물주기

표면의 흙이 마르면 물을 준다. 한여름에는 특히 물을 충분히 줘야 한다. 단, 꽃눈이 달리기 시작하는 6~7월에는 꽃눈의 성장을 촉진시키기 위해 조금 적게 주는 것이 좋다.

U자형

2개의 원가지가 좌우로 벌어지게 유인하고 가지가 위로 자라게 한다.

무화과

수분이 풍부하고 양질의 효소도 듬뿍!
1그루만으로도 열매가 달려 초보자도 재배하기 쉽다.

뽕나무과 | **난이도** 쉬움

재배 포인트 **잎이 커서 증산작용이 활발하므로 물이 부족하지 않도록 잘 준다.**

DATA

영어이름 Fig
분류 갈잎떨기나무
나무키 2~3m
자생지 서아시아~아라비아반도 남부
일조조건 양지
수확시기 6월 하순~7월 하순(하과전용 품종) / 8월 하순~10월 하순(추과전용 품종)
재배적지 전라남도와 경상남도
열매 맺는 기간 2~3년(정원 재배) / 2년(컨테이너 재배)
컨테이너 재배 쉬움(7호 화분 이상)

재배력

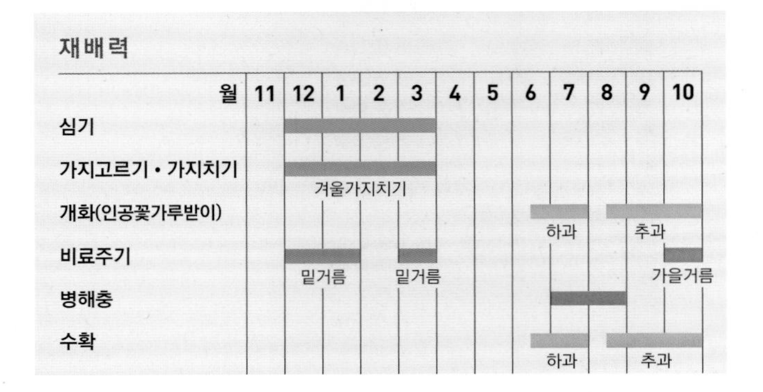

추천 품종	
승정도우핀	하추겸용 품종. 대과. 열매가 잘 달리고 키우기 쉽다. 내한성이 조금 약하고 무화과역병에 약하다.
봉래시	추과전용 품종. 대과. 내한성이 뛰어나다. 오래전부터 재배된 품종이다.
화이트제노아	하추겸용 품종. 중과. 열매껍질은 녹색. 내한성이 강하고 열매도 잘 달린다. 껍질째 먹을 수 있다.
브라운터키	하추겸용 품종. 중과. 나무모양이 아담하고 내한성이 강해서 가정에서도 쉽게 재배할 수 있다.
비오레도우핀	하과전용 품종. 대과이고 맛이 좋지만 탄저병에 약한 편이다. 열매가 비를 맞지 않게 주의한다.
롱두트	하추겸용 품종. 하과는 300g 정도까지 자라며 무화과 중에서 가장 크다. 당도가 높아서 맛이 좋다.

승정도우핀 품종의 열매.

특징

꽃가루받이를 하지 않아도 열매가 달리는 품종도 있다

무화과는 서아시아~아라비아반도 남부가 원산지인 아열대식물로, 한국이나 일본에서도 오래전부터 재배되고 있다. 야생 무화과의 경우 무화과말벌이 꽃가루받이를 도와주는데, 일본의 경우 무화과말벌이 서식하지 않아서 꽃가루받이에 관계없이 열매 맺는 품종이 자라고 있다.

꽃가루받이에 신경 쓰지 않고 재배할 수 있고, 1그루만 있어도 열매가 달리므로 초보자도 키우기 쉬운 과일나무이다.

품종 선택 방법

성숙기가 장마기간과 겹치지 않는 추과종이 키우기 쉽다

무화과는 6월 하순~7월 하순에 열매가 익는 하과전용 품종, 8월 하순~10월 하순에 열매가 익는 추과전용 품종, 재배방법에 따라 여름과 겨울에 열매가 익는 하추겸용 품종이 있다.

하과는 열매가 익는 시기가 장마철에 해당되서 과일이 상하기 쉬우므로, 가정에서 재배할 때는 추과전용 품종이나 하추겸용 품종이 키우기 좋다. 또한 추과전용 품종이나 하추겸용 품종은 컨테이너 재배로 아담하게 키울 수 있다.

1 심기 12~3월

한랭지에서는 3월에 심는다. 바람이 적게 불고 햇빛이 잘 드는 장소를 선택한다.

물이 잘 빠지는 장소에 기본 심기(p.204)를 참조해서 심는다. 무화과는 깊이 심지 않고 얕게 심어야 한다.

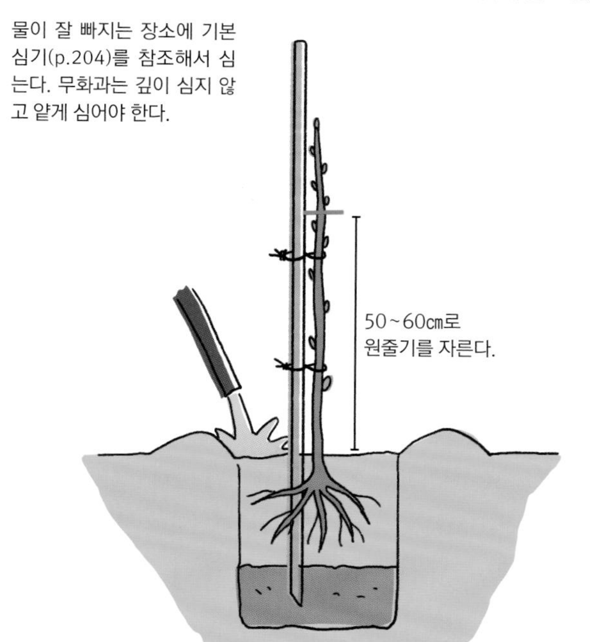

비료주기

밑거름_ 12~1월에 유기질배합비료(p.239) 1kg을 기준으로 준다. 3월에는 화성비료(p.239) 150g을 기준으로 준다.
가을거름_ 10월에 화성비료 50g을 기준으로 준다.

롱두트 품종의 2년생 묘목. 원줄기가 짧으면 심을 때 원줄기를 자르지 않아도 된다.

2 가지치기 12~3월

나무모양만들기 가정에서는 배상형이 일반적이며. 옆으로 넓은 공간이 있다면 일자형도 좋다.

어린나무일 때 어떤 모양으로 키울지 결정해서 가지치기한다. 재배할 공간에 맞게 나무모양을 정한다.

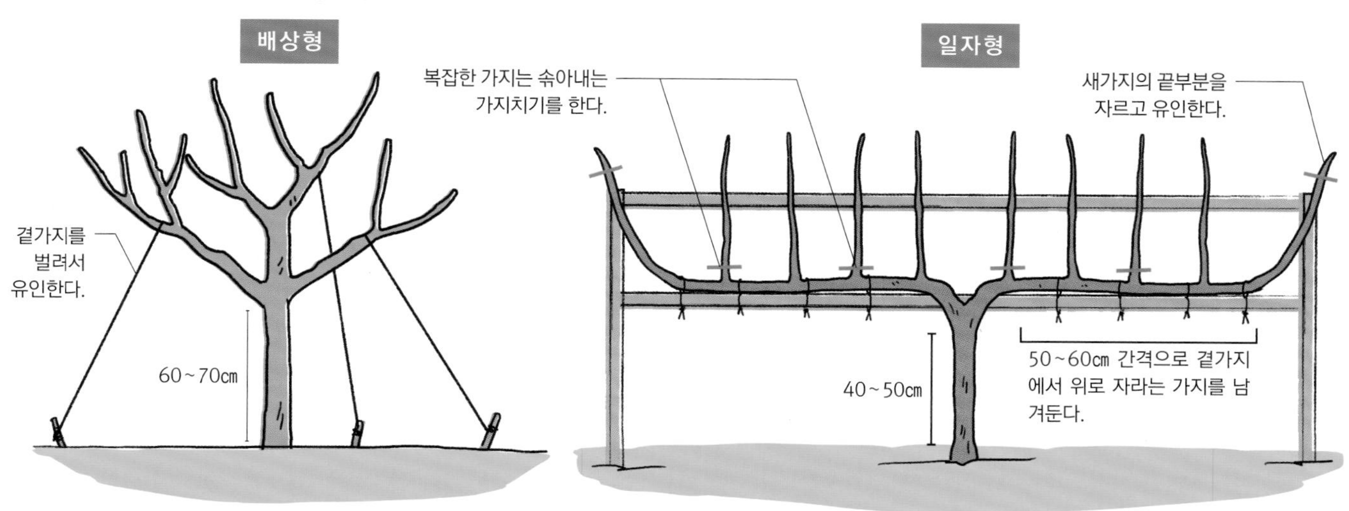

가지를 유인하여 옆으로 벌려서 나무키를 낮게 만든 모양. 나무 속까지 햇빛이 잘 든다.

전문 재배자가 많이 만드는 나무모양. 2개의 곁가지를 옆으로 벌려서 받침대로 유인하여 모양을 만든다.

열매 맺는 습성

무화과는 종류에 따라 꽃눈이 달리는 방식이 다르다. 하과전용 품종은 전년도 새가지의 끝에 꽃눈이 달리므로 자르지 않고 키우는 것이 좋다.

추과전용 품종

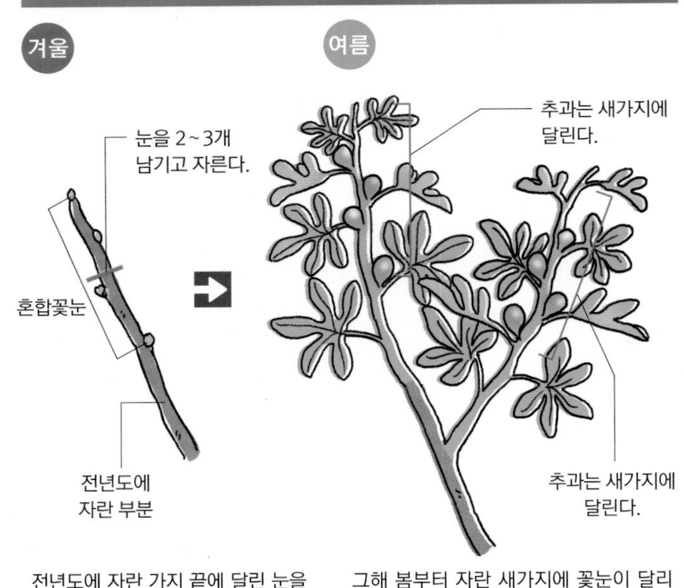

전년도에 자란 가지 끝에 달린 눈을 2~3개 남겨두고 모두 자른다.

그해 봄부터 자란 새가지에 꽃눈이 달리고 열매가 달린다.

하추겸용 품종

겨울

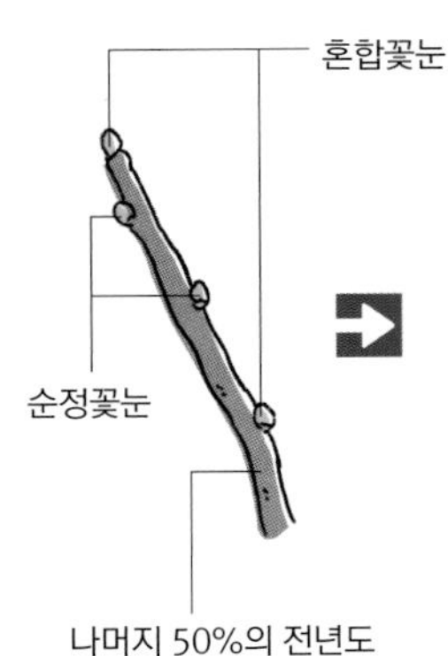

여름

전년도 새가지와 그해의 새가지 모두 꽃눈이 달리므로, 전체의 50%는 가지 끝을 자르지 않는다.

전년도와 그해에 자란 새가지에 모두 열매가 달린다.

겨울가지치기

가지가 부드러우므로 가지를 유인해서 넓게 벌리는 것을 전제로 가지치기한다. 6년생 승정도우핀 품종의 가지치기 예.

01 원줄기는 전년도에 잘랐다. 무화과는 가지가 잘 자라므로 변칙주간형으로 만든다. 최종적으로 곁가지를 7~8개 남긴다.

02 원줄기에서 휘어진 부분을 톱으로 자른다.

03 윗부분의 바퀴살가지가 아래의 가지와 평행하므로 자른다.

04 교차지를 자른다.

05 바퀴살가지를 정리한다.

06 안쪽의 교차지를 자른다.

07 4개의 바퀴살가지는 2개만 남긴다.

08 2개를 자른 모습.

09 교차지는 끝을 바깥쪽 눈 위에서 자른다.

10 사진처럼 어중간한 위치에서 자른 가지는 밑동에서 정리한다.

11 자른 모습.

12 가지치기한 뒤 유합제를 바른다.

POINT

자른 면에 유합제를 바른다

무화과는 가지치기에 약하므로, 자른 다음에는 가지치기용 유합제(p.224)를 발라주는 것이 좋다.

13 가지치기를 끝낸 모습.

POINT

눈에 상처를 내서 수확량을 늘린다

꽃이 잘 피지 않으면 눈 바로 위에 상처를 내는 「아상처리(눈 상처 주기)」로 발아율을 높여 보자. 눈이 트기 전 3월경에 상처를 내는 것이 효과적이다. 상처를 내면 가지 끝에 있는 성장억제 호르몬이 차단되기 때문에 발아율이 높아지는 원리이다.

01 나이프 등으로 눈 위 2~5㎜ 정도의 위치에 0.5~1㎜의 칼집을 낸다.

02 눈 위에 상처를 낸 모습.

POINT

가지를 유인해서 잎에 햇빛이 잘 들게 한다

무화과는 가지가 부드러워서 원하는 모양으로 유인하기 쉽다. 아래로 처진 가지는 위쪽으로, 위로 뻗은 가지는 옆으로 벌어지도록 받침대와 끈을 사용해서 유인한다.

01 위로 뻗은 가지를 옆으로 벌리기 위해 받침대를 세운다.

02 끈이나 철사로 가지를 받침대에 묶는다.

03 유인한 모습.

3 열매 관리

열매솎기는 필요 없지만 작은 열매나 모양이 이상한 열매, 병해충 피해를 입은 열매는 솎아낸다.

나무가 어릴 때는 잎 8~10장에 열매 1개를 기준으로 솎아내면 열매가 크게 자란다.

병해충 대책

병_ 특별히 없다. 품종에 따라 탄저병에 걸리는 경우도 있다.

해충_ 가지나 줄기에 하늘소가 기생한다(→ 대처방법은 Q&A 참조). 박쥐나방도 주의한다.

▲병에 걸린 열매.

4 수확 6월 하순~7월(하과) 8월 하순~10월(추과)

가지 밑동에 가까운 쪽부터 익기 때문에 부드러워진 것부터 수확한다.

익은 것부터 차례대로 수확한다.

과일 이용방법

잼, 말린 과일, 과실주 등으로 즐길 수 있다, 잼이나 콩포트, 날것으로 먹는 것은 완전히 익은 것이 좋고, 말린 과일이나 과실주로는 조금 덜 익은 단단한 열매를 사용하는 것이 좋다.

이것이 알고 싶다! >>> 무화과

Q 나무 줄기에 구멍이 있는 이유는?

A 나무 안에 하늘소 유충이 발생했다.

무화과는 하늘소가 기생하는 경우가 많으며, 방치하면 나무 속을 전부 갉아먹는 경우가 있다. 줄기에 구멍이 생기고 톱밥이 나와 있다면 안에 유충이 있을 가능성이 높기 때문에 바로 대처해야 한다.

구멍이 보이면 스포이드 등을 이용해서 기피제를 넣고 탈지면을 채운 뒤 테이핑한다. 또한 성충을 발견하면 잡아서 죽여야 한다. 나무에 완장처럼 감는 기피제도 있으므로 줄기에 감아두면 예방에 도움이 된다.

컨테이너 재배 잎 6~8장에 열매 1개를 기준으로 열매솎기

컨테이너 재배도 기본은 땅에 심을 때와 같은 방식으로 관리한다. 커다란 잎은 바람을 맞으면 쉽게 상하고 병에 잘 걸리므로, 바람이 강한 날에는 컨테이너를 실내로 옮기는 것이 좋다.
나무모양은 땅에 심을 때처럼 변칙주간형이나 일자형이 좋다. 열매가 달리면 잎 6~8장에 열매 1개를 기준으로 솎아내면 커다란 열매를 수확할 수 있다. 무화과는 한자로 「無花果」라고 쓰는데, 이름처럼 꽃이 없는 것이 아니라 열매 안에 꽃이 있어 겉으로 보이지 않는 구조이다.

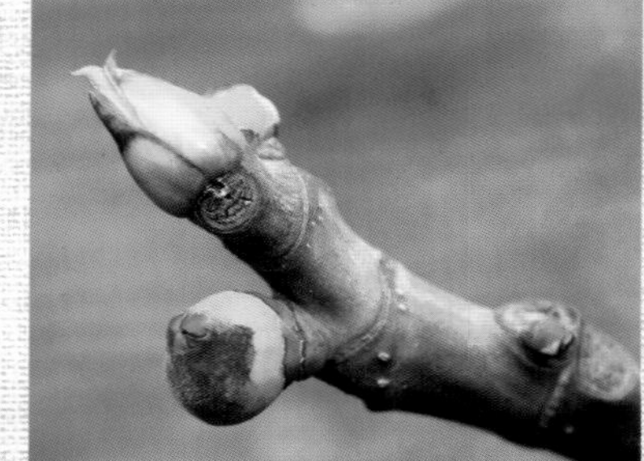

무화과의 겨울눈 ▶

묘목 심기와 가지치기

무화과 3년생 묘목. 품종은 화이트제노아. 원줄기는 자른 상태이므로 아래쪽 가지를 정리한다.

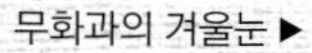

맨 위에 남아 있던 어중간한 원줄기를 잘라내고, 아래쪽 원가지는 밑동에서 바싹 자른 모습.

▲색이 들고 부드럽게 익으면 수확한다.

POINT

화분 크기

7~8호 화분에 심고 흙 위로 40~60㎝ 정도에서 자른다.

사용하는 흙

적옥토와 부엽토를 1:1로 섞은 용토에 심는다. 12~1월, 9월에 유기질배합비료(p.239)를 준다.

물주기

물이 부족하면 열매가 갈라지므로, 특히 여름에는 흙이 건조하지 않게 물을 듬뿍 준다.

밤

가을의 대명사로 불리는 과일나무.
산과 들에서 흔히 볼 수 있다.

참나무과 | **난이도** 보통

열매가 잘 달리고 낙과를 줄이기 위해서는 다른 품종의 밤나무를 가까이 심는다.

DATA

영어이름 Japanese chestnut
분류 갈잎큰키나무
나무키 3~4m
일조조건 양지
자생지 한국, 일본
수확시기 8월 하순~ 10월 중순
재배적지 연평균기온 10~14℃의 지역(해발고가 높은 고산지역 제외)
열매 맺는 기간 3~4년(정원 재배) / 3년(컨테이너 재배)
컨테이너 재배 조금 어려움(7호 화분 이상)

추천 품종

단택	조생종 중에서 가장 대중적인 품종. 단맛이 있고 품질이 뛰어나다. 나무키를 낮게 키우는 떨기나무로 재배하기 적합하며, 수확시기는 9월 상순.
축파	단맛이 있고 품질이 뛰어나다. 저장성도 좋아서 가정에서 재배하기 알맞으며, 수확시기는 9월 중순~하순.
이평밤	일본밤과 중국밤의 교배종. 과육은 노란색으로 단맛이 있으며, 속껍질째 조려도 맛있다. 수확시기는 9월 하순~10월 상순.
석추	품질이 좋고 가공원료로 적합하다. 나무키가 작은 떨기나무로 재배하면 열매가 잘 달린다. 밤나무혹벌에 강하며 수확 시기는 10월 상순~중순.
삼조생	품질이 좋고 밤나무혹벌에 대한 내성이 강하다. 비옥한 토지에 적합하며, 수확시기는 8월 하순~9월 상순.
국견	알이 크고, 품질이 좋으며, 열매가 잘 달리고, 색깔은 진하다. 밤나무혹벌, 줄기마름병에 대한 내성이 강하다. 수확시기는 9월 상순~중순.
은기	알이 크고 풍미가 있으며 품질이 좋다. 모양은 다른 품종에 비해 납작한 편이다. 수확시기는 9월 하순~10월 상순.
가시 없는 밤	가시가 없어 수확하기 편하고 가정에서 재배하기 좋다. 9월부터 수확 가능한 조생품종. 밤나무혹벌에 대한 내성이 강하고, 맛과 향도 좋다.

재배력

특징

오래전부터 재배한 친근한 과일나무

시판되는 밤나무는 품종명 없이 「밤」으로 판매되는 경우가 많다. 그러나 밤은 다양한 품종이 있고 단맛이나 식감도 다르다.

햇빛이 잘 들고 비옥한 땅을 좋아하므로 토양을 잘 만들어 주는 것이 중요하다. 또한 열매를 많이 수확하기 위해서는 나무갓 안쪽에도 햇빛이 들도록 가지고르기와 가지치기를 제대로 해야 한다.

품종 선택 방법

밤나무혹벌에 대한 내성이 강하고 맛이 좋은 품종을 선택한다

밤나무에 발생하기 쉬운 해충, 특히 밤나무혹벌에 대한 내성이 강하고 목적에 맞는 품질의 품종을 선택한다. 대부분의 품종은 일본밤이지만 이평밤 같은 중국밤과의 교배종도 있다.

밤은 기본적으로 자가결실성이 낮아서 2가지 품종 이상을 함께 재배한다. 같은 시기에 개화하는 다른 품종을 키우는 것이 비결이다. 10~20m 이내에 다른 품종이 있으면 바람으로 꽃가루받이를 한다.

1 심기 12~3월

햇빛을 받지 못하면 열매가 잘 달리지 않으므로 햇빛이 잘 드는 장소에 심는다.

01 2년생 이평밤의 접나무 포트묘.

02 뿌리가 상하지 않도록 포트를 제거한다.

03 바닥을 보면 두꺼운 뿌리가 감겨 있으므로 그대로 심는다.

04 옆에도 두꺼운 뿌리가 감겨 있으므로 흩트리지 않는다.

05 기본심기(p.204)를 참조해서, 접붙인 부분이 흙 위로 나오도록 얕게 심는다. 이 묘목은 원줄기를 이미 잘랐으며 원가지도 2개뿐이므로, 가지치기는 하지 않는다. 원가지는 끝에서 1/3 정도를 잘라둔다.

이것이 알고 싶다! >>> 밤

Q **꽃은 많이 피지만 열매가 잘 달리지 않는다면?**

A **2가지 품종 이상 심는다.**
밤은 자가결실성이 낮으므로 1그루만으로는 열매가 잘 달리지 않는다. 따라서 가까이에 다른 품종의 밤나무를 심어야 한다. 또한 개화기에 인공꽃가루받이를 해주면 열매가 더 잘 달린다. 암술이 확인되면 다른 품종의 수꽃 꽃가루를 붓에 묻혀 꽃가루받이를 시킨다.

비료주기

밑거름_ 12~1월에 유기질배합비료(p.239) 1kg을 기준으로 준다. 3월에는 화성비료(p.239) 100g을 기준으로 준다.
가을거름_ 수확 후 10월 중순~11월 중순에 화성비료 100g을 기준으로 준다.

2 가지치기 12~2월

햇빛을 받지 못하면 열매가 잘 달리지 않으므로, 햇빛을 잘 받을 수 있도록 가지치기한다.

나무모양만들기 주간형 또는 변칙주간형, 개심자연형(p.214)으로 만든다.

변칙주간형

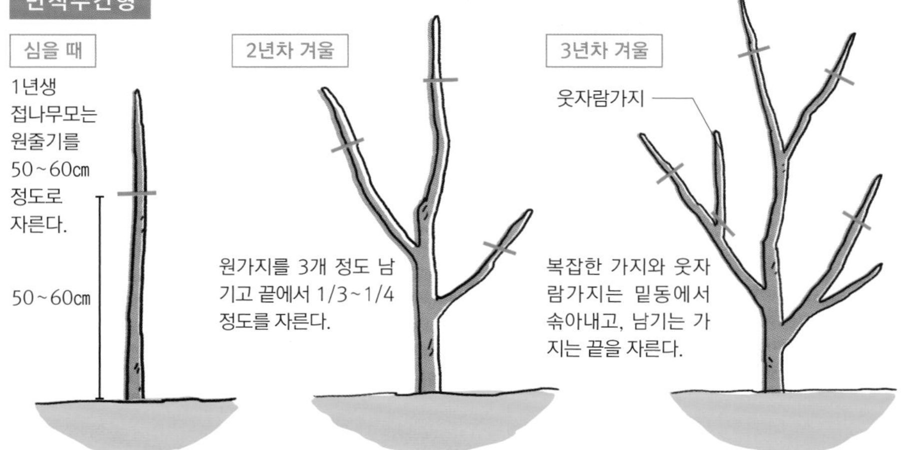

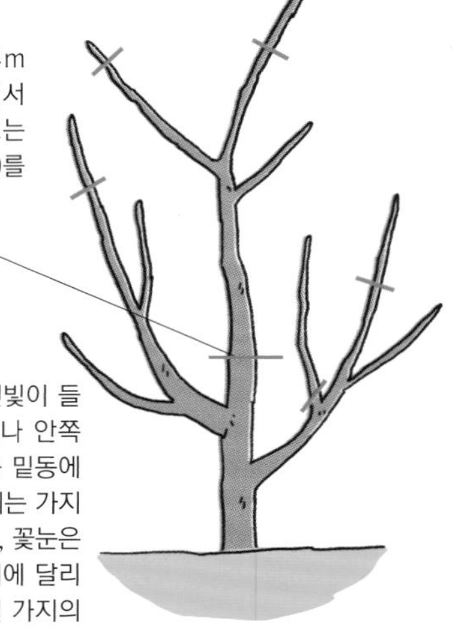

열매 맺는 습성

암꽃과 수꽃이 피지만 1그루만으로는 열매가 잘 달리지 않는다. 새가지 끝부분에 혼합꽃눈이 달리므로 가지치기할 때 주의한다.

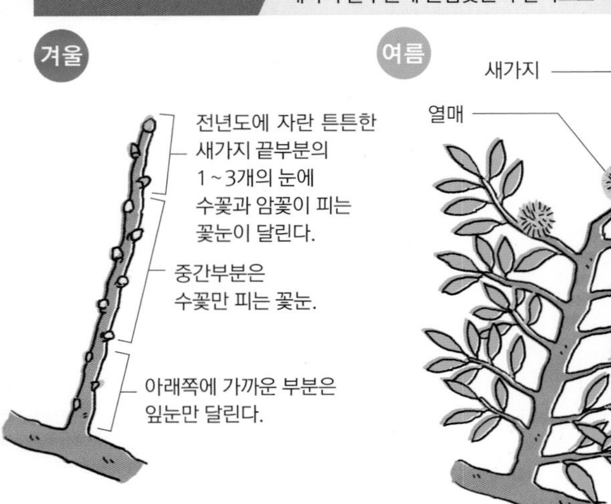

밤나무의 꽃눈·잎눈

01 가장 위의 원가지부터 가지치기한다. 왼쪽 밑에서 2번째에 있는 제3원가지를 예로 자르는 방법을 설명한다. 먼저 끝을 정한다.

겨울가지치기

10년생 정도로 다 자란 나무. 나무모양은 만들어져 있으므로 필요 없는 가지를 잘라서 햇빛이 잘 들게 한다.

04 끝을 확인. 바퀴살가지이므로 필요 없는 가지를 정리한다.

05 바퀴살가지는 밑동에서 자른다.

02 가장 높이 키울 원가지의 기준을 정하고, 그보다 긴 가지는 정리한다.

03 오른쪽 가지를 톱으로 자른다.

06 남기는 가지는 끝을 자른다.

07 가장 높은 가지의 바퀴살가지와 끝을 자른 모습.

08 위에서 2번째에 있는 버금가지의 끝을 정한다.

09 끝을 자른다.

10 제2버금가지도 필요 없는 바퀴살가지, 웃자람가지, 가는 가지를 잘라서 정리한다.

11 밑동의 가는 가지를 자르면 제2버금가지의 가지치기 끝.

12 제3버금가지도 먼저 끝을 정한다.

13 제3버금가지의 바퀴살가지, 안쪽으로 뻗은 가지, 아래로 뻗은 가지, 웃자람가지를 정리.

14 같은 곳에서 2개가 나왔으므로 가는 가지를 자른다.

15 사진처럼 아래로 뻗은 가지는 자른다.

16 필요 없는 가지를 정리하면 가지치기 끝.

POINT

여름가지고르기에서는 필요 없는 새가지를 자른다

여름가지고르기는 하지 않아도 좋지만, 하는 경우에는 6월경에 웃자람가지나 안쪽으로 뻗은 가지, 교차지 등 필요 없는 새가지를 잘라서 나무 줄기에 햇빛이 잘 들게 해 주면 좋다.

POINT

큰키나무는 원줄기를 순지르기해서 새롭게 갱신한다

나무를 심은 뒤 5년 이상 지나서 4m 이상의 큰키나무가 되었다면, 아래쪽 원가지 2~3개를 남기고 가운데의 원줄기를 자르는 「원줄기 순지르기」를 하는 것이 좋다. 작업하기 쉬운 높이가 되고 햇빛도 잘 들어 열매가 잘 달린다.

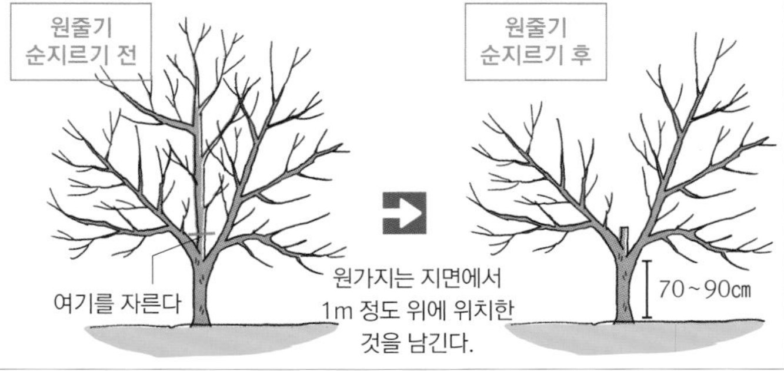

3 개화·꽃가루받이 6월

수꽃은 새가지 끝의 잎겨드랑이에서 나온 꼬리모양의 긴 꽃이삭에 많이 달리고, 그 밑에 암꽃이 2~3개 모여서 달린다.

수꽃의 꽃봉오리

수꽃은 긴 꽃이삭에 달린다.

암꽃은 수꽃 밑에 핀다. 인공꽃가루받이를 하는 경우에는 다른 밤나무의 수꽃 꽃가루를 묻힌다.

병해충 대책

병_ 줄기마름병이나 탄저병. 줄기 밑동이 햇빛에 그을리면 줄기마름병에 걸리기 쉬우므로 밑동 부분은 그늘이 되게 한다.
해충_ 밤나무혹벌이 발생한 부분은 제거해서 소각한다. 하늘소나 밤나무산누에나방은 보이는 대로 제거한다. 또한 줄기 속에서 톱밥이 나와 있으면 하늘소 유충이 있는 것이므로, 약제를 주입하여 제거한다. 과일을 갉아먹어서 피해를 입히는 해충은 복숭아명나방 등이 있다.

◀붉은 부분에 밤나무혹벌이 기생하고 있다.

밤나무산누에나방에게 갉아먹힌 잎. ▶

4 수확 8월 하순~10월 중순

녹색의 밤송이가 갈색이 되고 껍질이 갈라지면 수확한다.

녹색 밤송이가 여름부터 가을에 걸쳐 갈색이 된다.

겉껍질이 갈라지면 안에 있는 열매도 익은 상태.

자연적으로 떨어진 것이 가장 맛있다.

과일 이용 방법

삶아 먹는 방법 외에도 밤밥이나 밤조림을 만드는 등 다양한 방법으로 즐길 수 있다. 수확 후에 바로 먹지 말고 냉장고에서 0℃로 2주 정도 저장하면, 과일 속의 전분이 당분으로 바뀌어 더 맛있어진다.

밤조림▶

Before

컨테이너 재배

2그루를 각각 다른 컨테이너에 심는다

밤은 1가지 품종만으로는 열매가 잘 달리지 않으므로 2가지 품종을 각각의 컨테이너에서 재배한다. 곧게 자라는 직립성이 강하고 웃자라기 쉬우므로, 길게 자란 가지를 잘라서 가능하면 작게 키운다. 나무키는 컨테이너 높이의 2.5~3배 정도가 적당하다. 강풍을 맞으면 열매가 떨어지기 쉬우므로 열매가 달리면 바람막이를 해준다.

묘목 심기와 가지치기

2년생 묘목을 변칙주간형으로 만드는 방법

01 2년생 접나무모. 원줄기가 어중간하게 자란 부분은 잘라낸다.

02 같은 곳에서 2개가 나와 있다.

03 가는 쪽을 자른다.

04 아래쪽에 가는 가지가 2개 있다.

05 아래쪽 가는 가지를 잘라 낸다.

06 위쪽의 가는 가지도 자른다.

07 남겨둘 원가지의 끝을 자른다.

08 오른쪽 원가지의 끝도 자른다.

After

09 심고 가지치기한 모습.

POINT

화분 크기

빠른 속도로 자라므로 8~10호 화분에 심는다.

사용하는 흙

적옥토와 부엽토를 1:1 로 섞은 용토에 심는다. 비료는 12~1월에 유기질배합비료(p.239)를 준다.

물주기

건조에는 강하다. 흙 표면이 마르면 물을 듬뿍 준다. 너무 많이 주면 뿌리가 썩을 수도 있다.

배·서양배

아삭아삭한 식감의 일본배와 향이 풍부한 서양배 등 다양한 종류가 있다.

장미과 | **난이도** 보통

재배 포인트 **2가지 품종 이상을 같이 재배할 것. 열매솎기나 봉지씌우기 등이 필요하다.**

DATA

영어이름 Pear　　나무키 2.5~3m
분류 갈잎큰키나무　　수확시기 8~10월
일조조건 양지
자생지 한국·일본 중부 이남·중국 동부(일본배) / 유럽 중부·지중해 연안(서양배) / 중국 동북부(중국배)
재배적지 전국, 특히 중부 이남(일본배)
열매 맺는 기간 3~4년(정원 재배, 일본배·중국배) / 5~7년(정원 재배, 서양배) / 3년(컨테이너 재배)

추천 품종

일본배	
행수	적배. 중과. 대표적인 조생품종. 달고 과즙이 풍부해서 인기가 많다.
장십랑	적배. 중과. 중생종. 재배가 쉽다. 꽃가루가 많아서 꽃가루받이나무로 적합하다.
풍수	적배. 중생종. 적당히 신맛이 있고 부드럽다. 열매는 조금 크다.
신고	적배. 만생종. 꽃가루가 적어서 꽃가루받이나무로는 적합하지 않다.
신흥	적배. 만생종. 꽃가루가 많아서 꽃가루받이나무로 적합하다. 과육은 부드럽고 수분이 풍부하다.
이십세기	청배. 중생종. 검은무늬병에 약하므로 봉지씌우기가 필요하다. 과일 색깔이 아름답다.
골드이십세기	청배. 중생종. 이십세기의 개량 품종으로 검은무늬병에 강한 편이다.
서양배	
바틀렛	조생종. 과즙이 풍부하고, 생식 외에 가공용으로도 적합하다.
라프랑스	만생종. 숙성시키면 맛있어진다. 녹는 듯한 단맛으로 다른 서양배에 비해 신맛이 적다.
르 렉치에	만생종. 열매는 잘 달리지만 수확 전에 바람으로 낙과하는 경우가 많아 방풍대책이 필요하다.

특징

오래전부터 재배된 친근한 과일나무

배나무 종류는 크게 나누면 아시아계인 일본배와 중국배, 그리고 서양배가 있다. 일본배는 아삭아삭한 식감이 특징이고, 서양배는 독특한 향기와 식감이 있으며 후숙이 필요하다. 현재 한국에서 주로 재배하는 품종은 일본배이다.

일본배는 고온다습한 기후에서도 잘 자라며, 기본적으로 청배보다 적배가 재배하기 쉽다.

품종 선택 방법

품종 조합에 따라 열매가 달리지 않는 경우도 있다

배는 2가지 품종 이상을 같이 심지 않으면 꽃가루받이를 하지 않으므로 반드시 2가지 품종 이상 심어야 한다. 또한 궁합이 나쁜 품종끼리 조합하면 꽃가루받이를 하지 않아 열매가 달리지 않을 수도 있다.

- 궁합이 좋은 조합의 예

- 풍수×행수×장십랑 중 2품종
- 라프랑스×바틀렛(라프랑스는 일본배와도 교배 가능)

1 심기 12월(온난지) / 3 월(한랭지)

햇빛이 잘 드는 장소라면 토양은 특별히 가리지 않는다. 기본심기(p.204)를 참조해서 심는다.

비료주기

밑거름_ 12~1월에 유기질배합비료(p.239) 1kg을 기준으로 준다. 3월에는 화성비료(p.239) 400g을 기준으로 준다.

가을거름_ 다음 해에 필요한 영양분을 축적하기 위해 9월 경에 화성비료 100g을 기준으로 준다.

풍수 2년생. 원줄기를 원가지 바로 위에서 자르고, 2개의 원가지는 끝을 자른다. 이때 원하는 방향에 있는 바깥쪽 눈 바로 위에서 자를 것. 받침대를 세워서 유인한다.

열매 맺는 습성

전년도에 자란 2년생 가지와 3년생 가지에 열매가 달린다. 30㎝ 이내의 가지는 그대로 두고, 50㎝ 이상의 가지는 끝에서 1/3을 자르면 꽃눈이 잘 달린다

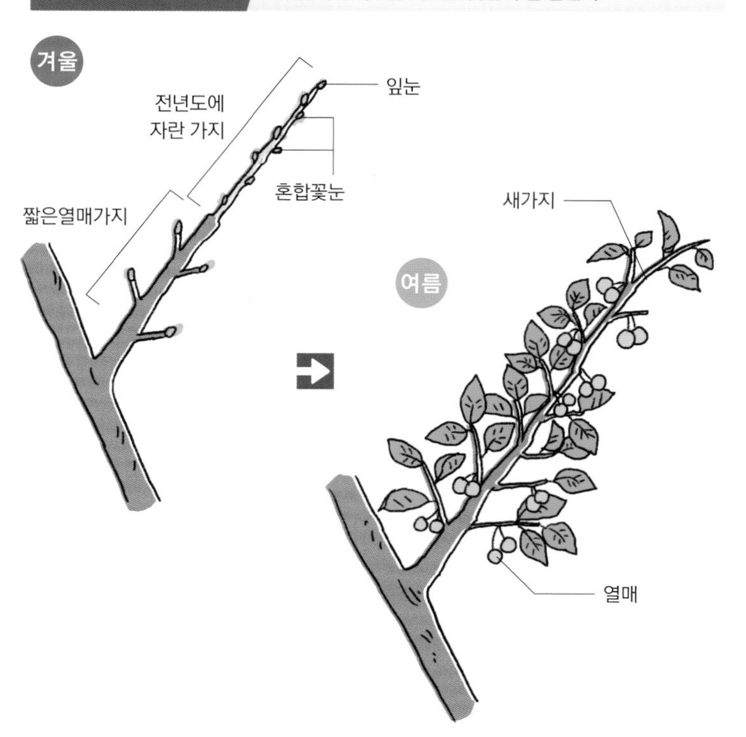

2 가지치기 12~2월

가지치기는 낙엽이 진 겨울에 한다. 과일이 많이 달리는 짧은열매가지가 많이 나오도록 남은 가지의 끝을 자른다.

나무모양만들기

단간형, 수평울타리형, 평덕형(p.214~216) 등이 있다,

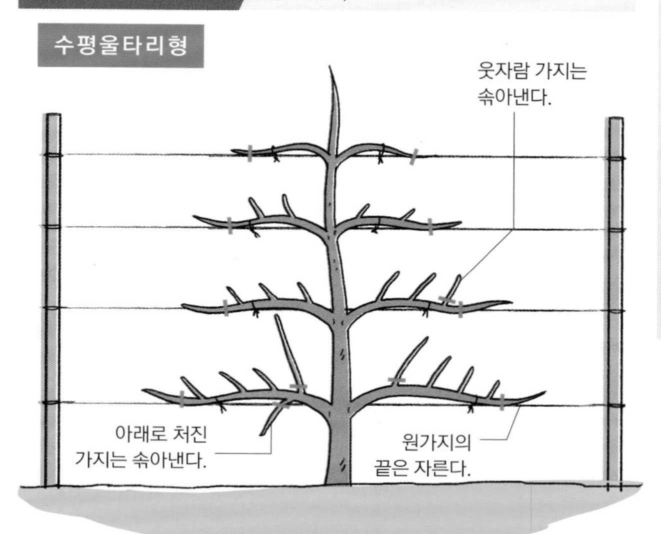

좌우에 받침대를 세우고 20㎝ 간격으로 와이어를 설치해서 원가지를 유인한다.

평덕형

버금가지는 좌우로 어긋나게 50㎝ 간격을 둔다.

남기는 가지는 끝부분을 1/3 정도 자른다

원가지 2개를 좌우로 벌려서 시렁으로 유인하고, 버금가지와 곁가지를 자라게 해서 유인한다.

3 개화·꽃가루받이 4월

1그루만 있으면 열매를 맺지 못하므로 2가지 품종 이상 필요하다. 궁합이 좋은 품종을 선택해서 꽃가루받이를 시킨다.

행수 품종의 꽃

POINT

인공꽃가루받이는 꽃밥이 터진 다음에 한다

인공꽃가루받이는 꽃술의 꽃밥이 터진(개약) 것을 확인한 뒤 다른 품종의 암술에 인공꽃가루받이를 시킨다.

붓으로 꽃가루를 암술에 묻힌다.

꽃째로 따서 암술에 묻혀도 된다.

병해충 대책

병_ 붉은별무늬병, 검은별무늬병, 겹무늬썩음병 등. 감염된 부분은 제거한다. 바람이 잘 통하게 해서 예방한다.
해충_ 진딧물, 심식충류(명나방 유충), 박각시나방 등. 나방 피해는 과일에 봉지를 씌워서 예방한다.

이것이 알고 싶다! >>> 배

Q 열매가 익기 전에 떨어지는 이유는?

A 붉은별무늬병이나 검은별무늬병에 걸렸을 가능성이 있다.
꽃이 피고 꽃가루받이를 한 뒤 열매가 달렸는데, 익기 전에 떨어지는 것은 검은별무늬병이나 붉은별무늬병 때문일 수 있다. 배는 붉은별무늬병, 검은별무늬병에 잘 걸리므로 예방을 철저히 해야 한다. 3월 상순에 살균제를 1주일 간격으로 2번 살포하면 예방할 수 있다.

4 열매솎기 5~6월

달콤하고 커다란 배를 수확하려면 열매솎기가 반드시 필요하다. 5월 상순과 6월 하순으로 2번에 나누어 솎아내는 것이 좋다.

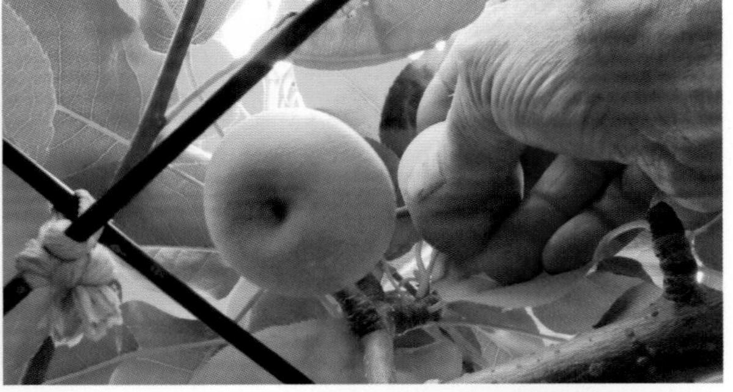
◀ 오른쪽 작은 열매를 솎아낸다.

▲ 1번째 열매솎기에서는 같은 곳에 달린 열매를 1개만 남긴다. 성장이 늦은 것, 모양이 삐뚤어진 것을 솎아낸다.

◀ 2번째 열매솎기에서는 가지 20㎝에 열매 1개가 남도록 솎아낸다.

5 봉지씌우기 6월

2번째 열매솎기가 끝나고 봉지를 씌우면 병이나 새로 인한 피해를 예방할 수 있다.

01 2번째 열매솎기가 끝나면 6월경에 봉지를 씌운다.

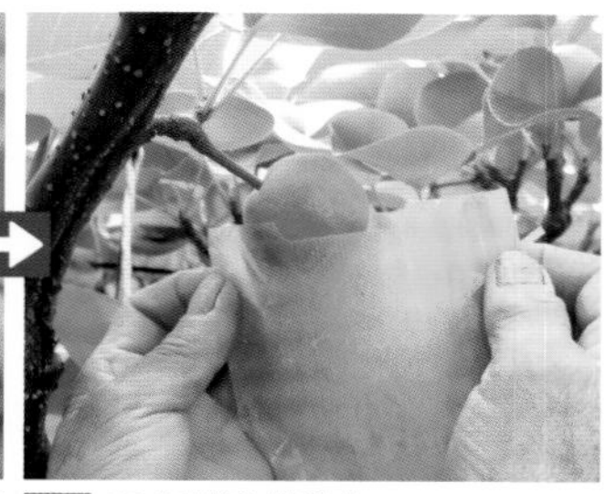
02 봉지를 씌운다.

03 전용 봉지는 철사가 달려 있으므로 가지에 감아서 고정시킨다.

04 열매꼭지나 가지에 고정시키면 된다.

6 수확 8~10월

적배는 갈색으로, 청배는 노란색으로 익으면 수확한다.

봉지는 열매가 성장하면 자연스럽게 찢어진다.

서양배는 황록색이 되면 수확하고 1~2주 정도 후숙한다. 사진은 르 렉치에 품종.

과일 이용 방법

콩포트나 잼, 케이크 등의 재료로 다양하게 활용할 수 있다. 또한 고기요리와 궁합이 좋으므로 서양배를 햄으로 말아서 먹거나, 갈아서 소스로 만든 뒤 고기요리에 뿌려 먹어도 맛이 좋다.

컨테이너 재배 2가지 품종을 재배하고 인공꽃가루받이도 시킨다

기본적인 재배방법은 땅에서 재배할 때와 같으며, 2가지 품종을 각각 다른 컨테이너에서 재배한다. 컨테이너 재배의 경우에는 꽃 수가 적으므로 인공꽃가루받이를 해줘야 열매가 잘 달린다. 다른 품종의 꽃을 골라서 꽃가루가 나와 있는 꽃을 암술에 문지른다.

POINT

화분 크기

7~8호 화분에 심는다. 30㎝ 정도로 자른다.

사용하는 흙

적옥토와 부엽토를 6:4로 섞고 고토석회를 조금 섞은 용토에 심는다. 12~1월, 8월에 유기질배합비료(p.239)를 준다.

물주기

열매가 자라는 6~7월에는 1일 2번 정도 물을 듬뿍 준다. 수확 시기가 가까워지면 흙이 건조해지면 주는 정도로 물을 적게 준다. 그러면 열매가 달콤해진다.

묘목 심기와 가지치기

행수 3년생 묘목. 원줄기를 원가지 바로 위에서 자른다. 원가지는 끝을 잘라둔다.

보리수

소박한 꽃과 열매가 아름다운 나무.
갈잎나무, 늘푸른나무 등 여러 종류가 있다.

장미과 | **난이도** 보통

햇빛이 잘 들고 물이 잘 빠지는 장소를 선택하면 다른 과일나무는 기르기 힘든 척박한 땅에서도 잘 자란다.

DATA

영어이름 Gumis 분류 갈잎떨기나무, 늘푸른떨기나무, 늘푸른덩굴성나무
나무키 2~4m 자생지 한국, 일본, 유럽 남부, 북미
일조조건 양지(늘푸른나무 종류는 반음지도 가능)
수확시기 7~8월(갈잎나무) / 5~6월(늘푸른나무)
재배적지 전국
열매 맺는 기간 3~4년(정원 재배) / 3년(컨테이너 재배)
컨테이너 재배 쉬움(5호 화분 이상)

재배력

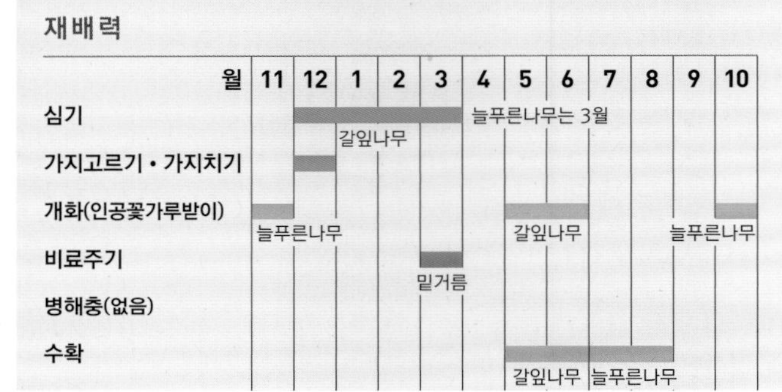

월	11	12	1	2	3	4	5	6	7	8	9	10
심기		갈잎나무	갈잎나무	갈잎나무	갈잎나무 (늘푸른나무는 3월)							
가지고르기 • 가지치기		■										
개화(인공꽃가루받이)	늘푸른나무						갈잎나무	갈잎나무				늘푸른나무
비료주기					밑거름							
병해충(없음)												
수확							갈잎나무	갈잎나무	늘푸른나무	늘푸른나무		

추천 품종

갈잎나무

보리수나무	1그루만 심어도 수확량이 많다. 떫은맛이 약간 강하다. 다른 보리수나무 종류의 열매는 타원형이지만 보리수나무는 구형에 가깝다. 만생종.
뜰보리수	1그루만 있으면 열매가 잘 달리지 않으므로 2가지 품종을 심는 것이 좋다. 과일의 크기는 작은 것~중간 크기 정도. 조생종.
뜰보리수 변종	학명 *Elaeagnus multiflora Thumb*. 일본에서는 열매가 크다는 의미로 다이오구미(대왕보리수)라고 부른다. 1그루만 심으면 열매가 잘 달리지 않으므로, 다른 보리수나무 종류와 함께 재배하는 것이 좋다. 맛이 좋다. 중생종.

늘푸른나무

풍겐스 보리장나무	늘푸른떨기나무로 줄기는 위로 자라지만 끝의 가지가 처져서 덩굴성처럼 보인다. 정원수로 재배하는 경우가 많다. 만생종.
보리밥나무	꽃받침은 종모양으로 크림색이다. 가지는 덩굴 상태로 자라고, 열매에는 하얀 비늘 같은 털이 촘촘하게 나 있다. 조생종.
보리장나무	덩굴볼레나무라고도 한다. 가지가 덩굴 상태로 자라고, 잎 뒷면이 빨갛게 보인다. 해안 근처에 자생하므로 바다 가까이에서도 재배할 수 있다. 중생종.

특징

건조나 비바람에 강해서 재배하기 쉽다

갈잎나무와 늘푸른나무의 2종류가 있다. 열매는 쉽게 상하기 때문에 시판되지 않아서, 가정에서 재배해야 먹을 수 있다.

열매는 달콤하지만 껍질에 탄닌이 함유된 하얀 반점이 있어서 떫은맛이 조금 난다. 병해충 걱정도 거의 없어 무농약으로도 재배할 수 있다.

품종 선택 방법

1가지 품종으로 가능하지만 품종에 따라 다른 품종을 함께 심는다

보리수는 1가지 품종만 재배해도 열매가 잘 달린다. 그러나 뜰보리수는 다른 품종을 같이 심어야 열매가 잘 달린다. 2가지 품종을 심는 경우에는 꽃 피는 시기가 비슷한 종류를 선택하는 것이 중요하다.

늘푸른나무 종류는 산울타리로 만들어서 정원에서 즐길 수 있으며, 온난지에서는 늘푸른나무 종류도 쉽게 재배할 수 있다. 갈잎나무 종류는 내한성이 있어서 전국에서 재배할 수 있다.

1 심기 12~3월(갈잎나무) 3월(늘푸른나무)

갈잎나무 종류는 양지에 심어야 하지만, 늘푸른나무 종류는 반음지도 괜찮다. 물이 잘 빠지는 장소라면 토질은 크게 상관없다.

기본심기(p.204)를 참조해서 심는데, 1년생 접나무모의 경우 50~60㎝에서 원줄기를 가지치기하고, 받침대를 세우는 것이 좋다.

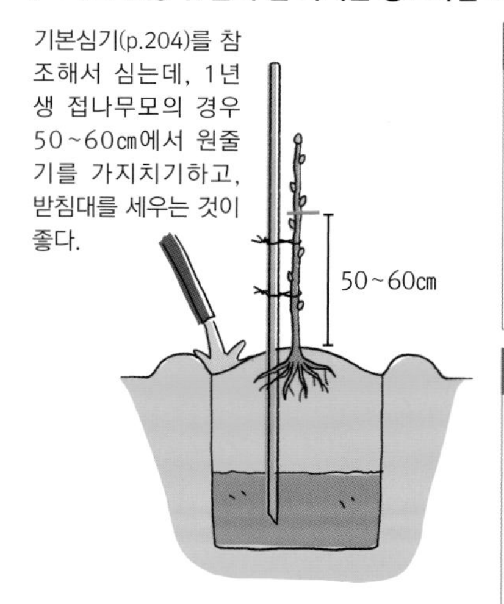

비료주기

보리수나무는 척박한 토지에서도 잘 자라므로 비료는 특별히 필요 없지만, 3월에 화성비료(p.239) 30g을 기준으로 주면 좋다.

병해충 대책

병_ 특별히 없다.
해충_ 진딧물이 봄에 새가지에 발생하기도 한다. 발견하면 잡아서 제거한다.

3 개화·수분 5~6월(갈잎나무) 10~11월(늘푸른나무)

보통은 1그루만 있어도 열매가 달리지만 1그루만으로는 열매를 맺지 못하는 품종의 경우에는 지베렐린 처리를 한다.

자가결실률이 낮은 종류는 1그루라도 포도처럼 지베렐린 처리(p.105)를 하면 열매가 잘 달린다. 꽃이 활짝 피었을 때와 2주 뒤에, 지베렐린을 1만 배 희석한 수용액을 분무기 등으로 살포한다.

4 수확 5~6월(갈잎나무) 10~11월(늘푸른나무)

갈잎나무 품종과 늘푸른나무 품종은 열매가 달리는 시기가 다르다

녹색 열매가 빨갛게 익으면 수확한다.

2 가지치기 12월

방치해도 열매가 잘 달리지만 지나치게 커지지 않도록 손질하기 좋은 높이로 가지치기하는 것이 좋다.

나무모양 만들기 원가지가 3~4개인 주간형으로 만드는 것이 좋다.

열매 맺는 습성 짧은열매가지에 꽃눈이 잘 달린다.

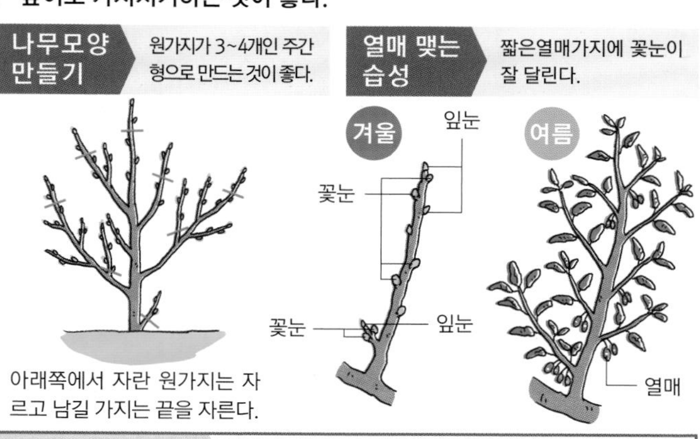

아래쪽에서 자란 원가지는 자르고 남길 가지는 끝을 자른다.

겨울가지치기

웃자람가지는 최대한 솎아내고, 옆으로 벌어지도록 가지치기를 완성한다.

01 나무모양이 강하므로 웃자람가지를 옆으로 나와 있는 가지의 위에서 자른다.
02 남길 가지는 끝에서 1/3을 자른다.

보리수의 꽃눈

컨테이너 재배

해마다 분갈이를 해준다

보리수는 건조나 비바람에 강하므로 컨테이너에서 재배해도 잘 자란다. 다만 성장이 빠르므로 화분을 해마다 1호씩 큰 것으로 바꿔야 한다. 처음에 5~6호 사이즈에서 시작했다면 4번 정도 업그레이드해서, 최종적으로는 10호 화분으로 마무리한다.
화분이 작으면 가지만 자라서 꽃이 피지 않고 열매도 적게 달린다.

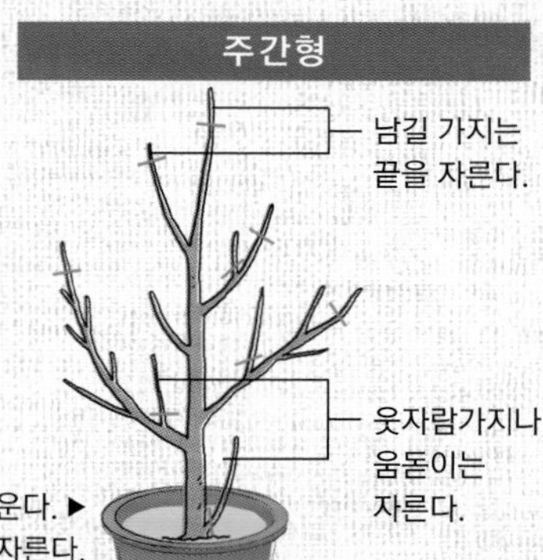

POINT

화분 크기
5호 이상의 화분에 심는다. 해마다 큰 화분으로 옮겨서 최종적으로는 10호를 사용한다.

사용하는 흙
적옥토와 부엽토를 1:1로 섞은 용토에 심는다. 2월에 화성비료(p.239)를 주면 좋지만 안 줘도 잘 자란다.

물주기
뿌리가 가늘기 때문에 표면의 흙이 마르지 않도록 주의한다.

복숭아·천도복숭아

사랑스러운 꽃과 달콤한 과즙이 듬뿍 함유된 과일.
가정재배하면 완전히 익은 맛있는 복숭아를 맛볼 수 있다.

장미과 난이도  보통

물이 잘 빠지는 흙을 좋아하므로 과습에 주의하고 햇빛이 잘 드는 곳에서 재배한다.

DATA

영어이름 peach(복숭아), Nectarine(천도복숭아)
분류 갈잎큰키나무
수확시기 6~8월
나무키 2.5~3m
일조조건 양지
자생지 중국 남서부의 고원지대
재배적지 중남부 지역의 비가 적게 오는 곳
열매 맺는 기간 3년(정원 재배) / 3년(컨테이너 재배)
컨테이너 재배 가능(7호 화분 이상)

추천 품종

복숭아

백봉	중과. 조생종. 열매가 부드럽고 신맛은 적지만 오래 보관할 수 없다. 비교적 재배하기 쉽다.
무정백봉	중과. 조생종. 신맛이 적고 달콤해서 맛있는 우량종. 조생이므로 병해충 위험이 적고 초보자도 재배할 수 있다.
아카쓰키	중과. 중생종. 과즙이 많고 당도가 높으며 맛과 품질 모두 뛰어나다. 열매가 많이 달리며 오래 보관할 수 있다.
백도	대과. 만생종. 커다란 열매가 달리며, 맛도 매우 좋다. 꽃가루가 거의 없으므로 꽃가루받이나무가 필요하다.
선골드	대과. 만생종. 당도가 매우 높고 맛도 좋다. 병에 강하기 때문에 재배하기 쉽고 열매를 많이 맺는다. 과육은 노란색.
대구보	중과. 중생종. 재배하기 쉬우며 꽃가루가 많아서 꽃가루받이나무로도 적당하다.

천도복숭아

히라쓰카레드	소중과. 중생종. 신맛이 적다. 꽃가루가 많고 1그루만 있어도 열매가 달리므로 재배하기 쉽다. 검은별무늬병에 강하다.
판타지아	중과. 만생종. 봉지씌우기를 하지 않아도 열매가 잘 터지지 않고, 과즙이 많으며 단맛도 강해 맛이 좋다.
수봉	대과. 만생종. 천도복숭아와 복숭아를 교배시킨 품종. 단맛과 신맛의 균형이 잘 맞고 과즙이 많다.
플레이버톱	중과. 중생종. 신맛이 적고 과육이 부드러우며 과즙이 많다. 봉지를 씌우지 않아도 열매가 잘 터지지 않는다.

재배력

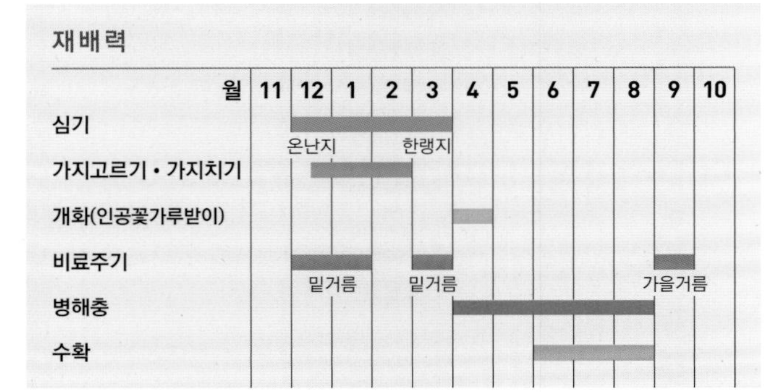

특징

꽃과 열매를 모두 즐기는 친숙한 과일나무

복숭아와 천도복숭아는 같은 복숭아 종류로 과일껍질에 털이 있는 것이 복숭아, 없는 것이 천도복숭아이며 재배방법은 같다. 수분이 많고 달콤한 열매는 열매솎기나 봉지씌우기 등의 수고를 더하면 좀 더 품질이 좋아지고 맛있어진다.

여름의 기온이 높은 시기에 익기 때문에 시판 과일은 상하기 전에 빨리 따지만, 가정에서 재배할 경우 완전히 익힌 뒤 수확할 수 있다.

품종 선택 방법

복숭아나무 중에는 꽃가루가 적은 품종도 있다

복숭아는 품종이 많은데 과육 색깔에 따라 크게 백육계와 황육계로 나눈다. 1그루만 있어도 열매를 맺지만 품종에 따라 꽃가루가 거의 없는 것도 있다. 그런 품종은 「아카쓰키」, 「대구보」 등 꽃가루가 많은 품종을 꽃가루받이나무로 함께 심는 것이 좋다.

천도복숭아는 대부분의 품종에 꽃가루가 있다. 만생종은 병이나 해충으로 인한 피해가 많기 때문에 중생종인 「판타지아」를 재배하는 것이 좋다.

1 심기 12~3월

온난지는 12월, 한랭지는 3월에 심는 것이 좋다. 물이 잘 빠지는 장소를 고른다.

기본심기(p.204)를 참조해서 햇빛이 잘 들고 공기가 잘 통하며 물이 잘 빠지는 장소에 심는다. 묘목을 70° 정도 기울여서 심고 받침대로 받쳐준 뒤, Y자 모양의 개심자연형으로 완성한다. 원줄기는 60~80㎝로 자른다.

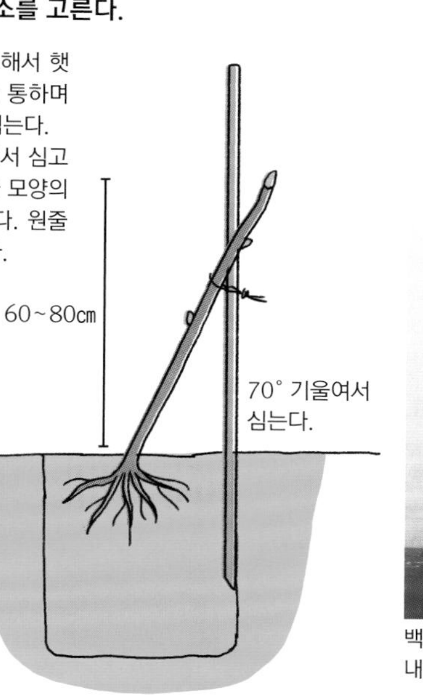

백봉 2년생. 곁가지를 솎아내고 원줄기 끝을 자른다.

이것이 알고 싶다! >>> 복숭아·천도복숭아

Q 2가지 품종을 재배해도 열매가 달리지 않는 이유는?

A 백도 2종류를 심었을 가능성이 크다.

복숭아는 1그루만 있어도 열매를 맺는 것이 많지만, 백도 계통의 품종은 꽃가루가 적고 생식능력이 낮은 것이 특징이다. 그래서 꽃가루받이나무를 심어야 하는데, 같은 백도 계통끼리는 꽃가루받이나무 기능을 하지 못한다. 「백도+백도 이외의 복숭아(황도, 천도복숭아 등)」의 조합으로 심거나 자두를 같이 심으면 열매가 잘 달린다.

비료주기

밑거름_ 12~1월에 유기질배합비료(p.239) 1kg을 기준으로 준다. 3월에는 화성비료(p.239) 100g을 기준으로 준다.

가을거름_ 9월에 화성비료 50g을 기준으로 준다. 비료를 빨리 주면 영양분이 가지로 가서 꽃눈이 달리지 않으므로 꽃눈이 달린 뒤에 준다.

2 가지치기 12월 중순~2월

전체적으로 햇빛이 잘 들도록 필요 없는 가지를 솎아내고, 중간열매가지나 긴열매가지가 나오도록 가지치기한다.

나무모양만들기

좁은 장소에서도 관리하기 쉬운 Y자모양의 개심자연형으로 아담하게 키운다.

Y자 개심자연형

1년차 겨울

곁가지는 모두 밑동에서 자르고, 원줄기는 60~80㎝로 자른다.

2년차 겨울

제1원가지와 제2원가지를 남기고, 다른 원가지와 버금가지를 자른다.

3년차 겨울

전년도 가지에서 나온 버금가지는 남겨서 끝을 자르고, 그 해의 새가지에서 나온 버금가지는 솎아낸다.

열매 맺는 습성

전년도 가지의 끝~중간에 꽃눈이 달린다. 짧은열매가지보다 중간열매가지나 긴열매가지에 좋은 열매가 달린다.

겨울

순정꽃눈
꽃눈과 잎눈
잎눈
전년도에 자란 가지

여름

열매

다음 해 겨울

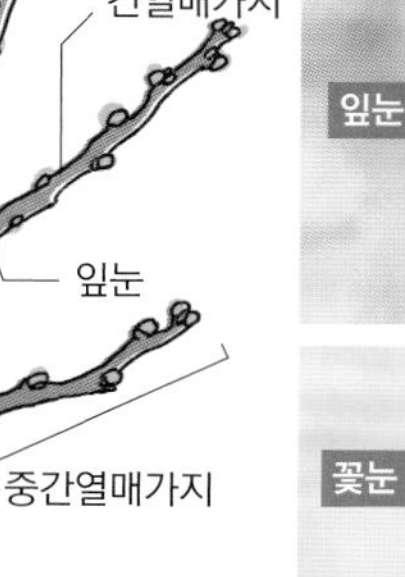

꽃눈·잎눈

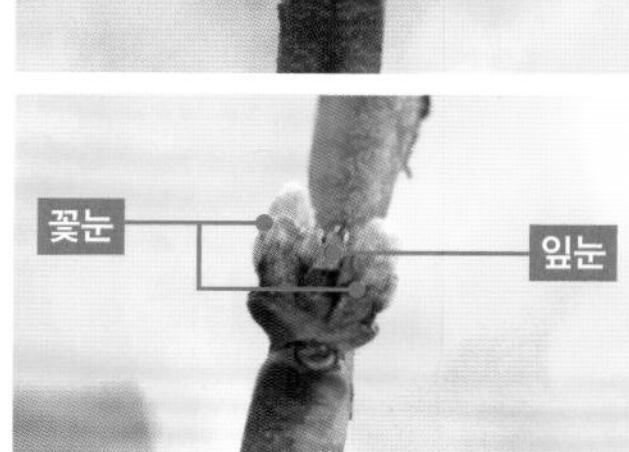

01 중앙의 높은 원가지부터 시작한다.

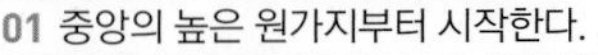

겨울가지치기 3년생 어린나무의 가지치기 예. 3개의 원가지를 남기는 변칙주간형으로 완성한다.

02 끝을 정하고 남기고 싶은 부분에서 자른다.

03 남기는 곁가지는 끝을 자른다.

04 중앙의 높은 가지의 가지치기가 끝난 모습.

05 오른쪽 원가지도 끝을 정해서 자른다.

06 자른 모습.

07 교차지를 정리한다.

08 자른 모습.

09 왼쪽 원가지도 똑같이 정리하고 남은 가지는 끝을 자른다.

10 가지치기가 끝난 모습.

3 개화 · 꽃가루받이 4월

복숭아의 개화는 4월경. 백도 등 꽃가루가 적은 품종은 인공꽃가루받이를 통해 열매가 잘 달리게 한다.

핑크색 꽃이 핀다. 사진은 백봉의 꽃

인공꽃가루받이

6~7월경 꽃가루가 많은 품종의 꽃가루를 붓에 묻혀서 문지르듯이 꽃가루받이시킨다.

4 열매솎기 5월

꽃이 핀 뒤 4주 뒤와 5월 하순에 2번 하는데, 아래로 향한 좋은 열매를 남기고 솎아낸다. 가까이에 잎이 있는 열매를 남긴다.

01 긴열매가지는 2~3개, 중간열매가지는 1~2개로 솎아내고 짧은열매가지는 3~5개에 열매 1개를 기준으로 솎아낸다. 잎 25장(조생종은 잎 30장)에 1개도 좋다.

02 가위로 잘라도 되고 손으로 따도 된다. 작은 열매나 위를 향한 열매를 딴다.

03 5개에서 2개로 솎아낸 모습.

04 5월 하순에 1개만 남긴다.

5 봉지씌우기 5월 중순~하순

열매솎기가 끝나면 봉지를 씌워 병해충이나 비바람에 의한 열매터짐을 예방한다.

01 2번째 열매솎기 후 봉지를 씌운다. 02 복숭아는 열매꼭지가 짧기 때문에 가지에 고정시킨다. 03 봉지를 씌운 모습.

병해충 대책

병_ 잎오갈병은 발생한 부분을 제거한다. 검은별무늬병은 가지치기로 햇빛과 바람이 잘 통하게 해서 예방하고, 잿빛무늬병은 봉지씌우기로 예방한다.

해충_ 진딧물, 심식충, 복숭아유리나방, 복숭아유리나방 등은 발견 즉시 잡아서 제거한다.

▲ 병에 걸린 과일.

▲ 잎오갈병 걸린 잎.

6 수확 6~8월

수확 전에 봉지를 제거하고 1주일 정도 햇빛을 받게 해서 색이 들게 한다. 봉지를 씌운 채로 수확해도 좋다.

껍질이 핑크색이 되고 달콤한 향기가 나면 수확한다.

과일 이용 방법

날것으로 먹거나 콩포트나 잼을 만들어도 좋다. 또한 퓌레를 만들어서 무스나 셔벗을 만들어도 좋다.

컨테이너 재배 물이 잘 빠지고 공기가 잘 통하게 한다

복숭아와 천도복숭아는 물이 잘 빠지는 토양을 좋아하고 흙 속의 산소농도에 민감하다. 공기가 잘 통하지 않으면 뿌리가 썩으니 화분에 배수용 돌을 넉넉히 넣어 공기가 잘 통하게 한다.

또한 열매솎기를 충실하게 해서 컨테이너 재배의 경우에는 가지 1개에 열매 1개, 1개의 화분에 3~5개 정도로 솎아낸다. 봄~여름에 걸쳐서 강풍을 맞으면 가지와 잎에 상처가 나고 병에 걸리기 쉬우므로 바람이 강할 때는 컨테이너를 옮긴다.

POINT

화분 크기

7호 이상의 화분에 심는다. 뿌리가 꽉 찰 수 있으므로 2년에 1번 큰 화분으로 옮겨 심는다.

사용하는 흙

적옥토와 부엽토를 1:1로 섞은 용토에 심는다. 12~1월, 8월에 유기질배합비료(p.239)를 준다.

물주기

7~8월은 1일 2번, 물을 듬뿍 준다. 그 외의 시기에는 흙이 건조해지면 준다. 봄과 가을은 1달에 4~5번, 겨울은 1~2번만 준다.

묘목 심기와 가지치기

아카쓰키 2년생. 원가지 4개는 모두 남기고 각 원가지의 끝을 자른다. 심고 가지치기를 마친 모습.

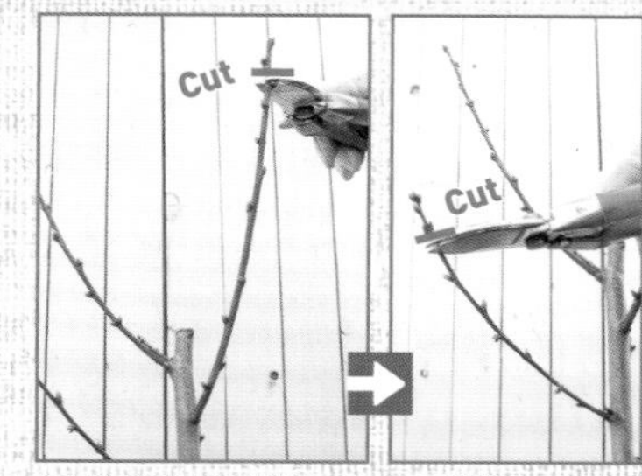

01 오른쪽 원가지는 오른쪽으로 자라는 바깥쪽 눈 위에서 자른다. 02 왼쪽의 2개도 원하는 방향의 바깥쪽 눈 위에서 자른다.

03 아래의 원가지도 마찬가지로 끝을 자른다.

비파

긴 타원형의 잎이 무성한 나무는 정원수로도 좋다.
생육이 왕성하여 점점 크게 자란다.

장미과 | 난이도 | 보통

겨울에 꽃이 피므로 가지치기 시기에 주의한다. 열매가 지나치게 많이 달리지 않도록 꽃봉오리와 열매를 솎아낸다.

DATA

영어이름 Loquat, Japanese medlar
분류 갈잎큰키나무
나무키 2.5~3m
자생지 한국, 일본, 중국
일조조건 양지
수확시기 6월
재배적지 제주도, 경상남도, 전라남도
열매 맺는 기간 4~5년(정원 재배) / 3~4년(컨테이너 재배)
컨테이너 재배 가능(7호 화분 이상)

추천 품종

장기조생	조생종. 중과. 나무자람새가 강하고 크게 자라기 쉽다. 수확시기는 5월 하순. 온난지 재배에 적합하다.
무목	조생종. 중과. 단맛이 강하고 신맛이 적으며 껍질을 벗기기 쉽다. 수확시기는 5월 하순~6월 상순. 온난지 재배에 적합하다.
전중	만생종. 대과. 신맛이 강하다. 수확시기는 6월 중순~하순. 추위에 비교적 강하다.
탕천	중생종. 대과. 아담하게 만들기 쉽다. 수확시기는 6월 상순~중순. 장기조생이나 무목보다 조금 추운 지역에서 재배하는 것이 좋다.
방광	중생종. 대과. 아담하게 만들기 쉽다. 수확시기는 6월 상순. 비교적 추운 지역에서도 재배할 수 있다.

비파나무는 겨울에 꽃이 피는데, 흰 꽃이 송이 모양으로 달린다.

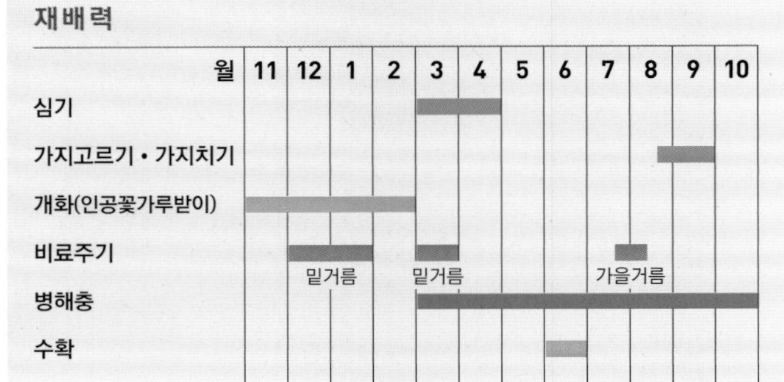

특징

중국 원산으로 정원에서 재배하기 쉬운 과일나무

한국, 중국, 일본에 분포하는 과일나무. 늘푸른나무로 꽃은 11~12월경에 피는데, 봉오리나 꽃, 어린 열매는 저온에 약하므로 한랭지에서는 재배하기 힘들다. 겨울 기온이 따뜻하고 토심이 깊으며 비옥한 땅에서 잘 자란다. 한국의 경우 주로 남부지방에서 재배한다.

새잎이 자라는 봄부터는 타원형의 긴 잎이 달려서 아름다운 나무 모양을 즐길 수 있다. 방치해두면 점점 크게 자라서 수확하기 어려우므로, 가지치기를 잘 해야 한다.

품종 선택 방법

재배 장소에 따라 품종을 선택한다

비파나무는 1그루만 있어도 열매가 달리므로 1가지 품종만 키워도 열매를 수확할 수 있다. 온난지에서는 어떤 품종이든 재배할 수 있지만, 겨울에 기온이 많이 내려가는 한랭지에는 중생종이나 만생종인 「전중」 등이 적합하다. 키우는 장소나 기후에 맞는 품종을 선택해야 한다.

컨테이너에 심은 뒤 기온이 낮을 때는 실내로 옮겨주면, 한랭지에서도 조생종을 재배할 수 있다.

1 심기 3~4월

일반적으로 3~4월이 알맞은 시기이지만 늘푸른나무이므로 6월과 9~10월에도 심을 수 있다. 겨울에도 햇빛이 잘 드는 장소를 선택한다.

01 장기조생 1년생. 기본심기(p.204)를 참조해서 심는다.

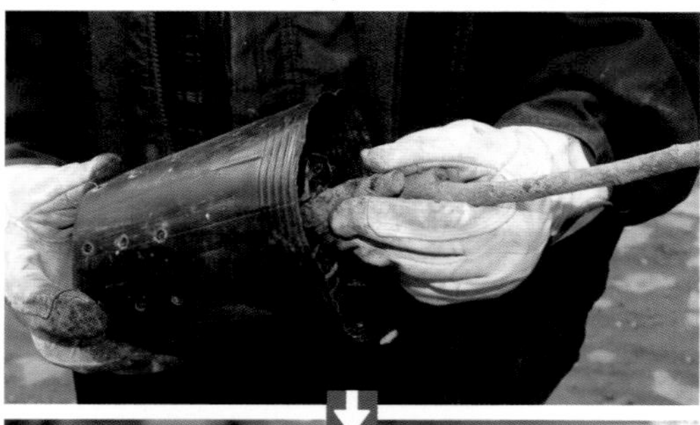

02 포트에서 묘목을 조심스럽게 빼낸다.

03 하얀 뿌리가 감겨 있다. 새눈이 나올 시기이므로, 뿌리를 흩트리지 않고 그대로 심는다.

비료주기

밑거름_ 12~1월에 유기질배합비료(p.239) 1kg을 기준으로 준다. 3월에는 화성비료(p.239) 500g을 기준으로 준다.

가을거름_ 열매가 달리게 되면 수확 후 7월 하순~8월경 화성비료 40g을 기준으로 준다.

04 접붙인 부분이 흙 위로 나오도록 얕게 심는다.

05 물이 잘 빠지는 약산성 토양을 좋아한다.

2 가지치기 8월 하순~9월

로프 등으로 가지를 ▶ 잡아당겨서 유인한다.

가지치기는 봉오리가 보이는 9월경에 한다. 복잡한 가지를 정리해서 나무 모양을 다듬고 꽃눈을 정리한다.

나무모양만들기

방치하면 크게 자라서 관리하기 힘들어지므로 4~5년에 걸쳐 반원형으로 만든다.

반원형

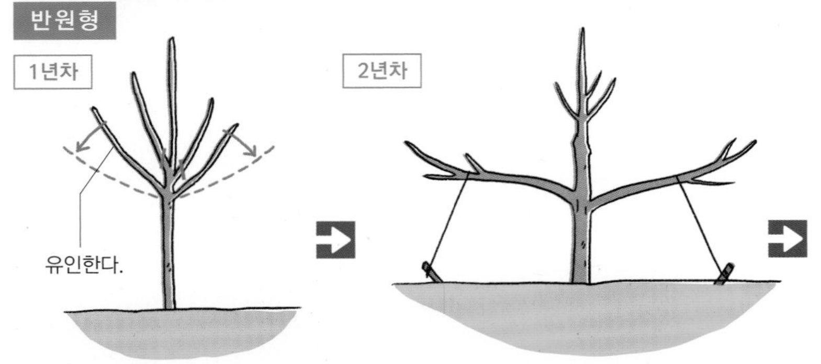

가지가 바퀴살가지 형태로 나오므로 3개만 남기고 솎아낸다.

가운데 가지는 그대로 두고 원가지 2개를 좌우로 벌어지게 유인한다. 다른 가지는 자른다.

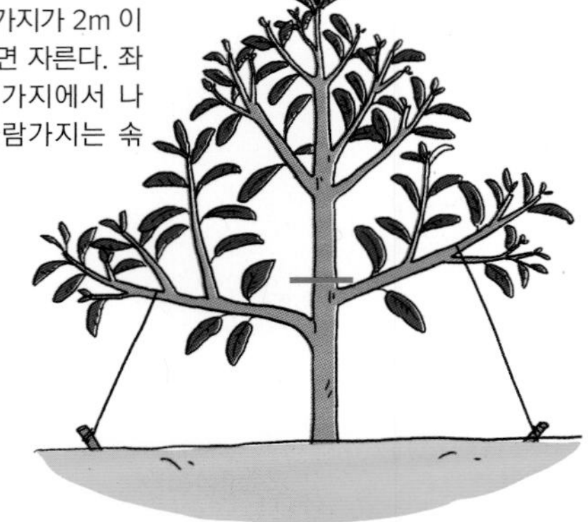

가운데 가지가 2m 이상이 되면 자른다. 좌우의 원가지에서 나온 웃자람가지는 솎아낸다.

몇 년 정도 열매가 달린 곁가지는 키우고 싶은 부분을 남기고 윗부분은 자른다. 좌우로 유인한 원가지는 몇 년에 한 번씩 새가지로 갱신해야 하므로, 원줄기 가까이에 있는 원가지를 다음을 위해 준비해 둔다.

열매 맺는 습성

비파나무는 주로 가운데 가지의 끝부분에 꽃눈이 달린다. 옆으로 자란 덧가지에 달리는 경우도 있다.

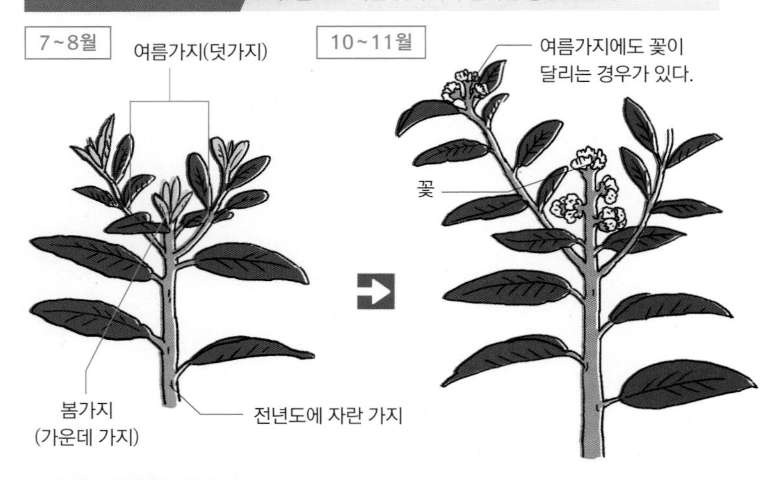

꽃눈 가지고르기

9월이 되면 꽃눈과 잎눈이 달려 있으므로 꽃눈과 잎눈을 1개씩 남기고 가지고르기를 한다.

01 꽃눈 1개, 잎눈 2개가 있으므로 잎눈을 1개만 남긴다.

02 잎눈은 잘 자란 것을 남기고 자른다.

03 자른 모습.

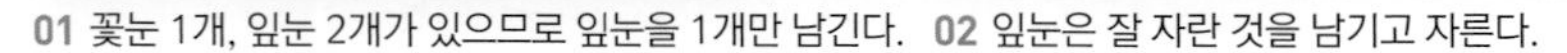

3 꽃송이솎기 10월

새가지 끝에 많은 꽃송이가 달리고, 1개의 꽃송이에 100개 정도의 꽃이 핀다. 꽃송이가 많은 경우에는 솎아낸다.

끝부분의 꽃송이를 남기고 1/2~1/3 정도 솎아낸다.

4 꽃봉오리솎기 10월 하순

꽃송이를 솎아낸 뒤 꽃봉오리도 솎아낸다. 꽃봉오리 수를 제한하면 열매를 크게 키울 수 있다.

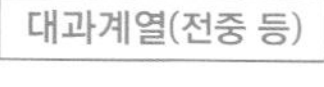

아래쪽 2개를 남긴 뒤, 각각 끝부분의 꽃봉오리를 솎아낸다.

중과계열(무목 등)

중간의 3~4개를 남긴 뒤, 각각 끝부분의 꽃봉오리를 솎아낸다.

5 개화·꽃가루받이 11~2월

10월부터 다음 해 2월에 걸쳐서 봉오리가 차례차례 개화한다. 꽃가루받이를 한 뒤 봄부터 과일이 커지기 시작한다.

비파 꽃봉오리.

비파 꽃.

이것이 알고 싶다! >>> 비파나무

Q 한 해 걸러 과일 수확량이 늘거나 줄어들 때는?

A **꽃송이·꽃봉오리·열매를 솎아서 열매 수를 관리한다.** 비파나무는 열매가 많이 달린 다음 해에는 열매가 잘 달리지 않는 「해걸이」를 많이 하는 과일나무이다. 11~2월에는 새가지 끝에 꽃송이(화방)가 많이 생기는데, 1/2 정도로 솎아내고 남은 꽃송이도 끝부분의 꽃봉오리를 잘라낸다. 또한 열매가 달리면 솎아내서 열매 수를 제한한다.

병해충 대책

병_ 암종병은 눈이나 가지, 잎, 열매 등에 발생하는데, 줄기에 혹이 생기고 열매에는 검은 반점이 나타난다. 묘목에 감염되는 경우가 많으니 구입할 때 반드시 체크한다.

해충_ 배나무왕진딧물, 바구미류 등. 진딧물은 발견 즉시 잡아서 제거하고, 바구미는 봉지를 씌워서 예방한다.

▲바구미 피해를 입은 과일.

▲병에 걸린 과일.

6 열매솎기 3월 · 5월

추위가 물러가는 봄을 기다려서 열매를 솎아낸다. 최종적으로는 1개의 꽃대에 열매를 1개씩 남긴다.

1번째 열매솎기 3월 하순

1개의 꽃대에 3~4개의 열매가 남도록 솎아준다. 병해충 피해를 입은 열매나 작은 열매, 모양이 이상한 열매가 열매솎기의 대상이 된다.

2번째 열매솎기 5월 상순

1개의 꽃대에 1개의 열매가 남도록 솎아낸다. 모양이 보기 좋고 커다란 것을 남긴다.

7 수확 6월

오렌지색으로 부드럽게 익은 것부터 순서대로 수확한다. 나무에 달린 채로 두면 맛이 떨어지므로 빨리 수확한다.

잡아당기지 말고 가위로 잘라서 수확한다.

POINT

봉지씌우기로 병충해를 예방한다

열매솎기가 끝난 3~4월경에 봉지를 씌우면 병충해나 잎에 상처가 나는 것을 예방할 수 있다.

대과계열은 1개씩, ▶ 그 외에는 송이 별로 봉지를 씌운다.

과일 이용 방법

날것으로 먹는 방법 외에 잼이나 콩포트 등으로 이용할 수 있고 과실주를 담가도 좋다. 일본에서는 비파 씨를 꿀에 절여서 먹기도 한다.

컨테이너 재배 　햇빛이 잘 드는 장소에서 재배하고 강풍에 주의한다

기본적인 재배방법은 땅에 심을 때와 같다. 1그루만 있어도 열매가 달리므로 1가지 품종만 심으면 되고, 비료를 많이 안 줘도 잘 자라므로 키우기 쉽다. 햇빛이 잘 드는 장소에 컨테이너를 두고 추울 때는 처마 밑 또는 실내로 옮겨준다.

강풍에 약해서 컨테이너로 재배할 때도 강한 바람을 맞으면 잎에 상처가 생기고 병에 걸릴 수 있다. 늘푸른나무로 잎이 떨어지지 않고 잎 크기도 크기 때문에 바람을 막아주는 것이 좋다. 아파트 고층 등에서 재배하는 경우에는 특히 주의해야 한다.

POINT

화분 크기

6~7호 화분에 심고 열매가 달리면 1년에 1번은 한 치수 위의 큰 화분에 옮겨 심는다.

사용하는 흙

적옥토와 부엽토를 1:1로 섞은 용토에 심는다. 12~1월과 6월 하순에 유기질배합비료(p.239)를 준다.

물주기

흙이 건조해지면 물을 듬뿍 준다. 여름에는 1일 2번, 다른 계절에는 1일 1번 물을 준다.

묘목 심기

장기조생. 열매가 달려 있으므로 그대로 심는다.

장기조생. 꽃이 피었으므로 자르지 않고 심는다.

개심자연형

가지가 위로 뻗으면 꽃눈이 잘 달리지 않으므로, 아래쪽 가지는 수평으로 자라게 유인하는 것이 좋다.

아래쪽 2개의 원가지를 벌려서 유인한다.

컨테이너에 줄을 묶어서 가지를 유인한다. 원줄기는 받침대를 세워서 유인한다.

뽀뽀나무

가을에는 잎이 노랗게 변해서 정원수로도 매력적인 나무.
「포포나무」라고도 하며, 크림색 열매에 독특한 향이 있다.

뽀뽀나무과 | **난이도** 보통

어린나무일 때는 건조에 약하므로 물이 부족하지 않도록 충분히 준다.

DATA

영어이름 Papaw, Pawpaw
분류 갈잎큰키나무
나무키 3~4m
자생지 북미 동부
일조조건 양지
수확시기 9~10월
재배적지 전국 대부분의 지역
열매 맺는 기간 4~5년(정원 재배) / 3~4년(컨테이너 재배)
컨테이너 재배 가능(7호 화분 이상)

재배력

월	11	12	1	2	3	4	5	6	7	8	9	10
심기		■ 온난지			■ 한랭지							
가지고르기・가지치기		■	■									
개화(인공꽃가루받이)						■	■					
비료주기		■ 밑거름	■		■ 밑거름						■ 가을거름	
병해충(없음)												
수확											■	■

추천 품종

품종	특징
웰스	열매가 많이 달리는 풍산성으로 열매 크기도 크다. 내한성이 강해 전국에서 재배 가능하다. 1개 300~400g
선플라워	열매가 많이 달리는 조생종. 과육은 황금색을 띤다. 1개 200g 정도.
NC1	캐나다에서 만든 조생종. 1개 400g 정도의 커다란 열매가 열리는데, 진한 단맛이 난다. 추위에 강하다.
윌슨	단맛이 있고 큰 열매가 달리는 조생종. 비교적 재배하기 쉽다.
스위트앨리스	열매가 많이 달리는 풍산성이며, 단맛이 강하고 품질이 뛰어난 품종. 비교적 아담한 나무모양으로 좁은 공간에서도 키우기 쉽다. 1개 200g 정도.
미첼	바나나 같은 달콤한 향기에 크리미한 맛의 열매가 많이 달리는 조생종. 1개 200~300g.

진한 자주색의
이국적인 꽃이 핀다.

특징

크림같은 과육이 맛있고 재배하기 쉬운 과일나무

열대과일처럼 독특한 풍미가 있으며, 과육은 바나나와 망고를 섞은 것 같은 맛이 난다. 흔하지 않은 과일나무이지만 일본이나 한국에서도 어렵지 않게 뽀뽀나무를 볼 수 있다.

온난한 지역에서 재배하는 것이 좋지만, 내한성이 강한 품종도 있으므로 전국에서 재배할 수 있다. 병해충에도 강하므로 재배하기 쉬운 과일나무이다.

품종 선택 방법

2가지 품종 이상 심으면 열매가 잘 달린다

뽀뽀나무는 1가지 품종만 있어도 열매가 달리지만, 2가지 품종 이상 같이 심으면 열매가 더 잘 달린다. 품종에 따라 꽃피는 시기나 수확시기가 다르므로 꽃피는 시기가 비슷한 2가지 품종을 선택하면 확실하게 꽃가루받이를 시킬 수 있다.

또한 품종별로 내한성에도 차이가 있으므로 키우는 장소나 환경에 적합한 품종을 선택해야 한다. 추위에 강한 웰스 품종 등이 가정재배에 적합하다.

1 심기 12월(온난지) / 3월(한랭지)

기본심기(p.204)를 참조해서 12월에 심는다. 한랭지는 3월이 좋다

수분보존력이 좋은 비옥한 장소를 좋아한다. 가는 뿌리가 많이 있는 묘목을 선택해서, 뿌리를 흩트리지 않고 심은 뒤 물을 듬뿍 주고 받침대를 세워서 유인한다.

비료주기

밑거름_ 12~1월에 유기질배합비료(p.239) 1kg을 기준으로 준다. 3월에는 화성비료(p.239) 100g을 기준으로 준다.
가을거름_ 9월 상순에 화성비료 50g을 기준으로 준다.

열매 맺는 습성

전년도에 자란 새가지의 아래쪽부터 중간부분까지 꽃눈이 달린다.

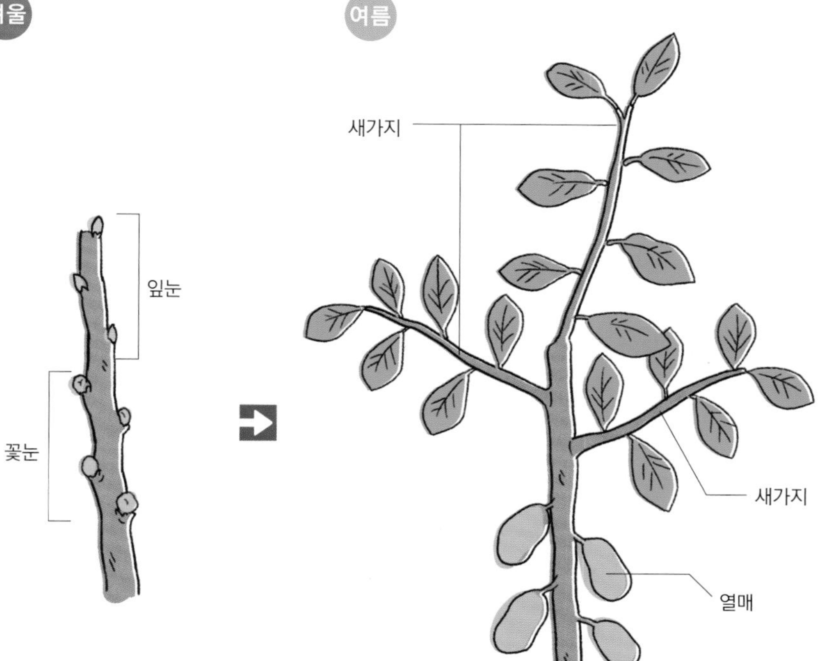

2 가지치기 12~1월

직립성으로 방치해두면 3~5m의 큰키나무가 되기 쉬우므로, 원줄기를 잘라서 아담하게 만드는 것이 좋다.

나무모양만들기

변칙주간형 외에 원가지를 여러 개 자라게 하는 다간형(p.215)도 좋다.

변칙주간형

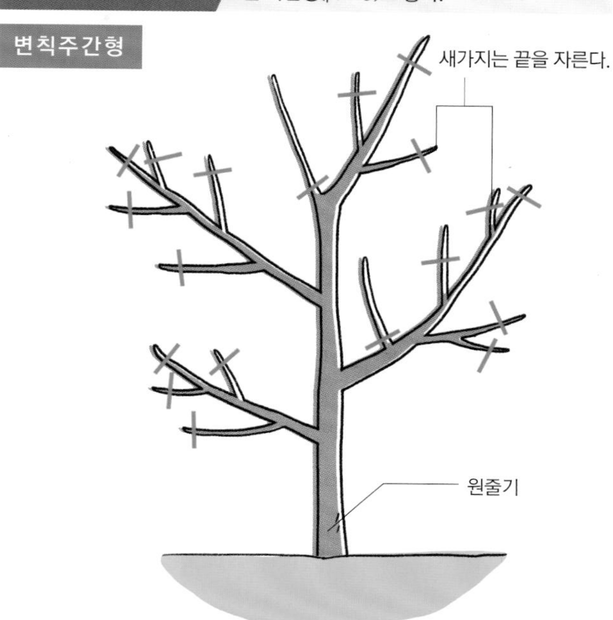

원줄기를 짧게 자르고 3~4개의 원가지를 키운다. 원가지에서 나오는 새가지는 끝을 1~2마디 정도 살짝 자른다.

꽃눈·잎눈

부풀어 오른 것이 꽃눈.

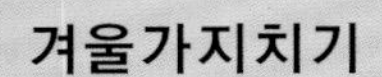

겨울가지치기

바퀴살가지나 평행지 등 필요 없는 가지를 솎아내는 작업을 주로 한다.

01 뽀뽀나무 6년생. 나무가 지나치게 크게 자랐으므로 관리하기 쉬운 높이로 가지치기한다.

02 맨 위를 정한다. 맨 위를 정하면 거기서부터 원뿔모양이 되도록 다른 가지를 정리한다.

03 맨 위로 정한 가지보다 높은 가지는 자른다.

04 자른 모습.

05 맨 위로 정한 가지의 끝을 자른다.

06 맨 위보다 높은 가지는 정리한다.

07 자른 모습.

08 바퀴살가지와 복잡한 가지를 잘라서 정리한다.

09 자른 모습. 같은 방법으로 다른 가지도 정리한다.

10 웃자람가지와 가는 가지를 솎아낸다.

11 안쪽으로 뻗은 가지를 솎아낸다.

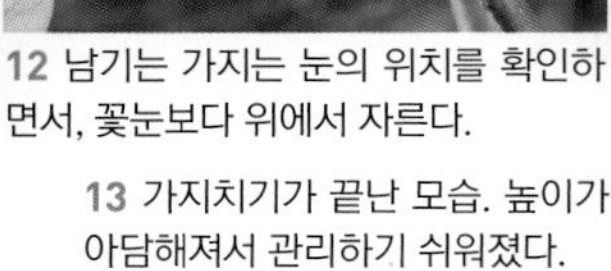

12 남기는 가지는 눈의 위치를 확인하면서, 꽃눈보다 위에서 자른다.

13 가지치기가 끝난 모습. 높이가 아담해져서 관리하기 쉬워졌다.

3 개화 · 꽃가루받이 4~5월

암술보다 수술이 빨리 성숙하기 때문에 2가지 품종을 심어서 인공꽃가루받이를 시키는 것이 좋다.

01 뽀뽀나무 꽃 봉오리.

02 꽃이 피기 시작했다.

인공꽃가루받이

03 활짝 펴서 꽃밥이 벌어진 것을 확인한 뒤, 붓으로 꽃가루받이를 시킨다. 1그루밖에 없는 경우에는 먼저 핀 꽃을 종이에 포장해서 냉장보관한 뒤, 꽃가루받이에 사용한다.

04 열매 맺기 시작한 모습.

POINT

열매가 많으면 솎아낸다

열매가 많이 달린 경우에는 잎 10장에 열매 1개, 가지 1개에 열매 1~2개를 기준으로 솎아낸다.

4 수확 9~10월

녹색이 옅어지고 갈색으로 변하기 시작하면 수확할 때이다.

▲ 열매에 네트를 씌워두면 새로 인한 피해나 낙과를 예방할 수 있다.

▲ 익으면 저절로 떨어지므로 익기 조금 전에 수확한다.

과일 이용 방법

날것으로 먹는 방법 외에 요구르트와 같이 믹서에 넣고 갈아서 스무디를 만들어 마시거나 무스 등을 만들어도 좋다. 뽀뽀나무 열매 특유의 부드러운 식감을 즐길 수 있다.

컨테이너 재배 2가지 품종을 재배하면 열매가 잘 달린다

1그루만 있어도 열매가 달리지만, 2가지 품종을 2개의 화분에 각각 심거나 인공꽃가루받이를 해주면 열매가 더 잘 달린다.

직립성이 강하므로 길게 자란 가지를 잘라서 변칙주간형으로 아담하게 만든다. 화분 높이의 2.5~3배 정도를 기준으로 가지치기한다.

POINT

화분 크기

7~8호 화분에 심는다. 성장과 함께 분갈이한다.

사용하는 흙

적옥토와 부엽토를 1:1로 섞은 용토에 심는다. 12~1월, 8월 상순에 유기질배합비료(p.239)를 준다.

물주기

겨울에는 흙이 건조해지면 낮에 물을 조금 준다. 여름에는 1일 2번을 기준으로 충분하게 준다. 어린나무일 때는 건조에 약하므로 특별히 신경 써서 물을 줘야 한다.

이것이 알고 싶다! >>> 뽀뽀나무

Q 며칠 동안 여행을 다녀오니 나무가 시들어버렸다면?

A 물이 부족하지 않도록 각별히 주의해야 한다.

뽀뽀나무는 건조에 약하므로 컨테이너 재배의 경우에는 물 주는 것을 잊지 않도록 주의해야 한다. 8, 9월은 1일 2번씩 아침저녁으로 물을 듬뿍 주고, 1주일 이내의 외출이라면 커다란 플라스틱 케이스 등에 물을 넣고 화분을 물에 담가놓는 것이 좋다. 또한 화분 속에 뿌리가 꽉 차서 더 이상 자라지 못하게 되면 뿌리가 물을 빨아들이지 못하므로, 6월경에 한 치수 큰 화분으로 옮겨 심는다.

사과·꽃사과

추위에 강해서 세계적으로 널리 재배된다.
수천 가지 이상의 품종이 있는 대표적인 과일나무.

장미과 | **난이도** 보통

비나 과습에는 약하지만, 여름에 물이 부족하면 과일이 잘 자라지 못하므로 주의한다.

DATA

영어이름 Apple　　분류 갈잎큰키나무
나무키 2.5~3m　　자생지 서아시아
일조조건 양지　　수확시기 9~11월 중순
재배적지 경북, 충남, 충북, 경기, 경남 등
열매 맺는 기간 5~7년(정원 재배·왜성대목의 묘목은 3년) / 3년(컨테이너 재배)
컨테이너 재배 쉬움(7호 화분 이상)

추천 품종

산사	조생종. 소중과. 온난지 재배에 적합하다. 다른 주요 품종과 조합하면 열매가 잘 달린다. 완숙하면 고유의 맛이 난다.
쓰가루	조생종. 대과. 단맛이 강하다. 점무늬낙엽병에는 강하지만 흰가루병에는 약하다. 온난지 재배에 적합하다.
천추	중생종. 중과. 다른 주요 품종과 조합하면 열매가 잘 달린다. 온난지 재배도 가능하다.
알프스오토메	중생종. 열매는 작지만 재배하기 쉬워서 초보자도 재배할 수 있다.
세계일	중생종. 열매가 매우 크며, 열매솎기를 빨리 해야 한다. 「부사」나 「왕림」과는 교배가 잘 되지 않는다.
홍옥	중생종. 소중과. 단맛과 신맛의 균형이 잘 맞고 조리·가공용으로도 좋다. 점무늬낙엽병에 강하지만 흰가루병에는 약하다.
육오	중생종. 중대과. 꽃가루받이나무로는 적합하지 않다. 「홍옥」을 꽃가루받이나무로 심으면 좋다.
신세계	중생종. 중과. 과육은 거칠지만 단맛이 강하고 꿀이 있다. 덜 익은 열매는 떫은맛이 난다.
북두	중생종. 중대과. 과육이 촘촘하고 과즙이 듬뿍 들어 있으며, 단맛과 신맛의 균형이 잘 맞는다. 점무늬낙엽병에 강하다.
왕림	만생종. 중과. 열매가 황록색인 녹색 사과. 향기가 좋고 맛도 좋다. 오래 보관할 수 있다.
부사	만생종. 중과. 가장 많이 재배되는 대표적인 사과 품종. 단맛이 강하고 맛있다. 온난지 재배도 가능하다.
크랩 애플	만생종. 작은 열매가 주렁주렁 열린다. 좁은 공간에서 재배가 가능하며, 다른 품종의 꽃가루받이나무로도 좋다.

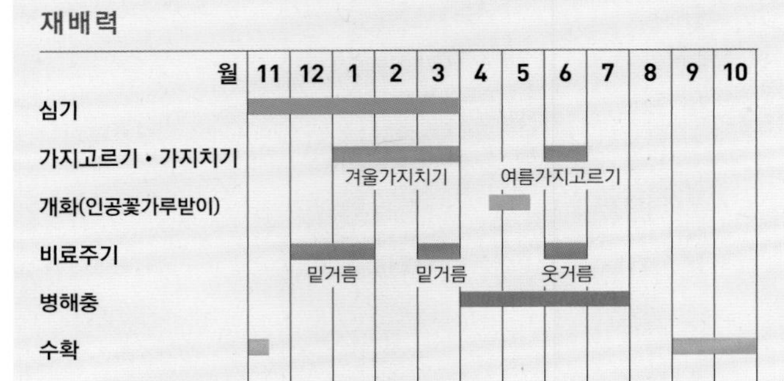

특징

4천 년 이상의 역사가 있는 친숙한 과일나무

신화나 전설에도 등장하는 사과는 유럽에서는 4천 년 이상 재배된 역사가 긴 과일이다. 사과나무는 다른 과일나무에 비하여 비교적 서늘한 기후를 좋아하는데, 품종에 따라서는 남쪽 지방에서도 재배가 가능하다.

단, 겨울에 7° 이하의 저온에 장시간 두지 않으면, 봄에 싹이 잘 나오지 않거나 꽃이 피지 않는 경우가 있어 1년 내내 온난한 지역은 적합하지 않다.

품종 선택 방법

개화시기가 맞는 품종을 꽃가루받이나무로 선택한다

대부분의 품종이 1그루만 있으면 열매를 맺지 않으므로 2가지 품종 이상을 함께 심어야 한다. 개화기가 맞는 품종 중에서도 궁합이 맞는 품종을 선택한다.

「알프스오토메」나 「크랩 애플」 등 작은 열매 품종을 꽃가루받이용으로 컨테이너에서 재배해도 좋다. 또한 「육오」는 다른 품종의 꽃가루받이나무로는 적합하지 않으며, 「육오」에는 「홍옥」을 꽃가루받이나무로 사용하면 좋다.

1 심기 11월~3월

햇빛이 잘 들고 서향 빛이 닿지 않으며 건조하지 않은 곳에 기본심기(p.204)를 참조해서 심는다.

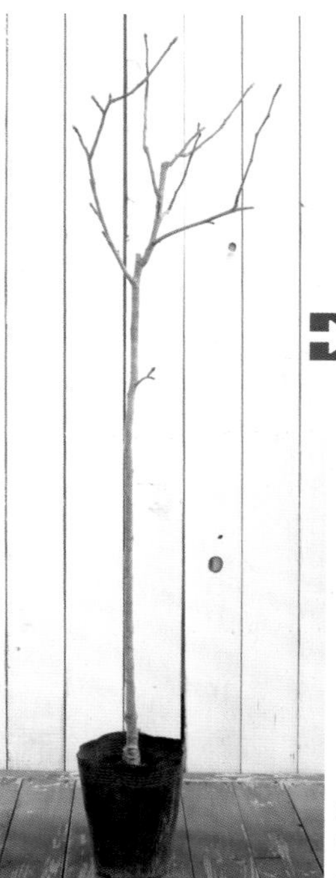

01 쓰가루 3년생 묘목. 가정에서는 아담하게 재배할 수 있는 왜성대목이 좋다.

02 포트를 제거하고 바닥과 옆면의 뿌리를 살짝 흩트린 뒤에 심고, 적옥토와 부엽토를 섞은 용토를 사용한다.

03 물집을 만들어서 물을 듬뿍 준다. 뿌리내릴 때까지 받침대를 세워서 흔들리지 않게 잡아주는 것이 좋다.

이것이 알고 싶다! >>> 사과

Q 따뜻한 지역에서도 재배할 수 있을까?

A 품종에 따라 가능하다.
원래 사과나무는 한랭지 재배에 적합한 나무이지만 온난지에 적합한 품종을 선택하면 재배할 수 있다.
추천품종은 「쓰가루」나 「천추」 등이며, 여름 더위에 나무가 약해질 수 있으니 서향 빛이 닿는 장소를 피해서 심고 병해충 대비도 확실하게 해야 한다.
또한 온난지에서 재배할 경우 한랭지에 비해 열매가 빨리 익는데, 색깔이 조금 연하며 오래 보관할 수 없다.

비료주기

밑거름_ 12~1월에 유기질배합비료(p.239) 1kg을 기준으로 준다. 3월에는 화성비료(p.239) 500g을 기준으로 준다.
가을거름_ 6월에 화성비료 50g을 기준으로 준다.

2 가지치기 1~3월

가지가 부드럽기 때문에 유인해서 나무모양을 만들기 쉽다.
3~4개의 원가지를 키워서 완성한다.

나무모양만들기 변칙주간형 외에 울타리형이나 U자형(p.215)으로도 가능하다.

변칙주간형

원가지의 끝을 바깥쪽 눈의 위치를 보면서 1/3 정도 자른다. 지면에 가까운 가지는 솎아낸다.

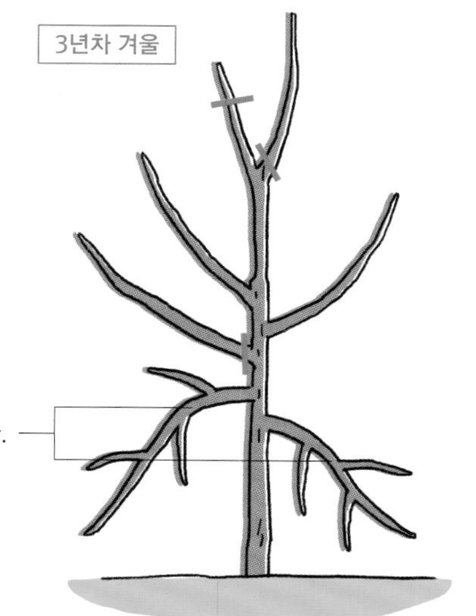

아래쪽 원가지 2개는 열매를 맺도록 수평보다 조금 아래쪽으로 유인한다. 평행지와 끝부분의 원가지는 솎아낸다.

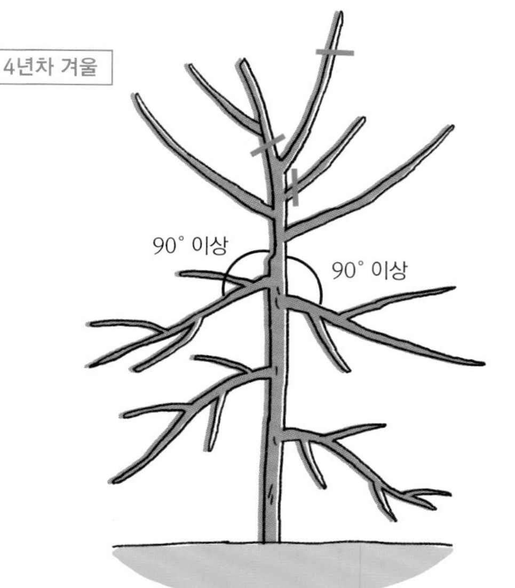

위쪽 가지도 3년차와 같은 방식으로 유인한다. 너무 높아지지 않도록 끝부분을 가지치기하고, 복잡해진 가지는 솎아낸다.

열매 맺는 습성

전년도 가지의 겨드랑눈에서 자란 새가지의 끝에 꽃눈이 달린다. 긴열매가지나 중간열매가지에도 꽃눈이 달리지만 짧은열매가지에 좋은 열매가 달린다.

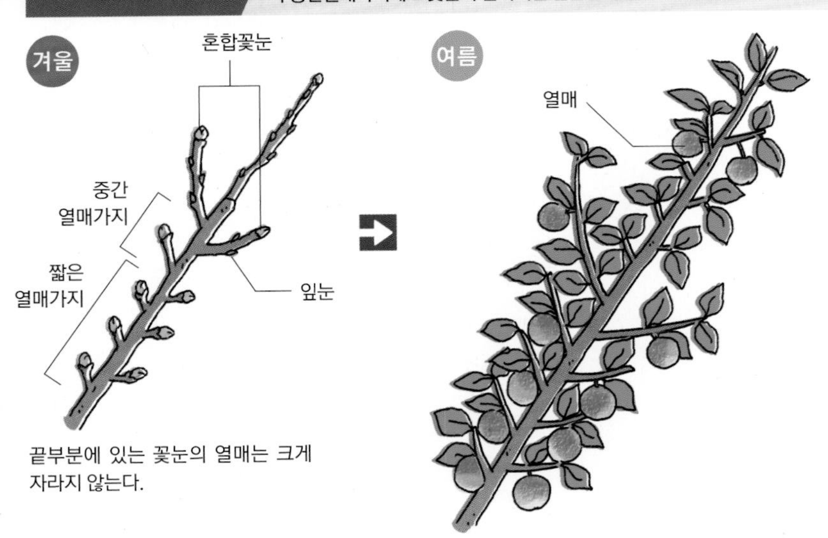

끝부분에 있는 꽃눈의 열매는 크게 자라지 않는다.

꽃눈·잎눈

겨울가지치기

웃자람가지나 안쪽으로 뻗은 가지, 평행지를 잘라서 나무모양을 정리한다. 짧은열매가지가 나오도록 남은 가지의 끝을 자른다.

01 8년생. 골격이 완성되었으므로 나무모양을 정리하는 가지치기를 한다. 왼쪽 원가지부터 작업한다.

02 먼저 끝을 정한 뒤 자른다.

03 바로 아래의 원가지는 끝보다 높아지지 않도록 가지치기한다.

04 위로 뻗은 가지를 자른 모습.

05 원가지에서 나온 버금가지를 정리한다.

06 여기서도 위로 뻗은 가지를 잘랐다.

07 그 아래의 버금가지도 정리한다.

08 위를 향해 자란 안쪽으로 뻗은 가지를 잘랐다.

09 다른 원가지도 왼쪽의 원가지처럼 필요 없는 가지를 가지치기한다. 마지막으로 짧은열매가지가 나오도록 남은 가지의 끝을 자르면 완성.

10 가지치기를 끝낸 모습.

3 개화·꽃가루받이 4월 하순~5월 중순

사과는 1개의 꽃송이에서 5~6개의 꽃이 핀다.

중앙의 꽃부터 피고 계속해서 주변의 꽃이 핀다. 꽃가루받이는 다른 품종의 꽃가루가 필요하다.

POINT

인공꽃가루받이를 하면 열매가 잘 달린다

다른 품종의 꽃을 따서 꽃가루를 암술에 묻힌다. 개화기가 맞지 않는 경우에는 수술의 꽃가루를 보관해두었다가 사용한다.

4 열매솎기 5~7월 상순

한곳에서 여러 송이의 꽃이 피고 처음에 핀 꽃이 가장 좋은 열매가 된다. 열매솎기는 2~3번에 나눠서 한다. 최종적으로 1개의 꽃송이에 열매 1개를 남긴다.

01 꽃이 피고 3~4주 후에 하는 1번째 열매솎기. 가운데의 커다란 열매가 처음 핀 꽃의 열매이다. 상처나 병이 있는 경우에는 처음 핀 꽃이라도 열매를 솎아낸다.

02 4개의 열매 중 가운데의 2개를 남기고 솎아낸다.

03 2개가 된 모습. 생리적 낙과가 끝나는 6월 하순에 2개가 남아 있으면 1개를 솎아낸다.

POINT

7월 하순에 3번째 열매솎기

대과 품종은 4~5개의 꽃송이에 열매 1개, 중과 품종은 3개의 꽃송이에 열매 1개를 기준으로 솎아낸다.

5 봉지씌우기 7월

열매솎기가 끝나면 봉지를 씌워서 병해충을 예방하는 것이 좋다. 봉지를 씌우지 않는 편이 단맛은 더 강해진다.

01 아래쪽에서부터 봉지를 씌우고 철사로 고정한다.

02 가지와 연결된 부분에 고정하면 OK. 수확 1개월 전에 봉지를 벗기고 햇빛을 받게 해서 색이 들게 한다.

병해충 대책

병_ 비나 습기에 약해서 장마철에는 병에 걸리기 쉬우므로 주의한다. 흰가루병, 점무늬낙엽병, 붉은별무늬병 등. 감염된 부분이나 점무늬가 나타난 부분을 제거한다.

해충_ 진딧물, 노린재, 잎말이나방류, 심식충류 등. 발견하면 잡아서 제거한다. 거친껍질을 깎아두면 예방할 수 있다.

▲노린재 피해를 입은 과일.

▲검은점무늬병에 걸린 과일.

6 여름가지고르기 6~7월

복잡한 부분을 정리해서 전체적으로 고르게 햇빛을 받게 하면 열매가 잘 달린다.

01 복잡한 새가지를 솎아낸다.

02 가지가 3개 있으면 2개로 솎아낸다.

03 1개를 정리한 모습.

01 안쪽으로 뻗은 가지나 웃자람가지는 솎아낸다.

여기를 자른다

02 밑동에서 자른다.

03 나무갓 안쪽에 햇빛이 들게 한다.

POINT

끝을 잘라서 1년 빨리 열매 맺게 한다

봄에 자란 새가지를 6월에 자르면 1년 빨리 짧은열매가지를 만들 수 있다.

짧은열매가지에는 튼실한 열매가 달린다. 30㎝ 이상의 새가지가 가지치기 대상.

7 수확 9~11월 중순

익어서 색이 든 것부터 수확한다. 손으로 쉽게 따지면 수확한다.

▲ 부사. 나무 위에서 완전히 익힌 과일의 맛은 각별하다.

▲ 알프스오토메. 날것으로 먹거나 과실주를 담가도 좋다.

과일 이용 방법

날것으로 먹는 방법 외에 잼이나 주스, 과실주 등으로 다양하게 활용할 수 있다. 신맛이 강한 품종은 구운 사과나 시럽절임 등을 만들면 맛있게 먹을 수 있다.

사과잼

[만드는 방법]

01 껍질을 벗기고 심을 제거한 뒤 은행잎 모양으로 썬다. 사과 무게의 30~40% 분량의 설탕을 섞어서 물이 생길 때까지 1시간 정도 그대로 둔다.

02 냄비에 얇게 썬 레몬 슬라이스 1장을 넣고 타지 않도록 저어주면서 중불로 졸인다. 걸쭉해지면 완성.

컨테이너 재배

많이 커지지 않는 품종을 선택하고, 강한 햇빛에 주의한다

사과나무는 상당히 크게 성장하므로 한정된 장소에서 재배하는 컨테이너 재배에는 「알프스오토메」나 「크랩 애플」 등의 작은 품종이 좋다. 「알프스오토메」는 1가지 품종만 재배해도 열매가 달리지만 가능하면 2가지 품종 이상 재배하는 것이 좋다.

변칙주간형으로 아담하게 키우거나 반원형(p.215)도 관리하기 편하다. 또한 강한 햇빛을 싫어하므로 여름철 오후에는 컨테이너를 그늘로 이동시킨다.

POINT

화분 크기

품종이 다른 묘목 2개를 각각 7~10호 화분에 심는다

사용하는 흙

적옥토와 부엽토를 1:1로 섞은 용토에 심는다. 12~1월, 5월경에 유기질배합비료(p.239)를 준다.

물주기

물이 부족하면 잎이 타버리므로, 꽃이 핀 뒤부터 과일이 커지는 7~8월까지는 물이 부족하지 않도록 주의한다. 흙이 마르지 않도록 1일 2번 정도 물을 준다.

묘목 심기와 가지치기

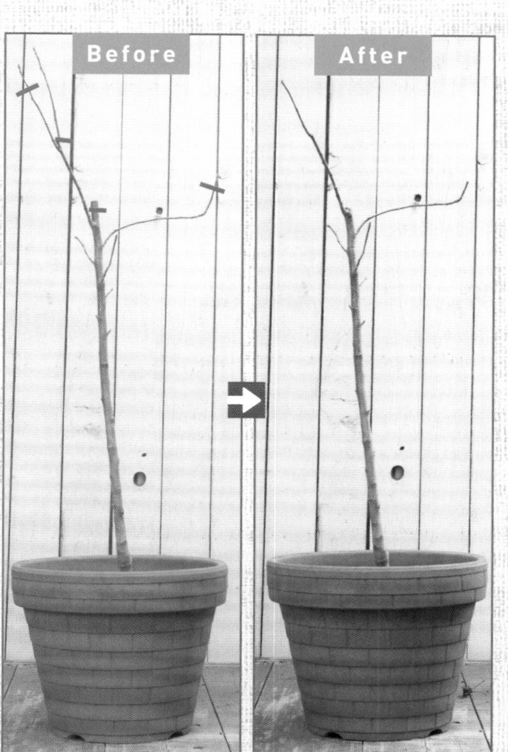

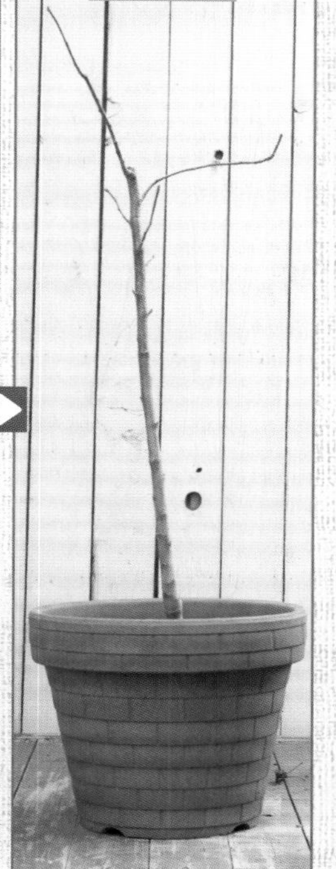

부사 3년생 묘목.

왼쪽의 원가지는 바퀴살가지이므로 1개만 남기고, 남은 가지도 끝을 자른다.

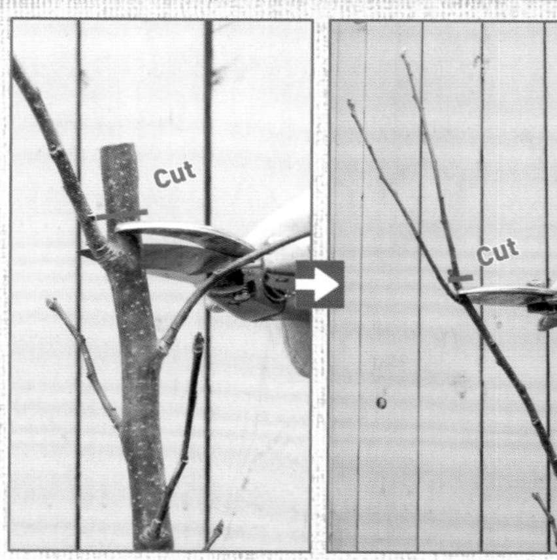

01 원줄기 길이가 어중간하므로 원가지 바로 위에서 자른다.

02 왼쪽의 바퀴살가지를 1개만 남긴다.

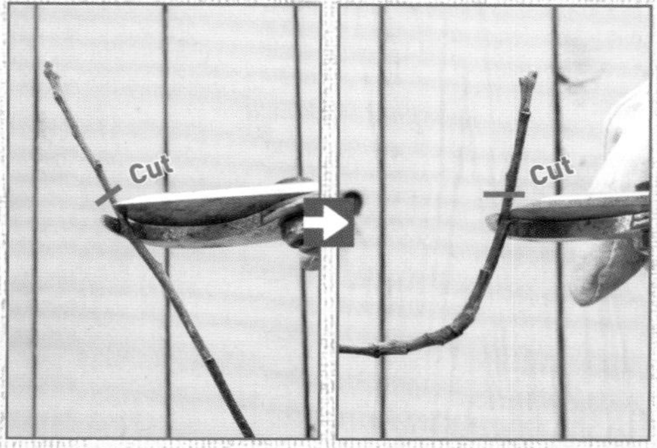

03 끝을 자른다

04 오른쪽 원가지의 끝부분도 바깥쪽 눈의 위치를 보면서 자른다.

살구

핑크색 또는 하얀색 꽃이 사랑스럽다.
과일도 맛있고 관상용으로도 좋은 나무.

장미과 | 난이도 보통

1그루만 있어도 열매가 달리지만 2가지 품종 이상 또는 매실이나 자두 등을 같이 재배하면 열매가 잘 달린다.

DATA

영어이름 Apricot
나무키 2.5~3m
일조조건 양지
재배적지 중부 이남
열매 맺는 기간 3~4년(정원 재배) / 3년(컨테이너 재배)
컨테이너 재배 가능(7호 화분 이상)
분류 갈잎작은큰키나무
자생지 중국 동북부
수확시기 5~7월

추천 품종

품종	특징
평화	조생. 대과. 동아시아계. 꽃이 크고 아름답다. 자가결실성은 약한 편. 열매터짐이 많다.
산형 3호	조생. 중과. 동아시아계. 꽃가루가 많아서 꽃가루받이나무로 이용된다. 열매터짐이 적다.
신석대실	조생. 대과. 동아시아계. 해거리를 하기 쉽다. 열매터짐이 적고 아담하게 키울 수 있다.
신주대실	조생. 대과. 동아시아계. 열매의 향이 좋고 단맛이 특징. 비교적 키우기 쉽다.
하코트	만생. 중과. 유럽계. 신맛이 적고 단맛이 강해서 생식하기 좋다. 열매터짐이 적다.
골든코트	만생. 중과. 유럽계. 신맛과 단맛의 균형이 잘 맞는다. 열매터짐은 적은 편이다.
칠턴	만생. 소과. 유럽계. 열매가 작고 단맛이 강하다. 생리적 낙과가 많지만 재배하기 쉽다.

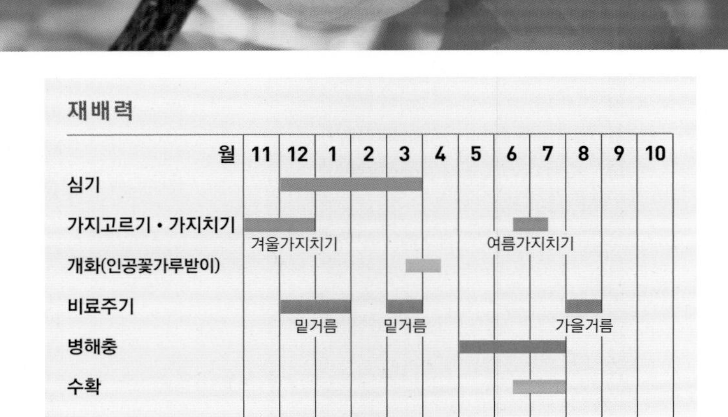

특징

싱싱한 완숙과를 즐겨보자

살구나무는 꽃이 피는 시기에 비가 적게 오고, 열매가 자라는 6~7월에 시원하고 건조한 장소에서 재배하는 것이 좋다.

한국이나 일본에서 널리 재배되는데, 바로 딴 과일은 시판 과일에 비해 향기가 매우 좋으며, 완전히 익히면 과즙이 풍부하고 싱싱해서 맛이 좋다. 자가결실이 가능하지만 다른 품종의 살구나무나 매실 등을 가까이 심으면 열매가 더 잘 달린다.

품종 선택 방법

신맛이 강한 동아시아계와 날것으로 먹을 수 있는 유럽계가 있다

살구는 신맛이 강해서 가공용으로 사용되는 동아시아계와 신맛이 적고 생식·가공이 모두 가능한 유럽계의 2종류가 있다.

유럽계는 병에 약한 편이고 비를 맞으면 열매가 터지는 품종이 많아서 동아시아계가 더 재배하기 쉽다. 열매가 잘 달리게 하려면 다른 품종을 같이 재배한다. 「산형 3호」는 꽃가루가 많아서 꽃가루받이나무로 적합하다.

1 심기 12~3월

북쪽의 한랭지에서는 3월, 그 밖의 지역에서는 12~2월에 심는 것이 좋다.

햇빛이 잘 들고, 바람이 잘 통하며, 물이 잘 빠지고, 적당히 습기가 있는, 비옥한 장소에 심는다. 기본심기(p.204)를 참조해서 조금 얕게 심는다.

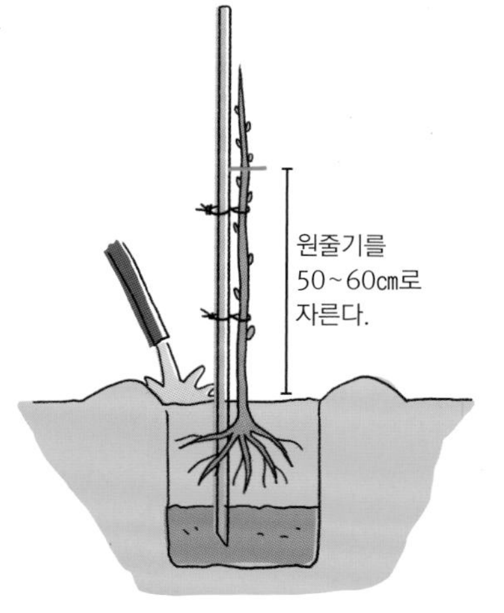

이것이 알고 싶다! >>> 살구

Q 살구나무는 1가지 품종만 심어도 열매가 달릴까?

A **1가지 품종만 심어도 되지만 2가지 품종을 심으면 열매가 더 잘 달린다.**
살구나무는 「평화」라는 품종 외에는 자가결실성이 있어서 열매가 달릴 수는 있다. 다만 1가지 품종만 있으면 열매가 안정적으로 달리지 않으며, 다른 품종을 가까이 심으면 열매가 잘 달린다. 또한 조생 품종과 만생 품종이 있으므로 개화시기가 거의 같은 품종을 함께 심는 것이 성공하는 비결이다.

비료주기

밑거름_ 12~1월에 유기질배합비료(p.239) 1kg을 기준으로 준다. 3월에는 화성비료(p.239) 150g을 기준으로 준다.
가을거름_ 8월에 화성비료 100g을 기준으로 준다.

2 가지치기 11~12월(겨울가지치기)

살구나무는 가지가 위로 자라기 쉽다. 여름가지치기를 하는 경우에는 매실(p.30)을 참조해서 가지치기한다.

개심자연형

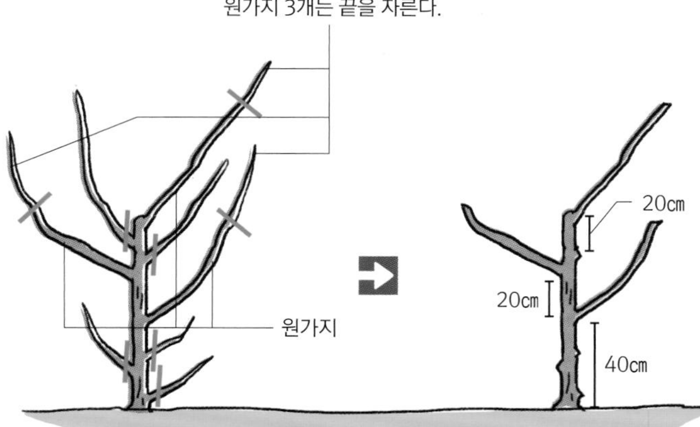

나무모양만들기

개심자연형이나 변칙주간형(p.214)을 기본으로, 가지를 균형 있게 배치한다.

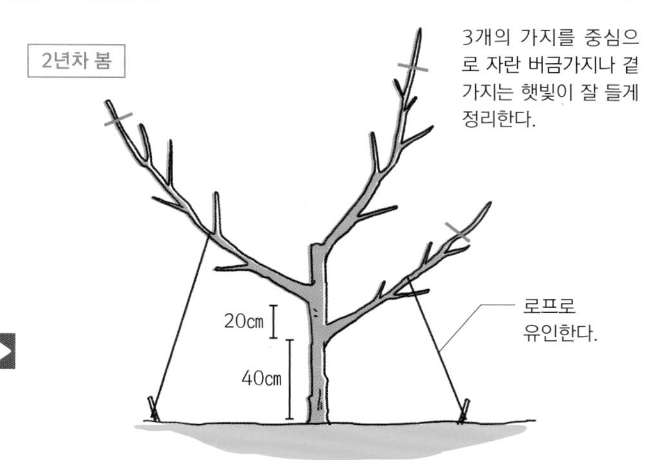

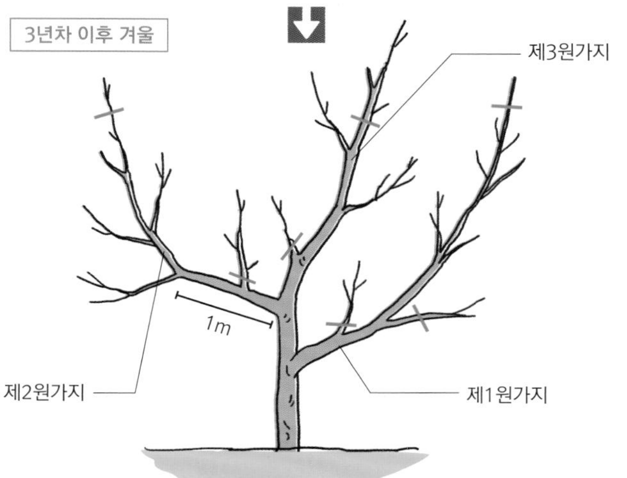

POINT

2년생 가지에 열매가 달린다

살구는 2년생 가지에 꽃눈이 많이 달리므로 전년도에 열매를 맺은 묵은가지는 가지치기해서 새로운 가지가 자라게 하는 것이 좋다.

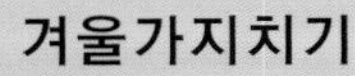

겨울가지치기

4년생 어린나무의 가지치기 예.

01 전체를 보면서 남길 가지를 5~6개 정도로 정한다.

02 원줄기는 지면에서 60㎝ 정도로 자른다.

03 원줄기를 자른 모습.

04 필요 없는 곁가지를 자른다.

05 자른 모습.

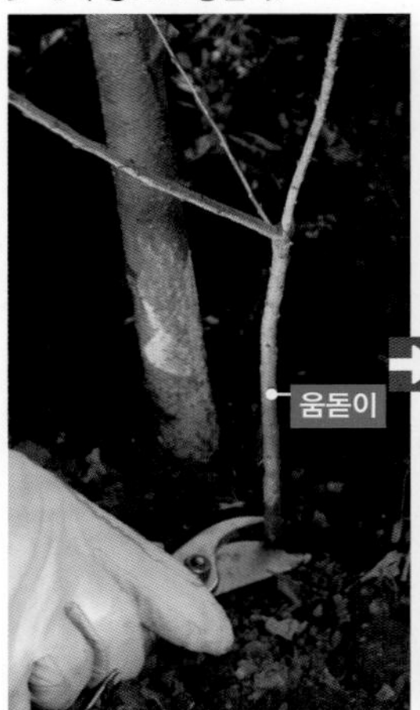

06 움돋이를 밑동에서 자른다.

07 버금가지의 끝을 어디로 할지 생각한다.

08 끝을 정해서 자른다.

09 남기는 가지의 끝을 자른다.

10 웃자람가지의 밑동 부분을 자른다.

11 바퀴살가지는 어느 가지를 남길지 정하고, 필요 없는 가지를 자른다.

12 바퀴살가지에서 2개를 남기고 정리한 모습.

13 다른 버금가지도 웃자람가지는 정리하고, 남기는 가지는 끝에서 1/3을 자른다.

14 가지치기가 끝난 모습

▼ 위에서 본 모습. 이 해에는 버금가지를 6개 남겼다. 남은 가지가 360°로 균형을 이루고 있는 모습.

3 개화·꽃가루받이 3월 하순~4월 상순

자가결실성은 있지만 인공꽃가루받이를 하면 열매가 더 잘 달린다.

살구꽃 매화와 닮았지만 핑크색이 조금 진하다. 인공꽃가루받이를 하는 경우에는 매실(p.30)과 같은 방법으로 한다.

병해충 대책

병_ 검은별무늬병 등. 여분의 가지를 가지치기해서 바람이 잘 통하고 햇빛이 잘 들게 하면 예방할 수 있다.
해충_ 새가지에 발생하는 진딧물이나 수지병의 원인인 복숭아유리나방 등에 주의한다. 발견 즉시 제거한다.

검은점무늬병에 걸린 열매.

POINT

열매솎기는 잎 20장에 열매 1개가 기준

살구나무는 열매솎기를 하지 않아도 괜찮지만, 하게 되면 잎 20장당 열매 1개를 남긴다.

4 수확 6월 하순~7월 하순

수확의 기준은 개화 후 약 90일경. 잼용으로는 완전히 익어서 부드러워진 열매를 사용한다.

과실주 등에는 조금 단단한 열매를 사용한다.

과일 이용 방법

잼, 말린 과일, 과실주 등에 이용하는 것이 일반적이다. 잼이나 날것으로 먹을 때는 완전히 익은 것이 좋다. 말린 과일이나 과실주를 만들 때는 완전히 익기 전에 수확한 것을 사용한다.

컨테이너 재배 개화 시기의 추위에 주의한다

컨테이너 재배도 기본적으로 땅에서 키울 때와 같은 방법으로 관리하면 된다. 꽃이 피는 시기에는 추위에 주의하고, 햇빛이 잘 드는 장소로 컨테이너를 옮긴다. 또한 기온이 내려가는 야간에는 컨테이너를 실내로 옮겨두면 안심할 수 있다. 나무모양은 개심자연형이나 변칙주간형으로 만드는 것이 좋다. 가능하면 2가지 품종을 심는 것이 좋지만, 자가결실성이 강하므로 1가지 품종만 재배해도 어느 정도 열매를 수확할 수 있다. 열매가 달리면 잎 20장에 열매 1개를 기준으로 솎아낸다.

POINT

화분 크기

7~8호 화분에 심고, 열매가 달리면 2~3년에 1번 한 치수 큰 화분으로 옮겨 심는다.

사용하는 흙

적옥토와 부엽토를 1:1로 섞은 용토에 심는다. 12~1월, 8월에 유기질배합비료(p.239)를 준다.

물주기

건조에는 비교적 강하므로 조금 건조한 상태로 관리한다. 단, 여름에는 1일 2번을 기준으로 물을 듬뿍 준다.

석류

나무 위에서 완전히 익히면 단맛이 증가한다.
정원수로도 사랑받는 재배하기 쉬운 과일나무.

석류나무과 | **난이도** 쉬움

재배 포인트 **나무자람새가 강하므로, 적절한 가지치기로 아담하게 키운다.**

DATA

영어이름 Pomegranate
나무키 3~4m
일조조건 양지
재배적지 전라북도, 경상북도 이하 지방
열매 맺는 기간 5~6년(정원 재배) / 4~5년(컨테이너 재배)
컨테이너 재배 쉬움(7호 화분 이상)
분류 갈잎작은큰키나무
자생지 서아시아
수확시기 9월 하순~10월

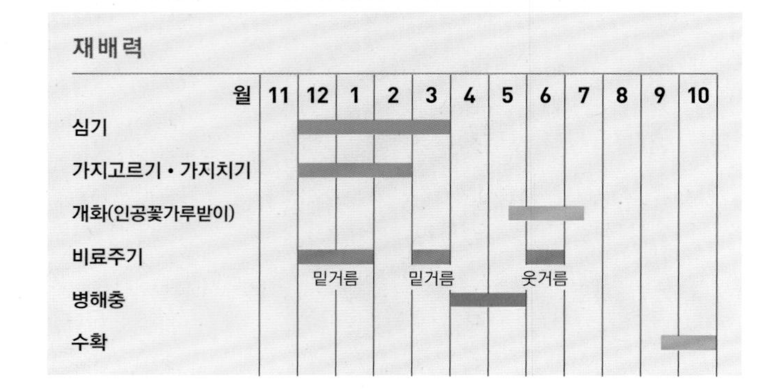

재배력

월	11	12	1	2	3	4	5	6	7	8	9	10
심기		■	■	■	■							
가지고르기 • 가지치기		■	■	■								
개화(인공꽃가루받이)							■	■				
비료주기		■ 밑거름	■		■ 밑거름			■ 웃거름				
병해충						■	■					
수확											■	■

추천 품종

대실 석류	대표적인 일본 석류 품종. 꽃은 아름답고 열매가 익으면 터져서 붉은 씨가 보인다. 병해충에 강하고 초보자도 키우기 쉽다. 날것으로 먹어도 맛있지만 과실주를 담가도 좋다.
수정 석류	중국 석류. 열매가 다른 석류의 2배 가까이 커지고, 무게는 230g 정도까지 나간다. 꽃도 열매도 노란색이며 익으면 열매가 붉어지고 달콤한 맛이 난다.
캘리포니아 석류	미국산. 병해충에 강하고 키우기 쉽다. 과일이 크고 익어도 갈라지지 않는다.
루비레드	유럽산. 커다란 열매가 달리며 과육 색깔은 붉은 자주색으로 선명하다. 열매가 익으면 끝쪽의 정수리 부분이 갈라진다.

석류는 익으면 갈라지는 품종과 갈라지지 않는 품종이 있다.

특징

아름다운 꽃을 즐길 수 있고 초보자도 키우기 쉽다

원산지는 서아시아이며, 추위와 더위, 건조한 기후에 강하다. 한국에는 8세기경 중국에서 들어온 것으로 추정되며, 전라북도, 경상북도 이하 지방에서는 노지 재배가 가능하다. 1그루만 있어도 열매가 달리고 병해충에 강해서 초보자도 쉽게 키울 수 있다.

석류는 완전히 익어서 끝이 벌어지고 붉은색 알갱이가 보일 때쯤이 가장 맛있는데, 과육은 새콤달콤한 맛이 나고 껍질은 약으로 쓴다. 가정에서 재배하면 가장 맛있는 시기에 먹을 수 있다.

품종 선택 방법

1그루만 있어도 열매가 달리므로 원하는 품종을 선택한다

석류에는 열매가 달리지 않는 관상용 꽃석류와 열매가 달리는 석류가 있다. 현재 한국이나 일본의 경우 품종이 다양하지 않으며, 중국이나 유럽산은 다양한 품종이 있다.

묘목의 경우 「일본 석류」, 「미국 석류」 등의 이름으로 판매하는 경우가 많은데, 구입할 때 품종명을 확인해두는 것이 좋다.

1 심기 12~3월

햇빛이 잘 들면 토질에 상관없이 다양한 지역에서 재배할 수 있다.

해가 잘 드는 장소를 선택하고 기본심기(p.204)를 참조해서 심는다. 어린나무일 때는 받침대를 세워서 유인한다. 원줄기는 50~60㎝로 자르고 가지치기한다. 밑에서 자란 움돋이는 자르고 남은 원가지도 끝을 잘라둔다.

비료주기

밑거름_ 12~1월에 유기질배합비료(p.239) 1kg을 기준으로 준다. 3월에는 화성비료(p.239) 150g을 기준으로 준다.
웃거름_ 6월에 화성비료 50g을 기준으로 준다. 꽃이 핀 뒤에 바로 비료를 주면 양분이 가지와 잎의 성장에 사용되어 열매가 잘 안 달리므로 주의한다.

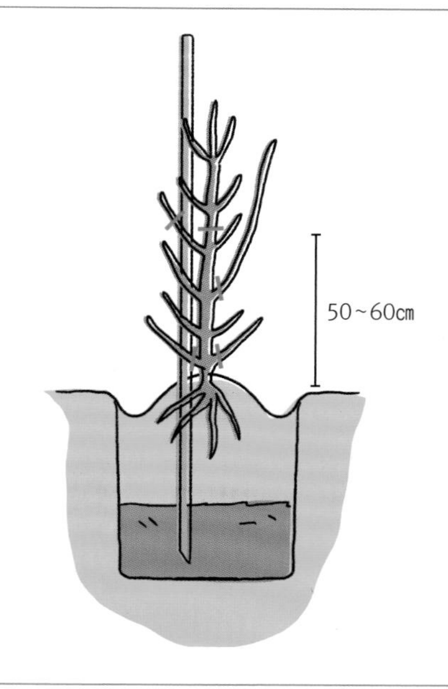

2 가지치기 12~2월

원가지를 3~4개 남겨서 관리하기 쉬운 높이로 완성하고, 웃자람 가지나 복잡한 가지는 솎아낸다.

나무모양만들기 변칙주간형 등이 만들기 쉽다. 너무 크게 자라지 않도록 정리한다.

변칙주간형

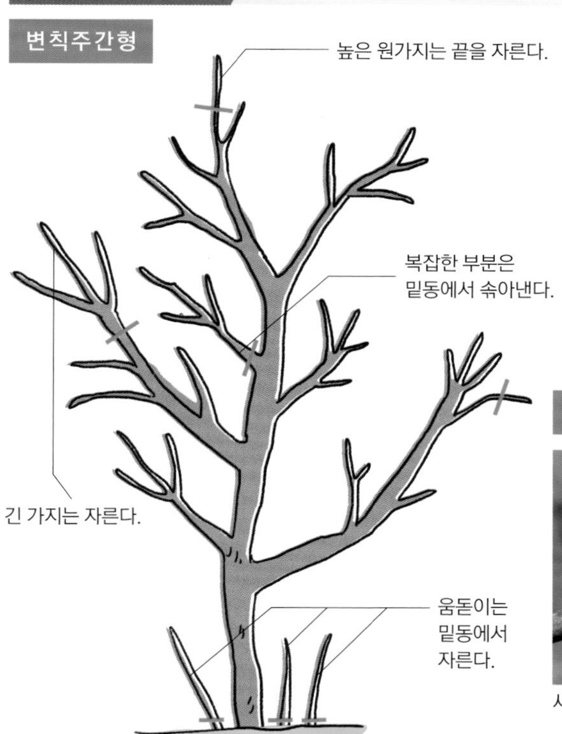

열매 맺는 습성 전년도에 자란 가지의 끝부분에 꽃과 잎이 나오는 혼합꽃눈이 달린다.

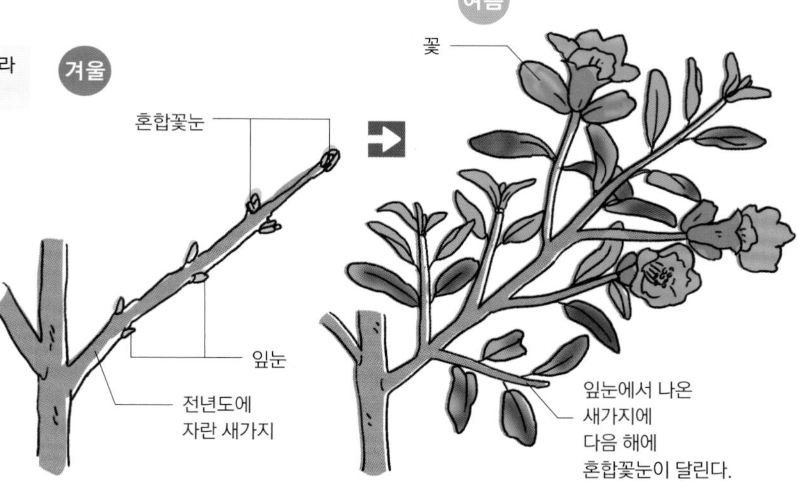

꽃눈·잎눈

새가지의 아래쪽에 달린 것은 잎눈.

새가지의 끝부분에 달린 ▶ 약간 볼록한 것이 혼합꽃눈.

가늘고 긴 것이 잎눈.

겨울가지치기 웃자람가지와 가는 가지를 중심으로 솎아내는 가지치기를 한다. 혼합꽃눈이 끝에 달리기 때문에 끝을 자르는 가지치기는 최소한으로 한다.

긴 가지는 끝을 자른다.

바퀴살가지나 웃자람가지는 위로 뻗은 끝을 자른다.

3 개화 · 꽃가루받이 5월 하순~7월 상순

석류는 꽃이 아름다워서 관상용 품종도 있다.
식용 품종은 1그루만 있어도 꽃가루받이를 한다.

개화기는 초여름이며 자가결실성이 있다.

POINT

열매가 많은 경우에만 열매를 솎아낸다

한곳에서 여러 개의 열매가 자라는 경우에는 1개만 남기고 솎아내는 것이 좋다.

여러 송이의 꽃이 한곳에서 피면 자연적으로 낙과하는 경우가 많다.

이것이 알고 싶다! >>> 석류

Q 열매가 많이 달리지 않을 때 대처방법은?

A 인공꽃가루받이를 해주면 잘 달린다.

개화기에 비가 계속되면 열매가 잘 안 달릴 수 있다. 꽃가루가 무거워져서 떨어지기 쉬우므로 꽃가루받이를 하지 못하기 때문이다. 이럴 때는 맑은 날에 솔이나 붓으로 꽃의 중심을 살짝 긁어서 인공꽃가루받이를 해준다. 또한 도시의 아파트 베란다 등에서 재배하는 경우라면 꽃가루받이를 도와주는 방화곤충이 적어서 꽃가루받이를 하지 못하는 경우도 있다. 이럴 때도 인공꽃가루받이를 시킨다.

병해충 대책

병_ 더뎅이병(창가병)은 열매에 딱지처럼 갈색의 반점이 생겨서 보기에 안 좋지만 맛에는 영향이 없다.
해충_ 깍지벌레류는 발견 즉시 잡아서 제거한다.

갈색 반점이 ▶ 보이는 병든 열매.

4 수확 9월 하순~10월

**과일이 붉게 물들면 수확할 때이다.
익으면 열매가 갈라지는 품종이 많다.**

익으면 붉어진다. 껍질이 갈라지지 않는 품종도 있다.

일본 석류는 껍질이 갈라지면 수확할 때이다. ▶
열매가 갈라진 후에 비를 맞으면 상하기 쉬우므로
빨리 수확한다.

과일 이용 방법

날것으로 먹는 방법 외에 주스나 과실주를 만들어도 좋다.

석류시럽

[만드는 방법]

01 냄비에 석류 열매와 석류 열매 무게의 1/2 분량의 설탕을 넣고 섞어서 15분 정도 둔다.
02 냄비를 불에 올리고 나무주걱으로 열매를 으깨듯이 섞으면서 졸인다.
03 체로 씨를 걸러내면 완성. 1개월 동안 냉장보관할 수 있다.

석류식초

[만드는 방법]

01 석류 열매를 보관용기에 넣고, 열매의 2~3배 분량의 사과식초를 붓는다.
02 상온에서 2주 정도 두고 석류식초를 만든다. 걸러서 냉장보관하고 탄산수 등에 섞어서 마시거나 드레싱 등에 사용한다.

컨테이너 재배 **단간형으로 아담하게 키운다**

컨테이너 재배도 기본적인 재배 방법은 땅에서 재배할 때와 같다. 크게 자라지 않도록 개심자연형이나 단간형으로 아담하게 키우는 것이 좋다. 꽃눈의 성장을 촉진시키기 위해서 꽃눈이 달리는 6월 중순~하순경에는 비료를 주지 않는다. 개화기와 성숙기에는 비를 맞지 않는 장소로 컨테이너를 옮긴다.

묘목 심기와 가지치기

길게 자란 가지는 끝을 자른다. 복잡한 부분은 솎아내는 것이 좋다.

POINT

화분 크기

7~8호 화분에 심는다. 성장에 따라 큰 화분으로 옮겨 심는다. 굵은 뿌리가 많으므로 뿌리가 상하지 않게 조심한다.

사용하는 흙

적옥토와 부엽토를 1:1로 섞은 용토에 심는다. 비료는 12~1월에 유기질배합비료(p.239)를 준다.

물주기

건조에 강하므로 흙이 마르면 물을 주는 정도로 충분하다. 2~3일에 1번이면 된다. 겨울에는 오전 중에 준다.

소귀나무 (레드베이베리)

시중에서 구하기 힘든 과일을 즐길 수 있다.
우리집 정원을 돋보이게 해주는 아름다운 나무.

소귀나무과 | **난이도** 쉬움

재배 포인트 씨모의 경우 열매를 맺을 때까지 15~20년 걸리므로 접나무모를 선택.

DATA

영어이름 Red Bayberry, Japanese Bayberry, Chinese Bayberry
분류 늘푸른큰키나무
나무키 3~4m
자생지 한국, 일본, 중국 남부
일조조건 양지
수확시기 6월 중순~7월 중순
재배적지 제주도
열매 맺는 기간 4~5년(정원 재배) / 4~5년(컨테이너 재배)
컨테이너 재배 가능(7호 화분 이상)

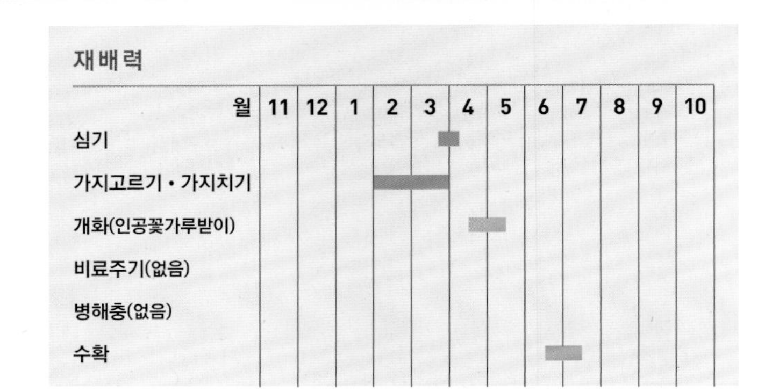

추천 품종

서광	대과. 중만생종. 신맛이 강하다. 해마다 열매가 잘 달린다. 과실주 재료로 적합하다.
삼구	대과. 중생종. 신맛이 적다. 해마다 열매가 잘 달린다. 조기결실성이 있다.
수광	대과. 중생종. 날것으로 먹어도 맛있다. 「삼구」, 「서광」보다 조금 크다. 조기결실성이 있다.
구장	중과. 만생종. 신맛이 없고 단맛이 많으며 과즙이 풍부하다. 해마다 열매가 잘 달린다. 오래 보관할 수 있다. 조기결실성이 있다.
아파금	대과. 만생종. 열매 표면에 혹이 있어서 일본에서는 오니당고(도깨비경단)라고 부른다. 해걸이를 하기 쉬우므로 열매솎기가 필요하다.

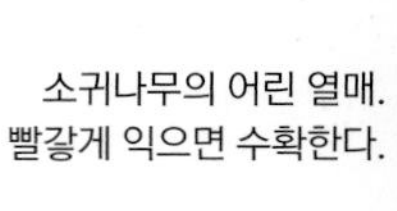
소귀나무의 어린 열매.
빨갛게 익으면 수확한다.

특징

관리하는 수고를 덜어주는 착한 과일나무

소귀나무는 심은 뒤에 비료를 주지 않아도 되고 병해충에도 강해서 초보자가 재배하기 쉬운 과일나무이다. 또한 나무모양이나 잎이 아름다워서 공원이나 거리에서 가로수로 활용하기도 좋다.

뿌리에는 콩과 식물처럼 질소를 고정하는 뿌리혹박테리아가 공생하면서 영양분을 공급하기 때문에, 척박한 토지에서도 잘 자란다.

품종 선택 방법

열매 맺기까지 걸리는 기간이 짧고 열매가 큰 품종을 선택한다

소귀나무는 수그루와 암그루가 있으며 한쪽이 없으면 꽃가루받이가 불가능해서 열매를 맺지 못한다. 암수 1그루씩 재배하든지, 암그루가 성장한 뒤 수그루의 가지를 접붙이는 방법도 좋다.

품종에 따라서는 해걸이를 하는 종류도 있어서 해마다 수확하지 못하는 경우도 있다. 가정에서 재배하기에는 열매 맺는 데 걸리는 기간이 비교적 짧고, 해마다 커다란 열매가 열리는 「서광」, 「삼구」, 「구장」 등의 품종을 추천한다.

1 심기 3월 하순~4월 상순

늘푸른나무이므로 3~4월이 나무를 심기에 적합하다. 햇빛이 잘 드는 장소를 선택해서 심는다. 척박한 토양에서도 잘 자란다.

기본심기(p.204)를 참조해서 심는다. 접나무모를 선택하고, 뿌리가 상하기 쉬우므로 뿌리를 흩트리지 않고 심는다. 뿌리가 자리를 잡을 때까지는 물을 듬뿍 준다.

비료주기

소귀나무는 뿌리에 뿌리혹박테리아가 공생하며 영양분을 공급해주기 때문에 비료가 필요 없다.

2 가지치기 2~3월

소귀나무는 크게 자라기 쉬우므로 원가지를 2~3개 남겨서 아담하게 키우는 것이 좋다.

열매 맺는 습성

봄, 여름, 가을에 3번 새가지가 자라고, 주로 전년도 봄가지의 잎겨드랑이에 꽃눈이 달린다.

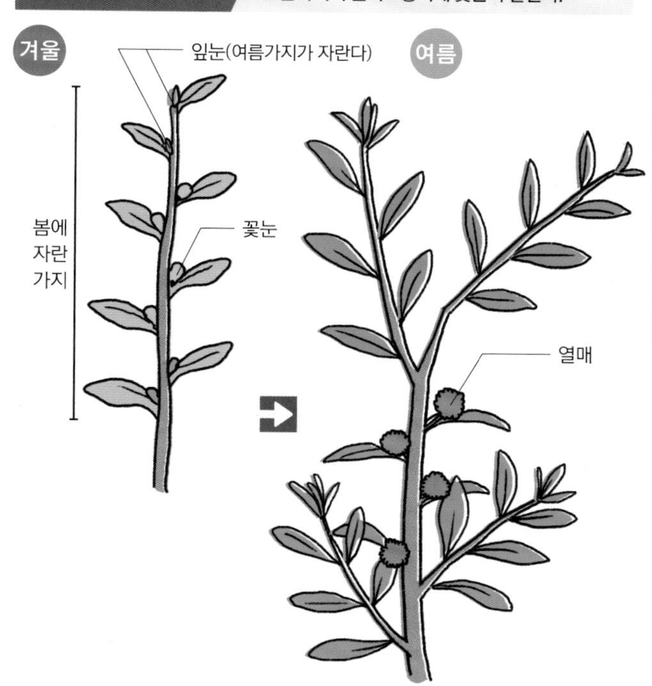

나무모양만들기

원가지를 2~3개 남겨서 키우는 개심자연형으로, 관리하기 쉬운 높이로 만든다.

개심자연형

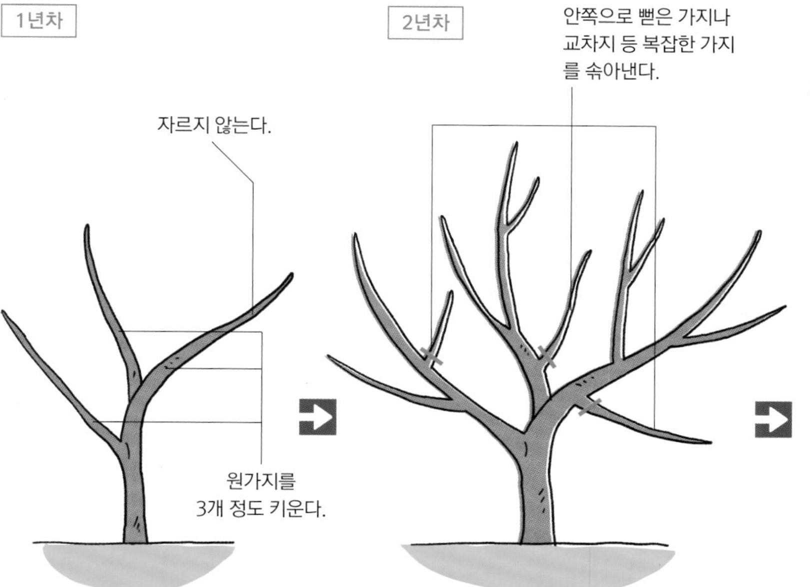

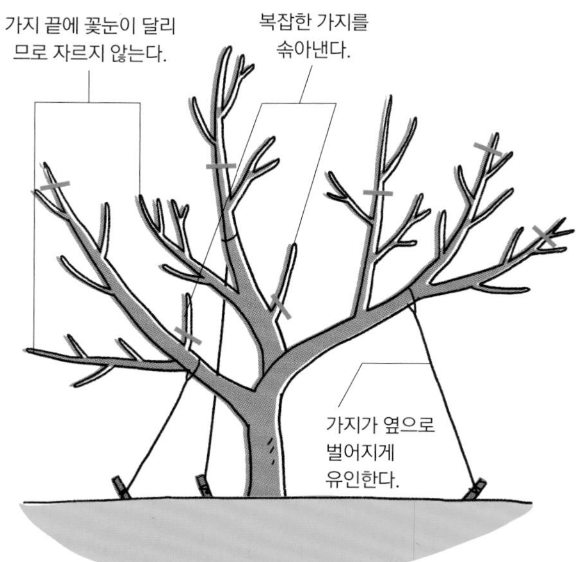

겨울가지치기

해거리를 하는 경향이 있으므로 안쪽으로 뻗은 가지나 교차지 등 복잡한 가지를 솎아내고 열매 수를 제한해서 예방한다.

◀ 10년생 소귀나무

01 아래로 처진 가지나 복잡한 부분을 자른다.

02 바퀴살가지는 위로 뻗은 가지를 남기고 아래를 자른다.

03 자른 모습.

이것이 알고 싶다! >>> 소귀나무

Q 나무가 커져서 관리하기 어려울 때는?

A 가지와 잎을 50% 정도 정리한다.

「서광」이나 「삼구」 등의 품종은 직립성으로 나무자람새가 강하기 때문에 방치해두면 점점 크게 자라서 관리하기 힘들어진다. 따라서 나무키가 2.5m 정도가 되면 3월경에 잎의 양이 1/2 이하가 되도록 가지를 잘라서 나무모양을 유지한다.

Q 열매가 열리지 않을 때는?

A 꽃가루받이나무가 필요하다.

소귀나무는 암그루와 수그루가 있으며, 수그루에는 거의 열매가 달리지 않는다. 또한 암그루만 있어도 열매가 달리지 않기 때문에 암그루와 수그루를 모두 심어야 한다.

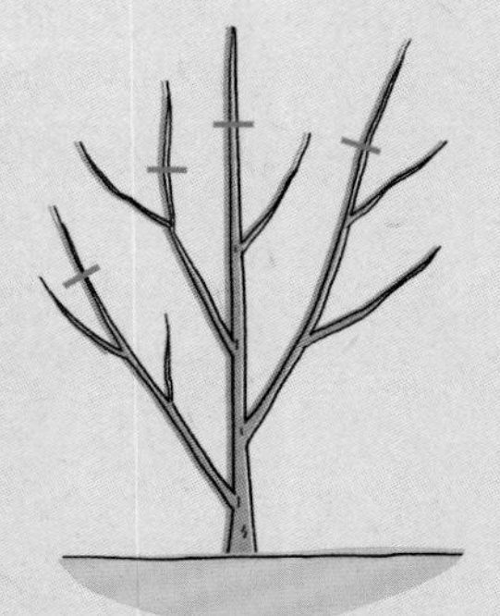

▲ 너무 크게 자라면 가지 길이를 1/2 정도 정리하는 것이 좋다.

병해충 대책

병_ 내성이 강해서 문제 되는 병이 특별히 없다.
해충_ 주머니나방, 잎말이나방이 가끔 나오는데, 발견 즉시 잡아서 제거한다.

3 개화·꽃가루받이 4월 중순~5월 중순

수그루가 근처에 있으면 인공꽃가루받이는 필요 없다.
산에 자생하는 경우 수그루의 꽃가루가 바람을 타고 몇 km 정도 날아가서 꽃가루받이를 한다.

소귀나무의 꽃봉오리. 전년도에 자란 새가지의 잎겨드랑이에 달린다.

4 열매솎기 5월 중순

생리적 낙과가 끝나는 5월 중순경에 열매를 솎아낸다. 열매가 너무 많이 달리면 다음 해에 열매가 잘 달리지 않을 수 있다.

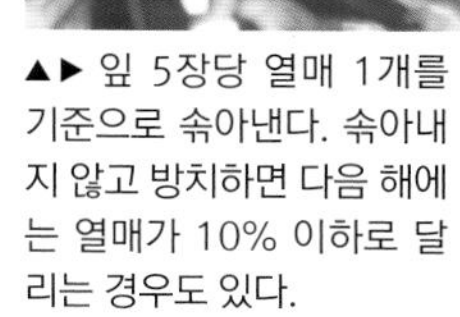

▲▶ 잎 5장당 열매 1개를 기준으로 솎아낸다. 솎아내지 않고 방치하면 다음 해에는 열매가 10% 이하로 달리는 경우도 있다.

과일 이용 방법

날것으로 먹는 방법 외에 설탕절임, 소금절임, 잼 등으로 가공할 수 있다. 또한 과실주를 담그면 선명한 붉은빛을 띤 소귀나무 과실주를 즐길 수 있다. 예전에는 치통이나 복통에 좋다고 해서 약주로 이용되었다.

소귀나무 열매 잼

[만드는 방법]

01 소귀나무 열매를 씻어서 열매 무게의 40% 분량의 설탕을 넣고 버무린 뒤, 물이 생길 때까지 1시간 정도 둔다.

02 냄비에 넣고 레몬 슬라이스를 1장 넣은 뒤 중불로 가열한다. 타지 않도록 저어주면서 졸인다.

03 걸쭉해지면 완성.

5 수확 6월 중순~7월 중순

녹색 열매가 불그스름해지고 어두운 적자색이 되면 수확한다.

◀ 완숙 전에 수확하면 신맛이 강하기 때문에, 충분히 익은 다음에 수확한다.

컨테이너 재배 반원형으로 아담하게 만든다

병해충에 강하고 비료도 필요 없기 때문에 컨테이너에서도 재배하기 쉬운 과일나무이다. 다만 크게 자라기 쉬우므로 가지를 수평으로 벌려서 아래로 유인하는 「반원형」으로 만들어서 아담하게 키운다.

또한 추위에 강하지 않기 때문에 겨울에는 컨테이너를 특별히 더 햇빛이 잘 드는 따뜻한 장소에 두어야 한다.

POINT

화분 크기

7호 이상의 화분에 심는다. 열매 맺기 시작하면 2년에 1번은 큰 화분으로 옮긴다.

사용하는 흙

적옥토와 부엽토를 1:1로 섞은 용토에 심는다. 비료는 거의 필요 없다.

물주기

흙이 건조해지면 물을 듬뿍 준다.

반원형

원가지를 벌려서 반원형으로 만들면, 베란다 등 안길이가 좁은 장소에서도 키우기 쉽다.

아몬드

핑크색 꽃이 사랑스러운 장미과의 과일나무.
과육 속에 있는 핵인을 식용한다.

장미과 | 난이도 | 조금 어려움

습기에 약하므로 물이 잘 빠지는 장소에서 키워 비에 대비하는 것이 좋다. 컨테이너 재배도 좋다.

DATA

영어이름 Almond
분류 갈잎큰키나무
나무키 3~4m
자생지 서아시아
일조조건 양지
수확시기 7~8월
열매 맺는 기간 4년(정원 재배) / 3년(컨테이너 재배)
컨테이너 재배 쉽다(7호 화분 이상)

특징

과육 속의 핵인을 식용하는 서아시아 원산의 과일나무

아몬드는 복숭아에 가까운 식물로 원산지는 서아시아이며, 미국이나 유럽을 비롯해 세계 각지에서 재배되고 있다.

초여름에 연한 붉은색 꽃이 피며 열매는 달걀모양인데, 과육은 얇고 딱딱해서 식용으로 적합하지 않다. 가을에 열매가 익으면 과육이 갈라지는데, 그 안에 있는 핵인(씨앗)이 우리가 먹는 아몬드이다.

품종 선택 방법

1그루로는 열매를 맺지 않고, 꽃가루받이는 복숭아나무도 가능

식용하는 아몬드는 스위트아몬드(감편도)로 여러 가지 종류가 있는데, 시중에서 파는 묘목은 단순히 아몬드나무라고만 표시된 경우가 많다. 주요 품종으로 넌파레일, 몬터레이, 카멜, 미션, 캘리포니아 등이 있다.

아몬드는 1그루로는 열매를 맺지 못하므로 2가지 품종을 함께 키워야 한다. 꽃가루받이나무는 복숭아나무도 가능하며, 복숭아나무 중에서도 꽃가루가 많은 대구보나 창방 품종 등이 좋다.

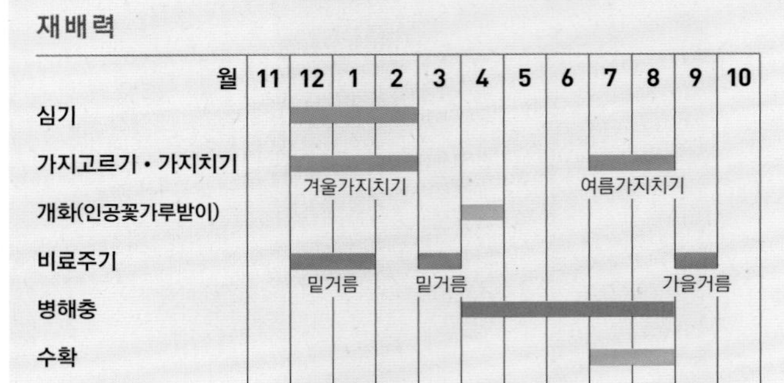

1 심기 12~2월

기본심기(p.204)를 참조해서 얕게 심는다. 깊게 심으면 꽃눈이 잘 안 달리거나 뿌리가 썩기 쉽다.

햇빛이 잘 들고 물이 잘 빠지는 장소를 선택하고, 심을 장소에 일정한 높이로 흙을 쌓아 돋워주거나 벽돌을 쌓아 경계를 만든 다음 심는 것이 좋다.

비료주기

밑거름_ 유기질배합비료(p.239)는 12~1월에 1kg을 기준으로 주고, 화성비료(p.239)는 3월에 100g을 기준으로 준다.
가을거름_ 웃거름은 조금만 주고 열매 수확 후 9월 상순에 가을거름으로 화성비료 50g을 준다.

병해충 대책

병_ 잎오갈병이나 검은점무늬병에 걸릴 수 있지만, 3월 상순에 살균제를 살포하면 대부분 예방할 수 있다.
해충_ 진딧물이나 심식충이 발생하므로 발견하면 바로 제거한다.

2 가지치기 12~2월(겨울가지치기) 7~8월(여름가지치기)

겨울가지치기는 낙엽기에 자름+솎음 가지치기를 한다.
여름가지치기는 복잡한 부분을 솎아내는 가지치기 위주로 작업한다.

나무모양은 변칙주간형 또는 개심자연형(p.214)이 만들기 쉽다. 가지치기는 나무 안쪽이 어두워지지 않도록 필요 없는 가지를 밑동에서 솎아내서 전체적으로 햇빛이 골고루 들게 한다. 여름에는 열매 주위에 햇빛이 충분이 들도록 가지를 정리한다.

겨울가지치기

왼쪽의 복잡한 가지를 정리해서 전체적으로 햇빛이 잘 들게 만든다.

낙엽기의 가지치기는 50㎝ 이상의 가지는 잘라내고, 10㎝ 이하의 짧은열매가지는 가는 것을 솎아낸다.

왼쪽의 원가지에서 위로 뻗은 웃자람가지와 복잡한 가지를 솎아냈다. 긴 가지는 끝을 잘랐다.

열매 맺는 습성

전년도 가지 중간에 꽃눈이 달린다. 매실, 살구와 달리 긴열매가지나 중간열매가지에 좋은 꽃눈이 달려 큰 열매가 된다.

양옆의 볼록한 것이 꽃눈이고, 가운데의 가는 것이 잎눈.

3 개화·꽃가루받이·수확

4월(개화)·7~8월(수확)

열매솎기는 필요 없지만 큰 열매를 수확하려면 5월 중하순에 잎 20장에 열매 1개, 긴열매가지는 2~3개, 중간열매가지는 1개를 기준으로 솎아낸다.

개화는 4월 상순. 꽃가루받이는 다른 품종의 꽃가루가 필요하다. 붓 등으로 인공꽃가루받이를 해주면 좋다.

8월경에 과육이 갈라지고 그 안의 핵인이 보이면 수확한다. 열매가 어릴 때 봉지를 씌우면 병해충을 예방할 수 있다.

과일 이용 방법

열매 안의 핵인을 꺼내서 그늘에서 1주일 정도 건조시킨 뒤 지퍼백 등에 넣어 냉장보관한다. 적당량을 꺼내서 볶아 먹는다.

컨테이너 재배

물을 적게 주면서 관리한다

컨테이너 재배도 정원에 심을 때와 기본적인 재배 방법은 같다. 습기를 싫어하므로 물을 적게 주면서 관리하는 것이 비결. 뿌리가 쉽게 썩기 때문에 화분 받침대에 놓지 않고 벽돌 등에 올려서 공기가 잘 통하게 관리한다.
햇빛을 좋아하지만 서향빛이나 여름의 직사일광은 잎이 타는 엽소현상의 원인이 되므로, 화분을 옮기거나 햇빛을 가려준다.
컨테이너에서 재배할 때는 풍뎅이 유충이 뿌리를 갉아먹을 수 있으므로 발견하는 즉시 제거한다.

POINT

화분 크기

포트묘를 한 치수 큰 화분에 심고, 최소 2년에 1번은 분갈이를 해준다. 과일을 많이 수확하고 싶다면 10호 화분 정도로 크게 키운다.

사용하는 흙

물이 잘 빠지는 흙을 좋아하므로 적옥토 중립과 부엽토를 1:1로 배합하고, 흑토는 많이 사용하지 않는다. 바닥에는 배수용 흙을 넣는다. 비료는 깻묵 등 유기질비료(p.239) 위주로 준다.

물주기

지나친 습기를 싫어하므로 조금 건조하게 관리한다. 여름에는 아침저녁으로 2번, 그 외에는 흙 표면이 하얗게 되면 듬뿍 준다.

앵두

작은 꽃과 열매가 사랑스러워 분재로도 인기가 많다.
예로부터 집 주위나 정원에 심어 친근한 과일나무.

장미과 | 난이도 보통

가지가 복잡해져서 햇빛이 잘 들지 않으면 시들기 때문에 가지치기를 확실하게 한다.

DATA

영어이름 Chinese Bush Cherry, Korean Cherry
분류 갈잎떨기나무 나무키 1~1.5m
자생지 한국, 중국 북부, 일본 일조조건 양지
수확시기 6월 재배적지 전국
열매 맺는 기간 2~3년(정원 재배) / 2~3년(컨테이너 재배)
컨테이너 재배 쉬움(5호 화분 이상)

추천 품종

적실계	담홍색 꽃이 핀다. 백실계보다 널리 보급되어 있으며, 꽃은 백실계보다 조금 빨리 핀다.
백실계	순백의 꽃이 핀다. 열매가 조금 크고 열매 수가 적실계보다 적다.

※ 특별한 품종명은 없지만 붉은 꽃이 피는 적실계와 흰 꽃이 피는 백실계가 있다.

연한 핑크색의 작은 꽃이 아름답고, 크게 자라지 않는 떨기나무라서 재배하기 쉽다.

재배력

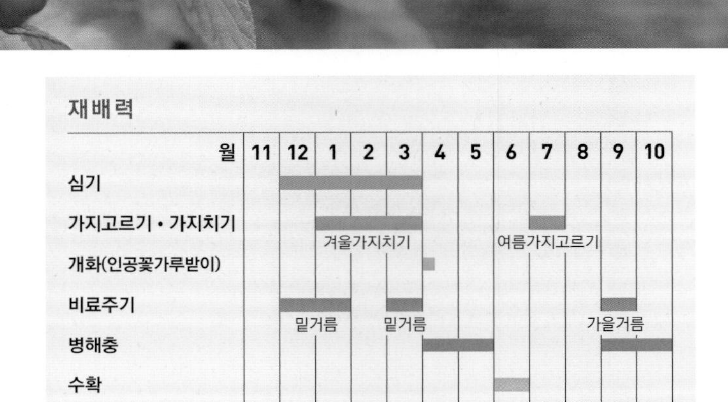

특징

전통적인 가정재배 과수로 관상용 정원수로도 인기가 많다

원산지는 중국이며 한국에서도 오래전부터 정원이나 집 주위에 심었던 친근한 과일나무이다.

전국에서 재배가 가능하지만 습기가 많거나 햇빛이 부족하면 잘 자라지 못하므로, 햇빛이 잘 들고 물이 잘 빠지는 장소에 심어야 한다.

과일은 지름 1.5㎝ 정도로 작으며 윤기가 있어 보기에도 귀엽다. 은은한 단맛과 신맛이 섞인 산뜻한 맛이다.

품종 선택 방법

1그루만 있어도 열매가 달리므로 가정에서 키우기에 적합하다

앵두나무는 특별한 품종이 없어서 「앵두」라는 이름으로 판매된다. 적실계와 백실계 2종류가 있지만 재배방법은 같다. 공간에 여유가 있으면 적실계와 백실계를 모두 심어서 꽃이나 열매를 두 가지로 즐겨도 좋다.

묘목을 선택할 때는 나무껍질에 광택이 있는 것을 선택한다. 재배하기 쉽고 1그루만 있어도 열매가 달린다.

1 심기 12~3월

햇빛이 잘 드는 것이 매우 중요하며, 물이 잘 빠지는 장소가 좋다.

기본심기(p.204)를 참조해서 심는다. 사진은 2년생 접나무모. 같은 곳에서 나오는 가지나 평행지를 정리하고, 남겨둘 가지는 바깥쪽 눈의 위치를 보면서 끝부분을 1/3 정도 자른다.

비료주기

밑거름_ 12~1월에 유기질배합비료(p.239) 1kg을 기준으로 준다. 3월에는 화성비료(p.239) 50g을 기준으로 준다.
가을거름_ 9월에 화성비료 30g을 기준으로 준다.

2 가지치기 1~3월

햇빛이 잘 들지 않으면 바깥쪽에만 꽃이 피고 열매가 달리게 되므로, 안쪽까지 햇빛이 잘 들도록 가지를 솎아낸다.

열매 맺는 습성

짧은열매가지에 좋은 꽃눈이 달린다. 전년도에 자란 가지의 끝부분부터 중간까지 꽃눈이 달린다.

나무모양만들기

다간형(p.215)이나 변칙주간형으로 만들어서 관리하기 쉬운 높이로 가지치기한다.

변칙주간형

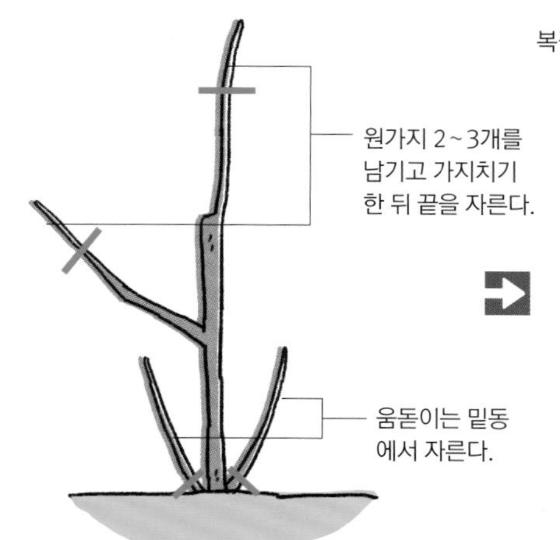

병해충 대책

병_ 특별히 문제 되는 것은 없다.
해충_ 깍지벌레나 잎말이나방이 잎이나 가지에 발생하기도 한다. 발견하면 잡아서 제거한다. 9~10월에는 먹무늬재주나방이 발생해서 잎을 갉아먹기도 한다. 유충이 있는 잎이나 가지는 통째로 제거한다.

▲ 먹무늬재주나방의 유충. 장미과 나무를 좋아하는 해충으로, 만지면 염증이 생기므로 제거할 때 주의한다.

겨울가지치기

다간형 5년생 앵두나무의 가지치기 예. 방치했던 나무이므로 필요 없는 가지를 솎아내고 나무모양을 정리한다.

01 3개의 원가지를 중심으로 생각한다. 가운데에 있는 가지의 높이를 정하고 좌우의 가지는 그보다 낮게 만든다.

02 가운데의 원줄기를 원가지가 나온 바로 위에서 자른다.

03 자른 모습.

04 원가지 끝이 2개로 갈라져 있으므로 1개로 만든다.

05 남기는 가지의 끝을 자른다.

3 개화·꽃가루받이 4월 상순

자가결실성이 있으므로 인공꽃가루받이를 하지 않아도 좋다. 4월에 꽃이 핀다.

작은 꽃이 흐드러지게 핀다.

꽃이 핀 뒤에 잎이 나온다.

4 열매솎기 5월 상순

열매는 솎아내지 않아도 되지만, 많이 달린 경우에는 열매솎기해서 열매를 튼실하게 키운다.

잎 2~3장당 열매 1개가 열매솎기의 기준.

5 수확 6월

열매가 붉게 물들면 수확한다. 체리를 닮은 새콤달콤한 과일.

과일은 오래 보관할 수 없으며 시장에서도 많이 팔지 않기 때문에, 재배하는 즐거움이 더 크다.

6 여름가지고르기 7월

봄 이후에 자란 가지의 끝을 자르면 다음 해에 짧은열매가지가 나와서 열매가 잘 달린다.

01 20㎝ 정도의 새가지에 꽃눈이 잘 달리므로, 40㎝ 이상 자란 가지가 가지고르기의 대상이 된다.

02 끝 1/3을 자른 모습.

03 자른 곳에서 짧은열매가지가 나온다.

이것이 알고 싶다! >>> 앵두나무

Q 열매가 잘 달리지 않는 이유는?

A 수분 부족 또는 햇빛 부족일 가능성이 크다.
햇빛이 잘 들지 않으면 꽃이 잘 피지 않는다. 필요 없는 가지를 솎아내서 나무 안쪽까지 햇빛이 잘 들게 해준다.
또한 1그루만 있어도 열매가 달리지만 꽃이 피는 시기에 비가 오거나 방화곤충이 적으면, 꽃가루받이가 잘 이루어지지 않는다. 꽃이 피면 붓으로 꽃을 어루만지듯이 꽃가루를 묻혀준다.

과일 이용 방법

과일껍질이 얇고 과육이 부드러워서 뭉개지기 쉬우므로 수확해서 바로 먹거나 가공한다. 과실주, 잼 등을 만들면 좋다. 붉은 열매를 사용하면 새빨갛고 아름다운 색깔의 과실주를 만들 수 있다. 또한 잼은 적당히 신맛이 있어서 산뜻하게 즐길 수 있다.

컨테이너 재배

솎음 가지치기로 착과율을 높인다

가지치기로 열매가 잘 달리게 만든다. 1~3년차는 새가지의 끝을 1/3 정도 자른다. 이때 가지가 자라는 방향과 같은 방향으로 달린 눈 위에서 잘라야 한다. 또한 밑동에서 나오는 가지도 자른다.
4년차 이후는 원가지 끝부분의 잔가지를 솎아내서, 나무 안쪽에도 햇빛이 잘 들고 바람이 잘 통하게 한다. 묵은가지나 웃자람가지, 약한 가지 등도 솎아내거나 자른다.

POINT

화분 크기

5~10호 화분에 심고, 1~2년에 1번씩 한 치수 큰 화분에 옮겨 심는다.

사용하는 흙

적옥토와 부엽토를 1:1로 섞은 용토에 심는다. 12~1월, 8월에 화성비료(p.239)를 준다.

물주기

흙이 건조해지면 물을 듬뿍 준다. 과습에 약하므로 지나치게 많이 주지 않도록 주의한다.

묘목 심기와 가지치기

바퀴살가지와 평행지를 정리하고, 가지가 적은 옆쪽은 짧게 가지치기해서 곁가지가 나오게 한다.

벌어지게 만들고 싶은 방향의 바깥쪽 눈 위에서 가지치기한다.

올리브

오랜 역사를 자랑하는 과일나무로 아름다운 모습 때문에
관엽식물로도 인기가 많다.

물푸레나무과 | **난이도** 보통

나무자람새가 강해서 크게 자라기 때문에 심는 장소를 잘 선택해야 한다. 1그루로는 열매가 달리지 않으므로 2품종을 심는다.

DATA

영어이름 Olive
나무키 3~4m
일조조건 양지
재배적지 제주도
열매 맺는 기간 2~3년(정원 재배) / 2~3년(컨테이너 재배)
컨테이너 재배 쉬움(5호 화분 이상)
분류 늘푸른큰키나무
자생지 중근동~지중해 연안
수확시기 9월 중순~10월

추천 품종

만자니로	스페인 원산. 열매가 크고 과육의 질이 좋아 피클용으로 적합하다. 해거리가 적고 꽃가루받이나무로 적합하다.
네바딜로 블랑코	스페인 원산. 꽃가루가 많아서 꽃가루받이나무로 적합하다. 1그루로는 열매를 맺기 힘들다. 올리브오일용으로 적합하다.
미션	이탈리아계 품종으로 미국 원산. 자가결실성이 있는 편이다. 열매는 녹색에서 붉은색·보라색·검정색으로 변한다. 9월 하순~10월에 수확한 것은 피클 등 가공용으로, 11월~12월에 수확한 것은 오일용으로 적합하다.
레시노	이탈리아 토스카나 지방 원산. 피클과 오일 모두 가능하지만 열매는 조금 작은 편이다.
루카	이탈리아 원산. 자가결실성은 있지만 꽃가루받이나무가 있는 것이 좋다. 주로 오일에 사용되며 작은 열매가 잘 달린다.
프란토이오	열매가 잘 달리고 풍미가 풍부하다. 이탈리아를 비롯해 미국, 오스트레일리아 등 세계 각지에서 재배되고 있으며 적응성이 뛰어나다. 별명「파라곤」.
피쿠알	기름이 21~25%나 함유되어 있어 오일용 품종 중 가장 많이 재배되는 품종. 자가결실성이 강해서 1그루만 있어도 쉽게 열매를 맺는다.

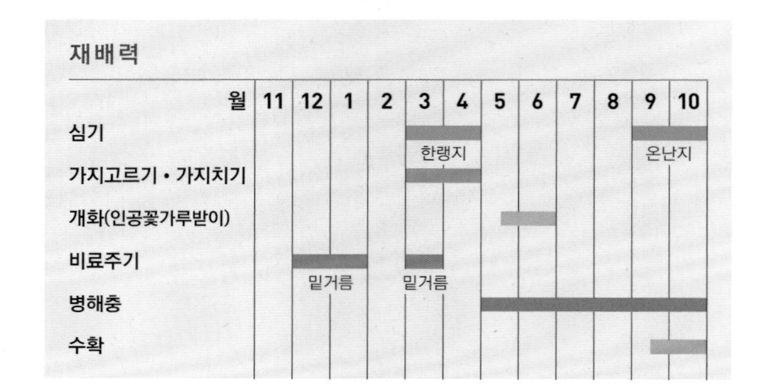

특징

척박한 땅에서도 재배하기 쉽고 바닷바람에도 강하다

구약성서에도 등장하는 올리브는 아주 오래전부터 재배된 과일나무이다. 나무자람새가 강해서 땅이 척박하고 바닷바람이 강한 해안가에서도 재배할 수 있다는 것이 매력. 내한성이 강하고 영하 10℃에도 나무가 영향을 받지 않으므로, 한국에서도 제주도 지역에서는 노지 재배가 가능한 곳도 있다.

품종 선택 방법

1그루로는 열매를 맺지 못하므로 2가지 품종 이상 재배한다

올리브는 세계적으로 500종 이상의 품종이 있지만 대부분의 품종은 자가결실성이 없다. 따라서 다른 품종을 꽃가루받이나무로 심어야 한다. 또한 품종의 조합에 따라 열매가 달리지 않을 수도 있으니 주의한다.「네바딜로 블랑코」 품종은 꽃가루가 많아서 꽃가루받이나무로 가장 적합하다. 자가결실성이 있는 품종도 2그루를 심는 편이 열매가 더 잘 달린다. 또한 오일에 적합한 품종과 피클에 적합한 품종이 있으니 목적에 따라 선택한다.

1 심기 3~4월(한랭지) / 9~10월(온난지)

3~4월에 심는 것이 좋지만 온난지에서는 가을에 심어도 된다. 어린나무일 때는 받침대를 세워서 지탱해준다.

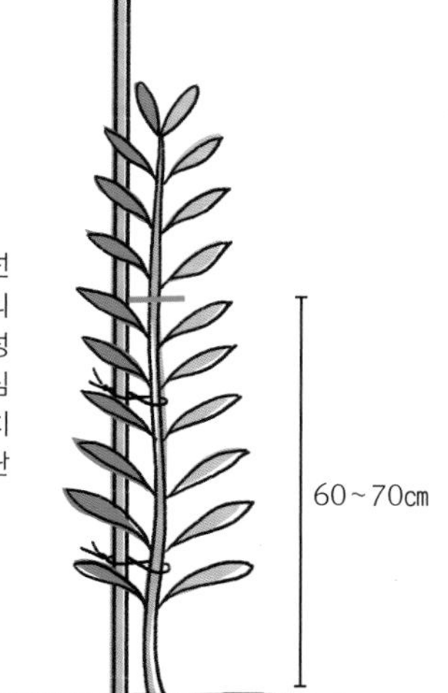

햇빛이 잘 들고 배수가 잘되는 장소를 선택하고, p.204를 참조해서 심는다. 뿌리가 지표면 가까이에 분포하는 얕은 뿌리성(천근성)이므로 쓰러지지 않도록 깊게 심고, 60~70㎝ 높이에서 원줄기를 가지치기한다. 5년차 정도까지는 받침대로 단단히 지탱해주는 것이 좋다.

이것이 알고 싶다! >>> 올리브

Q 나무가 크게 자랐는데 열매가 달리지 않을 때는?

A 다른 품종을 가까이에 심는다.
1그루만 심은 경우 자가결실성이 낮은 품종이라면 전혀 열매가 달리지 않을 때도 있다. 열매 맺게 하려면 꽃가루가 많은 다른 품종의 올리브를 같이 심는 것이 좋다. 꽃가루받이나무는 컨테이너에 심어도 관계없으며, 개화기가 일치하는 것을 선택해야 한다. 열매를 기대하지 않고 관엽식물로 즐기려면 1그루만 심어도 된다.

비료주기

밑거름_ 12~1월에 유기질배합비료(p.239) 1kg을 기준으로 준다. 3월에는 화성비료(p.239) 400g을 기준으로 준다.

2 가지치기 3~4월

늘푸른나무이므로 초봄에 복잡한 부분을 솎아내는 가지치기를 한다.

나무모양만들기

심을 때는 원줄기를 가지치기해서 3개로 만드는 「변칙주간형」이나 「개심자연형」(p.214)이 만들기 쉽다.

변칙주간형

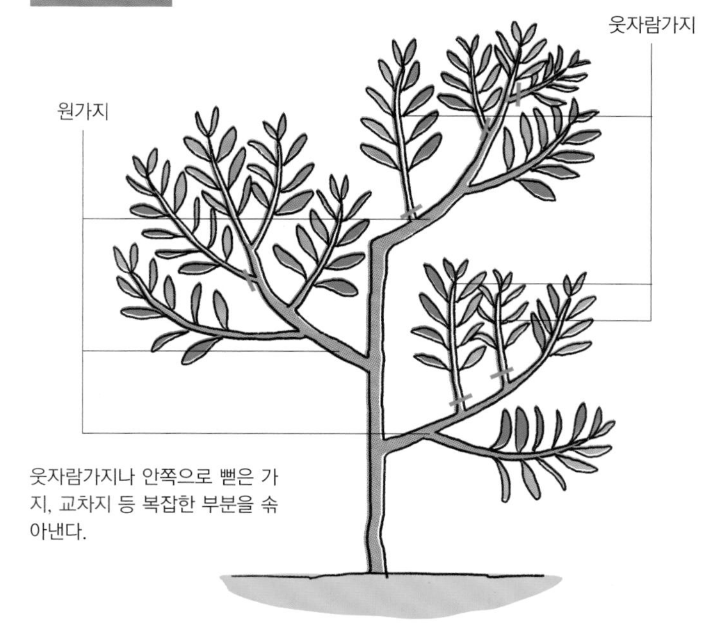

웃자람가지나 안쪽으로 뻗은 가지, 교차지 등 복잡한 부분을 솎아낸다.

열매 맺는 습성

전년도에 자란 가지의 중간에 있는 잎겨드랑이의 눈이 꽃눈이 된다.

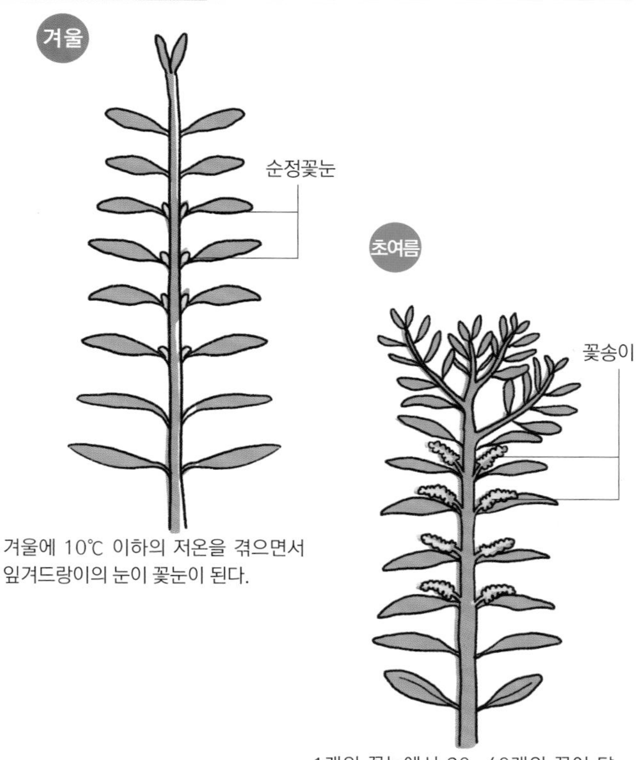

겨울에 10℃ 이하의 저온을 겪으면서 잎겨드랑이의 눈이 꽃눈이 된다.

1개의 꽃눈에서 20~40개의 꽃이 달린 꽃송이가 나온다.

봄가지치기

자연스럽게 나무모양이 퍼지도록 복잡한 부분을 솎아내는 가지치기를 한다.

중간부분의 꽃눈이 떨어지지 않도록 끝부분 1/3 정도를 자른다.

끝부분만 조금 자른다.

위로 웃자라는 가지가 나오기 쉬우므로 나무모양을 생각하고 솎아내서 정리한다.

POINT

균형을 맞추면서 때로는 강하게 가지치기한다

나무모양이 크게 흐트러지거나 나무키가 커지면, 두꺼운 가지를 과감하게 밑동에서 잘라낸다. 올리브는 강하게 가지치기를 해도 전체의 생육에 영향을 주지 않는다.

3 개화·꽃가루받이 5월 중순~6월 말

자가결실성이 있는 품종이라도 여러 품종을 심는 쪽이 열매가 훨씬 더 잘 달린다.

올리브의 꽃봉오리.

5~6월경 하얀 꽃이 핀다.

POINT

열매솎기는 안 해도 된다

올리브는 열매솎기를 하지 않아도 되지만, 열매가 많이 달린 경우에는 솎아내지 않으면 열매가 작아진다.

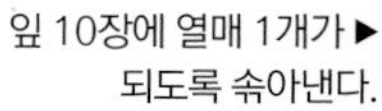

잎 10장에 열매 1개가 ▶
되도록 솎아낸다.

병해충 대책

병_ 물이 잘 안 빠지면 탄저병에 걸리기 쉽다.
해충_ 나무껍질을 갉아먹는 올리브 곰보바구미가 발생할 수 있다. 줄기 주변의 잡초를 제거해서 예방한다.

박각시나방의 유충. ▶
박각시나방은 잎을 갉아먹으므로
발견하면 잡아서 제거한다.

4 수확 9월 중순~10월 말

피클용으로는 녹색 열매에 검은 반점이 생기기 시작하는, 익어서 부드러워지기 전의 열매를 수확한다.

피클로 사용하는 경우에는 녹색일 때 수확한다.

오일용은 검게 익은 다음에 수확한다.

과일 이용 방법

올리브오일이나 피클(소금절임)로 이용할 수 있다. 단, 열매를 가공할 때 손이 많이 간다. 피클을 만들기 위해서는 떫은맛을 없애기 위해 가성소다가 필요하며, 떫은맛을 없애는 데 2주 정도 걸린다. 가성소다는 부식성이 강한 독극물이므로 주의해서 사용해야 한다. 또한 오일을 압착하기 위해서는 많은 열매가 필요하고 착유기도 필요하므로 일반 가정에서는 가공하기 어렵다.

컨테이너 재배 온도관리로 꽃눈이 달린다

올리브는 건조에 강하므로 컨테이너 재배에 적합하고 재배하기 쉬운 과일나무이다.
늘푸른나무이며 잎의 색깔이나 모양이 독특해서 관엽식물로도 인기가 많다. 건조에 강한 반면 과습에는 약하므로 물을 지나치게 많이 주지 않도록 주의한다.
12~1월의 평균기온이 10℃ 이하로 내려가지 않으면 꽃눈이 달리지 않으므로, 꽃을 기대하는 경우에는 온도관리를 잘 해야 한다. 밤에 실내로 옮기면 꽃눈이 달리지 않는 경우도 있다.
나무모양은 공간에 맞게 만든다. 실외에 둔다면 개심자연형(p.217)으로, 원가지를 3개 정도 남긴다. 창가 등 실내에 두는 경우가 많다면, 변칙주간형으로 만들어서 나무키를 제한할 수 있다.

POINT

화분 크기

5~7호 화분에 심는다.

사용하는 흙

적옥토와 부엽토를 1:1로 섞은 용토에 심는다. 12~1월에 유기질배합비료(p.239) 1kg을 기준으로 준다.

물주기

건조에는 강하지만 열매가 자라는 6~7월은 1일 2~3번 정도 물을 준다. 겨울에는 흙이 건조해지면 물을 준다.

올리브는 다른 꽃이나 풀과 함께 심어서 즐겨도 좋다. ▶
사진은 비올라와 알리섬을 함께 심은 모습.

으름덩굴· 멀꿀

한국, 중국, 일본, 등에 자생하는 덩굴성 식물. 장소를 가리지 않아 기르기 쉽고 모양도 자유롭게 만들 수 있다.

으름덩굴과 | **난이도** 보통

1그루로는 열매를 맺지 못하는 품종이 많으므로 궁합이 잘 맞는 다른 품종을 같이 심는다.

DATA

영어이름 Akebia(으름덩굴), Japanese Stauntonia Vine(멀꿀)
분류 갈잎덩굴나무(으름덩굴), 늘푸른덩굴나무(멀꿀)
나무키 덩굴성이므로 만드는 모양에 따라 다르다.
일조조건 양지~반음지 자생지 한국, 일본, 중국 남부
수확시기 8월 하순~10월(으름덩굴) / 10월 중순~하순(멀꿀)
재배적지 중부 이남(으름덩굴) / 남부지방(멀꿀)
열매 맺는 기간 3~4년(정원 재배) / 2~3년(컨테이너 재배)
컨테이너 재배 쉬움(5호 화분 이상)

재배력

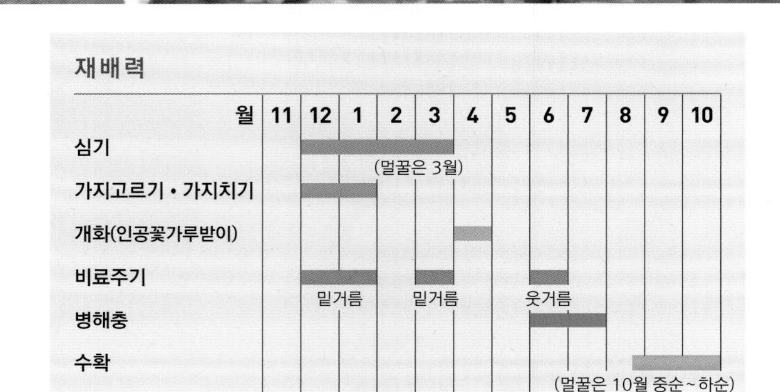

추천 품종

자보	중과. 세잎으름덩굴. 과일껍질은 연한 청자색. 흰가루병에 대한 내성이 강한 편이고 열매가 잘 달린다.
장왕자봉	중과. 세잎으름덩굴. 과일껍질은 진한 청자색으로, 착색한 뒤부터 열매가 갈라져서 벌어질 때까지 걸리는 기간이 길다. 흰가루병에 강한 편.
자행	대과. 세잎으름덩굴. 과일껍질은 진한 자주색으로 두껍고, 조리해서 먹으면 맛있다.
점보으름덩굴	대과. 세잎으름덩굴. 과일껍질은 붉은 자주색이고, 열매솎기를 하면 좀 더 큰 열매를 수확할 수 있다.
산형조생	중과. 세잎으름덩굴. 과일껍질은 옅은 푸른 자주색으로 두껍고, 조리해서 먹으면 맛있다.
멀꿀	중과. 작은잎이 7장이 되지 않으면 열매가 달리지 않는다. 온난한 장소에서 재배하기 적합하다.

멀꿀 열매. 익어도 열매가 갈라지지 않는다.

특징

덩굴성이므로 가드닝에도 활용할 수 있다

으름덩굴과 멀꿀은 모두 1그루의 나무에 암꽃과 수꽃이 같이 핀다. 멀꿀은 자가결실성이 있으므로 1그루만 심어도 열매가 잘 달리는 것이 특징. 으름덩굴은 2가지 품종을 같이 심는 편이 열매가 더 잘 달린다. 2종류 모두 재배는 비교적 간단하다. 덩굴성이므로 아치형 등으로 만들어서 가드닝에도 다양하게 활용할 수 있다.

으름은 추위에 견디는 힘이 보통으로, 한국의 경우 중부 이남에서 월동이 가능하다. 멀꿀은 추위에 약해서 남부지방에서만 자란다.

품종 선택 방법

으름덩굴은 2품종을 같이 심는다

으름덩굴에는 작은잎이 5장 있는 으름덩굴과 3장 있는 세잎으름덩굴, 이 2가지 품종의 잡종인 아케비아 펜타필라(Akebia x pentaphylla) 등이 있다. 과일나무로 재배하는 것은 대부분 세잎으름덩굴이며, 으름덩굴이나 아케비아 펜타필라를 꽃가루받이나무로 같이 심는 경우가 많다. 으름덩굴 야생종은 과일껍질이 옅은 갈색이지만 재배품종은 보라색, 핑크색, 흰색 등으로 다양하다. 또한 멀꿀은 특별한 품종이 없다

1 심기 12~3월

으름덩굴은 12~3월에 심지만 멀꿀은 늘푸른나무이므로 추위가 물러가는 3월에 심는다.

햇빛이 적당히 잘 드는 장소를 선택하고, 기본심기(p.204)를 참조해서 심는다.

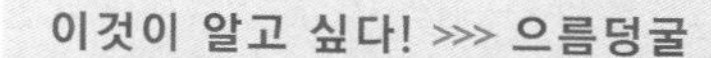

Q **으름덩굴이 꽃은 피는데 열매는 달리지 않는 이유는?**

A **으름덩굴은 2가지 품종을 재배해야 열매가 잘 달린다.**
으름덩굴은 1그루만으로는 열매가 안 달리기 때문에, 1가지 품종만 재배하면 꽃은 펴도 열매가 안 달린다. 세잎으름덩굴을 재배할 경우에는 꽃가루받이나무용으로 으름덩굴을 함께 심는 것이 좋다. 열매가 잘 달리게 하려면 다른 품종의 수꽃으로 인공꽃가루받이를 시켜야 한다.

비료주기

밑거름_ 으름덩굴과 멀꿀 모두 12~1월에 유기질배합비료(p.239) 1kg을 기준으로 준다. 3월에 화성비료(p.239) 50g을 기준으로 준다.
웃거름_ 열매가 성장하는 6월경, 1그루에 화성비료 30g을 기준으로 준다. 비료를 너무 많이 주면 덩굴만 자랄 수 있으니 주의한다.

2 가지치기 12~1월

봄에 많은 꽃을 피우고 열매가 잘 달리게 하려면 나무모양만들기와 가지치기가 필수적이다.

나무모양만들기 아치형이나 평덕형, 울타리형(p.216) 등으로 만든다.

2년차

나무를 심은 다음 해에 원가지 끝부분을 덩굴이 말리기 시작하는 바로 앞에서 잘라 유인한다. 지면 가까이의 줄기에서 나온 곁가지는 잘라낸다.

3년차

곁가지는 덩굴이 말리기 시작하는 바로 앞에서 자르고, 꽃눈이 달린 가지는 꽃눈 앞에서 자른다. 4년차 이후 아담하게 정리하고 싶은 경우에는 곁가지를 7~8마디로 자른다.

5년차 봄

2가지 품종을 좌우에 심고 아치형으로 만든 모습.

열매 맺는 습성 전년도에 자란 새가지의 잎겨드랑이에 혼합꽃눈이 달린다. 꽃눈은 아래쪽에서 몇 마디 위에 달린다.

겨울

잎눈

끝이 말려 있는 덩굴은 끝을 자른다. 끝에는 꽃눈이 달리지 않는다.

혼합꽃눈

혼합꽃눈에서 과일이 달리는 꽃눈과 잎이 나온다.

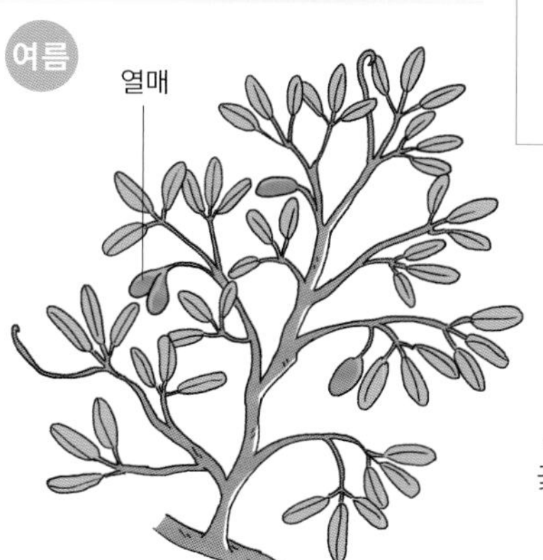

POINT

공간에 맞게 가지치기한다

기본적으로 곁가지는 정리하지만 시렁 공간에 여유가 있다면 곁가지가 자라서 퍼지도록 만들어도 좋다.

그 해에 자란 새가지에 혼합꽃눈이 달린다. 사진은 멀꿀.

겨울가지치기 으름덩굴은 잎이 떨어진 겨울에 복잡한 부분을 가지치기한다.

01 덩굴을 풀어놓은 모습. 밑에 2개의 평행지가 나와 있으므로 나중에 겹치지 않도록 벌려서 유인한다.

02 복잡한 부분이나 바퀴살가지를 잘라서 정리한다.

03 남은 가지는 겹치지 않도록 벌려서 유인한다.

멀꿀의 겨울가지치기

늘푸른나무인 멀꿀은 3월경 복잡한 부분만 솎아내는 가지치기를 하는 것이 좋다.

01 말린 덩굴은 자른다.

02 너무 길게 자란 덩굴도 자른다.

3 개화 · 꽃가루받이 4월

으름덩굴은 다른 품종의 꽃가루로 인공꽃가루받이를 시키면 열매가 잘 달린다.

으름덩굴 꽃

송이로 피고 암꽃은 아래쪽에 달린다.

가는 가지나 잘 자라지 않는 가지는 암꽃이 달리지 않는다

인공꽃가루받이

으름덩굴은 다른 품종의 수꽃 꽃가루를 솔 등으로 암꽃에 묻힌다.

4 열매 관리 5월

으름덩굴도 멀꿀도 열매솎기는 하지 않아도 된다.

열매를 크게 키우고 싶으면 꽃이 피고 약 1달 뒤에 크고 모양이 좋은 열매를 1~3개 정도 남긴다.

3개를 남긴 경우.

5 수확 8월 말~10월

으름덩굴은 열매가 갈라지면 수확하고, 멀꿀은 익어서 부드러워지면 수확한다.

으름덩굴은 과일에 색이 들고 갈라지기 직전이나 갈라진 뒤에 수확한다.

멀꿀은 갈라지지 않으므로 부드러워지면 수확한다.

병해충 대책

병_ 흰가루병 등. 장마철에 발생하면 과일껍질의 색깔이 이상해지므로 복잡한 가지는 솎아내고 바람이 잘 통하게 해서 예방한다.
해충_ 봄에 발생하는 진딧물 이외에는 특별히 없다. 발견하는 즉시 제거한다.

과일 이용 방법

날것으로 먹을 때는 2종류 모두 씨째로 입에 넣고 씨를 뱉어낸다. 으름덩굴의 껍질은 볶음요리나 절임, 튀김 등에 이용할 수 있다. 또한 으름덩굴의 잎은 약효가 있는 것으로 알려져 있다. 여름에 잎을 따서 살짝 데친 뒤 말려서 차로 즐긴다.

컨테이너 재배 원형 받침대로 유인한다

컨테이너 재배도 기본적으로는 땅에서 키우는 것과 같은 방법으로 재배한다. 으름덩굴과 멀꿀 모두 덩굴성이므로 원형 받침대를 사용하거나 일자 받침대를 울타리처럼 엮어서 유인한다.
으름덩굴은 꽃가루받이나무가 필요하므로 2가지 품종 이상 재배한다.
여름에는 반음지에 두고 흙이 건조해지지 않도록 표면이 마르면 물을 듬뿍 준다.
열매가 달린 뒤에는 열매를 솎아내서 열매 수가 컨테이너 1개당 5~6개가 되게 하면 커다란 열매를 수확할 수 있다.

3년차까지는 원가지를 길게 기르고, 자라면 원형 받침대를 사용해서 둥글게 유인한다. 4년차 이후에는 가지 끝을 자르는 것이 좋다. 겨드랑눈은 해마다 정리한다.

POINT

화분 크기

5~8호 화분에 심고 열매가 달리면 2년에 1번은 한 치수 큰 화분으로 옮겨 심는다.

사용하는 흙

적옥토와 부엽토를 1:1로 섞은 용토에 심는다. 12~1월, 6월에 유기질배합비료(p.239)를 준다.

물주기

흙의 표면이 마르면 물을 듬뿍 준다. 여름에는 지나치게 건조해지지 않도록 주의한다.

자두·서양자두

새콤달콤한 맛으로 과즙이 풍부한 과일.
여러 종류 중에서 원하는 품종을 선택할 수 있다.

장미과 | 난이도 보통

물과 비료를 너무 많이 주면 안 된다. 살짝 건조한 상태로 키우면 맛이 더 좋아진다.

DATA

영어이름 Plum
분류 갈잎큰키나무
자생지 아시아 서부~유럽 동남부, 한국, 중국, 일본
나무키 2.5~3m
일조조건 양지
수확시기 7월 중순~8월(동양자두) / 9월 (서양자두)
재배적지 전국
열매 맺는 기간 3~4년(정원 재배) / 3~4년(컨테이너 재배)
컨테이너 재배 가능(7호 화분 이상)

재배력

추천 품종

동양자두

귀양	야마나시현의「태양」에서 파생된 자두로 과일이 매우 크고 맛이 좋다. 자가결실성은 없다. 껍질은 붉은 자주색이고 과육은 노란색. 수확기는 8월경.
대석조생	중과. 과일껍질은 연한 노란색. 과육은 붉은색. 수확량이 많고 병에 강하다. 온난지에 적합하며, 꽃가루받이나무가 필요하다. 솔담과 함께 심는 것이 일반적.
솔담	대과. 껍질은 황록색이며 과육은 붉은색. 단맛이 강하고 풍미가 좋다. 열매를 오래 보관할 수 있다. 1그루만으로는 열매가 달리지 않으며 꽃가루받이나무가 필요하다.
태양	대과. 껍질은 붉은 자주색, 과육은 불투명한 흰색. 1그루만으로는 열매가 잘 달리지 않으며 꽃가루받이나무가 필요하다. 수확 후에도 오래 보관할 수 있다.
뷰티	중과. 껍질은 연한 노란색. 과육은 붉은색. 자가결실성이 있으므로 꽃가루받이나무로 적합하다.
메슬레이	소과. 껍질은 붉은색, 과육은 진한 붉은색. 1그루만 있어도 열매가 잘 달리므로 가정재배에 적합하다. 꽃가루받이나무로는 적합하지 않다.
산타로사	중과. 껍질과 과육 모두 노란색~붉은색. 자가결실성이 강해서 1그루만 있어도 열매가 달린다. 재배하기 쉬우며, 달콤하고 향기도 좋다.

서양자두(유럽자두)

슈가프룬	중과. 껍질은 붉은 자주색. 단맛이 강하고 풍미도 좋다. 1그루만 있어도 열매가 달린다.
스탠리	중과. 껍질은 푸른 자주색. 과육은 자주색. 1그루만 있어도 열매가 달리지만 꽃가루받이나무가 있으면 열매가 더 많이 달린다.

특징

한국 전역에서 재배 가능하고 완전히 익으면 달콤하고 맛있다

자두에는 동양자두와 서양자두가 있으며, 한국에서 재배되는 품종은 대부분 동양자두에 속한다. 동양자두는 꽃가루받이나무가 필요한 품종이 많지만, 유럽자두는 1그루만 있어도 열매가 잘 달린다.

시판하는 자두는 빨리 수확해서 신 것이 많지만, 가정에서는 완전히 익힌 뒤에 수확할 수 있으므로, 달콤하고 과즙이 풍부한 자두 본래의 맛을 즐길 수 있다.

품종 선택 방법

궁합이 좋은 조합으로 재배하는 것이 중요하다

동양자두 중에서 1그루만으로도 열매를 맺는 뷰티나 산타로사, 메슬레이 등은 쉽게 재배할 수 있다. 솔담, 대석조생은 서로 조합하거나 뷰티나 산타로사 등과 조합해서 재배한다. 또한 복숭아, 살구, 매실도 꽃가루받이나무가 될 수 있기 때문에, 정원에서 재배할 때 이런 과일나무를 함께 재배하는 것이 좋다.

1 심기 12~3월

동양자두는 물이 잘 빠지는 장소, 서양자두는 토양이 조금 무거운 장소를 선택한다. 기본심기(p.204)를 참조해서 심는다.

이것이 알고 싶다! >>> 자두

Q 열매가 잘 열리지 않는 이유는?

A 몇 가지 이유가 있다.

• 자가결실성

대부분의 품종이 1그루만 있으면 열매를 맺지 못한다. 1그루만으로도 열매를 맺는 품종이 아니라면 꽃가루받이나무가 필요하다.

• 온도

자두는 3월 하순~4월 상순에 꽃이 피는데, 개화기에 늦은 서리를 만나면 꽃가루받이를 못할 수 있다. 늦은 서리가 걱정되는 지역에서는 꽃이 늦게 피는 품종을 선택하는 것이 좋다.

• 생리적 낙과

자두는 원래 생리적 낙과 비율이 50~70%로 많은데, 나무가 건강하지 못하면 낙과율이 더 증가하거나 열매가 작아진다. 잎이 광합성을 할 수 있도록 겨울에 확실하게 가지치기를 해서 내부까지 햇빛이 잘 들게 해주고, 과일을 수확한 뒤에는 9월에 가을거름를 주는 것이 좋다.

비료주기

밑거름_ 12~1월에 유기질배합비료(p.239) 1kg을 기준으로 준다. 3월에는 화성비료(p.239) 150g을 기준으로 준다.

가을거름_ 다음 해에 성장할 양분을 축적하기 위해 9월경에 화성비료 50g을 기준으로 준다.

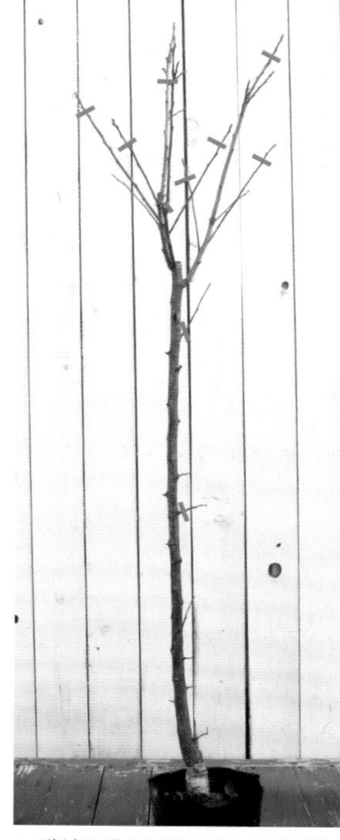

▲ 대석조생 3년생 묘목. 심을 때는 맨 위의 같은 곳에서 나온 2개의 가지 중 1개를 가지치기한다. 아래쪽 가는 가지는 전부 자르고, 남기는 원가지의 끝은 잘라둔다.

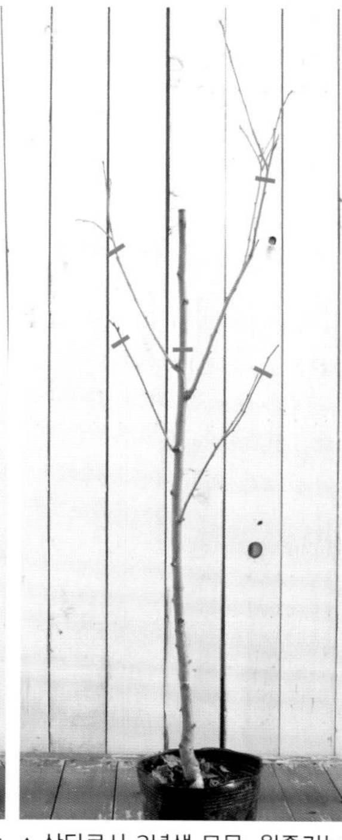

▲ 산타로사 3년생 묘목. 원줄기는 가장 위의 원가지 위에서 가지치기한다. 키우고 싶은 방향으로 붙어 있는 눈 바로 위에서 자른다. 4개의 원가지는 끝을 자른다.

2 가지치기 12~1월(겨울가지치기)

햇빛이 잘 들지 않으면 열매가 달리지 않으므로 햇빛이 잘 들게 가지치기한다.

나무모양만들기

개심자연형(p.214) 등 단간형이 적합하지만, 동양자두는 평덕형으로 만드는 것이 관리하기 쉽다.

평덕형

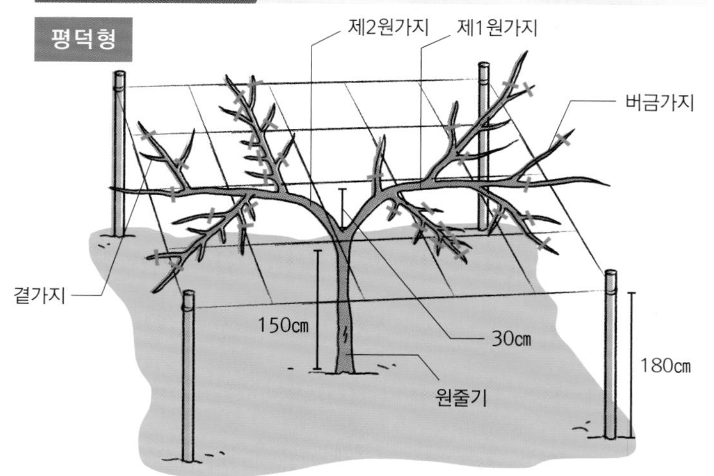

시렁 아래 30㎝에서 원가지 2개를 좌우로 벌려서 유인하고 버금가지를 키운다. 곁가지는 긴열매가지와 중간열매가지를 5㎝ 정도로 잘라서 열매가지가 많이 나오게 한다.

열매 맺는 습성

전년도에 자란 짧은열매가지, 중간열매가지, 긴열매가지에 꽃눈과 잎눈이 달린다.

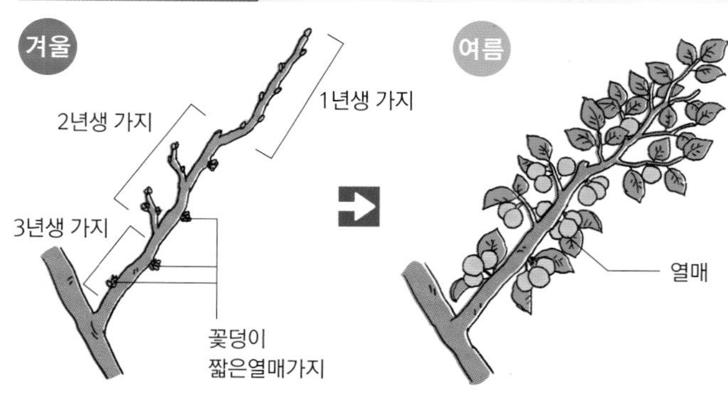

꽃눈·잎눈

나무모양을 만드는 겨울가지치기

해마다 가지치기를 하는 것이 좋지만 몇 년 동안 가지치기를 하지 않은 경우에는 나무모양만들기를 겸해서 겨울에 가지치기하는 것이 좋다.

01 10년 정도 자란 나무로 2~3년 가지치기하지 않으면 사진처럼 엉망이 된다. 굵은 원가지는 톱으로 잘라서 나무모양을 교정한다. 원가지를 3~4개 남기는 변칙주간형으로 만든다.

여기를 자른다

02 필요 없는 원가지를 자른다.

03 굵은 가지부터 정리한다.

04 원가지를 줄이고 웃자람가지, 안쪽으로 뻗은 가지, 바퀴살가지, 교차지 등 필요 없는 가지를 정리한다. 남기는 가지는 끝을 잘라둔다.

3 개화·꽃가루받이 4월

1그루만으로는 열매를 맺지 않는 품종은 꽃가루받이나무가 필요하다. 인공꽃가루받이를 해주면 열매가 잘 달린다.

▲ 동양자두 꽃. 인공꽃가루받이를 할 때는 다른 나무의 꽃가루를 암술에 묻힌다. 매실, 살구, 복숭아 나무의 꽃가루도 이용할 수 있다.

◀ 서양자두 꽃.

4 열매솎기 5~6월 상순

자두는 열매가 어릴 때 50~70%가 생리적 낙과를 한다.
열매솎기는 생리적 낙과가 끝나는 꽃이 피고 30~40일 뒤에 한다.

과일이 엄지손가락만 해지면 가지 5~10㎝당 열매 1개를 남기고 솎아낸다.

병해충 대책

병_ 과일에 검은 반점이 생기는 검은무늬병이나 줄기마름병 외에도 어린 열매가 기형이 되는 보자기열매병 등이 있다. 새로운 눈이 나오기 전인 3월 상순에 2번, 2주 간격으로 살균제를 살포하여 예방한다.

해충_ 심식충류(명나방의 유충)는 새로운 눈과 열매를 갉아먹는다. 봉지를 씌워서 예방한다.

▲ 보자기열매병에 걸린 열매.

5 여름가지고르기 6월

새가지의 끝을 자르면 다음 해에 열매가 많이 달린다.

올해 길게 자란 새가지의 끝부분 1/3을 자르면, 짧은열매가지가 나와 다음 해에 열매가 잘 달린다.

6 수확 7월 중순~8월(동양자두) 9월(서양자두)

과일에 색이 들고 부드럽게 익으면 수확한다. 새로 인한 피해가 있을 경우에는 네트를 씌워서 예방한다.

서양자두 열매.

과일 이용 방법

단맛과 신맛이 적당히 있어서 잼으로 만들면 맛있다. 서양자두는 말린 과일로 만들어도 좋다.

컨테이너 재배 꽃이 필 때는 추위에 주의한다

기본적인 재배방법은 땅에 심을 때와 같다. 컨테이너를 햇빛이 잘 드는 곳에 두고, 2가지 품종을 재배하는 경우에는 각각 다른 컨테이너에 나눠서 심는다.

꽃은 4월경에 피지만 저온에 노출되면 열매가 잘 안 달린다. 밤이나 기온이 낮은 날 등에는 실내로 컨테이너를 옮겨두면 안심할 수 있다.

POINT

화분 크기

7~10호 화분에 심는다.

사용하는 흙

적옥토와 부엽토를 1:1로 섞은 용토에 심는다. 비료는 12~1월에 유기질배합비료(p.239)를, 8월에는 화성비료(p.239)를 준다.

물주기

흙의 표면이 마르면 준다. 살짝 건조한 상태로 재배하는 것이 좋다. 여름에는 아침저녁으로 1일 2번, 봄가을에는 1일 1번, 겨울에는 1달에 4~5번 정도 물을 준다.

묘목 심기와 가지치기

솔담 2년생 묘목. 가지치기한 모습.

원줄기는 눈의 방향을 보면서 적당한 위치에서 자른다.

가장 위의 원가지는 2개가 나와 있으므로 1개로 정리한다.

바퀴살가지는 1개로 정리한다.

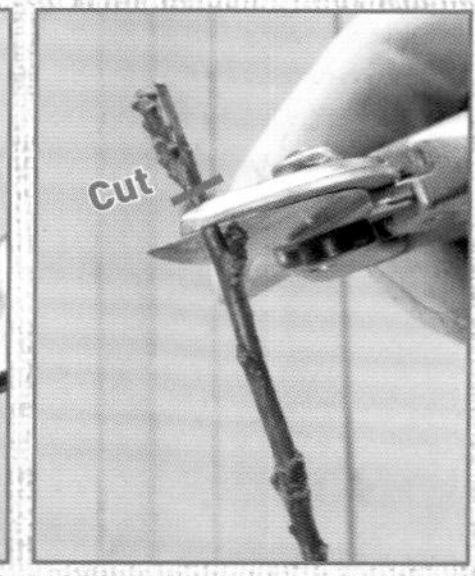

남기는 원가지는 끝을 잘라둔다.

체리

사랑스러운 빨갛고 작은 열매가 인기 있는 과일나무.
가정에서 재배하면 완전히 익힌 과일을 즐길 수 있다.

장미과 | **난이도** 조금 어려움

자가결실성이 낮으므로 반드시 궁합이 좋은 다른 품종을 같이 심어야 한다.

DATA

영어이름 Cherry
분류 갈잎큰키나무
나무키 3~4m
자생지 아시아 남부, 흑해 연안지방
일조조건 양지
수확시기 6월 중순~7월
재배적지 중부 이남(겨울철 최저극기온이 -20℃ 이내인 지역)
열매 맺는 기간 4~5년(정원재배) / 2~3년(컨테이너 재배)
컨테이너 재배 가능(7호 화분 이상)

추천 품종

향하금	생리적 낙과가 적고 따뜻한 곳에서도 잘 자란다. 단맛이 강하고 육질이 부드러워서 맛이 좋다. 꽃가루받이나무로 「사오리」 등이 적합하다.
좌등금	품질이 좋은 인기 품종. 과육은 색이 선명하고, 과즙이 풍부해서 맛이 좋다. 꽃가루받이나무로는 「고사」나 「나폴레옹」이 적합하다.
홍수봉	좌등금만큼 품질이 좋다. 열매가 잘 달리고 수확량도 많다. 「좌등금」이나 「나폴레옹」의 꽃가루받이나무로 적합하다.
고사	따듯한 지방에서 재배하기 좋다. 품질이 뛰어나고 좌등금보다 신맛이 강하며 과육과 과즙이 많다.
나폴레옹	신맛이 조금 강하지만 풍미가 풍부하고 과육과 과즙이 많다. 재배하기 쉬우며 열매가 잘 달린다.
난지체리	따듯한 지방에서 재배할 수 있으며, 해마다 열매가 많이 달리므로 가정에서 재배하기 좋다. 자가결실성이 있어서 1그루만으로도 열매가 달린다.
사오리	평균 무게가 10g이나 되는 커다란 열매가 달린다. 과일껍질은 노란색에 붉은색 반점이 있어 색깔도 예쁘다. 자가결실성이 있으므로 1그루만으로도 열매가 달린다.

재배력

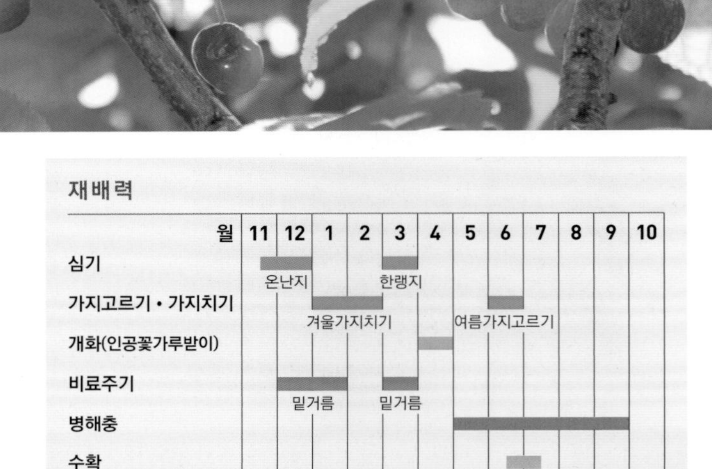

특징

완전히 익은 과일을 즐길 수 있는 것이 가정재배만의 매력

체리는 나무자람새(수세)가 강하고 특히 온난지에서는 크고 굵게 자라기 쉬워서 아담하게 만드는 것이 좋다. 뿌리가 퍼지는 것을 억제하는 「근역제한재배(212p.)」도 좋다.

기본적으로 자가결실성이 낮은 품종이 대부분이므로, 꽃가루받이나무로 궁합이 좋은 다른 품종을 같이 심는 것이 중요하다. 시판되는 체리는 빨리 수확한 것이지만, 가정에서 재배하면 완전히 익은 체리를 맛볼 수 있다.

품종 선택 방법

궁합이 맞는 2가지 품종을 같이 키운다

품종은 많지만 대표적인 품종은 「좌등금」. 온난지에서 키우기 쉬운 「향하금」이나 「난지체리」 등도 좋다. 자가결실성이 약해 다른 품종을 같이 심어야 하고, 꽃가루받이가 잘 되는 궁합이 각각 다르기 때문에 품종을 잘 선택해야 한다.

- 궁합이 좋은 조합

- 좌등금×고사·나폴레옹, 향하금×좌등금·나폴레옹, 홍수봉×좌등금·나폴레옹 등

1 심기 11월 하순 ~ 12월(온난지) / 3월(한랭지)

한랭지를 좋아하는 사과보다 추위에 약하다. 중부 이남에서 정원재배 가능.

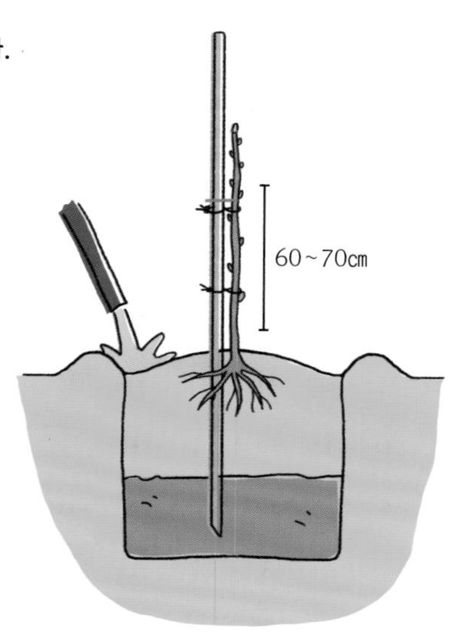

햇빛이 잘 들고 물이 잘 빠지며 공기가 잘 통하는 토양을 선택하고, 기본심기(p.204)를 참조해서 심는다. 높이 60~70㎝에서 원줄기를 자르고 받침대를 세워서 지탱한다.

비료주기

밑거름_ 12~1월에 유기질배합비료(p.239) 1kg을 기준으로 준다. 3월에는 화성비료(p.239) 150g을 기준으로 준다.
가을거름_ 수확 후에 화성비료를 1㎡당 50g을 기준으로 준다. 봄에 웃거름을 주면 열매가 터지기 쉬우므로 주지 않는 것이 좋다.

병해충 대책

병_ 잿빛무늬병에 걸리면 익기 직전의 열매가 썩고 과일뿐 아니라 잎이나 꽃에도 피해가 생기므로 봉지씌우기 등으로 예방한다. 탄저병은 비가 많이 오는 시기에 잎이나 열매에 많이 발생한다. 발견하면 발생부분을 제거한다.
해충_ 복숭아유리나방, 미국흰불나방, 잎진드기류는 보는 즉시 잡아서 제거한다. 잎진드기류는 대량 발생하므로 발생한 부분을 제거한다.

2 가지치기 1~2월(겨울가지치기)

크게 자라기 쉬우므로 가지치기해서 아담하게 키운다. 짧은열매가지에 꽃눈이 잘 달린다.

나무모양만들기

주간형(p.214)이나 변칙주간형 외에 아담하게 키우고 싶다면 배상형(p.215)도 좋다.

변칙주간형

2년차 겨울

끝을 자른다.

원줄기 연장가지의 원가지를 정하고, 다른 원가지는 자른다. 남기는 원가지는 끝을 자른다.

3년차 겨울

원가지를 3개 정도 남기고 그 외에는 밑동에서 자른다. 원줄기 맨 위의 원가지는 끝을 자른다.

4년차 이후

웃자람가지는 밑동에서 자른다.

웃자람가지 등 필요 없는 가지를 잘라서 나무모양을 정리한다.

열매 맺는 습성

그 해의 새가지 아래쪽에 꽃눈이 달리고, 그 위의 잎눈은 다음 해에 꽃눈이 달리는 짧은열매가지가 되어 그 다음 해에 꽃이 핀다.

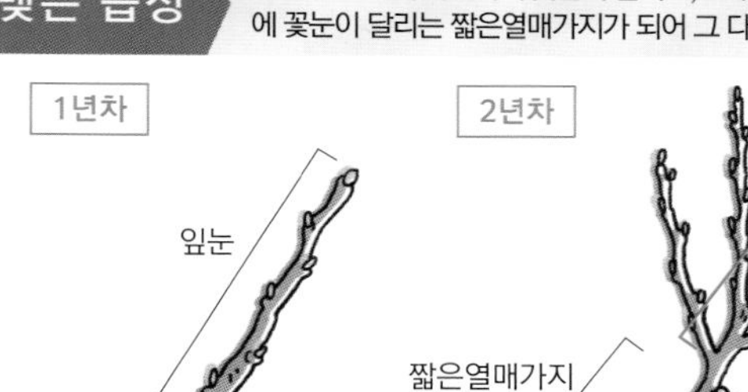

꽃눈·잎눈

짧은열매가지의 끝에 달린 꽃눈.

3년차

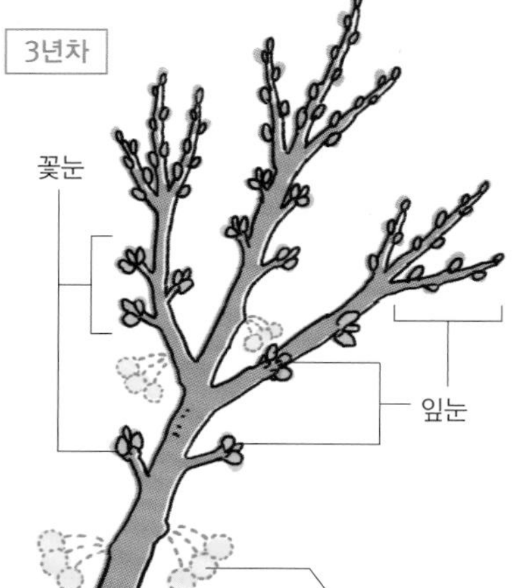

01 크게 보면 왼쪽과 가운데, 오른쪽에 3개의 원가지가 있으므로, 각각의 원가지 별로 정리한다. 왼쪽 원가지가 가장 높기 때문에 여기서부터 시작한다.

겨울가지치기

9년생 체리나무의 가지치기 예. 너무 높이 자랐기 때문에 전체 높이가 낮아지도록 가지치기한다.

02 **01**의 사진을 왼쪽으로 90° 돌린 모습. 끝을 정한 뒤 그곳부터 원뿔모양 안에 들어가고, 햇빛이 고르게 잘 들도록 자른다.

03 교차한 버금가지를 자른다.

04 자른 모습.

05 위의 평행지를 자른다.

06 자른 모습.

07 끝쪽의 바퀴살가지를 정리한다.

08 자른 모습.

09 끝을 확인하고 그보다 높은 가지를 밑동에서 자른다.

10 자른 모습.

11 웃자람가지를 자른다.

12 자른 모습.

13 왼쪽 원가지의 가지치기를 마친 모습.

14 다른 원가지도 같은 방법으로 자른다. 먼저 끝을 정한다.

15 끝보다 높은 가지를 밑동에서 자른다.

16 자른 모습.

17 모든 가지치기를 마친 모습.

이것이 알고 싶다! >>> 체리

Q 잎만 자라고 꽃이나 열매가 잘 안 달릴 때는?

A 짧은열매가지를 많이 만든다.

기세 좋게 뻗은 새가지를 방치해두면 봄에 끝부분의 잎눈만 성장해서 짧은열매가지가 나오기 힘들다. 꽃눈은 짧은열매가지에 많이 달리므로 겨울가지치기에서 새가지를 1/4 정도 잘라두면, 다음 해에는 짧은열매가지가 많이 생겨서 꽃이 많이 피고 열매도 잘 달린다. 또한 열매의 경우 꽃가루받이가 잘 이루어지지 않으면 열리지 않는다. 1그루만 키우는 경우에는 궁합이 좋은 꽃가루받이나무를 함께 심어야 한다. 1그루만 있어도 열매를 맺는 품종이라도, 인공꽃가루받이를 해주면 열매가 좀 더 잘 달린다.

3 개화 · 꽃가루받이 4월

핑크색 꽃이 피는 것은 4월경.
개화 후 인공꽃가루받이를 해주면 열매가 잘 달린다.

50% 정도 피었을 때와 활짝 피었을 때 1번씩, 모두 2번 인공꽃가루받이를 한다. 다른 품종의 꽃가루를 붓으로 암술에 묻히거나, 꽃을 따서 직접 꽃가루받이를 시킨다(p.244).

4 열매솎기 4~5월

열매가 많이 달린 경우에는 솎아낸다. 지나치게 많이 달리면 다음 해에 꽃눈과 잎눈이 모두 적어진다.

잎 4~5장당 열매 1개가 되도록 어린 열매를 솎아낸다. 작은 열매 위주로 따면 된다.

5 수확 6월 중순~7월 초순

나무 위에서 완전히 익힌 뒤 수확한다. 빨갛게 색이 들면 수확한다.

▲ 열매가 익어가는 도중에 비가 계속 내리면 열매가 터지기 쉽다. 지면의 원줄기 주변에 비닐시트를 깔면 예방할 수 있다.

▲ 체리는 가위를 사용하지 않아도 수확할 수 있다.

▲ 꼭지를 잡고 위나 옆으로 당긴다. 아래로 당기면 가지가 찢어지기 쉽다.

과일 이용 방법

날것으로 먹는 방법 외에도 파이나 설탕절임 등으로 가공해서 즐긴다. 가공용은 신맛이 강한 품종이 적합하다.

6 여름가지고르기 6월

수확 후 복잡한 새가지를 잘라서 햇빛이 잘 들게 하면, 다음 해에 열매가 잘 달린다.

▲ 30~40㎝ 이상의 긴 새가지는 끝을 1/3~1/4 정도 자르면 다음 해에 짧은열매가지가 나온다.

▲ 자른 부분에서 짧은열매가지가 나와 꽃눈이 달렸다.

▲ 가지치기 후에 나온 새가지. 다음 해에는 꽃눈이 달린다.

컨테이너 재배

토양의 수분을 조절한다

컨테이너 재배의 경우에도 기본적인 것은 땅에 심을 때와 같다. 2가지 품종을 각각 다른 컨테이너에서 재배한다. 비를 맞으면 열매가 상하기 쉬우므로, 열매가 익어가는 6월에는 비를 맞지 않도록 컨테이너 위치를 옮긴다. 체리는 과습을 싫어하는데, 컨테이너에서 재배하면 토양의 수분을 컨트롤하기 쉬우므로 좋은 열매가 달리게 할 수 있다.

묘목 심기와 가지치기

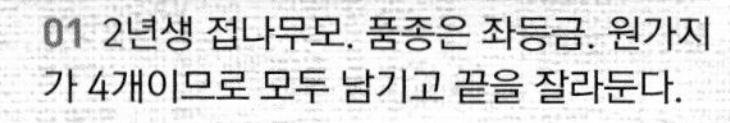

01 2년생 접나무모. 품종은 좌등금. 원가지가 4개이므로 모두 남기고 끝을 잘라둔다.

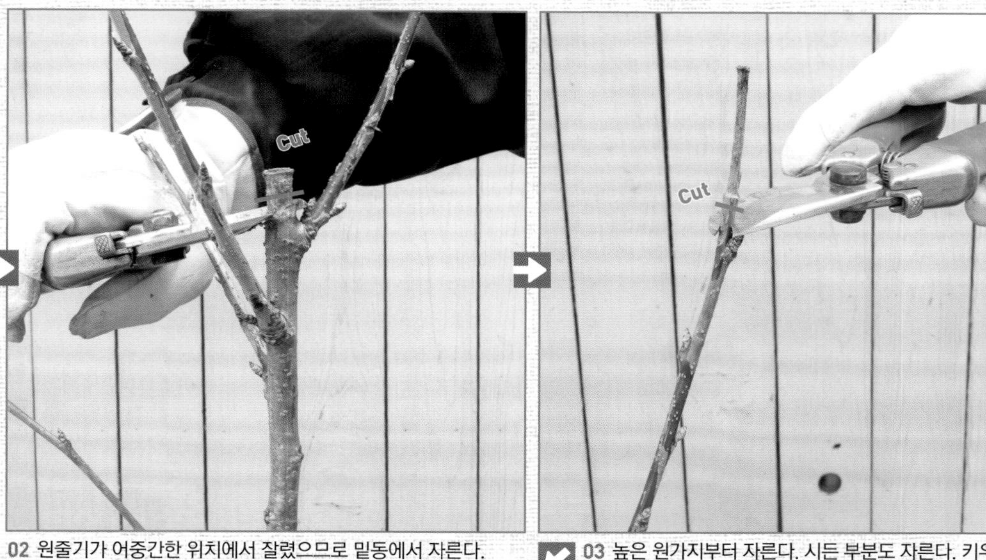

02 원줄기가 어중간한 위치에서 잘렸으므로 밑동에서 자른다.

03 높은 원가지부터 자른다. 시든 부분도 자른다. 키우고 싶은 방향으로 달린 바깥쪽 눈 바로 위에서 자른다.

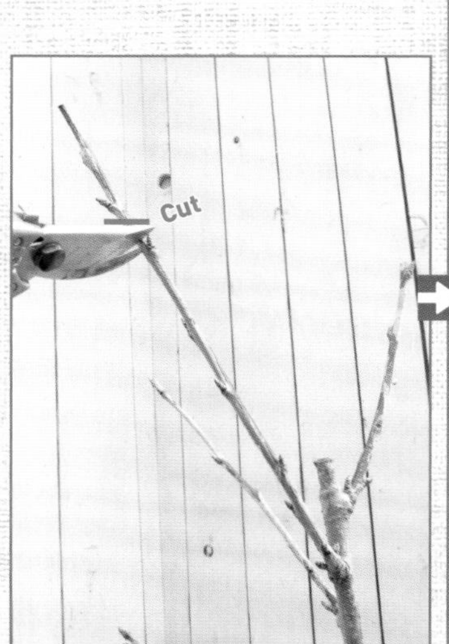

04 마찬가지로 키우고 싶은 방향으로 달린 바깥쪽 눈 위에서 자른다.

05 짧은 가지는 끝만 자른다.

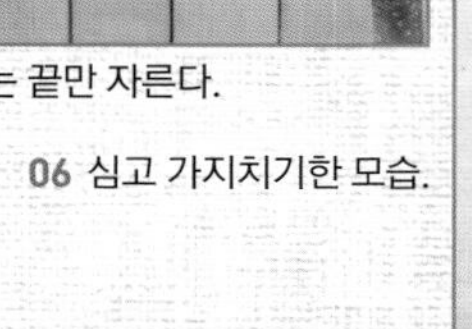

06 심고 가지치기한 모습.

POINT

화분 크기

6~8호 화분에 심는다. 흙 위로 나온 부분이 화분의 높이와 같은 길이가 되게 자른다. 2년에 1번 정도 분갈이한다.

사용하는 흙

옥토와 부엽토를 1:1로 섞은 것에 고토석회를 조금 넣은 용토에 심는다. 비료는 12~1월에 유기질배합비료(p.239)를 준다.

물주기

열매가 색이 들 때까지는 물을 듬뿍 준다. 색이 들면 수확할 때까지는 살짝 건조한 상태를 유지한다. 여름에는 건조하면 잎이 마를 수 있으니 주의한다.

키위

덩굴성이므로 여러 가지 방법으로 유인할 수 있다.
가드닝에도 활용할 수 있는 인기 과수.

다래나무과 | **난이도** 보통

수나무 품종과 암나무 품종 모두 필요하다. 가지치기나 열매솎기는 좋은 열매를 수확하기 위해 반드시 해야 한다.

DATA

영어이름 Kiwi Fruit
분류 갈잎덩굴나무
나무키 덩굴성이므로 만들기에 따라 다르다.
자생지 중국
일조조건 양지
수확시기 10~11월
재배적지 제주도, 전남 및 경남 남해안 지역
열매 맺는 기간 4~5년(정원 재배) / 3~4년(컨테이너 재배)
컨테이너 재배 쉬움(7호 화분 이상)

추천 품종

암나무

헤이워드	대표적인 그린키위 품종. 과일은 큰 편이고 나무모양은 직립성으로, 아담하게 만들면 쉽게 재배할 수 있다.
향록	큰 열매가 달리며 과육의 색깔이 진하고 단맛도 강하다. 열매가 잘 달리므로 가정재배에 적합하다. 열매는 무름병에 약한 편이다.
골든킹	당도가 높아 상당히 달고 신맛도 적당하며 맛이 진하다. 나무에서 완숙시키면 후숙은 필요 없다. 과육은 노란색.
후지골드	후숙시키면 상당히 달콤해진다. 오래 보관할 수 있다.
레인보우 레드	씨앗 주변이 빨갛게 물들어서 무지개처럼 보인다. 자른 모습이 보기 좋으며, 신맛이 적고 달콤한 품종.

수나무

토무리	꽃가루가 많아서 「향록」 등 꽃이 늦게 피는 암나무 품종의 꽃가루받이나무로 적합하다.
마추아	꽃이 피는 시기가 길어서 여러 가지 암나무 품종의 꽃가루받이나무로 적합하다.
손오공	꽃이 빨리 피기 때문에 개화시기가 빠른 「골든킹」 등의 꽃가루받이나무로 적합하다.
록키	「골든킹」이나 「도쿄골드」, 「애플」 등 조생품종의 꽃가루받이나무로 적합하다.

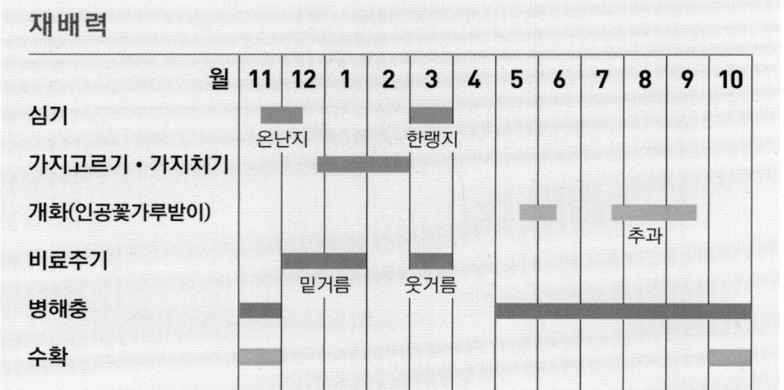

특징

가정에서 재배하면 익은 과일부터 순서대로 수확할 수 있다

키위는 비타민C가 풍부하고 영양가가 높아서 인기 있는 과일이다. 또한 키위나무는 병해충에도 강해서 재배하기 쉽다. 주산지는 뉴질랜드이지만 원산지는 중국. 한국에서는 1980년대부터 키위를 도입해 재배하며 「참다래」라는 이름을 붙였다.

시판되는 키위는 한꺼번에 수확하기 때문에 과일마다 숙성 정도에 차이가 있지만, 가정에서는 익은 과일부터 순서대로 수확할 수 있고 후숙시키기도 쉽다.

품종 선택 방법

암수딴그루이므로 2가지 품종 이상 선택해서 재배한다

키위는 암수딴그루이므로 열매가 달리려면 암나무와 수나무를 같이 재배하든지 인공꽃가루받이를 해줘야 한다. 열매가 잘 달리게 하려면 개화시기가 겹치는 수나무와 암나무 품종을 선택하는 것이 좋다. 헤이워드와 토무리, 골든킹과 손오공 등 궁합이 좋은 품종을 조합한다. 수나무 1그루와 암나무 1그루를 심어도 되지만, 공간이 허락한다면 수나무 1그루와 암나무 3그루를 심는 것이 좋다. 과육 색깔은 암나무 품종에 따라 결정된다.

1 심기 11월 중순~2월 중순(온난지) 3월(한랭지)

건조와 지나친 습기에 약하므로 햇빛이 잘 들고 물이 잘 빠지며 수분보존력이 높은 토양에 심는 것이 좋다.

암나무를 먼저 심고 수나무를 3~5m 떨어진 곳에 심는다. 공간이 부족하면 수나무는 컨테이너 재배도 가능하다. 강풍에 약하므로 바람이 강하게 불지 않는 장소에 심거나, 바람막이를 설치하는 것이 좋다. 기본심기(204p.)를 참조해서 2곳에 심고, 받침대나 시렁으로 유인한다. 1년생 접나무모의 경우 40~60㎝ 정도로 원줄기를 가지치기한다.

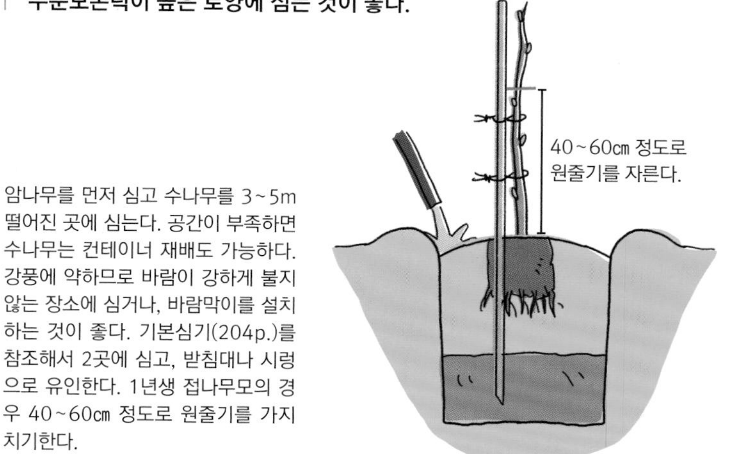

이것이 알고 싶다! >>> 키위

Q 열매가 전혀 달리지 않을 때는?

A 개화시기가 겹치는 암나무와 수나무를 심는다.
먼저 재배하고 있는 키위의 품종을 확인한다. 2그루 이상 재배하더라도 암나무만 심거나 수나무만 심은 경우에는 열매가 열리지 않는다.
또한 암수를 모두 재배한다고 해도 개화시기가 겹치지 않으면 꽃가루받이를 하지 못한다. 개화시기가 겹치는 품종을 선택하는 것이 중요하다.

비료주기

밑거름_ 12~1월에 유기질배합비료(p.239) 1kg을 기준으로 준다. 3월에는 화성비료(p.239) 150g을 기준으로 준다.

2 가지치기 11월 하순~2월 말

나무모양만들기 안길이가 좁은 공간에서 재배한다면 T자형으로 만들고, 가로세로 5m 이상 확보 가능하다면 평덕형으로 만드는 것이 좋다.

겨울가지치기로 가지를 정리하면 열매가 잘 달린다.

T자형

1년차 겨울

약 2m 높이의 T자형 받침대를 좌우에 1개씩 세운다. 중앙에는 암나무를 심어 받침대로 유인하고, 한쪽에 수나무를 심는다. 1년생 접나무모는 40~60㎝로 자르고, 어린 나무의 경우에는 튼실한 새가지를 유인한다.

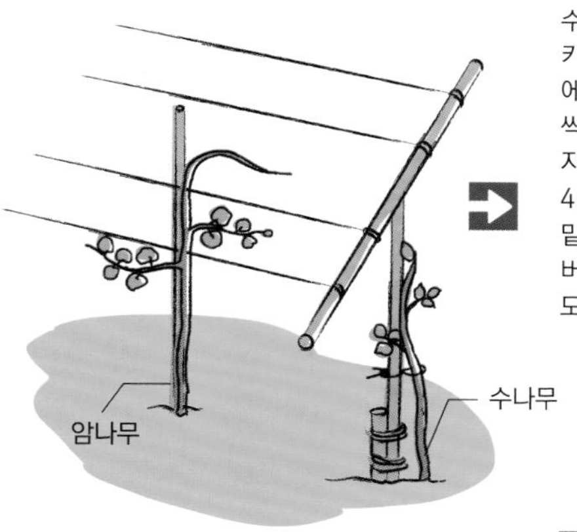

2년차 겨울

수나무는 원가지를 1개만 키운다. 암나무는 시렁 밑에서 원가지가 좌우로 1개씩 자라게 유인한다. 원가지에서 나오는 버금가지는 40~50㎝ 간격이 되도록 밑동에서 가지치기한다. 버금가지도 끝을 1/3 정도 자른다.

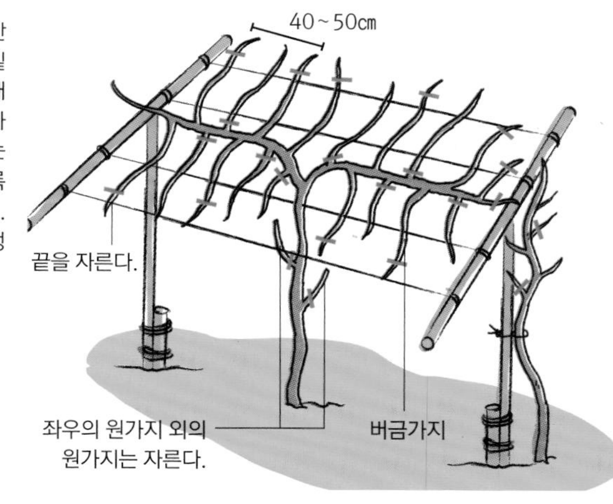

3년차 겨울

원가지에서 나오는 버금가지가 70~80㎝ 간격이 되도록 밑동에서 가지치기한다. 이때 잘 자라는 가지를 남긴다. 버금가지에서 곁가지가 나오는데 이 곁가지에 열매가 달린다.

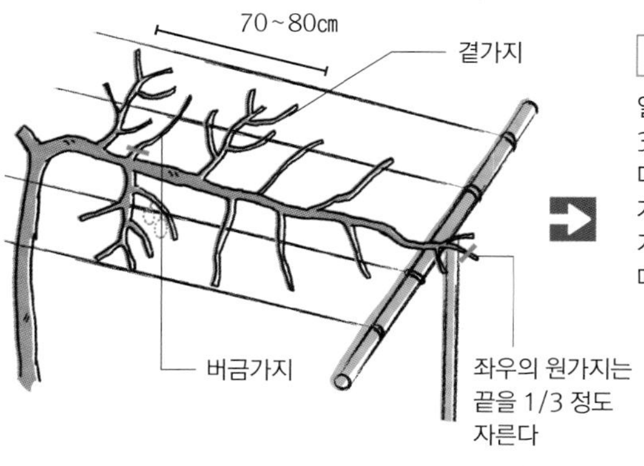

4년차 이후의 겨울

열매가 달린 가지는 눈을 3~5개 남기고 끝을 자른다. 열매가 달리지 않은 가지는 눈을 8~10개 남기고 자르면 다음 해에 열매가 잘 달린다.

눈을 3~5개 남기고
끝을 자른다.

열매가 달리지
않은 가지.

눈을 8~10개 남기
고 자른다.

열매가 달린
부분.

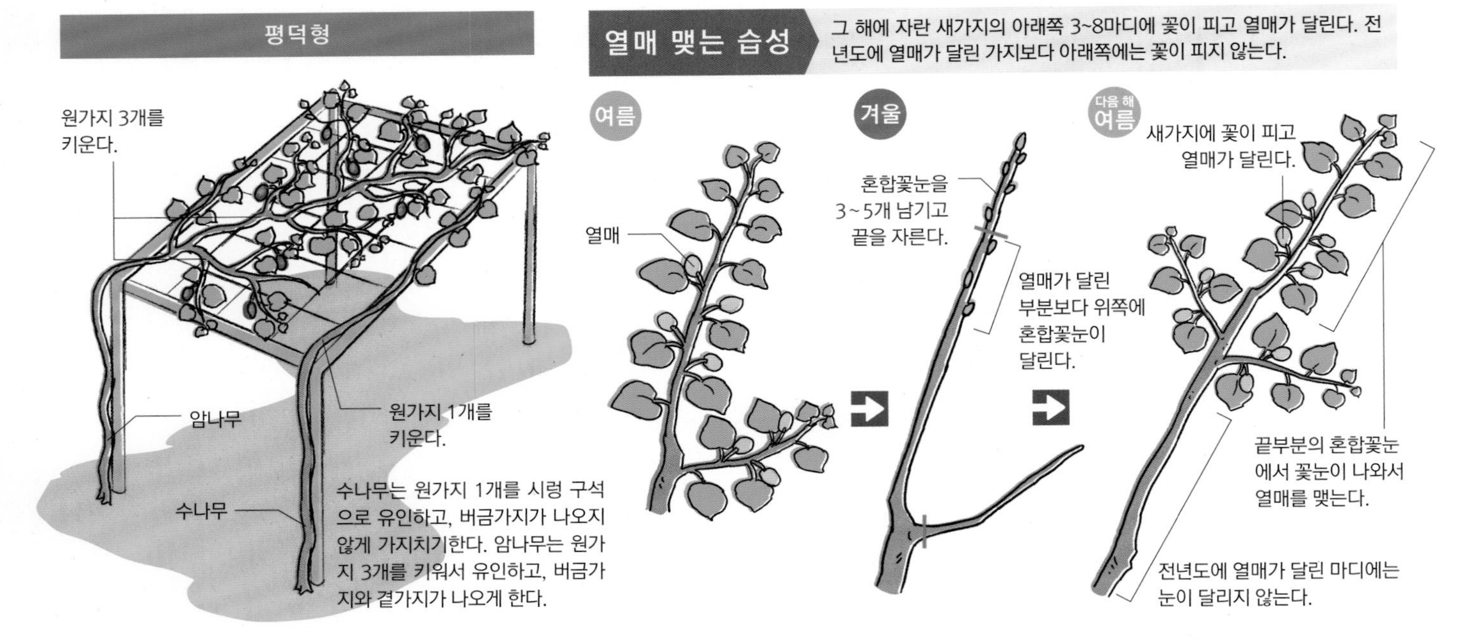

겨울가지치기

몇 년씩 가지치기를 하지 않고 가지를 방치하면 잎이 햇빛을 받지 못해서 열매가 달리지 않거나 작은 열매만 달린다. 맛있는 과일을 많이 수확하려면 겨울가지치기가 반드시 필요하다.

01 묵은가지를 정리한다. 긴 가지 2개가 자라고 있다.

02 2개 중에 새가지가 나와 있는 1개를 남기고 자른다.

03 좋은 새가지를 남기고 교차지는 자른다.

04 자른 모습.

05 위쪽으로 웃자란 교차지를 자른다.

06 복잡한 부분이나 지나치게 긴 가지는 정리한다.

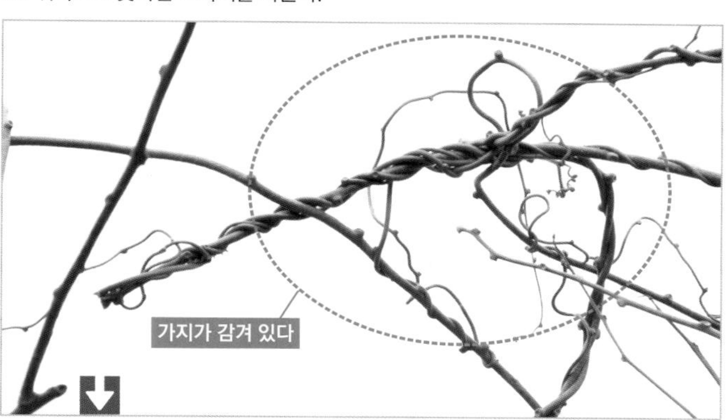

07 가는 가지나 마른 가지, 가지가 감겨 있는 가지는 잘라서 정리한다.

POINT

키위는 눈과 눈 사이를 가지치기한다

키위는 다른 과일나무처럼 눈 가까이에서 자르면 마르기 쉬우므로, 눈과 눈 사이를 자른다.

08 가지치기한 뒤 유인한다. 원가지를 시렁에 최대한 가까이 유인한다. 가지가 성장할 수 있도록 8자형으로 묶는다.

09 위에서 본 모습. 새가지가 위로 자라도록 유인한다. 새가지가 원가지보다 아래로 내려가면 좋은 열매가 달리지 않는다.

10 시렁 밑에서 본 모습. 교차지가 없고 하늘이 보이는 정도가 좋다. 그렇지 않으면 잎이 났을 때 빽빽해져서 햇빛을 받지 못한다.

키위의 혼합꽃눈

▲ 키위는 1개의 눈에서 잎과 꽃이 모두 나오는 혼합꽃눈이 달린다.

이것이 알고 싶다! >>> 키위

Q 꽃이 많이 피지 않는 이유는?

A 가지치기 방법에 문제가 있다.

키위는 가지 끝에 혼합꽃눈이 달리므로 끝을 깎아내듯이 강하게 가지치기하면 꽃이 잘 피지 않는다. 가지치기할 때는 꽃눈을 자르지 않도록 주의해야 한다.

또한 가지가 지나치게 복잡해져서 햇빛을 받지 못하는 경우에도 꽃이 피지 않는다. 가지가 복잡해지지 않도록 가지치기를 하거나 가지를 유인해서, 잎이 햇빛을 골고루 받게 해주는 것이 중요하다.

3 개화 · 꽃가루받이 5월 말~6월 상순

암나무인지 수나무인지는 꽃이 피어야 알 수 있으므로 꽃을 잘 보고 확인한다. 인공꽃가루받이를 해주면 열매가 잘 달린다.

키위 꽃봉오리.

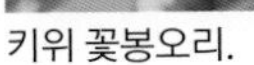

암꽃은 가운데에 암술이 발달했다.

수꽃은 수술만 발달했다.

이것이 알고 싶다! >>> 키위

Q 열매가 도중에 낙과하는 이유는?

A 꽃가루받이가 제대로 이루어지지 않았다.
비가 온 뒤에 꽃이 피는 경우 등에는 꽃가루가 바람을 타기 어려워, 자연적인 꽃가루받이가 불가능해진다. 이럴 경우에는 인공꽃가루받이를 시켜야 한다.

인공꽃가루받이

암꽃이 30~50% 정도 폈을 때 1번, 활짝 폈을 때 1번, 총 2번 꽃가루받이를 해주면 효과적이다.

01 수꽃을 따서 꽃가루를 턴다.

02 붓에 꽃가루를 묻힌다.

03 암꽃의 암술에 묻힌다.

04 수꽃을 따서 직접 암꽃에 대고 문질러도 된다.

4 열매솎기 7~9월

열매가 너무 많이 달리면 열매가 작아지거나 다음 해에 많이 달리지 않으므로, 2~3번에 나눠서 솎아낸다

01 가지 40㎝에 열매 2~3개가 기준. 잎 5장에 1개 정도가 좋다.

02 작은 것부터 열매솎기한다.

03 3개 남기고 정리한 모습.

POINT

타원형 열매를 남긴다

병해충 피해를 입은 열매나 작은 열매, 동그란 열매, 모양이 이상한 열매는 열매솎기 대상이다. 타원형 열매가 크게 자란다.

타원형 열매 2개를 ▶ 남긴 모습.

이것이 알고 싶다! >>> 키위

Q 전년도에는 열매가 많이 달렸는데 올해는 달리지 않는 이유는?

A 해거리하기 쉬우므로 열매를 솎아낸다.
키위는 생리적 낙과가 적어서 열매가 많이 달리면 다음 해에 열매가 잘 달리지 않는다. 적당한 양으로 솎아내서 해거리를 예방한다.

병해충 대책

병_ 잿빛무늬병이 수확기에 발생하면 과일에 반점이 생기고 낙과한다. 비가 원인이므로 봉지를 씌워서 예방한다.

해충_ 박쥐나방은 묘목에서 흔히 볼 수 있다. 6~7월에 줄기나 가지의 갈라진 부분에 구멍을 뚫고 들어가 갉아먹는다. 잡초를 치우고, 유충을 발견하면 철사 등으로 찔러서 제거한다.

5 수확 10~11월

키위는 수확한 뒤 2주 정도 후숙시켜서 당도를 높인다. 자신이 키우는 나무의 수확시기를 알아두자.

다 자란 나무는 암나무 1그루당 열매 500개 정도가 기준.

헤이워드 품종의 경우 10월 하순~11월 중순이 수확시기이다.

POINT

과즙의 투명도로 수확시기를 알아본다

키위의 수확시기는 겉모습으로는 알기 어렵지만, 수확시기가 가까워지면 과즙 색깔이 투명에 가까워진다. 과일의 털이 쉽게 빠지는 것도 수확시기라는 표시.

▲ 아직 수확하기 이른 열매는 과즙이 하얗고 탁하다.

▲ 수확할 때가 된 열매는 과즙이 투명에 가깝다.

과일 이용 방법

키위는 날것으로 먹는 방법 외에 잼을 만들어도 좋다. 키위에는 악티니딘이라는 단백질 분해효소가 함유되어 있어, 과일을 얇게 썰어서 생고기 위에 올려두면 고기가 부드러워진다.

컨테이너 재배 바람을 막아서 가지와 잎을 지킨다

기본적인 재배방법은 땅에서 재배할 때와 같다. 수나무 품종과 암나무 품종은 각각 다른 컨테이너에 심는다.

원형 받침대나 울타리형 받침대를 사용하는 것이 좋은데, 컨테이너 2개를 놓을 장소만 있으면 쉽게 재배할 수 있다.

바람이 강한 베란다 등에서 재배하면 강풍에 잎이 쓸려서 상하거나, 가지가 부러져서 병의 원인이 된다. 바람막이용 네트를 설치하면 가지와 잎을 지킬 수 있다.

이것이 알고 싶다! >>> 키위

Q 꽃이 피지 않을 때는?

A 비료를 준다.

심은 뒤 1~2년은 비료와 물을 충분히 줘서 나무를 튼튼하게 키워야 한다. 그러면 3~4년째부터 열매가 잘 달린다.

POINT

화분 크기

7호 이상의 화분에 심는다. 3~4년 지나면 화분 속에 뿌리가 꽉 차므로 큰 화분으로 옮겨 심는다.

사용하는 흙

적옥토와 부엽토를 6:4 그리고 고토석회를 조금 섞은 용토에 심는다. 12~1월에 유기질배합비료(p.239)를 주고, 3월에 화성비료(p.239)나 계분을 웃거름으로 준다.

물주기

건조에 약하므로 물이 마르지 않도록 주의한다. 특히 여름에는 물을 많이 준다.

울타리형 받침대

2m 정도의 높이로 받침대를 울타리처럼 엮어서 원가지를 유인한다. 받침대보다 높은 가지는 끝을 자른다.

원형 받침대

화분에 원형 받침대를 세우고, 원가지가 1~2바퀴 감싸도록 유인한다. 흰가루병에 주의한다.

페이조아

아름다운 꽃이 피고, 달콤하고 진한 과일이 맛있다.
가드닝에도 유용한 이국적인 늘푸른 과일나무.

도금양과 | **난이도** 보통

재배 포인트 1그루만으로는 열매가 열리지 않는 품종이 많으므로 2가지 품종을 같이 심는다.

DATA

영어이름 Feijoa, Pineapple Guava 분류 늘푸른떨기나무
나무키 2.5~3m 수확시기 10월 중순~12월 상순
자생지 남미 우루과이, 파라과이, 브라질 남부
재배적지 제주도 일조조건 양지
열매 맺는 기간 4~5년(정원 재배) / 3~4년(컨테이너 재배)
컨테이너 재배 쉬움(7호 화분 이상)

추천 품종

제미니	조생종. 중과. 1그루만 있어도 열매가 달리지만 꽃가루받이나무를 같이 심으면 더 큰 열매가 달린다.
피포트 덴즈초이스	중생종. 대과. 달콤하고 과즙이 풍부하며 향기도 좋다. 자가결실성이 뛰어나 1그루만 있어도 열매가 달린다.
아폴로	중생종. 대과. 자가결실성이 뛰어나 1그루만 있어도 열매가 달린다. 향기가 진하고 과육도 맛있으며 풍미가 좋다.
맘모스	중생종. 대과. 꽃가루받이나무가 필요하다. 과즙이 풍부하고 맛이 좋지만 오래 보관하기 힘들다.
트라이엄프	만생종. 중과. 꽃가루받이나무가 필요하다. 향기가 좋고 커다란 열매가 달린다. 오래 보관할 수 있다.
쿨리지	만생종. 중과. 자가결실성이 있어서 1그루만 있어도 열매가 달린다. 꽃가루가 많으므로 꽃가루받이나무로도 좋다.

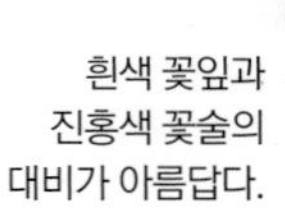
흰색 꽃잎과
진홍색 꽃술의
대비가 아름답다.

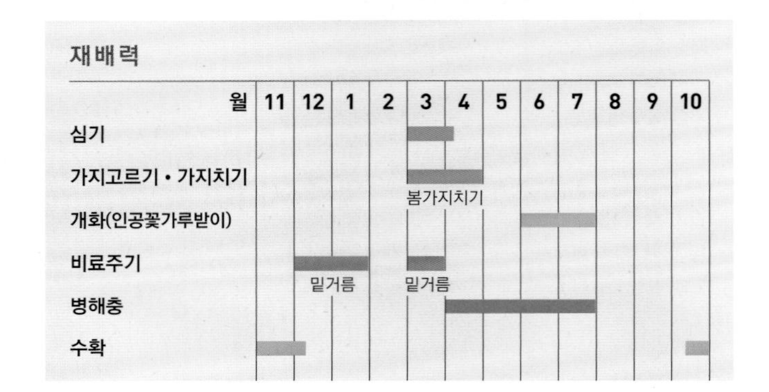

특징

달콤하고 맛이 진하며 감칠맛이 있는 개성적인 과일

남미 원산으로 주산지는 뉴질랜드이지만 추위에 비교적 강해서 한국이나 일본에서도 재배 가능하다. 감귤이 재배되는 지역이면 페이조아도 재배할 수 있다. 구아바와 같은 도금양과 과일나무로, 과일이 시장에서 잘 유통되지 않기 때문에 가정에서 재배하기 좋다. 나무 위에서 완전히 익힌 과일의 맛은 각별하다.

서양배와 복숭아를 섞은 것처럼 풍미가 풍부한 과일로, 이국적이고 아름다운 꽃도 즐길 수 있다. 또한 늘푸른나무로 잎 뒷면이 은색이어서 가드닝에도 활용하기 좋다.

품종 선택 방법

꽃가루 양이 많은 품종을 꽃가루받이나무로 선택한다

1그루만으로는 열매가 달리지 않는 품종이 많아 기본적으로 2가지 품종을 같이 심는다. 꽃가루받이나무로는 「쿨리지」 등 꽃가루가 많은 품종을 추천한다.

「아폴로」 품종의 경우 1그루만 있어도 열매가 달린다. 그러나 좋은 열매가 많이 달리게 하려면 꽃가루받이나무가 있는 것이 좋다.

1 심기 3~4월 상순

적응성이 뛰어나서 특별히 토양을 가리지 않는다. 온난지에서는 10월 상순~11월 상순에도 심을 수 있다.

비료주기

밀거름_ 12~1월에 유기질배합비료(p.239) 1kg을 기준으로 준다. 3월에는 화성비료(p.239) 400g을 기준으로 준다.

01 맘모스 묘목. 햇빛이 잘 드는 장소를 골라 기본심기(p.204)를 참조해서 심는다.

02 묘목의 포트를 뺀다.

03 p.204를 참조해서 뿌리분 바닥과 주위를 흩트린다.

04 얕게 심고 물을 듬뿍 준다.

05 원줄기를 가지치기한다. 끝에서 1/3 정도를 자른다.

2 가지치기 3~4월(봄가지치기)

방치하면 커지지만 넓게 퍼지는 개장성으로 갈라진 가지가 많아서, 2.5~3m의 나무키를 유지하도록 가지치기하는 것이 좋다.

POINT

끝을 많이 자르지 않도록 주의한다

페이조아는 가지 끝 가까이에 꽃눈이 달리므로 봄에 가지를 너무 많이 자르면 꽃눈이 없어진다. 가지치기는 복잡한 부분이나 필요 없는 가지를 솎아내는 작업을 주로 하고, 꽃눈이 달린 가지는 조금만 자른다.

나무모양만들기

변칙주간형 등의 단간형이나 울타리형, 다간형(p.215)도 가능하며, 여기서는 원가지가 벌어지게 유인하는 반원형을 소개한다.

반원형

1년차

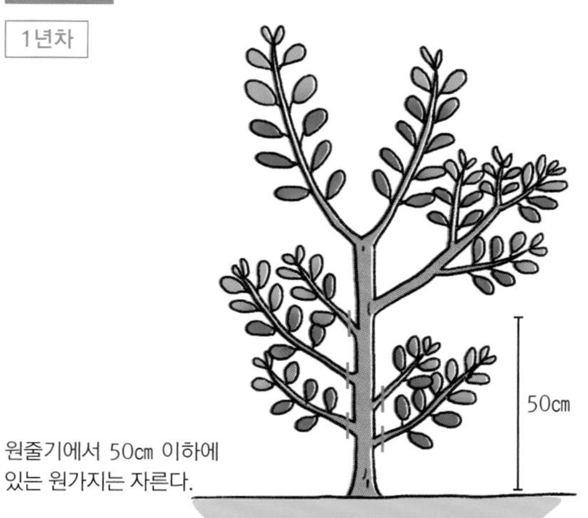

2~3년차

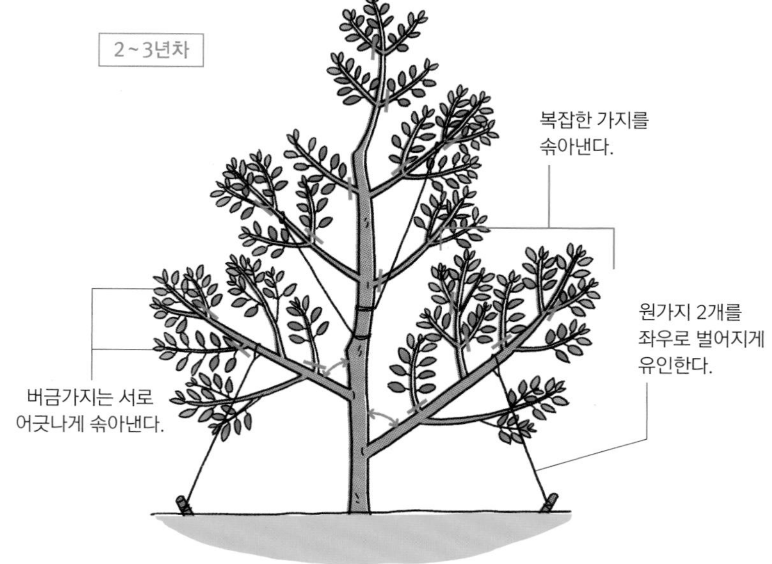

봄가지치기 3~4월경 복잡해진 부분을 솎아내는 가지치기를 한다. 너무 긴 가지는 잘라서 다음 해 이후에 꽃눈이 달리게 한다.

01 긴 가지는 정리한다.

02 위로 뻗은 가지 쪽에서 자른다.

03 가지가 1개만 길게 나와 있는 것을 방치하면 바퀴살가지가 되기 쉽다.

04 끝을 잘라둔다.

05 끝이 바퀴살가지가 되어 있으므로 정리한다.

06 위로 뻗은 가지쪽에서 자른다.

07 자른 모습.

열매 맺는 습성 전년도에 자란 가지의 끝 쪽에 2~3개의 새가지가 나오고, 새가지 아래쪽 잎겨드랑이에 꽃눈이 달린다.

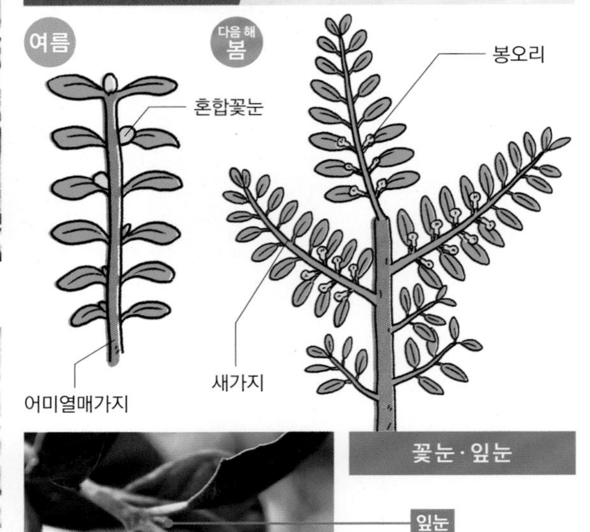

꽃눈·잎눈

잎눈

혼합꽃눈

병해충 대책

병_ 특별히 없음.

해충_ 박쥐나방은 6~7월에 발생하는데, 유충이 나무의 내부를 갉아먹는다. 나무 주변의 잡초를 치우고, 발견하면 잡아서 제거하거나 살충제를 주입한다. 잎에 붙는 잎말이나방이나 가지에 붙는 깍지벌레류를 발견하면 잡아서 제거한다.

3 개화·꽃가루받이 6~7월

기본적으로 2가지 품종을 심지 않으면 열매가 달리지 않는다. 자가결실성이 있는 품종이어도 인공꽃가루받이를 해주는 것이 좋다.

▲ 페이조아 꽃봉오리.

꽃은 6~7월경에 핀다. ▶
꽃은 식용으로 사용할 수 있다.

이것이 알고 싶다! >>> 페이조아

Q 1그루만 있어도 열매가 달리는 품종인데, 열매가 달리지 않을 때는?

A 인공꽃가루받이를 해준다.

자가결실성이 있는 품종도 다른 품종을 같이 심어야 크고 맛있는 열매가 달린다. 또한 페이조아의 개화 시기는 6~7월로 장마철과 겹치므로 꽃가루가 비에 쓸려나가 꽃가루받이를 못하는 경우도 있다.

1그루만 있어도 열매가 달리는 품종이라도 인공꽃가루받이를 해주면 열매가 좀 더 잘 달린다.

갓 피어난 ▶
어린 꽃의 암술 끝에
꽃가루가
많이 나와 있는 꽃을
따서 직접 묻힌다.

4 봉오리·꽃·열매 솎기 5월 8월

열매가 많이 달리면 꽃봉오리나 꽃 또는 열매를 솎아낸다. 끝부분의 과일은 작아서 열매솎기 대상이 된다.

▲▶ 열매가 적을 때는 꽃봉오리·꽃·열매를 솎아내지 않아도 된다. 열매가 많이 달리면 새가지 아래쪽에 핀 봉오리나 꽃을 2개 정도 남기고, 그보다 위에 있는 봉오리나 꽃을 솎아낸다. 열매가 열린 뒤에는 열매를 솎아내도 된다. 그런 경우에는 큰 열매를 남긴다.

과일 이용 방법

날것으로 먹는 방법 외에 잼이나 젤리 등을 만들어도 좋다. 펙틴이 많이 함유되어 풍미가 좋은 잼이나 젤리를 만들 수 있다. 또한 꽃잎은 두껍고 단맛이 있어서 식용으로 이용하기도 한다.

5 수확 10월 중순~12월 상순

익어도 과일껍질은 녹색이므로 수확시기를 가늠하기 어렵다. 꽃이 핀 뒤 5~6개월 정도가 기준이 된다.

▲자연 낙과한 것이나 손으로 잡으면 잘 떨어지는 것을 수확한다.

수확 후 12~15℃에서 1주일 정도 ▶ 후숙하면 단맛이 증가한다.

컨테이너 재배

추위에 약해서 온도관리에 주의해야 한다

기본적인 재배방법은 땅에 심을 때와 같다. 컨테이너를 2개 준비해서 각각 다른 품종을 재배한다. 또한 추위에 약하므로 0℃ 이하의 날씨가 계속되면 나무가 쇠약해질 수 있다. 햇빛이 잘 드는 장소로 컨테이너를 옮기고, 밤에는 실내로 옮기는 등 추위를 막아준다.

묘목 심기와 가지치기

너무 많이 자르지 않아도 된다. 건너편이 보이는 정도로 복잡한 부분을 솎아낸다.

POINT

화분 크기

7호 화분에 심고 1~2년에 1번씩 한 치수 큰 화분에 옮겨 심는다.

사용하는 흙

적옥토와 부엽토를 1:1로 섞은 용토에 심는다. 12~1월에 유기질 배합비료(p.239)를 준다.

물주기

과습을 싫어하므로 표면이 건조해지면 준다. 다만 여름의 고온건조한 날씨는 어린 열매의 발육을 저해하는 경우가 있으므로, 여름에는 1일 2번 정도 물을 듬뿍 준다.

포도

품종이 매우 많아서 다양한 지역에서 재배할 수 있다.
1그루만 있어도 열매가 달리며 재배하기 쉬운 과일나무.

포도과 **난이도** 쉬움

새가지가 자라는 방향을 주의 깊게 보면서 가지치기와 열매솎이나 알 솎기를 한다.

DATA

영어이름 Grape
분류 갈잎덩굴나무
나무키 덩굴성이므로 만들기에 따라 달라진다.
일조조건 양지
자생지 서아시아(유럽종) / 북미(미국종)
수확시기 8~10월 상순
재배적지 전국
열매 맺는 기간 2~3년(정원 재배) / 1~2년(컨테이너 재배)
컨테이너 재배 쉽다(5호 화분 이상)

재배력

추천 품종

거봉	대립종. 과일껍질은 자흑색. 단맛이 강하고 신맛이 적으며 맛있다. 내병성이 있어서 비교적 재배하기 쉽다. 유럽잡종.
피오네	대립종. 과일껍질은 자흑색. 신맛과 떫은맛이 적고 단맛이 강해서 맛있다. 비교적 재배하기 쉽다. 유럽잡종.
델라웨어	소립종. 과일껍질은 진한 붉은색. 튼튼해서 재배하기 쉽다. 지베렐린 처리로 씨 없는 포도를 만들기 좋다. 유럽잡종.
캠벨얼리	중립종. 과일껍질은 자흑색. 독특한 향과 적당히 신맛이 있다. 내병성이 강하고 재배하기 쉽다. 유럽잡종.
스튜벤	중립종. 과일껍질은 자흑색. 당도가 높고 신맛이 적으며 달다. 오래 보관할 수 있다. 유럽잡종.
머스캣 베일리 A	중립종. 과일껍질은 자흑색. 과즙이 많고 진한 맛. 재배하기 쉽지만 송이가 많이 달리므로 솎아내야 한다. 유럽잡종.
나이아가라	중립종. 과일껍질은 황녹색. 껍질이 얇고 벗기기 쉽다. 재배하기 쉬우며 독특한 향기가 있고 단맛이 강하다. 미국종.
네오머스캣	대립종. 과일껍질은 황녹색. 온난지에 적합한 품종으로 병에 강하다. 껍질이 두꺼우며 신맛이 적다. 유럽종.
갑비로	대립종. 과일껍질은 밝은 선홍색. 열매송이에 비와 햇빛이 닿지 않게 가려줘야 하므로 재배하기 어려운 편이다. 유럽종.

특징

덩굴성이므로 다양한 모양으로 키울 수 있다

작은 과일이 송이를 이룬 포도는 그 사랑스러운 모양과 새콤달콤한 맛으로 꾸준히 인기가 높은 과일이다. 알갱이 크기, 과일껍질 색깔 등이 다양하고 기후나 토지에 대한 적응력이 좋아 한국이나 일본 전역에서 재배가 가능하다.

유연한 덩굴성이므로 나무모양도 자유자재로 만들 수 있다. 정원에서 재배할 때는 받침대나 와이어를 사용한 울타리형이 좋고, 컨테이너에서 재배할 때도 아담하게 만들 수 있는 울타리형 받침대를 사용하는 것이 좋다.

품종 선택 방법

유럽잡종과 미국종을 주로 재배한다

포도는 유럽종, 미국종, 그리고 이들을 교잡한 유럽잡종이 있다. 거봉, 피오네, 델라웨어 등은 가정재배에 적합한 대표적인 품종이다.

유럽종도 가정에서 재배할 수 있지만 비에 약해서 비가 적은 지역이 아니라면 비를 막아줘야 한다. 또한 포도는 1그루만 있어도 열매가 달리므로 1품종만 재배할 수 있다.

1 심기 12~1월(온난지) 3월 하순~4월(한랭지)

기본심기(p.204)를 참조해서 지역에 따라 겨울이나 초봄에 심고, 받침대를 세워서 유인한다.

밑거름_ 12~1월에 유기질배합비료(p.239) 1kg을 기준으로 준다. 3월에는 화성비료(p.239) 400g을 기준으로 준다.
웃거름_ 6월에 화성비료 40g을 기준으로 준다.
가을거름_ 10월 상순에 다음 해의 성장을 위한 양분을 축적하기 위해서 화성비료 50g을 기준으로 준다.

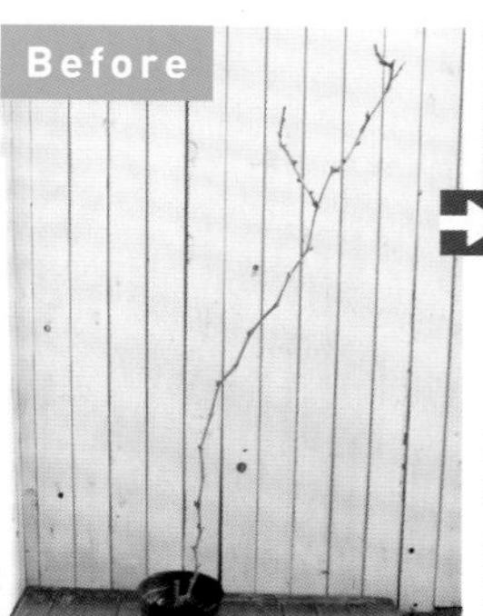

01 거봉 3년생 묘목.

02 포트에서 묘목을 꺼내 바닥 가운데를 가위 등으로 긁어낸다. 여기에 새로운 흙을 넣어 성장을 촉진시키기 위해서이다. 포도는 뿌리가 가늘어서 옆면의 흙은 긁어내지 않아도 된다.

03 심는 구덩이의 가운데에 줄기가 오게 심는다.

04 포도는 건조한 것을 좋아하므로 포트묘의 윗부분이 지면보다 5㎝ 정도 올라오도록 얕게 심고, 흙을 발로 다진다.

05 받침대를 세운다.

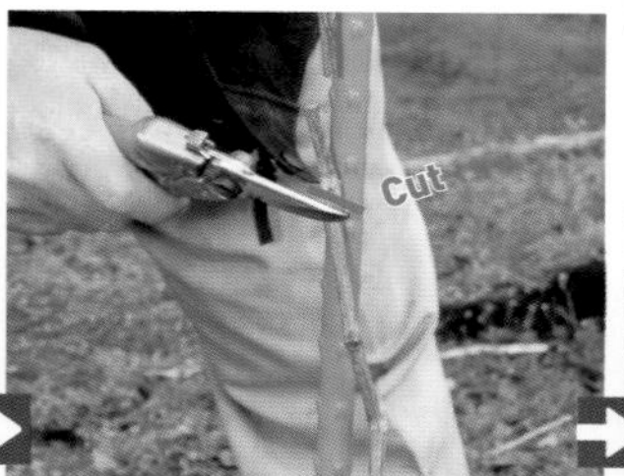

06 원가지는 지면에서 50㎝ 정도로 가지치기한다.

07 받침대로 가지를 유인하고, 조이지 않도록 느슨하게 묶는다.

08 심기 완성. 물을 듬뿍 준다.

2 가지치기 12~2월

울타리형으로 만들면 관리하기 쉽다.
3년 정도에 걸쳐 나무모양을 만든다.

나무모양만들기 울타리형처럼 평면으로 만드는 방법 외에 평덕형(p.124) 등으로 만들 수 있다.

울타리형

1년차 겨울

받침대와 와이어를 사용해서 울타리를 만들고 원가지를 유인한다. 오른쪽으로 긴 원가지를 유인하고 다른 가지는 자른다.

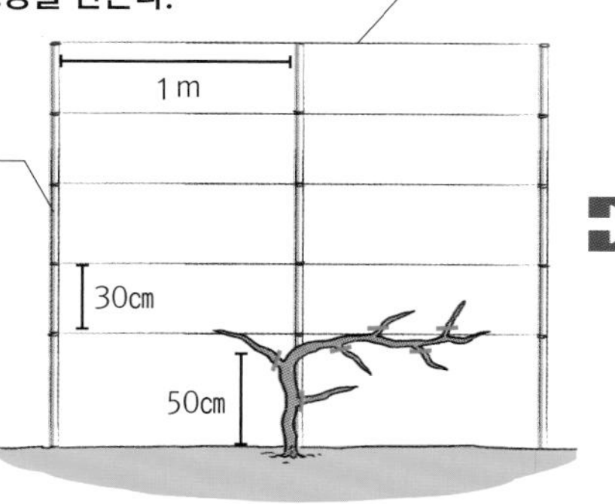

2년차 여름

좌우로 1개씩 원가지를 유인하고, 원가지에서 자라는 버금가지는 위를 향하도록 유인한다.

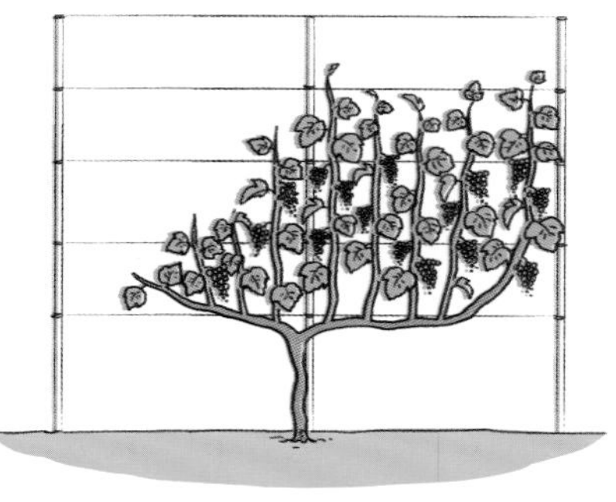

2년차 겨울

가운데의 원가지 2개를 남기고 다른 가지는 자른다. 남긴 원가지는 유인한다.

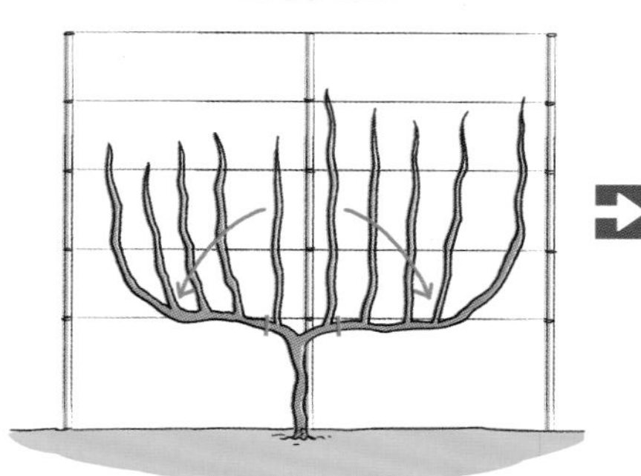

3년차 봄

2년차와 마찬가지로 가운데의 원가지 2개를 남기고, 다른 가지는 잘라낸다. 남긴 가지를 유인한다. 4년차 이후에도 같은 방식으로 가지치기한다.

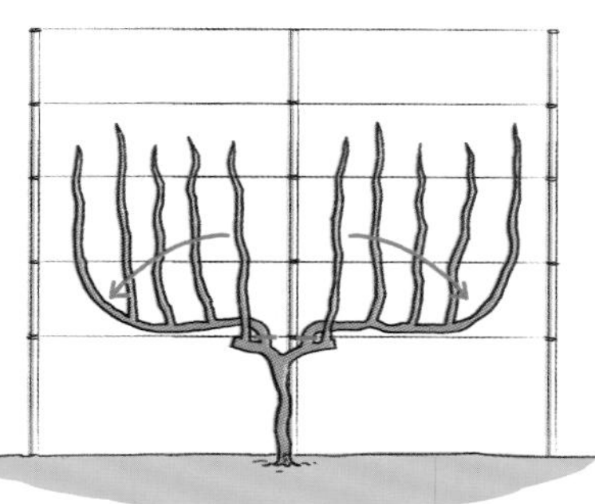

평덕형

1년차 여름

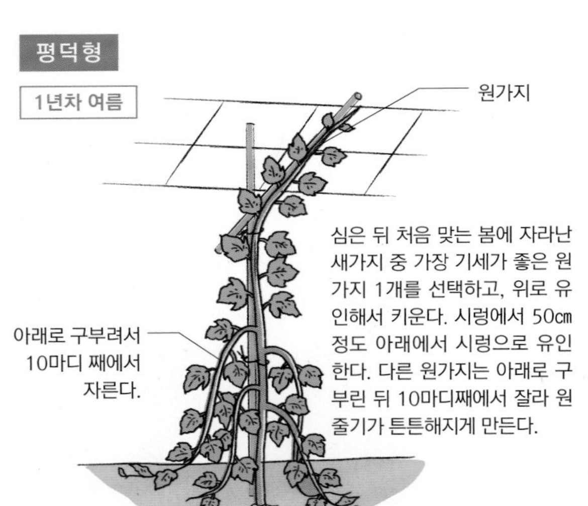

심은 뒤 처음 맞는 봄에 자라난 새가지 중 가장 기세가 좋은 원가지 1개를 선택하고, 위로 유인해서 키운다. 시렁에서 50㎝ 정도 아래에서 시렁으로 유인한다. 다른 원가지는 아래로 구부린 뒤 10마디째에서 잘라 원줄기가 튼튼해지게 만든다.

1년차 겨울

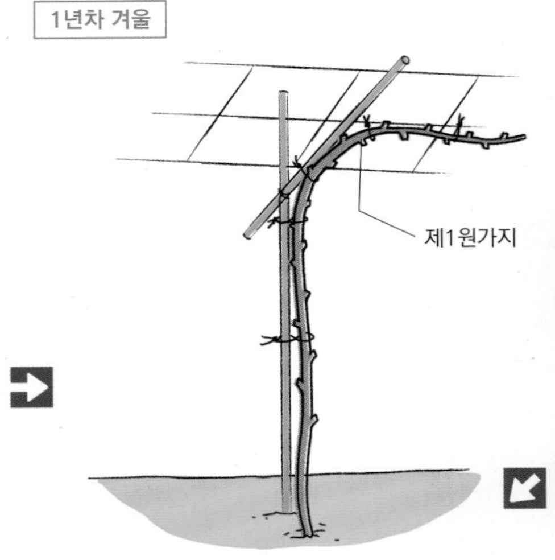

시렁으로 유인한 원가지 이외의 원가지와 곁가지는 모두 자른다. 제1원가지는 끝을 1/5 정도 자른다.

평덕형으로 완성한 델라웨어.

2년차 겨울

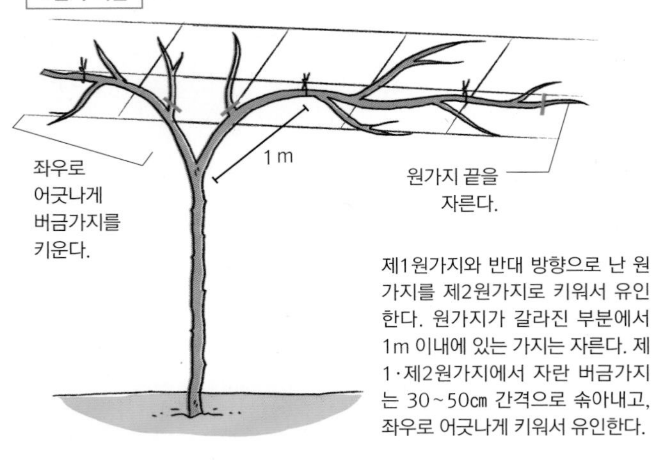

제1원가지와 반대 방향으로 난 원가지를 제2원가지로 키워서 유인한다. 원가지가 갈라진 부분에서 1m 이내에 있는 가지는 자른다. 제1·제2원가지에서 자란 버금가지는 30~50㎝ 간격으로 솎아내고, 좌우로 어긋나게 키워서 유인한다.

3~4년차 어린나무의 가지치기

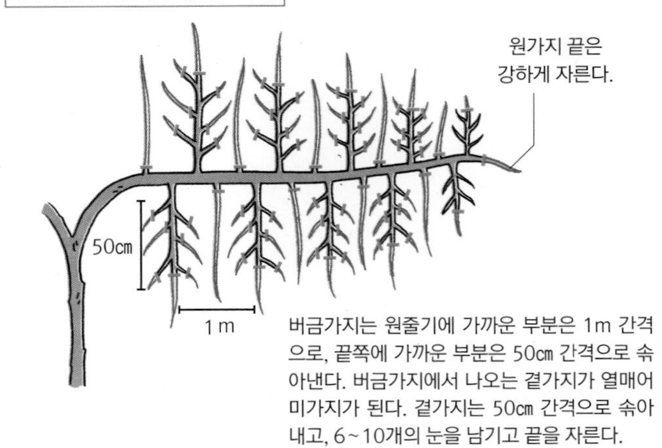

버금가지는 원줄기에 가까운 부분은 1m 간격으로, 끝쪽에 가까운 부분은 50㎝ 간격으로 솎아낸다. 버금가지에서 나오는 곁가지가 열매어미가지가 된다. 곁가지는 50㎝ 간격으로 솎아내고, 6~10개의 눈을 남기고 끝을 자른다.

열매 맺는 습성

전년도에 자란 가지에서 새가지가 나오고 꽃눈이 달린다.

새가지 아래쪽부터 4~6마디의 잎겨드랑이에 꽃이 송이로 핀다. 끝을 자른다.

병해충 대책

병_ 흑두병, 흰가루병, 만부병, 노균병 등. 낙엽 제거, 거친껍질 제거, 봉지씌우기, 덩굴손과 열매자루 제거, 가지치기한 가지 처분 등으로 예방한다.

해충_ 포도호랑하늘소, 포도유리나방, 풍뎅이 등. 포도호랑하늘소는 유충이 나무 속을 갉아먹는다. 거친껍질을 깎아내면 예방할 수 있다.

▲ 왜콩풍뎅이가 갉아먹은 흔적.

흑두병에 걸린 델라웨어. ▶

POINT

마디와 마디 사이를 자른다

포도는 마디나 눈에 가까운 곳을 자르면 마르기 쉽다. 가지치기할 때는 마디와 마디 사이를 자른다.

겨울가지치기

몇 년 정도 열매가 달렸던 묵은가지나 필요 없는 가지를 솎아내고 남기는 가지는 끝을 잘라둔다.

01 버금가지와 곁가지가 교차하고 있으므로 곁가지를 자른다.

02 자른 모습. 자르지 않고 유인 가능한 경우에는 자르지 않아도 좋다.

03 새가지를 자른다. 사진은 델라웨어이므로 눈을 5개 정도 남기고 자른다.

04 자른 모습. 대립종은 눈을 10개 정도 남기고 자른다.

05 가지치기 후 가지가 교차하지 않도록 받침대로 유인한다.

POINT

품종에 따라 남기는 눈의 수가 다르다

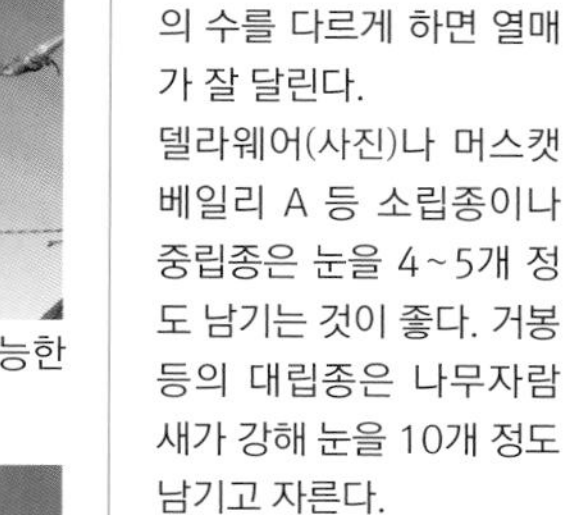

포도나무 가지를 자를 때는 품종에 따라 남기는 눈의 수를 다르게 하면 열매가 잘 달린다.
델라웨어(사진)나 머스캣 베일리 A 등 소립종이나 중립종은 눈을 4~5개 정도 남기는 것이 좋다. 거봉 등의 대립종은 나무자람새가 강해 눈을 10개 정도 남기고 자른다.

3 꽃이삭솎기·송이정리 5월

포도의 개화는 5월경. 봉오리 상태일 때 꽃이삭을 정리하면 송이 모양을 다듬을 수 있다.

01 가지 아래쪽에서 3마디째 이상에 달린 꽃이삭 1개만 남긴다. 기본은 1가지에 1송이. 15마디 이상인 경우에는 2송이를 남겨도 된다.

02 밑동에서 나온 꽃이삭을 자른다.

03 끝부분은 양분을 가져가므로 잘라서 아래쪽 열매를 튼실하게 만드는 것이 좋다.

04 꽃이삭솎기와 송이정리가 끝난 모습.

이것이 알고 싶다! >>> 포도

Q 과일이 검게 변색되는 이유는?

A 만부병일 가능성이 있다.

장마철 중반부터 끝날 때까지 과일이 마르고 색깔이 변하거나 낙과한다면, 만부병에 걸렸을 가능성이 있다. 병이 발생한 부분을 제거해야 한다. 만부병 예방에는 봉지씌우기가 효과적이며, 겨울에는 거친껍질을 깎아내서 병해충 발생을 막는다.

▲ 낙엽기에 거친껍질을 깎아서 병해충을 막는다.

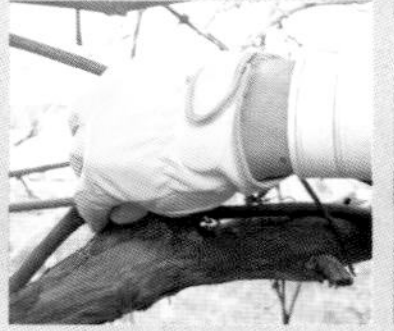

▲ 목장갑 등으로 박박 문질러서 껍질을 제거한다.

▲ 흑두병이나 잿빛곰팡이병, 해충을 예방한다.

POINT

지베렐린 처리로 씨 없는 포도를 만든다

거봉이나 델라웨어 등은 지베렐린 처리를 하면 씨가 없어지고 포도 알갱이가 커진다. 꽃이 피기 약 10일 전쯤 봉오리 상태에서 지베렐린 처리를 하고, 2번째는 개화 10일 후에 한다. 지베렐린 규정량을 물에 넣고 녹여서 포도를 송이째 담근다.

4 열매송이+알 솎기·봉지씌우기 6월

꽃이삭을 솎아내지 않고 꽃이 핀 뒤에 열매송이를 정리해도 좋다.
그리고 알솎기와 봉지씌우기로 열매를 튼실하게 키운다.

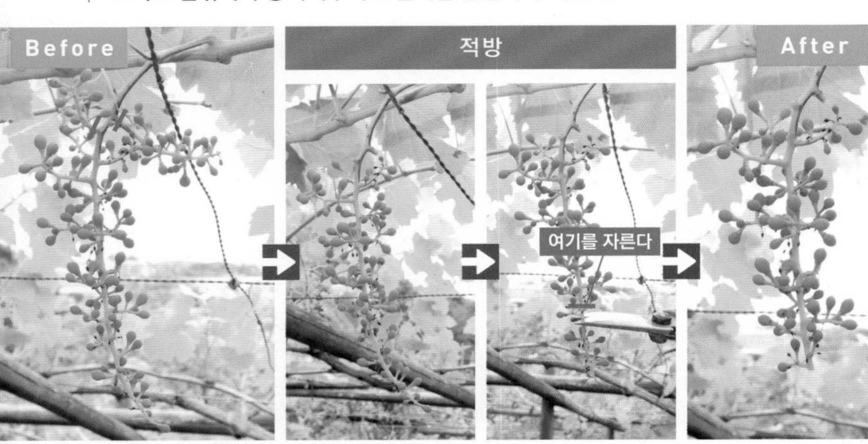

01 델라웨어 열매송이 솎기. 밑동의 필요 없는 열매를 제거한다.

02 덩굴과 밑동의 2개를 자른 모습.

03 끝을 자른다.

04 열매송이 솎기가 끝난 모습.

알솎기

01 나이아가라의 알솎기. 성장이 늦은 끝부분의 열매를 솎아낸다.

02 밑동의 열매도 마찬가지로 솎아낸다. 남길 열매는 되도록 건드리지 않도록 주의한다.

봉지씌우기

01 스튜벤의 봉지씌우기. 열매보다 조금 큰 봉지를 밑에서부터 씌운다.

02 송이 꼭지 부분에 감아서 고정시킨다. 병해충이나 장마에서 열매를 지키는 것이 목적이다.

5 수확 8~10월 상순

끝부분의 열매가 익으면 수확한다. 포도는 밑동의 열매부터 익는다.

▲ 꼭지를 가위로 잘라서 수확한다(스튜벤).

▲ 피오네는 녹색 열매가 진한 보라색으로 변한다.

과일 이용 방법

날것으로 먹는 방법 외에 잼이나 주스 등으로 가공해도 좋다. 품종마다 다른 색깔이나 향기를 즐길 수 있다.

▲ 대표적인 소립종인 델라웨어.

▲ 중립종으로 재배하기 쉬운 캠벨얼리.

컨테이너 재배 　아담하게 재배할 수 있는 품종을 선택한다

1그루만 있어도 열매를 맺는 포도는 컨테이너 재배로도 비교적 간단하게 열매를 수확할 수 있다. 컨테이너 재배에는 델라웨어 등 소립종이나 중립종이 적합하다.
덩굴성으로 쑥쑥 자라므로 좌우로 유인하는 울타리형 받침대를 사용하면 아담하게 만들 수 있다. 맛있는 과일을 수확하기 위해서는 열매가 너무 많이 달리지 않게 주의한다. 열매송이와 알을 솎아내서 화분 1개당 열매가 5~6송이 정도면 적당하다.

POINT

화분 크기

최종적으로 8~10호 화분에 심는다. 성장에 따라 1~2년에 1번씩 한 치수 큰 화분으로 옮겨 심는다.

사용하는 흙

적옥토와 부엽토를 1:1로 섞은 용토에 심는다. 12~1월, 9월에 유기질배합비료(p.239)를 준다. 5~6월 중순에 새 가지의 성장을 촉진시키기 위해 속효성 액체비료를 웃거름으로 준다.

물주기

건조에 강하지만 여름에는 표면이 마르면 물을 듬뿍 준다. 물을 지나치게 많이 주면 뿌리가 썩을 수 있으므로 주의한다.

울타리형 받침대

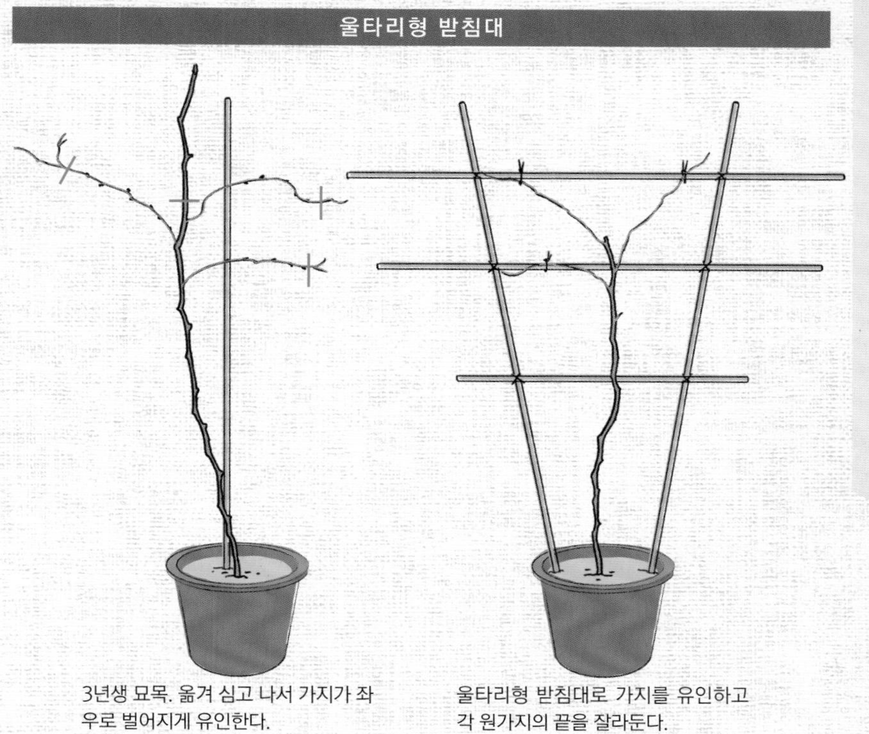

3년생 묘목. 옮겨 심고 나서 가지가 좌우로 벌어지게 유인한다.

울타리형 받침대로 가지를 유인하고 각 원가지의 끝을 잘라둔다.

묘목 가지치기

01 거봉 2년생 묘목.

02 원줄기 끝을 자른다.

03 원가지 끝을 자른다.

04 심고 가지치기한 모습. 원가지가 자라기 시작하면 울타리형 받침대로 유인한다.

호두

단백질을 비롯한 영양분이 풍부하다.
열매에서 짜낸 기름도 여러 가지로 사용할 수 있다.

호두나무과 난이도 보통

수꽃과 암꽃이 피는 시기가 다른 품종이 많으므로 다른 품종을 함께 심으면 열매가 잘 달린다.

DATA

영어이름 Walnut
분류 갈잎큰키나무
나무키 3~4m
자생지 유럽 남서부~아시아 서부
일조조건 양지
수확시기 8월 하순~10월 중순
재배적지 경기도 이남
열매 맺는 기간 5~6년(정원 재배) / 4년(컨테이너 재배)
컨테이너 재배 가능(8호 화분 이상)

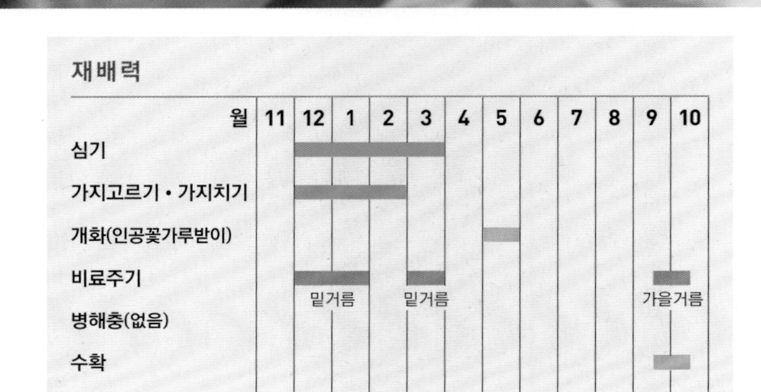

추천 품종

왕가래나무	한국, 중국, 일본 등지에 자생한다. 일본의 경우 야생호두나무의 대부분이 이 품종이다. 껍질이 딱딱하고 울퉁불퉁하며, 껍질 내부의 격벽이 두껍고, 불규칙하게 빈 구멍이 있어서 먹을 수 있는 부분은 적지만 맛은 좋다.
히메구루미 [姬胡桃]	일본에 자생한다. 왕가래나무 열매와 비교해 껍질이 매끄럽고 얇으며 깨기 쉽다. 일본에서는 코가 낮고 볼이 부푼 일본의 여성가면 다후쿠[多福]를 닮았다고 해서 「오다후쿠구루미」라고도 부른다.
신농호두	일본 나가노현 도신 지방에서 개발한 껍질이 부드러운 호두. 일본에서는 이 호두가 많이 생산된다. 한국 호두와 페르시아 호두의 자연교잡으로 만들어졌다.
피칸	미국 미시시피강 유역~멕시코 동부 원산. 지방을 많이 함유한 열매가 달리기 때문에 「버터 나무」 라고도 부른다.

묘목을 심은 해의 봄,
맨 위에서 새가지가 자라고 있다.

특징

이용가치가 높아서 정원에서 재배하기 좋다

호두를 가정에서 재배하는 사람은 별로 없지만, 영양이 풍부한 열매가 달리고 기후가 맞는 곳에서는 키우기 쉬우므로, 도전하는 재미가 있는 과일나무이다. 정원에 심고 방치해두면 계속 높이 자라므로, 가지치기해서 작업하기 쉬운 높이로 만든다.

기온에 따라 꽃을 피우는데, 수꽃과 암꽃의 개화 시기가 다른 품종이 많으므로 다른 품종을 함께 심는 것이 좋다.

품종 선택 방법

왕가래나무는 꽃가루받이나무가 필요하다

호두나무 종류로는 페르시아호두, 한국호두, 신농호두 등이 있으며, 이란 원산의 페르시아호두(서양호두)가 식용하는 대표적인 품종이다. 그 밖에 미국산 피칸과 한국, 중국, 일본 등지에서 자생하는 왕가래나무도 같은 종류인데, 재배하기에는 왕가래나무가 좋다. 암꽃보다 수꽃이 먼저 피기 때문에 꽃가루받이나무로 암꽃이 먼저 피는 「풍원」, 「남안」 품종 등을 함께 심는다.

1 심기 12~3월

물이 잘 빠지고 햇빛이 잘 드는 장소를 골라서 겨울에 심는다.

01 1년생 접나무모. 끝부분에 눈이 달려 있다.

02 포트를 제거한 뒤 뿌리를 흩트리지 않고 그대로 심는다.

03 기본심기(p.204)를 참조해서 얕게 심는다.

2 가지치기 12~2월

밤나무처럼 크게 자라기 쉽다. 원가지를 2~3개 남겨서 변칙주간형을 만든다. 너무 높이 자라면 밤나무처럼 원줄기 순지르기(p.47)를 한다.

변칙주간형

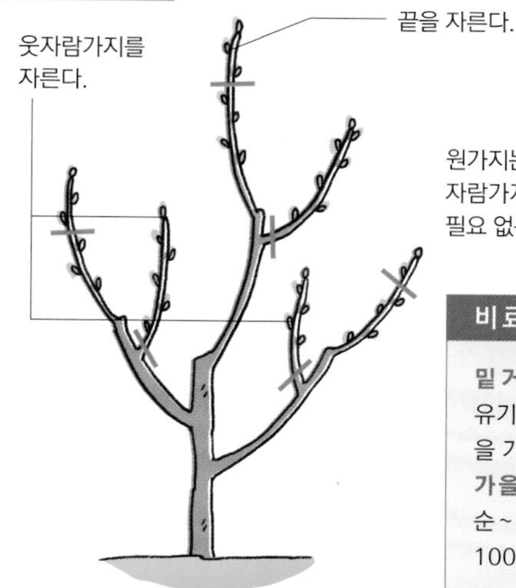

원가지는 끝을 자르면서 키우고, 웃자람가지나 안쪽으로 뻗은 가지 등 필요 없는 가지를 솎아낸다.

비료주기

밑거름_ 12~1월·3월에 유기질배합비료(p.239) 1kg을 기준으로 준다.

가을거름_ 수확 후 9월 중순~10월 중순에 화성비료 100g을 기준으로 준다.

3 개화·꽃가루받이 5월

자가결실성은 있지만 암꽃과 수꽃의 개화기가 다른 경우가 많으므로, 개화기가 맞는 다른 품종을 함께 심으면 열매가 잘 달린다.

열매 맺는 습성

전년도에 자란 새가지의 끝부분에 암꽃과 수꽃이 피는 꽃눈이 달린다.

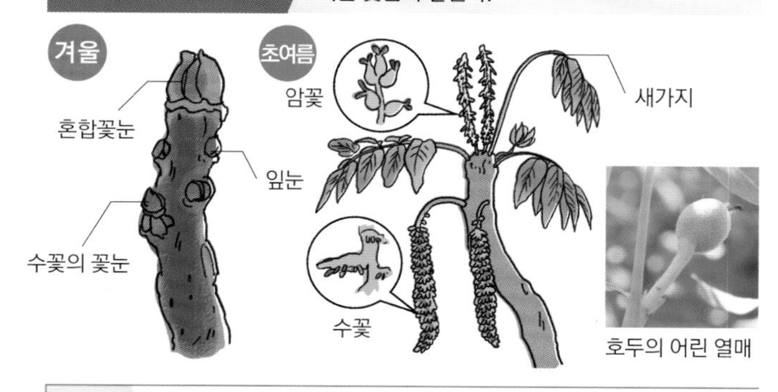

호두의 어린 열매

병해충 대책

병_ 껍질이 딱딱해서 병해충의 영향을 잘 받지 않는다.

과일 이용 방법

호두는 껍질을 깨서 그대로 먹는 방법 외에 구워서 요리에 사용할 수도 있다. 껍질을 깨지 않으면 1~2년 정도 상온보관도 가능하다.

4 수확 9월 하순~10월 중순

수확 후에는 겉껍질을 제거하고 씻어서 말린 뒤 보관한다.

왕가래나무 열매는 겉껍질이 갈라지지 않은 상태로 낙과한다. 신농호두 등은 녹색 겉껍질이 갈라지면 나무를 흔들거나 나무막대 등으로 살짝 건드려서 떨어뜨린다.

컨테이너 재배 최소한 10호 화분까지 분갈이한다

컨테이너 재배의 경우에도 1가지 품종만으로는 열매가 잘 안 달리므로, 2가지 품종을 컨테이너에 각각 나눠서 심는다.
직립성이 강하고 나무자람새가 왕성하므로, 원가지의 끝에서 1/3 정도를 잘라 가능한 한 작게 키운다.

POINT

화분 크기

금방 크게 자라므로 8~10호 화분에 심는다.

사용하는 흙

적옥토와 부엽토를 1:1로 섞은 용토에 심는다. 12월에 유기질배합비료(p.239)를 준다.

물주기

건조에는 강하지만 흙의 표면이 마르면 물을 듬뿍 준다. 단 물을 너무 많이 주면 뿌리가 썩는 원인이 된다.

묘목 심기

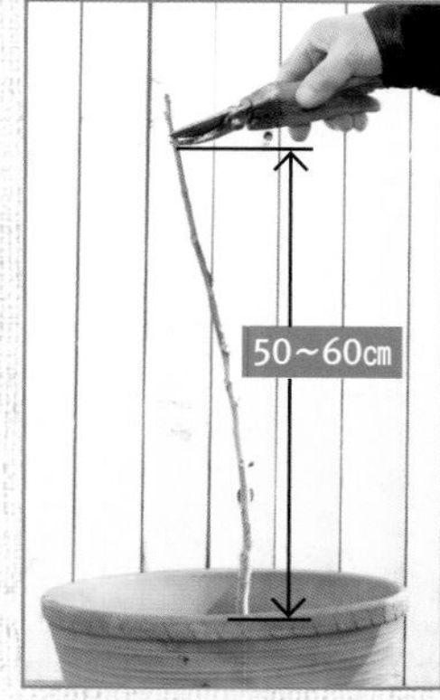

1년생 접나무모는 심을 때 50~60㎝ 정도에서 끝을 잘라낸다.

과실주·시럽·잼 만들기

가정에서 재배하고 수확한 과일은 날것으로 먹거나 과실주, 잼 등으로 가공하여 오랫동안 즐길 수 있다. 쉽고 간단하게 과일을 즐길 수 있는 방법을 소개한다.

과실주

과실주를 담글 때는 알코올 도수 35% 정도의 소주를 사용한다. 오래 보관할 수 있도록 알코올 도수가 높은 것이 좋다. 소주 외에 진이나 럼, 보드카 등도 사용할 수 있다.

또한 당분은 백설탕이나 얼음설탕을 사용하는 것이 일반적인데, 단맛을 좋아하지 않는 사람은 당분을 더하지 않고 술만으로 만드는 것도 가능하다. 당분을 첨가하는 경우에는 과일 무게의 1/4~1/2 정도를 기준으로 넣는다. 당분을 첨가하면 과일 농축액을 좀 더 빨리 추출할 수 있다.

과실주는 담근 뒤 1~3개월 정도 지나면 마실 수 있으며, 과일은 1~2개월 뒤에 빼낸다. 상온에서 보관하고, 2~3년 정도 진한 향과 함께 즐길 수 있다.

◀ 담근 뒤 1~3개월 정도 지나면 마실 수 있다.

보관용기

가공한 과일을 보관하는 용기는 위생적으로 관리해야 한다.
잼 등을 보관하는 유리병은 팔팔 끓는 물에 소독한 뒤 사용한다. 커다란 용기나 끓일 수 없는 용기를 사용하는 경우에는 알코올로 헹구면 간단하게 소독할 수 있다.

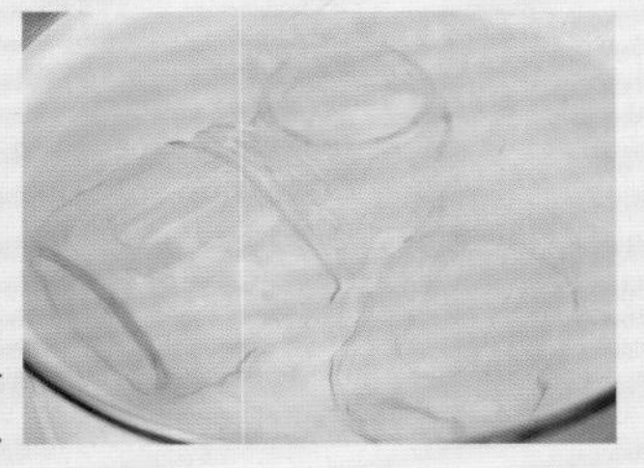

병을 물에 넣고 ▶ 10분 정도 팔팔 끓인다.

시럽

시럽은 설탕을 이용해서 과일 농축액을 추출한 것을 말한다. 과일의 무게와 같은 양의 백설탕을 사용하는 것이 기본이다. 과일과 설탕을 섞어서 병에 담고 1일 1번 섞어서 설탕을 잘 녹이면 농축액을 추출할 수 있다. 매일 섞어주면 곰팡이가 생기지 않는다. 1~2주 뒤에 시럽이 만들어지면 체에 걸러서 냉장고에 보관한다. 발효가 진행된 경우에는 팔팔 끓인 다음 보관한다. 시럽은 1개월 이내에 마시는 것이 좋다.

잼

과일의 맛을 직접적으로 즐기고 싶다면 잼을 추천한다. 과일과 설탕을 넣고 졸여서 만드는 것이 기본이다. 설탕의 양은 과일 무게의 1/4~1/2 정도. 과일의 단맛 정도에 따라 또는 입맛에 따라 조절할 수 있다. 설탕의 종류는 상백당이나 그래뉴당 등 원하는 종류를 선택한다. 설탕을 많이 넣으면 오래 보관할 수 있다. 팩틴이 적은 과일은 쉽게 걸쭉해지지 않으므로, 둥글게 썬 레몬을 같이 넣고 졸이면 도움이 된다.

깨끗하게 소독한 유리병 등에 담아서 냉장보관하고, 개봉한 뒤에는 2주 이내에 먹는 것이 좋다.

◀ 깨끗이 씻은 과일에 설탕을 뿌리고 물이 생길 때까지 그대로 둔다.

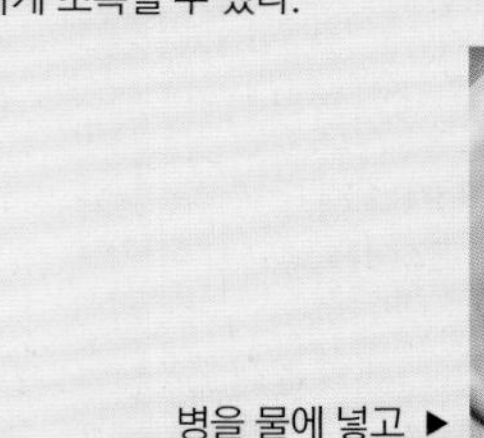

▲ 거품을 걷어내면서 걸쭉해질 때까지 졸인다. 레몬을 넣으면 쉽게 걸쭉해지고 신맛도 더해진다.

▲ 깨끗한 병에 담아 보관한다.

감귤류

PART 02

온주밀감을 비롯한 감귤류는
산뜻한 신맛과 단맛이 특징이다.
남쪽 지방의 경우 종류에 따라서는 노지 재배도 가능하다.
늘푸른 과일나무가 정원을 아름답게 빛내줄 것이다.

감귤류의 재배방법

정원수로도 좋은 과일나무.
늘푸른나무이므로 온난한 기후를 좋아한다.

과일을 직접 수확하는 즐거움이 크다. 환경에 맞는 품종을 선택한다.
감귤류는 오래전부터 재배되었으며, 온주밀감을 비롯해 유자나 레몬 등 다양한 종류가 있다. 늘푸른나무이며 온난한 기후를 좋아하므로 남쪽 지방이 재배에 적합하다. 유자나 영귤은 저온에도 강하므로 다른 감귤류보다 좀 더 위쪽 지방에서도 재배할 수 있다. 연평균기온이 15℃ 이상, 최저기온은 영하 5℃ 이하로 내려가지 않는 장소가 기준이다. 또한 모든 품종을 컨테이너에서 재배할 수 있으므로 추운 지역에서는 화분에 심고 겨울에는 처마 밑이나 실내로 옮긴다. 감귤류의 경우 심기와 가지치기, 비료주기 등의 기본적인 재배과정은 모두 같다. 열매 맺는 습성도 거의 같지만 품종에 따라 조금씩 다르므로 각각의 페이지에서 소개한다. 감귤류의 컨테이너 재배는 모든 종류를 같은 방법으로 재배하기 때문에 p.139를 참조한다.

한국에서 감귤류 생산은 재배품종이 제한되어 있고 재배면적도 적으며 생산량도 적은 편이다.

1 심기 3월

햇빛이 잘 들고 물이 잘 빠지는 장소를 선택한다.
감귤류는 원래의 땅 윗면이 볼록해지도록 얕게 심는다.

흥진조생 온주밀감 3년생 묘목 ▶

햇빛이 잘 들고 물이 잘 빠지는 장소를 좋아한다. ▶

비료주기

밑거름_ 12~1월에 유기질 배합비료(p.239)를 1그루에 1kg을 기준으로 준다. 3월에는 화성비료(p.239) 500g을 기준으로 준다. 늘푸른나무이므로 효과가 오래가도록 깻묵 등 식물성 유기질비료를 주는 것이 좋다.
웃거름_ 특별히 필요 없다.

01 심을 구덩이를 판다. 점토가 많이 섞이고 자갈이 있는 흙은 깊고 크게 판다. 포트묘의 경우 지름과 깊이 모두 40~50㎝ 정도가 기준.

02 부엽토 위에 적옥토를 올리고 잘 섞는다. 가벼운 흙을 밑에 두면 잘 섞인다. 밑에서부터 섞고, 2번 정도 반복해서 잘 섞는다.

03 심을 구덩이에 **02**의 흙을 넣는다.

04 묘목을 포트에서 빼고, 묘목 바닥에는 뿌리가 감겨 있으므로 가위나 이식용 삽으로 흙을 털어낸다. 뿌리는 자르지 않는다.

05 이식용 삽으로 사진처럼 옆면에 3㎝ 간격으로 1바퀴 돌려서 홈을 판다. 윗면의 잡초 뿌리를 제거하고 흙도 털어낸다.

06 심을 구덩이에 묘목을 넣고 높이를 확인하면서 흙을 넣는다. 접붙인 부분이 흙 위로 올라오게 한다.

07 포트묘 바깥쪽 둘레에 홈을 판다.

08 홈에 물을 듬뿍 준다. 물이 흡수되지 않을 때까지 물을 듬뿍 준다.

09 홈의 흙을 원래대로 돌려놓는다.

10 묘목 밑동에 흙을 긁어 모아서 불룩하게 만들면 심기 완성.

2 가지치기 3월

나무모양만들기 나무자람새가 강한 경우에는 원가지 2~3개의 개심자연형이나 변칙주간형으로, 약한 경우에는 반원형(원가지 2개)으로 만든다.

여름가지나 가을가지, 아래로 처진 가지를 자르고, 복잡해진 가지를 솎아내서 나무 안쪽까지 햇빛이 잘 들게 한다. 열매 맺는 습성은 해당 페이지를 참조한다.

개심자연형

접붙인 부분에서 15~20㎝ 위에 있는 굵은 가지를 제1원가지로 하고, 균형을 이루도록 모두 3개의 원가지를 남기고 다른 가지는 솎아낸다.

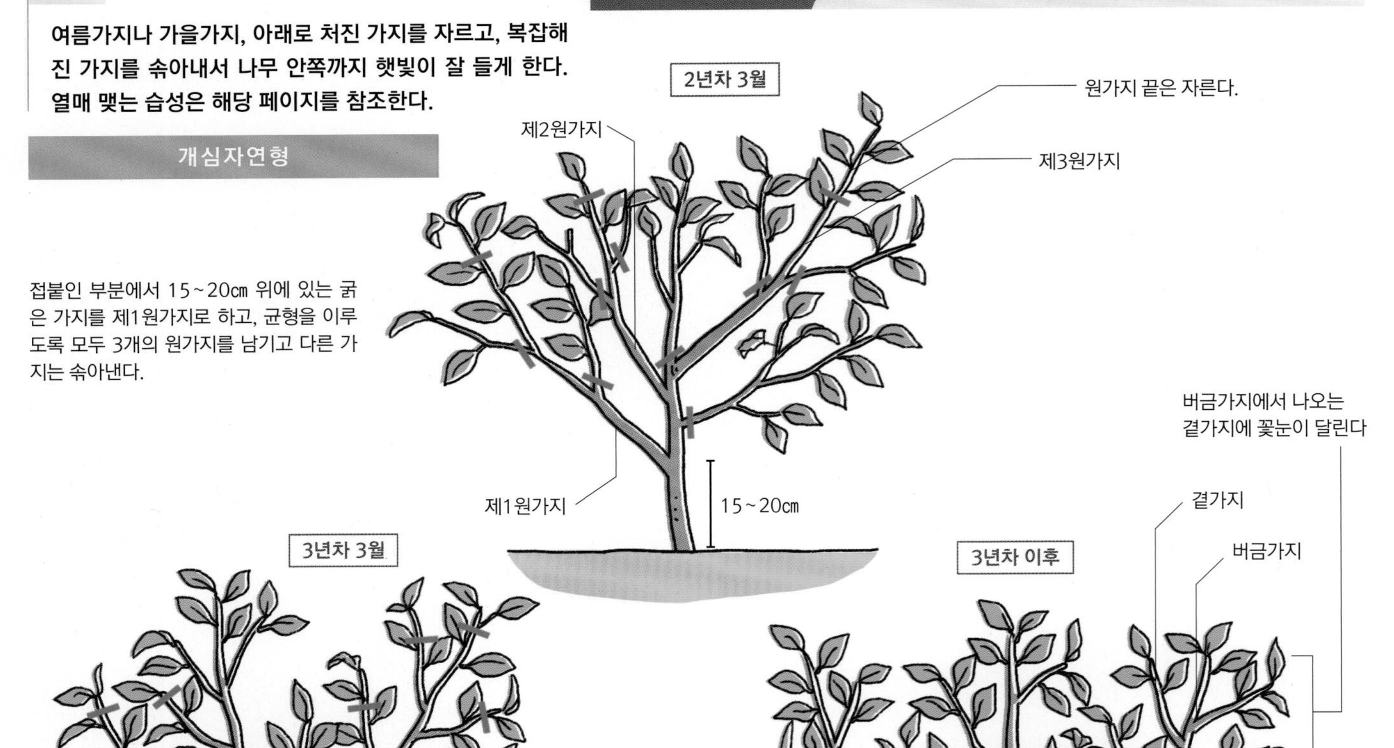

균형이 맞도록 원가지와 버금가지를 남겨서 모양을 완성한다. 옆으로 벌어지게 유인하여 나무자람새를 억제하면 열매가 잘 달린다.

반원형(원가지 2개)

비교적 나무자람새가 약한 레몬, 라임 등은 2개의 원가지를 좌우로 유인해서 낮은 반원형으로 만든다.

3월 가지치기

감귤류는 갈잎나무처럼 겨울에 가지치기하는 것이 아니라 3월 상순, 눈이 트기 전까지 작업한다. 갈잎나무는 겨울이 되면 뿌리에 영양분을 저장하지만 늘푸른나무인 감귤류는 잎에 영양분을 저장한다. 따라서 갈잎나무처럼 강한 가지치기는 하지 않고, 나무모양 만드는 것을 목표로 너무 많은 가지를 자르지 않도록 주의하면서, 필요 없는 가지를 솎아내는 작업 위주로 가지치기를 한다. 감귤류는 가시가 있는 품종이 많으므로 주의해야 한다. 특히 어린나무에 가시가 많다.

금귤(7년생) 나무모양만들기와 가지치기

01 개심자연형이지만 원가지가 5개 있으므로 4개로 정리. 나무모양을 만들면서 전체적으로 햇빛이 잘 들도록 필요 없는 가지를 솎아낸다.

02 원줄기를 4개로 한다.

03 교차하고 있는 오른쪽 가지를 자른다.

04 안쪽의 겹쳐진 가지를 자른다.

05 자른 모습.

06 웃자란 평행지를 자른다.

07 자른 모습.

08 평행지를 정리한다.

09 웃자란 쪽을 자른다. 나무모양만들기는 이것으로 끝.

10 가는 가지를 정리한다.

11 복잡해진 부분은 잎이 골고루 햇빛을 받을 수 있게 솎아낸다.

12 40㎝ 이상의 새가지는 끝에서 1/3을 자른다. 자르면 낮은 곳에서 가지가 나와 관리하기 쉬워진다.

13 나무모양을 정리해서 전체적으로 건너편이 보이고, 햇빛이 잘 들게 만든다.

하귤(8년생) 나무모양만들기와 가지치기

01 나무모양이 변칙주간형이 되어 있으므로, 필요 없는 가지를 솎아내는 작업을 중점적으로 한다.

02 가운데의 웃자란 가지를 자른다.

03 나무 안쪽까지 햇빛이 잘 들게 한다.

04 왼쪽 구석의 가지도 평행지이고 교차지이므로 정리한다.

05 나무갓의 중앙에도 해가 잘 들어서 한결 밝아졌다.

06 평행지이고 바퀴살가지가 될 가능성이 있으므로 자른다.

07 보통 평행지는 아래쪽을 남기지만, 이 나무는 아래쪽이 바퀴살가지이므로 아래쪽을 가지치기한다.

08 자른 모습. 마찬가지로 교차지나 평행지, 바퀴살가지를 정리한다.

09 전체적으로 표면에 굴곡이 생겨서 햇빛이 골고루 잘 들게 되었다.

가을부터 봄까지 하는 가지치기

꽃눈이 많이 달린 해에는 여름가지나 가을가지를 짧게 잘라내서 열매어미가지가 나오게 하면 해거리를 막을 수 있다. 반대로 꽃눈이 적게 달린 해에는 솎아내기 중심으로 가지치기하고, 가지 끝은 많이 자르지 않는다.

◀ 여름가지는 눈이 있는 잎 위에서 자른다(폰칸).

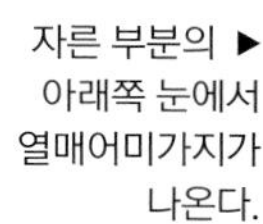

자른 부분의 ▶ 아래쪽 눈에서 열매어미가지가 나온다.

이것이 알고 싶다! >>> 감귤류

Q 해거리로 열매가 달릴 때는?

A 열매솎기로 열매 수를 제한한다.

감귤류는 가을이나 늦은 겨울까지 열매가 달리고, 다음 해에 열매를 맺을 꽃눈도 만든다. 따라서 전년도에 지나치게 많은 열매가 달리면 다음 해에 열매가 달리지 않는 경향이 강하고, 이러한 현상을 해거리라고 한다. 또한 전년도에 열매가 달린 가지에는 다음 해에 꽃눈이 달리지 않는 습성이 있으므로 아무래도 해거리가 일어나기 쉽다.

해거리를 예방하기 위해서는 열매가 많이 달리지 않게 하는 것이 중요하다. 이를 위해서는 열매솎기를 해서 열매를 적절한 양으로 제한해야 한다(p.138). 또한 수확시기의 열매를 빨리 수확해서 나무를 힘들지 않게 하는 것도 중요하다.

그리고 꽃눈이 많이 달린 해에는 그림처럼 여름가지나 가을가지를 자른다. 그러면 다음 해에 꽃눈이 달리는 가지가 나와서 해거리를 하지 않게 된다.

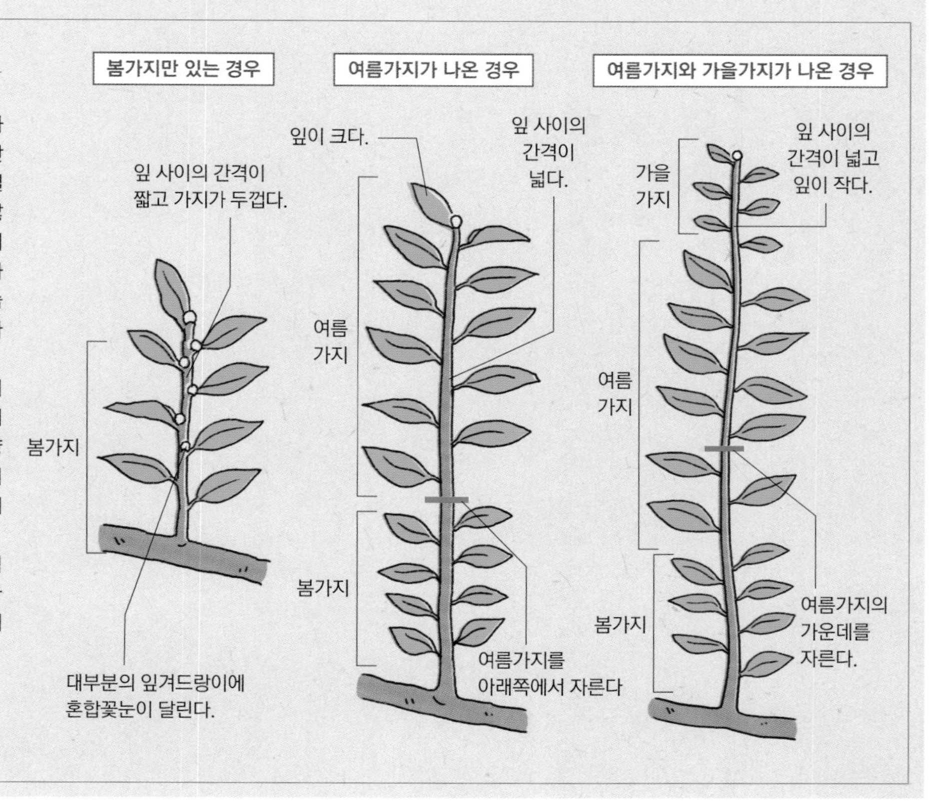

3 개화·꽃가루받이 5월

(4계절 열매를 맺는 품종은 여름과 가을에도 꽃이 핀다)

감귤류는 5월경에 꽃이 핀다. 금귤이나 레몬 등은 여름과 가을에도 꽃이 핀다.

팔삭이나 일향하 이외의 감귤류는 1그루만으로도 열매를 맺는다. 인공꽃가루받이는 필요 없지만, 붓 등으로 꽃을 간지럽히듯이 문질러서 꽃가루받이를 시키면 열매가 더 잘 달린다.

4 열매솎기 7~8월

감귤류는 열매가 너무 많이 달리면 다음 해에 열매가 적게 달리는 해거리가 일어나기 쉬우므로 열매솎기 작업이 반드시 필요하다.

01 열매가 너무 많이 달린 가지, 햇빛이 닿지 않는 가지, 잎이 적은 가지의 열매가 열매솎기 대상.

02 온주밀감의 경우에는 잎 25~30장에 열매 1개가 남도록 솎아낸다.

After

03 4개 중에 2개를 솎아낸다. 잎 수에 따라 열매를 솎아낼 때는 품종에 따라 기준이 다르므로 해당 페이지를 참조한다.

5 수확 품종에 따라 수확시기가 다르다

수확하기 알맞은 시기는 품종에 따라 다르므로 각각의 품종 페이지를 참조하고, 가위로 잘라서 수확한다.

색이 변하고 익으면 수확한다. 유자류나 레몬은 필요에 따라 녹색 열매를 수확하기도 한다. 당기면 껍질이 벗겨지므로 반드시 가위로 잘라서 수확한다. 사진은 하귤.

과일 이용 방법

날것으로 먹는 방법 외에 잼이나 과실주를 만들어도 좋다. 레몬 등 신맛이 강한 것은 과즙을 짜서 요리에 사용하거나 과실주를 담근다. 껍질은 마멀레이드나 드라이 필로 가공하는 방법 외에, 말려서 방향제로 활용하거나 거즈로 싸서 입욕제로 사용한다. 레몬을 소금에 절여서 요리에 이용하는 방법도 있다.

병해충 대책

감귤류의 병해충은 모든 종류가 공통적이다. 대처 방법은 p.256~259 참조.

병

- **더뎅이병** 곰팡이가 원인으로 잎에는 하얀 반점, 열매에는 연한 갈색의 반점이 생기고, 나중에는 돌기처럼 부풀어 오른다. 밀감류, 오렌지류에 많이 발생한다.
- **검은점무늬병** 6~7월경 잎이나 가지에 검은 점이 생기고 말라 죽는다. 하귤류에 많이 발생한다.
- **궤양병** 5월 이후 열매나 잎 등에 노란 반점이 생긴다. 레몬, 라임 등에 많이 발생한다.

해충

- **깍지벌레류** 봄에 밀감류에 많이 발생한다.
- **하늘소류** 7~8월, 밀감류에 많이 발생한다.
- **잎응애류** 7~9월, 밀감류에 많이 발생한다.
- **호랑나비, 나방 유충** 8~9월, 모든 감귤류에 많이 발생한다.
- **굴나방류** 5~9월, 잎 속으로 파고 들어 갉아먹는다. 레몬, 라임에 많이 발생한다.

▲ 유자에 발생한 궤양병.

▲ 폰칸 가지에 생긴 진딧물.

▲ 굴나방이 갉아먹은 흔적. 여름가지나 가을가지에 많이 생긴다.

▲ 호랑나비 유충.

컨테이너 재배

아담하게 키울 수 있는 품종을 선택한다

감귤류의 컨테이너 재배 방법은 기본적으로 정원에 심을 때와 같다. 아담하게 만들 수 있는 온주밀감이나 금귤, 유자류, 레몬 등이 좋다.
열매를 잘 솎아내면 좋은 열매가 달리고 해거리도 예방할 수 있다.
추위에 약하기 때문에 추운 지방에서는 겨울에는 남향의 처마 밑에 화분을 두거나, 실내의 따뜻한 장소로 옮긴다.

POINT

화분 크기

5~6호(대과종은 7~8호) 화분에 심고 1~2년에 1번은 한 치수 큰 화분으로 옮겨 심는다.

사용하는 흙

적옥토와 부엽토를 1:1로 섞은 용토에 심는다. 12~1월에 유기질배합비료(p.239) 1kg을 기준으로 주고, 3월에는 화성비료(p.239) 500g을 기준으로 준다.

물주기

건조에 약하므로 흙의 표면이 건조해지면 물을 듬뿍 준다. 여름에는 건조해지기 쉬우므로 매일 물을 준다.

묘목 심기

대실금귤 3년생 묘목.

p.65 오른쪽 아래의 그림처럼 가지를 벌려서 유인하면 아담하게 만들 수 있다.

01 화분 밑바닥에 네트를 깐다. 배수용 흙은 넣어도 좋고 안 넣어도 좋다.

02 적옥토와 부엽토를 1:1로 섞은 용토를 넣는다.

03 묘목을 넣고 용토를 넣는다. 얕게 심어야 한다.

04 화분 바닥에서 물이 흘러나올 때까지 물을 듬뿍 준다.

레몬·라임

감귤류 중에서도 신맛이 강해서 요리나 음료에 풍미를 더해준다. 하얀 꽃이 아름다운 나무.

운향과 | 난이도 쉬움

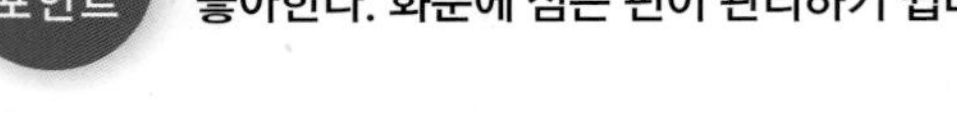

재배 포인트 **추위에 약하고, 온난하고 건조한 기후를 좋아한다. 화분에 심는 편이 관리하기 쉽다.**

DATA

영어이름 Lemon(레몬), Lime(라임)
분류 늘푸른큰키나무
나무키 2.5~3m
일조조건 양지
자생지 인도
수확시기 종류에 따라 다르다.
열매 맺는 기간 3~4년(정원 재배) / 2~3년(컨테이너 재배)
컨테이너 재배 가능(7호 화분 이상)

추천 품종

	품종명	수확시기	특성
레몬	리스본	9월 하순 ~ 5월 하순	나무자람새 강. 추과 많음. 사계성 약. 내한성 강.
	빌라 프랑카	10월 하순~ 5월 하순	나무자람새 강. 내한성 강. 해거리 적음.
	유레카	9월 하순 ~ 5월 하순	나무자람새 약한 편. 사계성 강. 향기가 좋고 과즙이 많다. 온난지에 적합.
라임	타히티라임	9월 하순 ~ 5월 하순	나무자람새 약한 편. 라임 중에서는 내한성이 강하다. 씨가 적다.
	멕시칸라임	9월 하순 ~ 5월 하순	나무자람새 중. 나무키 낮음. 내한성 약. 향기가 좋고 신맛이 강하다.

덜 익은 녹색 레몬도 향을 내는 데 이용할 수 있다.

재배력

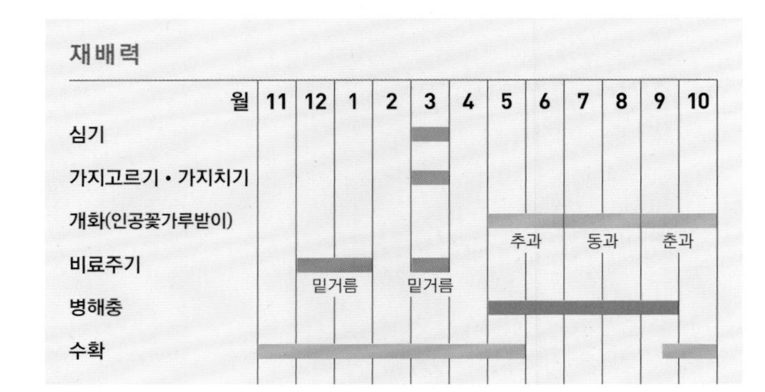

특징

저온에 약한 감귤류로 조금 건조하게 재배한다

레몬과 라임은 모두 과즙과 껍질을 이용할 수 있고, 좋은 향기가 나는 흰 꽃을 즐길 수 있는 과일나무이다. 감귤류 중에서는 내한성이 약한 편으로 겨울에도 따듯한 연안 지방에서 재배하는 것이 좋다.

건조한 땅을 좋아하고 4~10월에 강수량이 적어야 좋은 레몬, 라임을 수확할 수 있다. 배수성과 수분보존력이 좋고 유기물이 풍부한 토양에서 재배하는 것이 좋다.

품종 선택 방법

1년에 3번 꽃을 피우며 1그루만으로도 열매를 맺는다

레몬, 라임은 모두 1그루만으로도 열매를 맺으므로 꽃가루받이나무는 필요 없다. 계절에 관계 없이 꽃을 피우는 사계성으로, 다른 감귤류와는 달리 5~6월에 추과, 7~8월에 동과, 9~10월에 춘과가 달리는 꽃을 피운다. 9~10월에 개화한 것은 그대로 나무에서 겨울을 나고 수확한다. 레몬은 품종에 따라 내한성에 차이가 있으며 내한성이 약한 품종이 향이 더 부드럽다. 레몬보다 라임이 좀 더 추운 지역에서 재배 가능하다.

1 심기·가지치기 3월

감귤류의 기본적인 재배과정은 모두 같기 때문에 심기와 비료주기는 p.132, 나무모양만들기는 p.134, 가지치기는 p.135~137을 참조.

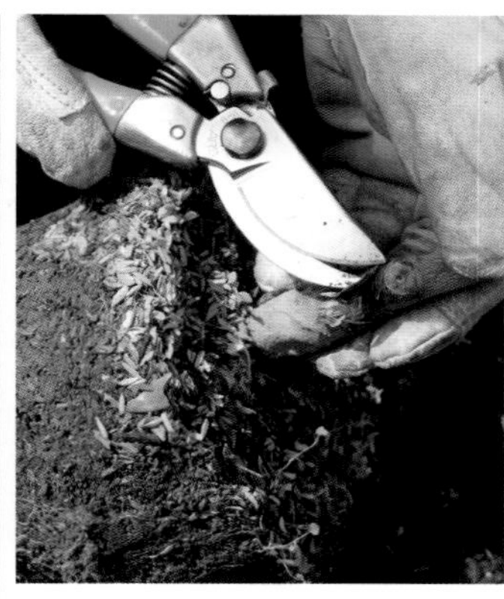

▲ 접붙이기용 테이프는 성장에 방해되므로 제거한다.

◀ 레몬 접나무모 2년생. 얕게 심는다.

열매 맺는 습성 온주밀감과 같지만 사계성이어서 1년에 3번 꽃을 피운다. 일본에서는 일반적으로 5~6월에 개화한 추과를 이용하고, 동과와 춘과는 열매솎기하는 경우가 많다.

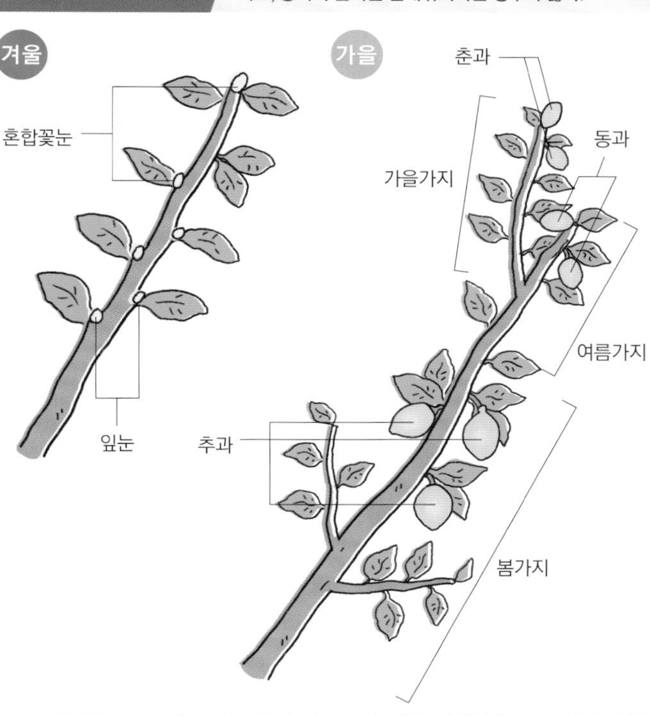

2 개화·꽃가루받이·열매솎기

5~6월, 7~8월, 9~10월(개화), 8월(열매솎기)

감귤류의 개화, 꽃가루받이, 열매솎기 과정은 거의 같기 때문에 p.138을 참조한다. 품종에 따라 기준이 되는 잎의 수는 다르다.

▲ 개화는 5~6월, 7~8월, 9~10월로 1년에 3번 꽃이 핀다. 인공꽃가루받이는 필요 없지만, 붓으로 꽃을 살짝 문질러서 꽃가루받이를 시키면 열매가 잘 달린다.

레몬은 따듯한 지역에서는 보통 5~6월의 ▶ 추과 이외의 열매는 솎아낸다. 추과도 8월경 잎 20~30장에 열매 1개를 기준으로 솎아낸다. 라임은 많이 떨어지기 때문에 열매를 솎아내지 않는다.

3 수확 품종에 따라 수확시기가 다르다. p.140 참조

레몬, 라임은 주로 추과를 이용한다. 온난지에서는 겨울 동안 나무 위에 그대로 두고 필요할 때마다 수확하는 것이 좋다. 병해충은 p.138 참조.

레몬은 9월경부터 덜 익은 과일도 이용할 수 있다. 노랗게 변하는 것은 12월 이후. 온난지에서는 다음 해 5월경까지 나무 위에 두고 필요할 때 수확해도 좋다. 라임은 과일이 커지고 껍질에 광택이 나기 시작하면 수확한다. 9월~다음 해 5월까지 수확할 수 있다.

밀감류 온주밀감, 폰칸

대표적인 감귤류.
세계 여러 지역에서 인기가 많다.

운향과 **난이도** 쉬움

물이 잘 빠지고 햇빛이 잘 드는 땅을 좋아한다. 겨울의 찬바람은 피한다.

DATA

영어이름 Satsuma mandarin (온주밀감) ponkan orange(폰칸)
분류 늘푸른큰키나무
일조조건 양지
나무키 2~2.5m
수확시기 10~12월
자생지 중국남부, 일본(온주밀감) 인도(폰칸)
재배적지 제주도(일부 품종)
열매 맺는 기간 5~6년(정원 재배) / 3~4년(컨테이너 재배)
컨테이너 재배 쉬움(7호 화분 이상)

재배력

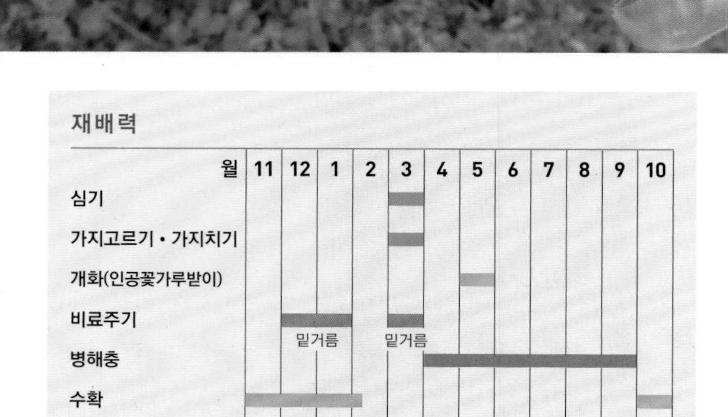

추천 품종

온주밀감		
궁천조생	조생	풍산성. 중과. 대표적인 품종. 열매가 잘 달린다. 해거리가 적다.
흥진조생	조생	풍산성. 중과. 대표적인 품종. 열매가 잘 달린다. 해거리가 적다.
남감20호	중생	풍산성. 대과. 대표적인 품종. 열매가 잘 달린다. 해거리가 적은 편이다.
대진 4호	중만생	풍산성. 대과. 열매가 잘 달린다. 해거리가 많다.
청도온주	만생	풍산성. 대과. 열매가 잘 달린다. 해거리가 많다.

폰칸		
태전폰칸	조생	풍산성, 소과계 폰칸. 중과. 열매가 잘 달린다.
삼전폰칸	조생	소과계. 중과. 껍질과 과육 사이에 틈이 생기는 부피(浮皮)가 적다.
길전폰칸	중생	대과계. 중과. 과일이 아름답다. 온난지에 적합.

특징

껍질을 벗기기 쉽고, 달콤하며, 매우 친숙한 감귤류

온주밀감은 오래전부터 재배된 감귤류이다. 한국의 제주도와 일본, 북아메리카 남부 등 세계 각지에서 재배한다. 햇빛이 잘 들고 물이 잘 빠지는 장소에 심는 것이 좋다. 열매는 100g 정도로 껍질을 벗기기 쉽고, 달콤하며 육질이 부드럽다.

폰칸은 150g 정도의 신맛이 적은 감귤이다. 껍질과 열매 사이에 틈이 있어 벗기기 쉬운 것이 특징. 온주밀감보다 추위에 약해서 온난한 지역에 적합하다.

품종 선택 방법

내한성을 고려해서 재배지에 적합한 품종을 선택한다

온주밀감은 수확시기에 따라 보통종과 조생종으로 나뉘는데, 조생종은 추워지기 전에 수확할 수 있어서 온난한 지역 외에서도 재배가 가능하다. 보통종은 과일의 맛은 좋지만 해거리를 많이 해서 가정에서는 재배하기 쉬운 조생종이 좋다. 폰칸은 대과계와 소과계가 있으며 온난지에는 대과계가 적합한데, 소과계인 삼전폰칸, 태전폰칸은 기온이 낮은 지역에서도 재배 가능하다.

1 심기·가지치기 3월

감귤류의 기본적인 재배과정은 모두 같기 때문에 심기와 비료주기는 p.132, 나무모양만들기는 p.134, 가지치기는 p.135~137을 참조.

열매 맺는 습성 1년에 3번 봄, 여름, 가을에 가지가 자라며, 전년도 봄에 자란 가지에서 꽃이 핀다. 해거리를 많이 한다.

3월 전년도에 열매가 달리지 않은 2년생 가지와 3년생 가지의 끝부분에 꽃눈이 달린다.

전년도에 열매가 달린 가지에는 꽃눈이 달리지 않는다.

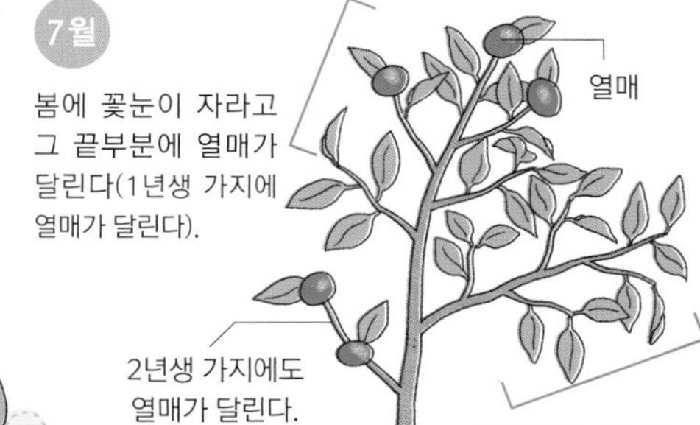

3 열매솎기 7월

감귤류의 열매솎기 과정은 모두 같기 때문에 p.138을 참조한다. 기준이 되는 잎의 수는 품종에 따라 다르다.

7월에 과일이 엄지 크기가 되면 잎 30장에 열매 1개 정도로 솎아낸다.

2 개화·수분 5월

감귤류의 개화, 꽃가루받이 과정은 모두 같기 때문에 p.138을 참조한다. 인공꽃가루받이는 필요 없지만 해주면 열매가 더 잘 달린다.

온주밀감 꽃.

폰칸 꽃.

4 수확 10~12월(온주밀감) 1~2월(폰칸)

전체가 오렌지색이 되면 완전히 익은 것이므로 가위로 잘라서 수확한다. 수확 후 3~7일 두면 신맛이 빠진다.

온주밀감은 작은 것이 맛있다.

폰칸은 껍질 윗부분이 볼록한 것이 특징.

오렌지류 스위트 오렌지, 네이블 오렌지
잡감류 하귤, 이예감, 팔삭 등

그대로 먹거나 잼을 만들기도 하며
산뜻한 향도 즐길 수 있다.

운향과 **난이도** 쉬움

기온이 영하 5℃ 이하로 내려가는 지역에서는 얼어서 열매가 달리지 않는다. 품종에 따라 열매를 솎아낸다.

DATA

영어이름 Sweet orange(스위트 오렌지),
Navel orange(네이블 오렌지),
Iyo tangor(이예감), Hyuganatsu(팔삭)
분류 늘푸른큰키나무
일조조건 양지
수확시기 종류에 따라 다르다.
나무키 2.5~3m
자생지 인도동부(오렌지류), 일본(잡감류)
열매 맺는 기간 4~5년(정원 재배) / 3~4년(컨테이너 재배)
컨테이너 재배 쉬움(7호 화분 이상)

재배력

월	11	12	1	2	3	4	5	6	7	8	9	10
심기					■	■						
가지고르기 • 가지치기					겨울가지치기			여름가지치기				
개화(인공꽃가루받이)							■					
비료주기		밑거름	밑거름		밑거름							
병해충							■	■	■			
수확	종류에 따라 다르다.											

특징

과일이 적은 시기에 즐길 수 있는 감귤류

오렌지류, 잡감류는 1~5월에 수확하는 중만생 감귤류이다. 스위트 오렌지, 네이블 오렌지 등의 오렌지류는 감귤류 중에서도 당도가 높고 세계적으로 널리 유통된다.

하귤, 이예감, 팔삭, 일향하 등은 잡감류에 속하는데, 이예감은 오렌지와 밀감을 교잡한 것이다. 모두 과즙이 많고 크기가 크며 서로 다른 독특한 풍미가 있다. 심기나 가지치기 방법은 온주밀감과 같다.

품종 선택 방법

심을 공간, 기후, 수확시기에 맞게 고른다

나무자람새가 강해서 크게 자라는 하귤이나 팔삭 등부터 나무자람새가 약하고 비교적 크기가 작은 이예감까지 심을 공간에 맞춰 서 품종을 선택한다. 잡감류의 내한성은 온주밀감 정도이지만, 오렌지류는 내한성이 약하다. 팔삭, 일향하 등은 제꽃가루로 꽃가루받이하기 어려우므로 하귤이나 이예감 등을 같이 재배한다. 그 외에는 1그루만 있어도 열매가 달린다

추천 품종

	품종명	수확시기	특성
오렌지류	길전 네이블	12월 상·중순	네이블오렌지. 나무자람새 중. 열매맺음 양호. 신맛이 늦게 빠진다.
	워싱턴 네이블	12월 하순~1월 상순	네이블오렌지. 나무자람새 약한 편. 왜성. 궤양병에 약하다.
	삼전 네이블	12월 하순~1월 상순	네이블오렌지. 나무자람새 강. 잎이 같이 나오는 유엽과가 많고 열매가 잘 달린다.
	발렌시아 오렌지	6~7월	스위트오렌지. 나무자람새 강. 적기가 지나면 단맛이 감소한다.
잡감류	황금하귤	12월 중순~5월 상순	하귤. 나무자람새 강. 재배하기 쉽다. 신맛이 늦게 빠진다.
	신감하	12월 중순~5월 상순	하귤. 나무자람새 강. 재배하기 쉽다. 과일표면이 매끄럽다.
	궁내 이예감	12월 상·중순	이예감(이요칸). 나무자람새 약. 왜성. 내한성이 약하다.
	대곡 이예감	12월 중·하순	이예감. 나무자람새 약. 왜성. 과일이 맛있다. 열매솎기를 빨리 한다.
	팔삭	12월 하순~5월	팔삭(핫사쿠). 나무자람새 강. 크게 자란다. 하귤 등을 꽃가루받이나무로 심는다.
	한라봉	1월 하순~2월 상순	청견×폰칸. 나무자람새 약. 가지가 아래로 처진다.
	청견	2월 하순~4월 중순	온주밀감 × 트로비타오렌지. 나무자람새 강. 가지가 아래로 처진다
	일향하	5월 상순~6월 상순	나무자람새 강. 하귤 등을 꽃가루받이나무로 심는다. 재배하기 쉽다.
	삼보감	12~6월	나무자람새 강. 산뜻한 단맛이지만 과일껍질이 두껍고 씨가 많다.

1 심기·가지치기 3~4월

감귤류의 기본적인 재배과정은 모두 같기 때문에 심기와 비료주기는 p.132, 나무모양만들기는 p.134, 가지치기는 p.135~137을 참조.

열매 맺는 습성 온주밀감과 마찬가지로 전년도 또는 전전년도에 자란 가지에 꽃눈이 달리고, 봄에 혼합꽃눈에서 자란 새가지의 끝부분 가까이에 꽃이 핀다.

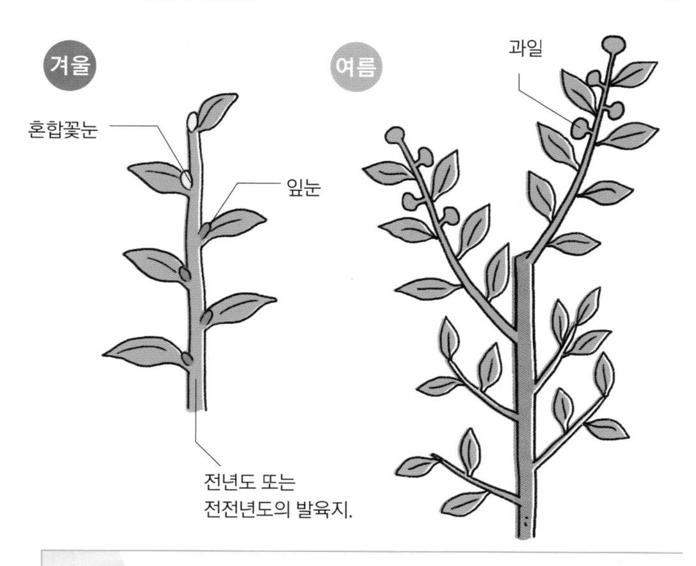

2 개화·수분 5월

감귤류의 개화와 수분 과정은 모두 같기 때문에 p.138을 참조한다. 인공꽃가루받이는 필요 없지만 해도 좋다.

오렌지 꽃

하귤의 꽃봉오리와 꽃

3 열매솎기 7~8월

감귤류의 열매솎기 과정은 모두 같으므로 p.138을 참조한다. 품종에 따라 기준이 되는 잎의 수가 다르다.

7~8월에 열매가 성장하면 솎아낸다. 사진은 하귤. 오렌지류와 일향하 등의 중과는 잎 50~60장에 열매 1개, 잡감류의 대과는 잎 70~80장에 1개를 기준으로 솎아낸다.

4 수확 품종에 따라 다르므로 p.144 참조

오렌지류와 잡감류는 품종에 따라 수확시기가 각각 다르며, 노랗게 익으면 수확한다.

하귤, 팔삭은 따듯한 지방에서는 4월 상순~5월 하순까지 나무 위에 두고 수확한다. 추워지면 과일의 과즙이 줄어들고 쓴맛이 증가하므로 추운 지방에서는 12월 하순에 수확한다(단, 너무 빠르면 쓴맛이 난다). 오렌지류는 수확 후 1~2주 정도 두고 신맛을 빼는 것이 좋다.

이예감

오렌지

하귤

삼보감

유자류 금귤류

유자, 꽃유자, 가보스, 영귤

유자류는 요리에 향기를 더해주는 훌륭한 조미료이다.
금귤류는 날것으로 먹어도 좋고, 설탕을 넣고 졸여도 맛있다.

운향과 | **난이도** 쉬움

재배 포인트 **유자류는 비교적 추위에 강하고 건조나 비에도 강하다. 금귤류는 양지를 좋아한다.**

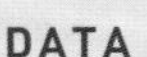

DATA

영어이름 Yuzu(유자류), Kimquat(금귤류)
분류 늘푸른큰키나무(유자류), 늘푸른떨기나무(금귤류)
나무키 2~2.5m　　자생지 중국
일조조건 양지　　수확시기 종류에 따라 다르다.
재배적지 전남, 경남, 제주도의 남부 해안지방(유자) / 남부지방(금귤)
열매 맺는 기간 3~4년(영귤은 2년)
컨테이너 재배 가능(7호 화분 이상, 유자·가보스·영귤) / 쉬움(5호 화분 이상, 꽃유자·금귤류)

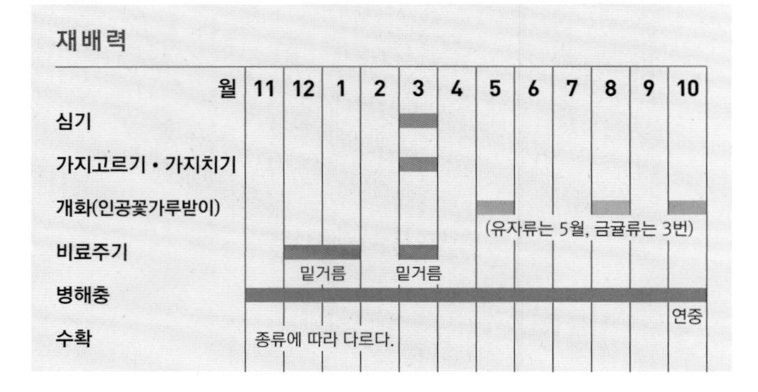

추천 품종

	품종명	수확시기	특성
유자류	다전금	8월 상순~12월 상순	유자. 나무자람새 강. 대과. 해거리가 적다. 가시 없음. 내한성 강.
	산근	8월 상순~12월 상순	유자. 나무자람새 강. 대과. 해거리가 적다. 가시 없음. 내한성 강.
	사자유자	11~12월	열매가 상당히 커서 지름 20㎝ 정도. 나무키도 높다.
	꽃유자	8월 중순~12월 상순	나무자람새 약. 왜성. 해거리가 적다.
	영귤	8월 하순~11월 상순	나무자람새 약. 왜성. 해거리가 적다.
	가보스	9월 중순~10월 상순	나무자람새 중. 해거리가 많다. 온난지에 적합하며 반음지에서도 재배 가능.
금귤류	대실금귤	12월 하순~2월	열매가 크다. 온난지에서 재배하면 열매가 더 커진다.
	장실금귤	12월 하순~2월	타원형으로 신맛이 강하다. 해거리가 적다.
	환실금귤	12월 하순~2월	공모양의 열매가 특징.

특징

적은 양이라도 이용가치가 높은 감귤류

유자류는 껍질의 향이나 과즙의 신맛을 각종 요리 등에 이용할 수 있어서 향산감귤, 초귤 등으로 불린다. 겨울의 건조한 바람에 약하기 때문에 1년 중 가장 추운 1월에는 방한대책이 필요하다.

금귤류는 금감류라고도 하며 1년에 3번, 5월, 8월, 10월에 꽃이 피는 것이 특징인데, 여름에 피는 꽃에 열매가 가장 많이 달린다. 감귤류 중에서는 나무키가 작고, 깎기 가지치기에도 잘 견디므로 산울타리 등으로 이용하면 좋다.

품종 선택 방법

1그루만 있어도 열매가 달리므로 공간이나 기후에 맞게 고른다

유자류는 종류가 많고 정원에 방치하면 지나치게 커지기 쉬우므로 아담하게 만들어야 한다. 원래 가지에 가시가 있지만 가시가 없는 품종도 있다.

금귤류는 나무키가 낮은 편으로 재배하기 쉽고 컨테이너 재배도 가능하다. 큰 열매가 달리는 대실금귤 품종 등이 좋다. 반드시 접나무모를 심는다.

1 심기 3월

감귤류의 기본적인 재배과정은 모두 같기 때문에 심기와 비료주기는 p.132를 참조한다.

01 대실금귤 3년생 묘목. 포트를 빼고 심을 구덩이에 용토를 넣은 뒤 심는다.

02 심은 모습. 윗면이 나오도록 얕게 심는다. 위에도 용토를 덮어주면 좋다.

2 가지치기 3월

감귤류의 가지치기 과정은 모두 같기 때문에 p.134를 참조한다.
여기서는 열매 맺는 습성을 설명한다.

열매 맺는 습성 유자류, 가보스,영귤, 금귤류는 열매 맺는 습성이 다르므로 가지치기에 대비해서 알아두는 것이 좋다

유자류 온주밀감과 마찬가지로 전년도와 전전년도에 자란 발육지에 혼합꽃눈이 달린다.

영귤·가보스 유자류와 같지만 전전년도의 가지에는 꽃눈이 달리지 않는다. 나무갓 안쪽의 튼실한 짧은 가지에 열매가 달린다.

금귤류 유자류와 마찬가지로 전년도에 자란 가지에 달린 혼합꽃눈에서 봄에 자란 새가지나, 전년도 가지의 겨드랑눈에도 꽃눈이 달린다.

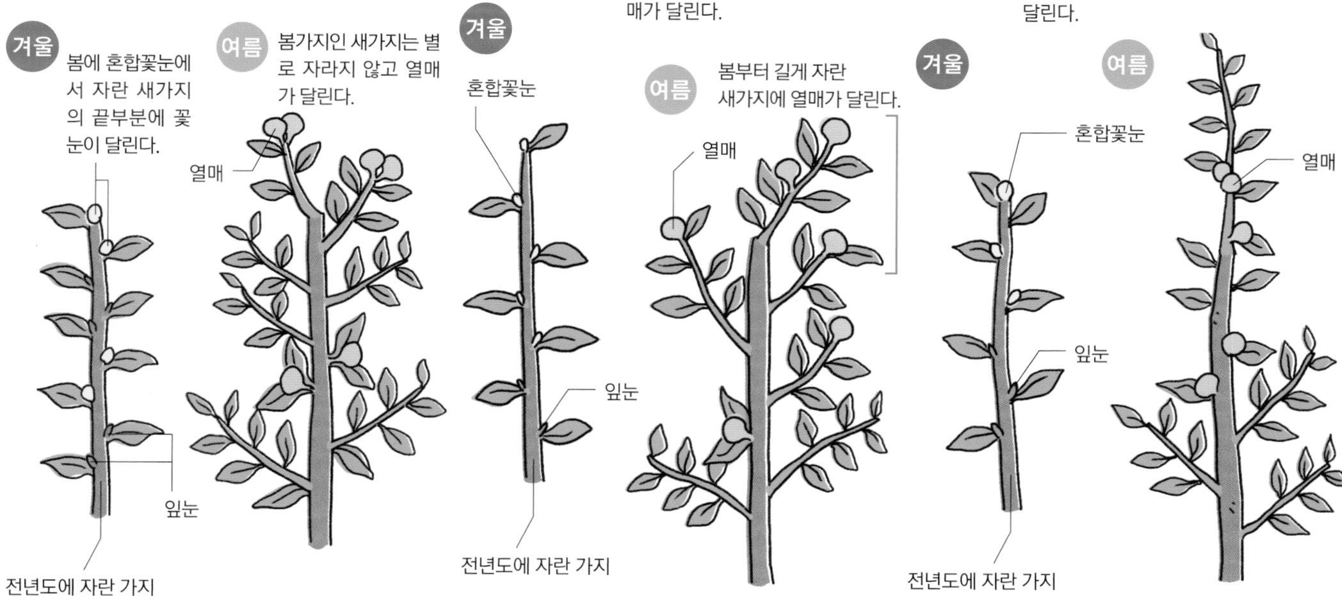

3 개화·꽃가루받이·열매솎기

유자_ **5**월(개화) · **6**월 하순~**7**월(열매솎기)
금귤_ **5·8·10**월(개화)·**9**월(열매솎기)

감귤류의 개화, 꽃가루받이, 열매솎기 과정은 모두 같기 때문에 p.138을 참조한다. 단, 품종에 따라 기준이 되는 잎의 수는 다르다.

유자류는 5월에 꽃이 핀다. 7월에 열매가 엄지 크기만큼 자라면 유자는 잎 10~15장에 열매 1개, 꽃유자·가보스는 잎 8~10장에 1개, 영귤은 잎 4~5장에 1개를 기준으로 열매를 솎아낸다. 사진은 꽃유자.

금귤은 1년에 3번 5, 8, 10월에 꽃이 핀다. 기본적으로 열매솎기는 필요 없지만, 빨리 달린 열매가 크게 자라므로 늦게 달린 작은 열매나 상처가 있는 열매를 솎아내면 열매가 더 커진다.

4 수확 품종에 따라 다르므로 p.146의 표 참조

유자류, 금귤류는 사용하는 용도에 따라 껍질이 노란색이나 녹색인 상태에서 수확한다.

▲유자와 꽃유자는 목적에 따라 껍질이 녹색일 때부터 수확할 수 있다. 어린 열매는 성장이 끝나고 녹색이 조금 옅어지기 시작하면 쓴맛이 줄어서 수확할 수 있다. 사진은 꽃유자.

유자와 꽃유자는 ▶
11월 상순에 노란색이 된다.
영귤, 가보스는 9월경부터
껍질이 녹색일 때 수확한다.

사자유자는 껍질이 노랗게 되면 수확한다.

금귤류는 11월 하순부터 오렌지색으로 색이 들고 껍질에서 단맛이 나므로, 익은 것부터 순서대로 수확한다. 수확은 2월경까지 한다.

Q **정원에 심은 유자가 10년 이상 지나도 꽃이 피지 않고 열매도 달리지 않는다면?**

A **뿌리를 잘라서 열매가 잘 달리게 한다.**

유자는 환경이 지나치게 좋으면 가지와 잎만 성장하고 열매가 잘 달리지 않는 경우가 있다. 영양분을 지나치게 공급한 것도 원인 중 하나이므로, 질소비료를 줄이고 뿌리를 잘라서 개화를 촉진시킨다. 심은 뒤 6년 이상 지나도 꽃이 피지 않을 때는 반드시 이 방법을 써보자. 뿌리를 자르면 뿌리가 가늘어지므로 나무 자람새가 억제되고 꽃이 달린다.

꽃유자는 정원에 심든 컨테이너에 심든 열매가 잘 달리므로 가정에서 키우기 좋다.

01 8년생 유자. 사진처럼 가지 끝 아래쪽의 4곳을 판다.

02 삽을 사용해서 삽 길이 정도의 사각형으로 판다.

03 뿌리가 보인다.

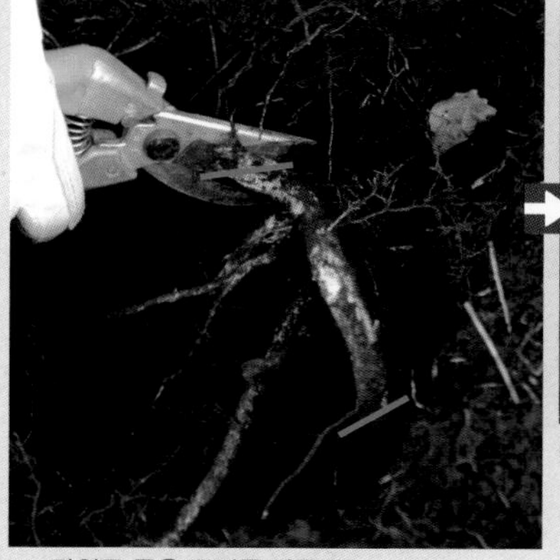

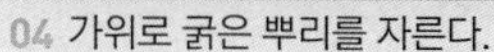
04 가위로 굵은 뿌리를 자른다.

05 같은 방법으로 4곳 모두 파서 두꺼운 뿌리를 자른다.

06 파낸 흙에 부엽토를 섞는다.

07 정원의 흙과 부엽토를 섞은 흙으로 구덩이를 메운다. 이렇게 하면 새롭게 나오는 가는 뿌리가 잘 자란다.

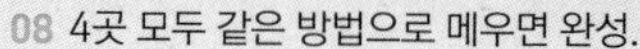
08 4곳 모두 같은 방법으로 메우면 완성.

감귤류의 특징

감귤류의 경우 기본적인 재배과정은 같지만, 나무자람새나 내한성, 열매를 솎아낼 때 기준이 되는 열매 1개당 잎의 수, 그리고 수확시기 등은 품종에 따라 다르다. 각각의 특징을 알아두자.

감귤류의 품종별 특징

품종명	나무자람새	내한성	과일 무게	열매를 솎을 때 잎의 수(1개당)	수확시기
온주밀감(조생)	강	중	130	20~30장	10월 중순~11월 상순
온주밀감(중생·만생)	강	중	130	30~40장	11월 중순~12월 중순
폰칸(뽕깡)	강	중	150(소과계) 200(중과계)	30장	1월~2월 상순
네이블오렌지	중(길전)	약	280	50~60장	12월 상순~1월 중순
등자(다이다이)	강	중	400	50~60장	12월 중순~1월 상순
이예감	약	중	200	50~60장	12월 상순~하순
하귤	강	중	400	70~80장	12월 중순~5월 상순
팔삭(핫사쿠)	강	약한 편	300~400	70~80장	12월 하순~5월 상순
한라봉	약	약한 편	200	50~60장	1월 하순~2월 상순
일향하(휴가나쓰)	강	중	150	50~60장	5월 상순~6월 상순
유자	강	강	100	10~15장	8~12월
꽃유자	약	강	30	8~10장	8~12월
사자유자	강	강	500	50~70장	11~12월
가보스	중	약	50	8~10장	9~10월
영귤(스다치)	약	강	30	4~5장	8~11월
금귤	약	중	10	작은 열매를 솎아낸다.	12월 하순~2월
레몬	강(리스본) 약한 편(유레카)	강(리스본) 약(유레카)	120	추과는 잎 20~30장에 열매 1개. 동과와 춘과는 전부 솎아낸다.	9월 하순~5월 하순
라임(타히티라임)	약한 편	강	120	작은 열매를 솎아낸다.	9월 하순~5월 하순

금귤주

[만드는 방법]

01 금귤을 씻어서 깨끗한 용기에 담는다.

02 금귤의 1/4~1/2 분량의 얼음설탕을 넣는다.

03 소주를 붓는다. 과일이 잠길 정도로 충분히 붓는다. 1개월 뒤부터 마실 수 있다. 금귤은 1~2개월 뒤에 건져낸다.

폰즈(약 250㎖)

01 감귤(레몬, 유자, 가보스, 영귤, 등자 등)의 과즙을 100㎖ 짠다.

02 간장 100㎖와 **01**의 과즙을 냄비에 넣어 섞고, 식초 1큰술, 맛술 1큰술, 청주 1큰술, 다시마 가로세로 5㎝를 넣고 중불로 끓인다.

03 끓기 직전에 다시마를 건져내고 가쓰오부시 1줌(약 5g)을 넣은 뒤 한소끔 끓여서 불을 끈다. 식으면 면보 등으로 걸러서 냉장보관한다. 3개월 이내에 사용한다.

PART 03

베리류

베리류는 가정에서도 재배하기 쉬운 떨기나무이다.
블루베리를 비롯해 라즈베리나 블랙베리 등은
초보자도 쉽게 재배할 수 있어서 인기가 높다.

라즈베리

과일이 쉽게 상하기 때문에 가장 맛있는 완숙과를 맛보려면 가정에서 재배하는 것이 좋다.

장미과 | **난이도** 쉬움

척박한 토지에서도 잘 자라며 1그루만 있어도 열매가 달린다. 여름에는 더위와 건조에 주의한다.

DATA

영어이름 Raspberry
분류 갈잎떨기나무
나무키 1~1.5m
자생지 북미, 유럽
일조조건 양지~반음지
수확시기 7~8월, 9~10월
열매 맺는 기간 2년(1년에 2번 열매가 열리는 이계성은 1년차부터)
컨테이너 재배 쉬움(5호 화분 이상)

재배력

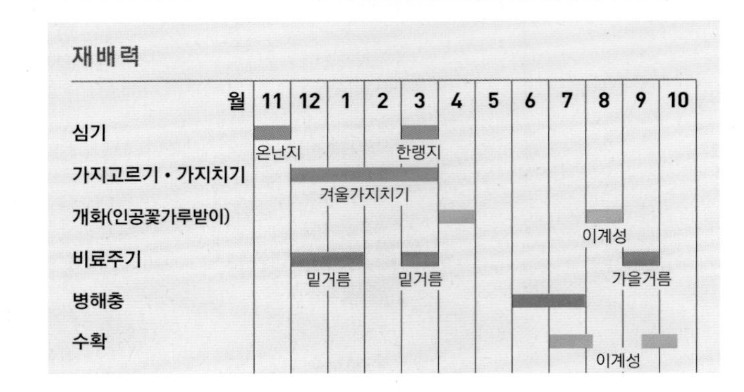

추천 품종

품종명	수확	특성
인디언 서머	이계성	붉은색. 직립성. 대표적인 인기품종으로 맛이 진하다.
헤리티지	이계성	붉은색. 직립성. 재배하기 쉽고 수확량이 안정적이다.
레이담	7월	붉은색. 직립성. 가시가 적다.
폴 골드	8~9월	노란색. 직립성. 수확기간이 길다.
칠코틴	7월	붉은색. 직립성. 광택이 있는 중간 크기의 열매.
서머 페스티벌	이계성	붉은색. 직립성. 대중적인 품종.
거문딸기	7~9월	붉은 노란색. 직립성. 한국(거문도)과 일본 등지에 분포.

거문딸기는 나무딸기로 붉은 노란색 열매가 달린다.

특징

1년에 2번, 초여름과 가을에 열매를 맺는 종류도 있다

재배품종으로 유럽과 미국에서 개량된 나무딸기 종류이다. 작은 열매가 많이 모여 하나의 열매가 되는 집합과로, 품종에 따라 1년에 2번 초여름과 가을에 수확할 수 있다.

내한성이 강해서 영하 20℃에서도 견디지만, 여름의 더위와 건조에는 약하므로 여름에도 시원한 지역이 재배하기 좋다. 나무키가 낮아서 베란다 등의 한정된 공간에서도 아담하게 재배할 수 있다.

품종 선택 방법

열매 색깔이나 특성에 따라 선택한다

품종에 따라 열매 색깔이 다르며 붉은색, 노란색, 흑자색 등이 있다. 나무 형태는 직립성과 아치 모양으로 자라는 반직립성이 있는데, 모두 다간형이나 울타리형으로 만드는 것이 일반적이다. 모든 품종에 가시가 있으며, 품종에 따라 1년에 2번 열매를 맺는 이계성도 있다.

일반적으로 맛과 향기가 모두 뛰어난 것은 붉은색 라즈베리이지만, 노란색도 당도가 높고 신맛이 적어 날것으로 먹을 수 있다. 흑자색은 신맛이 강하므로 가공용으로 적합하다.

1 심기 11월(온난지) / 3월(한랭지)

모든 계절에 가능하지만 한랭지는 3월, 온난지는 11월이 가장 좋다. 햇빛이 잘 들고 물이 잘 빠지는 장소를 선택한다.

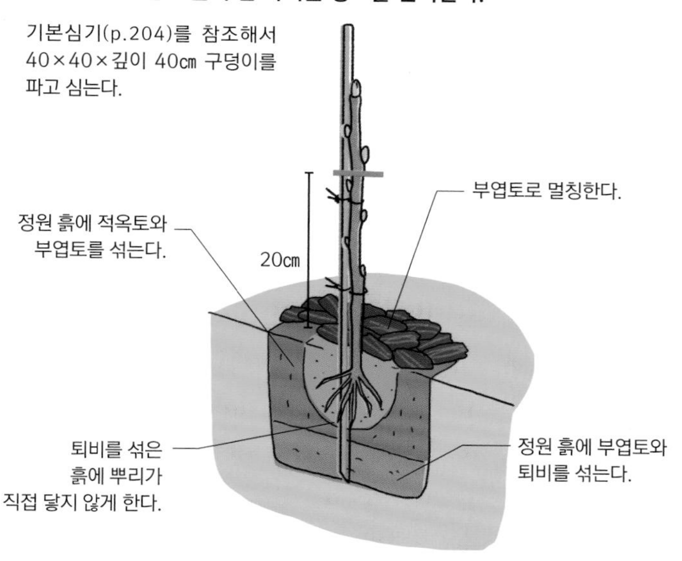

비료주기

밑거름_ 12~1월에 유기질배합비료(p.239) 700g을 기준으로 준다. 3월에는 화성비료(p.239) 50g을 기준으로 준다.
가을거름_ 수확 후 9월에 화성비료 20g을 기준으로 준다.

2 가지치기 12~3월

잎이 떨어지는 12~3월에 묵은가지를 솎아내고 복잡해진 부분을 가지치기한다.

열매 맺는 습성

봄에 자란 가지에 다음 해 여름에 열매가 달리고 겨울에 시드는, 2년 사이클을 반복한다.

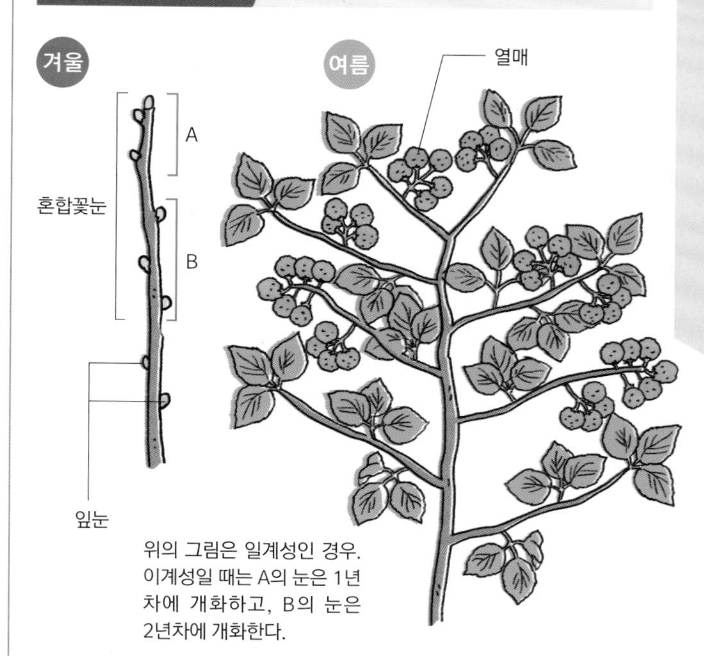

위의 그림은 일계성인 경우. 이계성일 때는 A의 눈은 1년차에 개화하고, B의 눈은 2년차에 개화한다.

나무모양만들기

다간형이 일반적이지만 받침대를 조립해서 울타리형으로 만들어도 좋다.

다간형

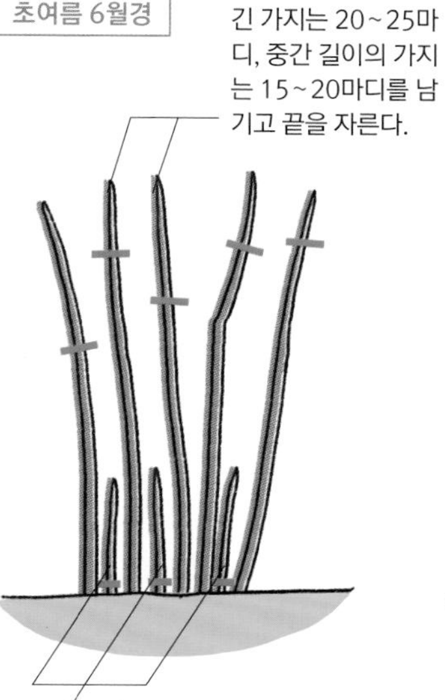

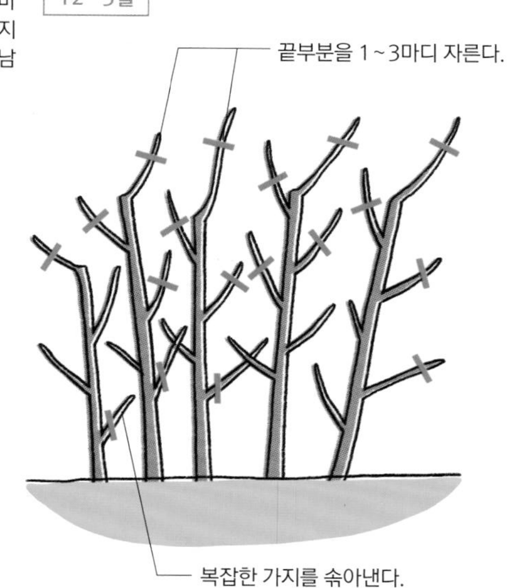

울타리형

가지를 받침대에 부채 모양으로 유인한다.

겨울가지치기

열매가 달린 가지는 겨울이면 말라버리므로 밑동부터 솎아내서 갱신한다.
그 해에 자란 새가지는 다음 해에 열매가 달리기 때문에 끝을 잘라두면 열매가 많이 달린다.

01 가운데의 열매가 달린 묵은가지는 밑동에서 자른다. 02 마찬가지로 묵은가지를 정리한다. 03 묵은가지를 정리한 모습.

04 라즈베리는 자른 부분이 시들기 쉬우므로, 눈 바로 위가 아니라 눈과 눈 사이를 자른다. 05 봄부터 자란 새가지는 끝에서 1/4정도를 자른다

POINT

포기나누기로 번식

라즈베리는 블랙베리처럼 땅속줄기를 키워서 어린 묘목을 만든다. 옮겨 심을 때 땅속줄기로 연결된 부분을 자르고 어린 묘목을 분리해서 심으면 번식시킬 수 있다. 포기나누기 방법은 p.247을 참조한다.

3 개화 · 꽃가루받이 4월 · 8월(이계성)

제꽃가루받이를 하므로 다른 품종을 심지 않아도 1그루만으로 열매를 맺는다.

◀▲ 인공꽃가루받이는 필요 없지만 붓으로 꽃을 쓰다듬듯이 꽃가루를 묻혀서 인공꽃가루받이를 해주면 열매가 잘 달린다.

4 수확 7~8월 · 9~10월(이계성)

열매 전체가 완전히 익으면 수확한다(이계성은 2번). 수확시기에 비를 맞으면 열매가 상하기 쉬우므로 주의한다.

열매는 손으로도 쉽게 딸 수 있다. 상하기 쉬우므로 선선한 아침이나 저녁 무렵에 수확한다.

병해충 대책

병_ 열매가 익는 시기에 비가 많이 오면 잿빛곰팡이병이 발생한다. 예방을 위해서 비를 막아주거나, 열매가 익으면 바로 수확한다.

해충_ 박쥐나방의 유충이 줄기에 들어가 내부를 갉아먹는 경우가 있다. 나무 밑동의 잡초를 제거하고 짚이나 부엽토를 덮어주면 좋다.

과일 이용 방법

과일은 날것으로 먹는 방법 외에 주스, 과실주, 과자의 재료로 이용할 수 있는데, 특히 붉은 라즈베리 과즙을 사용하면 매우 선명한 붉은색을 낼 수 있다. 수확 후에는 상하기 쉬우므로 냉장, 냉동보관하거나 잼 등으로 빨리 가공한다.

컨테이너 재배 1그루만 있어도 열매가 달리므로 초보자에게 추천하는 베리류

쉽게 시작하려면 화분 재배가 좋다. 포트묘는 1년 내내 심을 수 있지만 뿌리가 상하지 않게 하려면, 잎이 떨어지고 뿌리의 성장이 멈추는 휴면기간에 심는 것이 좋다. 산소 요구량이 많으므로 배수용 돌을 사용해서 물이 잘 빠지게 해주는 것도 잊으면 안 된다.

라즈베리는 땅속줄기를 키워서 새로운 가지를 내기 때문에, 성장과 함께 조금씩 나무의 중심이 바깥쪽으로 밀려난다. 그래서 2년에 1번 정도 나무를 옮겨 심어서 갱신시킨다.

POINT

화분 크기

포트묘보다 1~2호 큰 화분을 준비한다. 2년에 1번 옮겨 심는다.

사용하는 흙

적옥토와 부엽토를 1:1로 섞는다. 심을 때는 비료를 주지 않아도 된다.

물주기

건조를 싫어하므로 봄과 가을에는 1일 1번, 겨울에는 3~5일에 1번 물을 준다. 여름에는 1일 2번 아침 저녁으로 준다.

묘목심기와 가지치기

◀ 인디언 서머의 3년생 묘목.

가운데 가지는 ▶ 그 해에 열매가 달렸으므로 솎아내고 남기는 가지는 끝을 자른다.

01 가운데에 있는 열매가 달렸던 묵은 가지는 밑동에서 자른다.
02 남기는 가지는 끝을 자른다.
03 짧은 가지도 끝을 자른다.

블랙베리

생육이 왕성하고 수확량도 풍부하다.
과일에는 눈에 좋은 영양소가 풍부하고 청초한 꽃도 매력적인 나무.

장미과 **난이도** 쉬움

재배 포인트

여름의 더위에도 비교적 강하다.
여름의 건조와 서향 빛이 직접 닿지 않게 주의한다.

DATA

영어이름 Blackberry
나무키 1~2m
일조조건 양지~반음지
재배적지 중부 이남
컨테이너 재배 쉬움(5호 화분 이상)
분류 갈잎버금떨기나무
자생지 북미
수확시기 7~8월
열매 맺는 기간 2년(정원 재배 · 컨테이너 재배)

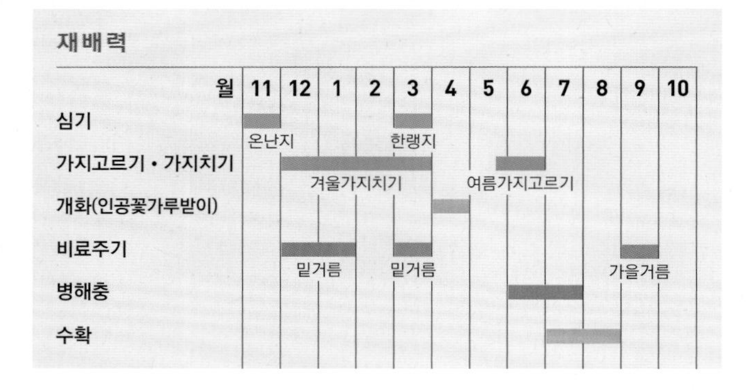

추천 품종

품종명	가시	특징
손프리	없음	포복성. 열매가 많이 달린다.
보이즌베리	가시가 있는 것과 없는 것이 있다.	포복성. 붉은 자주색의 신맛이 강하고 커다란 열매가 달린다.
블랙새틴	없음	반직립성. 검은 색의 향기가 좋고 커다란 열매가 달린다.
아파치	없음	직립성. 검은색의 커다란 열매가 달린다. 수확량이 많다.
나바호	없음	직립성. 열매는 중간크기로 달콤하다. 수확량이 많다.

특징

튼튼해서 키우기 쉬우며 귀여운 꽃도 즐길 수 있다

라즈베리처럼 나무딸기 종류이지만 1그루만 있어도 열매가 달리고, 무엇보다 튼튼해서 힘들이지 않고 많은 열매를 수확할 수 있다. 봄에 피는 마치 벚꽃 같은 청초한 꽃도 매력적이다. 가시의 유무는 품종에 따라 다르지만, 일반적으로 가시가 있는 품종에 달리는 과일이 더 맛이 좋다.

새콤달콤한 과일은 비타민C 외에도 눈 건강에 도움이 되는 안토시아닌이 블루베리 이상으로 함유되어 있다.

품종 선택 방법

특성에 맞게 울타리나 아치를 타고 뻗어가게 만든다

블랙베리는 직립, 반직립, 또는 포복으로 자라기 때문에 특성에 맞게 펜스나 아치를 타고 뻗어가게 하거나, 행잉바스켓에 심은 뒤 위에서 늘어뜨려도 좋다.

가시의 유무는 품종에 따라 다르지만, 모두 생육이 왕성하므로 공간이 부족하면 화분에 심어도 좋다. 받침대 등을 잘 활용한다.

1 심기 11월(온난지) / 3월(한랭지)

어떤 토양이든 잘 자라지만 가지과 채소를 심었던 땅에 심으면 잘 자라지 못한다. 옆으로 뻗어가기 때문에 가능한 한 넓은 공간에 심는다.

기본심기(p.204)를 참조해서 40×40×깊이 40㎝ 구덩이를 파고 심는다.

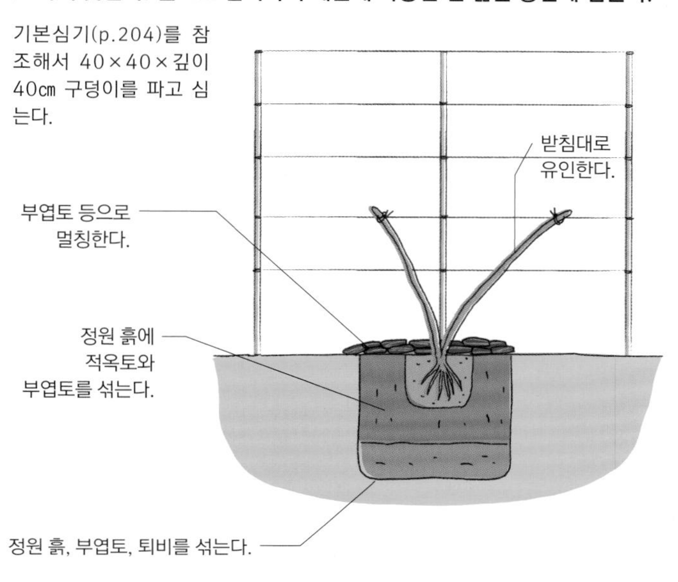

비료주기

밑거름_ 12~1월에 유기질배합비료(p.239) 700g을 기준으로 준다. 3월에는 화성비료(p.239) 50g을 기준으로 준다.
가을거름_ 열매를 수확한 뒤 9월에 화성비료 50g을 가을거름으로 준다.

열매 맺는 습성

봄에 자란 가지가 다음 해 여름에 열매를 맺고 겨울에 시드는, 2년 사이클을 반복한다.

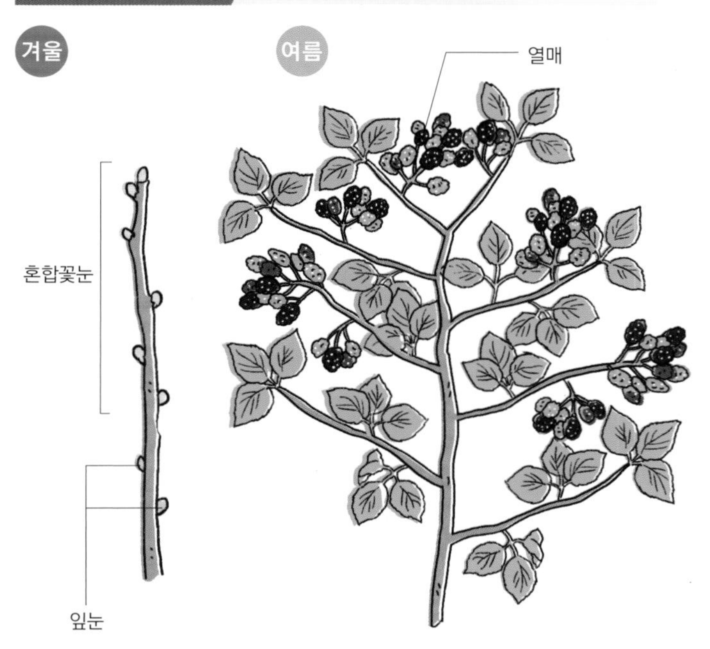

2 가지치기 12~3월

받침대나 펜스 등으로 유인하고 겨울에 나무모양을 정리하는 가지치기를 한다.

나무모양만들기

다간형으로 만들거나 울타리를 만들어서 가지를 유인한다.

반직립성 · 포복성 나무의 다간형

초여름 6월경

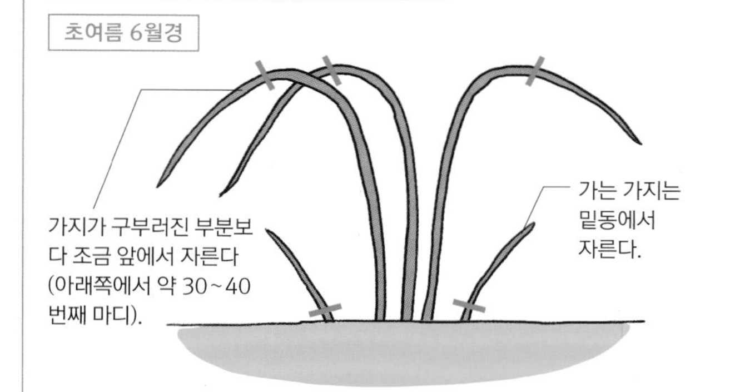

12~3월

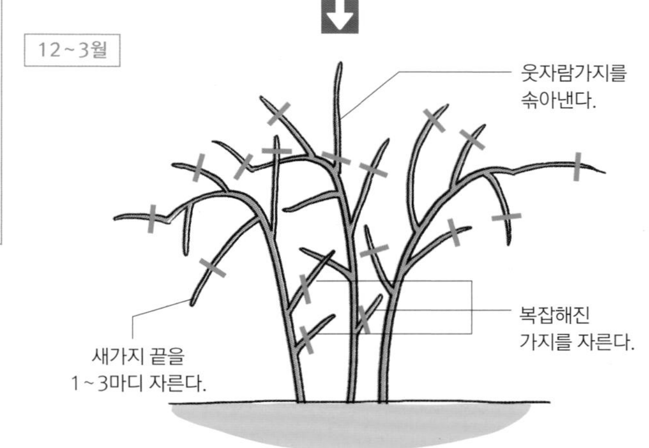

울타리형

받침대를 세워서 가지를 부채모양으로 유인한다.

겨울가지치기

열매가 달린 2년생 가지는 해마다 솎아내고, 그 해에 자란 1년생 가지는 끝을 잘라 유인한다.

01 색깔이 진한 2년생 가지는 솎아낸다.

02 1번 열매가 달린 가지는 더 이상 열매가 달리지 않으므로 밑동에서 자른다.

03 묵은가지를 모두 자른 모습.

04 1년생 가지라도 평행지나 교차지 등의 필요 없는 가지는 자르고, 지나치게 긴 가지도 관리하기 쉽게 정리한다.

05 다음 해에 열매가 달릴 1년생 가지는 끝을 잘라둔다. 블랙베리는 자른 부분이 시들기 쉬우므로 눈과 눈 사이를 자르는 가지치기가 기본이다.

06 방치해두면 가지가 자유분방하게 자라서 열매가 잘 달리지 않으므로, 해마다 가지치기해서 정리하는 것이 좋다.

3 개화 · 꽃가루받이 4월

제꽃가루받이를 하므로 1그루만 있어도 된다. 붓으로 꽃을 문질러서 인공꽃가루받이를 해주면 열매가 잘 달린다.

흰색 또는 핑크색의 청초한 꽃이 초봄에 핀다.

4 여름가지고르기 5월 하순~6월

봄부터 자란 새가지의 끝을 자르면 열매가 잘 달린다.

01 길게 자란 새가지는 끝부분에만 꽃눈이 달리므로 끝을 자르는 것이 좋다.

02 6월경에 가지고르기를 하면 가을까지 새로운 새가지가 나와 꽃눈이 증가한다. 꽃눈은 6~9월에 달린다.

5 수확 7~8월

과일 전체가 붉은색에서 검은색으로 변하면 수확한다.
완전히 익은 뒤에는 상하기 쉬우므로 그때그때 수확하는 것이 좋다.

라즈베리처럼 쉽게 떨어지지 않기 때문에 꼭지 부분을 부드럽게 잡아당겨서 딴다. 잎과 줄기에 가시가 있으므로 주의한다.

병해충 대책

병_ 열매가 익는 시기에 비가 많이 오면 잿빛곰팡이병이 많이 발생한다. 비를 막아주고 과일이 익으면 바로 수확한다.
해충_ 4월과 7월 하순에 부화한 박쥐나방의 유충이 줄기 내부를 갉아먹기 때문에, 나무 밑동 주변의 잡초를 제거하고 부엽토 등으로 덮어두는 것이 좋다.

과일 이용 방법

과일은 날것으로 먹는 방법 외에 주스, 과실주, 과자의 재료로 이용할 수 있다. 수확 후에는 잘 상하므로 냉장, 냉동 보관하거나 잼 등으로 빨리 가공하는 것이 좋다.

컨테이너 재배

1그루만 있어도 열매를 맺는다. 열매가 달린 가지에는 더 이상 열매가 달리지 않으므로 자른다.

컨테이너 재배도 기본적인 방법은 정원에 심을 때와 같다. 겨울에 낙엽이 진 뒤 그 해에 열매가 달린 묵은가지는 솎아낸다. 그 해에 자란 새가지는 다음 해에 열매가 달리도록 끝을 자르고 유인한다. 받침대로 울타리를 만들면 관리하기 쉽다.

POINT

화분 크기

심을 때는 5~8호 화분으로 충분하지만, 2년에 1번은 한 치수 큰 화분으로 옮겨 심는다.

사용하는 흙

적옥토와 부엽토를 1:1로 섞은 용토에 심는다. 12~1월에 유기질배합비료(p.239)를 준다.

물주기

흙 표면이 마르면 물을 듬뿍 준다. 건조 방지를 위해 부엽토나 바크칩(나무껍질)을 흙 표면에 올려둔다.

묘목 심기와 가지치기

2년생 가지는 솎아내고 1년생 가지는 끝을 자른다.

가지치기한 뒤 받침대를 울타리모양(p.157 오른쪽 그림)으로 세워서 가지를 유인하면 좋다.

01 이미 열매가 달린 묵은가지는 밑동에서 자른다.

02 다음 해에 열매가 달릴 새가지는 각 가지의 끝을 잘라둔다.

블루베리

초보자도 좁은 공간에서 재배할 수 있고,
과일에는 눈의 건강을 지켜주는 성분이 풍부하다.

진달래과 | 난이도 | 쉬움

산성 토양을 좋아한다.
열매를 잘 맺게 하려면
2가지 품종 이상 재배한다.

DATA

영어이름 Blueberry
분류 갈잎떨기나무
나무키 1.5~3m(하이부시 계열, 래빗아이 계열)
일조조건 양지~반음지
수확시기 6~9월
자생지 북미
재배적지 전국(북부 하이부시계열) / 제주와 전남, 경남 등 남부지방(남부 하이부시계열과 래빗아이계열)
열매 맺는 기간 2~3년(정원 재배 · 컨테이너 재배)
컨테이너 재배 쉬움(5호 화분 이상)

추천 품종

계열	품종	특징
북부 하이부시계열	웨이마우스	극조생. 열매가 크다. 점토질 토양에서는 잘 자라지 않는다.
	블루타	조생. 직립성. 내한성이 강하다. 아담하게 키울 수 있다.
	얼리블루	조생. 직립성. 내한성이 강하다. 아담하게 키울 수 있다.
	스파르탄	중생. 직립성. 하이부시계열 중에서는 비교적 더위에 강하다. 알갱이가 고르다.
	블루레이	중생. 내한성이 강하다. 슈트가 많이 발생한다.
	블루크롭	중생. 과일이 크다. 슈트가 적게 발생한다. 재배하기 쉽다.
	레이트블루	만생. 직립성. 날것으로 먹기 좋다.
남부 하이부시계열	아본블루	중생. 과일이 보기 좋고 슈트가 많이 발생한다.
	조지아잼	중생. 토양 적응성이 좋다. 아담하게 재배할 수 있다.
	샤프블루	중생. 터지는 열매가 많다. 겨울의 저온요구량이 적다.
	오닐	극조생. 직립성. 달콤하고 좋은 풍미. 드물게 특대 사이즈의 열매가 달린다.
래빗아이계열	우다드	조생. 비교적 알갱이가 크고 향이 좋은 열매가 달린다.
	홈벨	중생. 열매가 작은 편이지만 양이 많다. 재배하기 쉬워서 가장 많이 재배된다.
	블라이트블루	중생. 재배는 쉽지만 열매가 터지거나 슈트가 많이 발생한다.
	티프블루	만생. 래빗아이계열 중에서도 가장 더위에 강하다. 열매가 많이 달리고 오래 보관할 수 있다.
	발드윈	만생. 열매가 잘 달리며 보기 좋다. 수확시기가 길다.

재배력

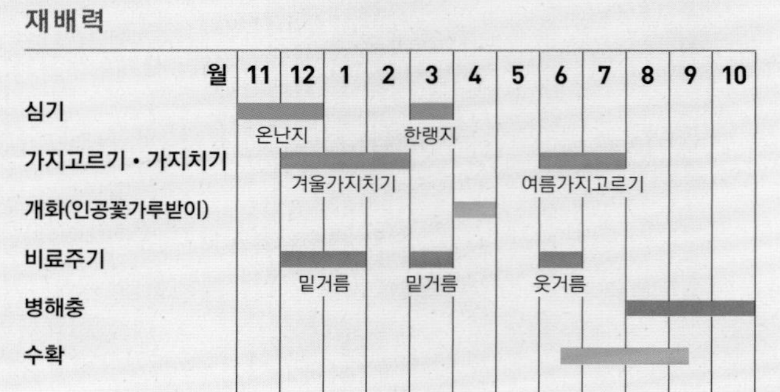

특징

꽃, 열매, 단풍을 모두 함께 즐길 수 있다

북미 원산으로 내한성이 강하며 한국이나 일본에서도 재배하기 좋은 대표적인 베리류이다. 봄에는 하얀 단풍철쭉과 닮은 어여쁜 작은 꽃이 피고, 여름부터 가을 까지 계속해서 열매가 달린다. 가을이면 잎에 아름답게 단풍이 들어 눈을 즐겁게 해주는 등 정원수로 기르기 좋은 나무이다.

햇빛이 잘 드는 장소를 좋아하지만 한여름에 서향 빛이 닿으면 뿌리가 타므로 햇빛을 막을 대책이 필요하다.

품종 선택 방법

같은 계열에서 2가지 품종을 선택해서 심는다

북부 하이부시계열은 여름의 건조하고 더운 기후에 약하므로 시원한 지역에서 재배하기 적합하며, 일반적으로 복숭아나 사과의 재배지와 거의 일치한다. 남부 하이부시계열은 비교적 따듯한 지역에서 재배가 가능하고, 래빗아이계열은 더위에 강하므로 남쪽의 온난한 지역에서도 재배할 수 있다.

블루베리는 1가지 품종만으로는 열매가 달라지 않으므로, 같은 계열의 다른 품종을 2가지 이상 함께 심는다.

1 심기 11~12월 · 3월

잎이 떨어지고 눈이나 뿌리의 성장이 멈추는 가을~겨울에 심는다. 생육기에 심는 경우에는 포트의 흙을 흩트리지 않는다.

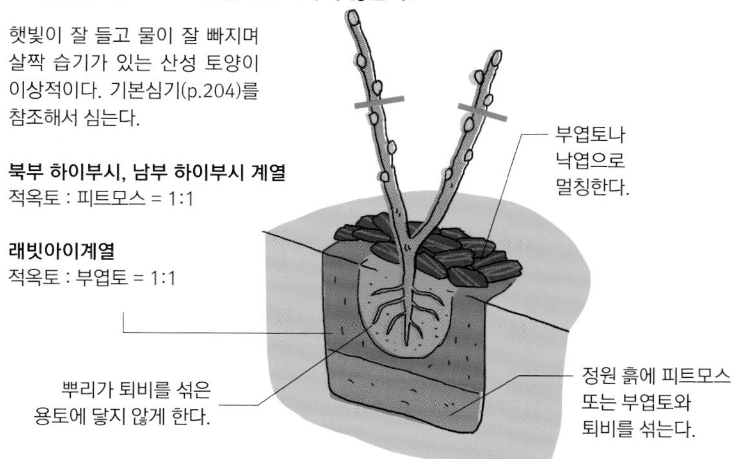

비료주기

밑거름_ 12~1월에 유기질배합비료(p.239)를 1그루당 1kg을 기준으로 준다. 3월에는 화성비료(p.239) 50g을 기준으로 준다.
웃거름_ 유안(황산암모늄)을 6월에 1그루당 50g 기준으로 준다. 6월에 잎 색깔을 보고 옅거나 노란빛을 띠면 웃거름을 준다.

이것이 알고 싶다! >>> 블루베리

Q 정원에 심었는데 열매가 잘 달리지 않는 이유는?

A 몇가지 원인이 있다.

• 단단한 토양에 심은 경우
정원의 단단하고 양분이 없는 땅에 포트 크기 정도로 구덩이를 파고 블루베리를 심으면, 뿌리가 가늘고 부드러운 블루베리가 제대로 성장할 수 없다. 기본심기(p.204)를 참조해서 토양 만들기를 한 뒤 다시 심는다.

• 계열이 다른 품종을 심은 경우
1그루만으로도 열매가 달리는 품종도 있지만, 2그루를 심으면 열매가 더 잘 달린다. 다만 같은 계열을 심는 것이 중요하다. 다른 계열을 2그루 심으면 꽃가루받이가 이루어지지 않으므로, 묘목을 구입할 때 품종을 확실하게 확인한다.

• 토양이 맞지 않는 경우
블루베리는 산성 토양을 좋아하며 특히 하이부시계열은 그런 경향이 두드러진다. 심을 때 피트모스를 용토에 섞어주는 것이 좋다.

• 수분이 부족한 경우
블루베리는 물을 좋아하므로 나무 밑동에 부엽토를 멀칭하는 등 건조하지 않게 관리한다.

• 비료의 밸런스가 안 맞는 경우
블루베리는 유안(유산암모니움) 등의 질소비료를 일반적인 비료와 함께 주면 잘 자라고 열매도 잘 달린다. 3월과 6월에 비료를 줄 때는 다른 비료에 유안을 50g 정도 넣어서 주면 도움이 된다.

2 가지치기 12~3월(겨울가지치기)

심고 나서 1~2년 동안은 꽃눈을 잘라서 나무를 튼튼하게 키운다. 4~5년차부터 좋은 열매를 맺을 수 있도록 가지를 갱신하거나 솎아낸다.

나무모양만들기 주축지(열매가지가 나오는 가지)가 1그루당 4~5개 나오게 하고, 3~5년을 기준으로 그루를 갱신하는 다간형으로 만든다.

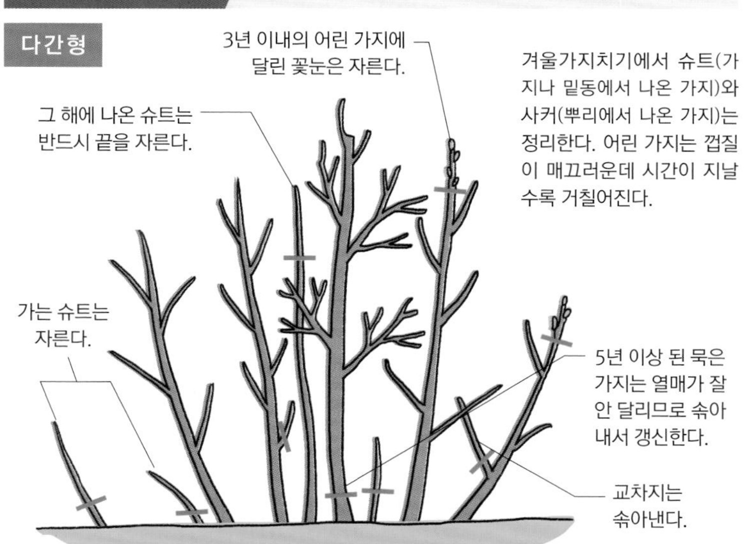

POINT

가지치기로 나무를 튼튼하게 만든다

겨울

꽃눈

여기를 자른다

잎눈

1년 뒤(자른 경우)

1년 뒤(자르지 않은 경우)

열매가 달린 가지는 시든다.

남은 잎눈이 자라서 좋은 열매가지가 된다.

새가지가 많이 자라지 않는다.

열매 맺는 습성

1년생 가지의 끝과 그 아래의 몇 마디에 꽃눈이 달려서 열매가지가 되고, 다음 해 봄에 5~10개의 꽃을 피운다.

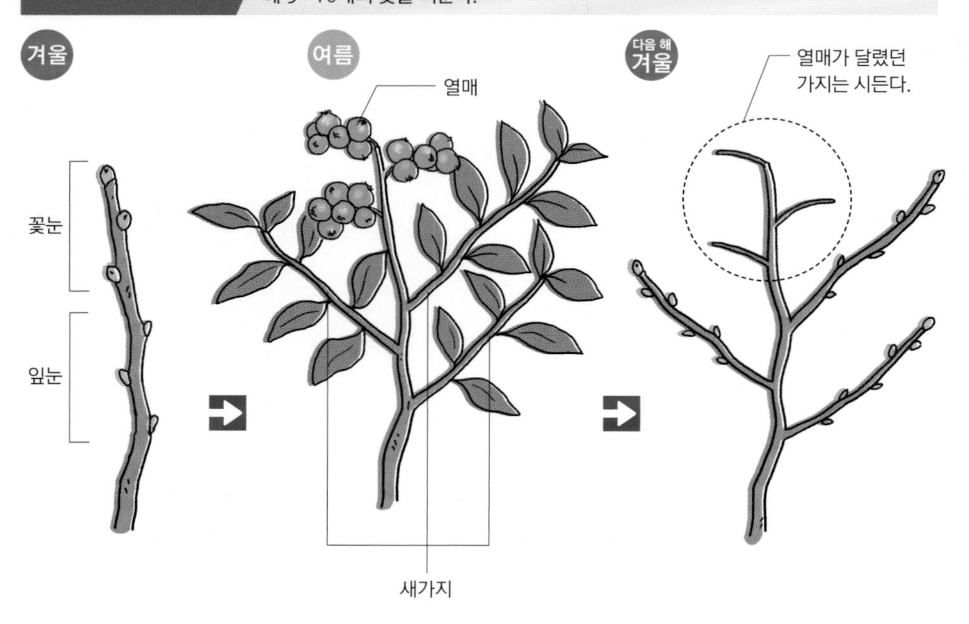

꽃눈 · 잎눈

겨울가지치기

7년생 래빗아이계열의 가지치기 예. 5~6년차에 슈트가 8~10개 정도(하이부시계열은 3~4개)가 되게 가지치기한다. 블루베리의 슈트는 6년이 넘으면 열매가 안 달리므로, 5~6년차에 갱신 가지치기를 하는 것이 좋다.

가는 슈트를 정리하고 남기는 슈트는 끝부분만 자른다. 어린 가지는 꽃눈을 떨어트리고, 자라게 할 가지는 나무가 옆으로 벌어지도록 바깥쪽 눈 위에서 자른다.

내부까지 햇빛이 잘 들도록 전체의 1/3을 가지치기한다.

위에서 본 모습. 360°로 균형을 이루면서 가지가 벌어지도록 가지치기한다.

바깥쪽 눈 위에서 자른다

01 가지에서 자란 1년생 슈트는 전체 높이를 보면서 바깥쪽으로 달린 눈 위에서 자른다.

02 자른 부분보다 아래쪽에 있는 4개 정도의 눈이 잘 자란다.

여기를 자른다

03 마찬가지로 이처럼 어린 슈트도 끝부분의 꽃눈이 달린 부분을 자른다.

04 잘라서 열매가지가 나오게 한다.

가는 슈트를 정리한다

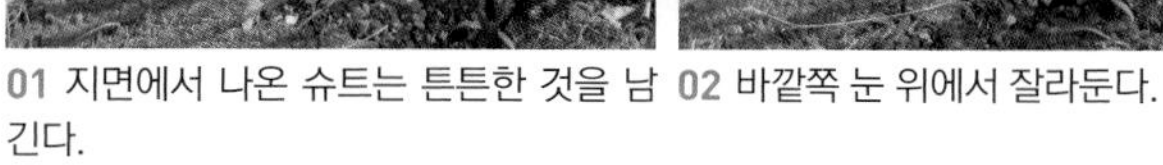

01 지면에서 나온 슈트는 튼튼한 것을 남긴다.

02 바깥쪽 눈 위에서 잘라둔다.

03 지면에서 나온 가는 슈트 4개를 정리한다. 1개 정리.

04 2개 정리.

05 3개 정리.

06 4개 정리.

07 4개의 가는 슈트를 모두 정리한 모습.

복잡해진 가지를 자른다

01 안으로 뻗은 평행지를 자른다.

02 위쪽의 짧은 가지를 가지치기한다.

03 복잡해진 가지는 밖으로 뻗은 가지를 남기고 웃자란 부분을 자른다.

04 나무가 옆으로 퍼지면서 자란다.

POINT

묵은가지 갱신

2~3년 정도 열매가 달린 묵은가지는 기세가 좋은 어린 가지가 있는 곳에서 잘라 갱신하는 것이 좋다. 남길 만한 어린 가지가 없을 때는 5~6년생 가지를 밑동에서 솎아낸다.

왼쪽의 가지는 껍질이 거친 묵은가지.

자르면 오른쪽의 어린 가지에 열매가 잘 달린다.

POINT

끝을 자르면 새가지가 나온다

겨울이나 초여름에 끝을 자를 경우, 겨울이면 다음 해 봄에, 초여름이면 가을에 자른 부분에서 튼튼한 새가지가 나온다. 이 새가지에는 그 다음 해에 꽃눈이 달린다.

POINT

10년 이상 된 나무의 다시심기

심고 나서 30년 정도 지나면 중심의 어미그루가 말라서 나무가 도넛 상태로 자라므로, 10~15년 정도에 나무를 파내서 가운데로 모은 뒤 다시 심는 것이 좋다.

3 개화 · 꽃가루받이 4월

래빗아이계열은 자가결실성이 없으므로 같은 계열의 다른 품종이 필요하다. 하이부시계열도 2가지 품종을 심으면 열매가 더 잘 달린다.

▲ 래빗아이계열의 꽃.

하이부시 ▶ 계열의 꽃. 래빗아이계열보다 조금 크다.

병해충 대책

병_ 특별히 없다.
해충_ 거의 없지만 드물게 왜콩풍뎅이나 쐐기나방의 유충, 주머니나방의 유충이 발생할 때가 있으므로 발견하면 잡아서 제거한다.
기타_ 열매에 색이 들 무렵 참새, 직박구리, 찌르레기 등 새에 의한 피해나, 흰코사향고양이 등에 의한 피해를 당할 수 있으므로, 피해가 심한 경우에는 네트를 씌우는 등 대책을 세운다.

POINT

인공꽃가루받이로 열매 맺는 비율을 Up!

같은 계열의 2가지 품종을 함께 심으면 자연스럽게 꽃가루받이가 이루어지지만, 인공꽃가루받이를 해주면 열매가 더 잘 달린다. 옆에서 보았을 때 암술의 끝이 꽃잎보다 밖으로 나와 있으면 꽃가루받이를 할 때이다.

01 다른 꽃을 딴다.

02 꽃을 따서 손톱 위에 꽃가루를 받는다.

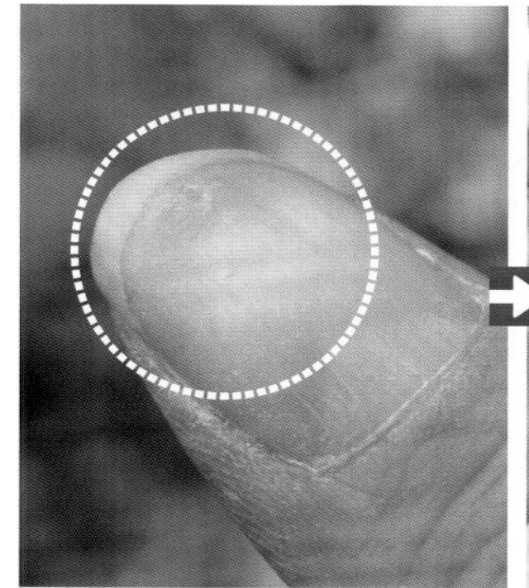

03 꽃가루.

04 다른 품종의 암술에 꽃가루를 묻힌다.

과일 이용 방법

씨가 없고 단맛이 적당해서 날것으로 먹어도 좋고, 그대로 반죽 안에 넣고 과자를 구워도 좋다. 열매를 그대로 냉동보관할 수도 있다. 잼이나 시럽, 과실주로 가공해도 좋다.

블루베리 잼

[만드는 방법]

01 냄비에 블루베리를 넣고 포크 등으로 으깬 뒤, 블루베리 무게의 30~40% 정도 분량의 설탕을 섞어서 물이 생길 때까지 잠시 둔다.

02 얇게 썬 레몬을 1장 넣고 중불로 끓인다. 타지 않도록 잘 저어주면서 졸인다. 탄력이 생기고 걸쭉해지면 완성.

4 여름가지고르기 6~7월

6월경 기세 좋게 자란 새가지를 자르면, 가을까지 가지가 갈라져서 튼튼한 새가지가 나온다.

케이스1

20~30㎝ 이상 자란 새가지는 끝을 잘라서 튼실한 열매가지가 나오게 한다.

케이스2

눈의 위치를 확인하면서 바깥쪽으로 자라도록 끝을 자른다. 이렇게 하면 나무모양이 흐트러지지 않는다.

5 수확 6월 중순~9월 상순

열매뿐 아니라 열매자루도 붉은 자주색이 되면 살짝 잡고 딴다.

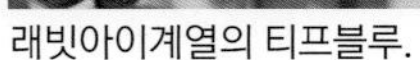

래빗아이계열의 티프블루.

익은 열매부터 수확한다.

왼쪽의 열매가 없는 열매자루처럼, 자루 아랫부분이 열매와 같은 색이 되면 수확한다.

컨테이너 재배

1화분에 1품종씩, 2개의 화분으로 재배하는 것이 좋다

블루베리는 컨테이너에서도 재배하기 쉬워서 처음 과일나무를 재배하는 사람에게도 추천하는 나무이다. 기본적인 관리방법은 정원에 심을 때와 같지만, 묘목은 3월경에 심는 것이 가장 좋다. 같은 계열 중에서 2가지 품종을 골라 재배한다.

정원 재배와 마찬가지로 단간형을 추천하지만 개심자연형이나 변칙주간형(p.217)으로 만들어도 좋다.

장마가 끝난 뒤에는 고온과 강한 햇빛을 피해서 서향 빛이 닿지 않는 장소로 옮기거나 햇빛을 차단해서 키운다.

POINT

화분 크기

5~6호 화분에 심고 2년에 1번은 한 치수 큰 화분에 옮겨 심는다.

사용하는 흙

래빗아이계열은 적옥토와 부엽토를 1:1로 섞은 용토에, 하이부시계열은 적옥토와 피트모스를 1:1로 섞은 용토에 심는다.

물주기

블루베리는 물을 좋아한다. 건조하면 잘 자라지 않으므로 흙의 표면이 마르면 물을 듬뿍 준다. 물이 부족하지 않도록 주의한다.

묘목 심기와 가지치기

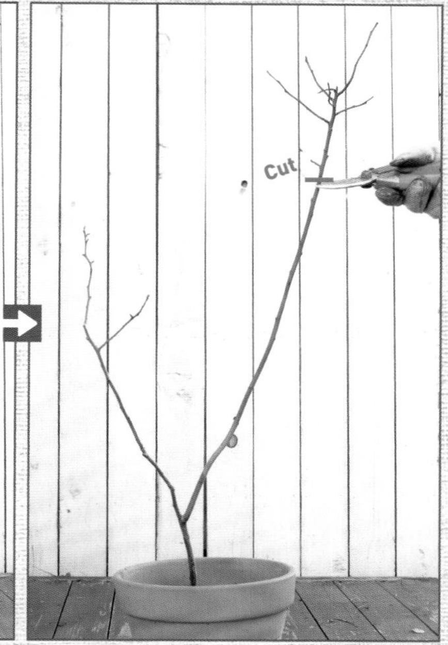

01 하이부시계열의 3년생 묘목. 30㎝ 이상 자란 가지를 가지치기하지 않아서 끝에 가지가 달린 잘못된 예. 어린나무이므로 지금 잘라도 괜찮다.

02 오른쪽 가지는 바깥쪽 눈 위에서 자른다.

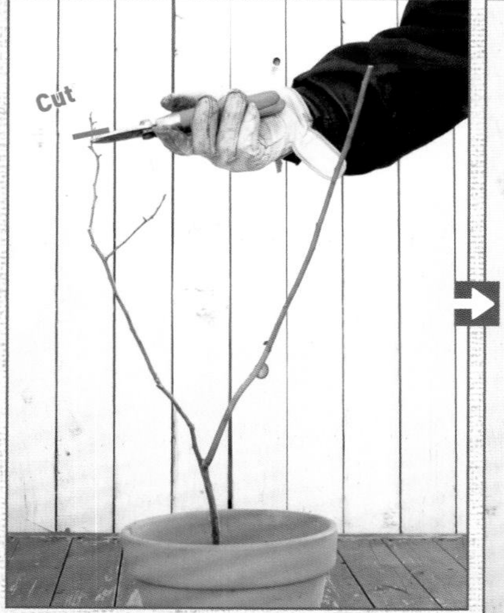

03 왼쪽 가지도 끝쪽의 꽃눈을 자르면 완성.

이것이 알고 싶다! >>> 블루베리

Q 여름에 블루베리가 말라버렸다면?

A 여름에는 아침저녁으로 물을 2번씩 준다.

블루베리는 건조에 약하므로 여름에 말라버리는 경우가 많다. 특히 어린나무는 건조에 약하므로 주의해야 한다. 여름에는 1일 2번 아침저녁으로, 또는 아침과 밤에 물을 듬뿍 준다.

Q 1개의 컨테이너에 2가지 품종을 심어도 될까?

A 1개의 화분에 1그루만 심는 것이 원칙!

모아심기를 하면 토양적응 관계에서 반드시 어느 한쪽이 크게 자라게 되므로, 1화분 1그루가 기본이다. 그래도 1개의 화분으로 키우고 싶다면 가운데를 확실하게 막아서 흙을 나눈다.

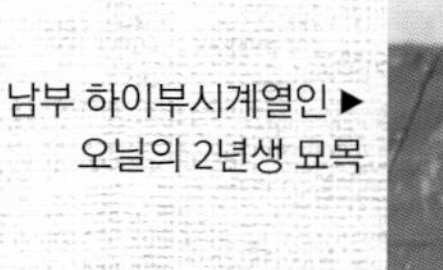

남부 하이부시계열인 ▶
오닐의 2년생 묘목

준베리

이름처럼 6월에 짙은 붉은색 열매를 맺는다.
재배하기 쉽고 정원수로도 좋다.

장미과 | **난이도** 쉬움

여름의 건조와 서향 빛으로 인해 뿌리가 타지 않도록 주의한다. 물을 듬뿍 주면 열매가 잘 달린다.

DATA

영어이름 Juneberry	분류 갈잎떨기나무
나무키 2~3m	자생지 북미
일조조건 반음지	수확시기 5~6월

열매 맺는 기간 3~4년(정원 재배) / 2~3년(컨테이너 재배)
컨테이너 재배 쉬움(7호 화분 이상)

추천 품종

품종	특징
스노플레이크	나무자람새가 강하지 않고 빗자루 형태의 나무모양이 된다. 재배하기 쉽다.
넬슨	열매가 크고 달다. 재배하기 쉽다.
오벨리스크	열매가 크다. 더위, 병해충에 강하다.
아메란치어 알니포리아	왜성이므로 아담하게 키울 수 있다. 재배하기 쉽다.
오텀 브릴리언스	직립성. 열매는 작은 편. 단풍이 아름답다.

벚꽃을 닮은 귀여운 꽃이 4~5월에 핀다.

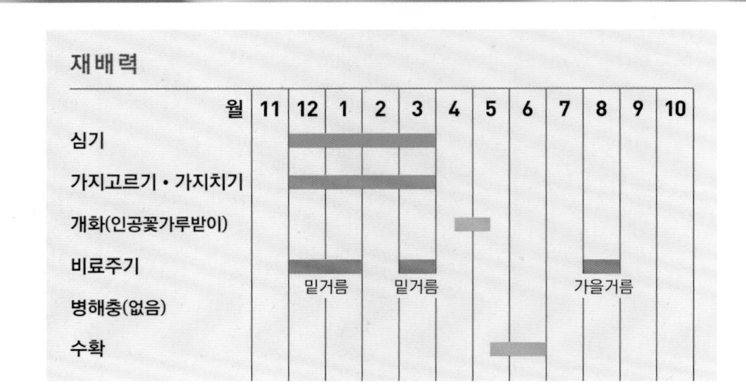

재배력

월	11	12	1	2	3	4	5	6	7	8	9	10
심기		●	●	●	●							
가지고르기 • 가지치기		●	●	●	●							
개화(인공꽃가루받이)						●	●					
비료주기		● 밑거름	●		● 밑거름					● 가을거름		
병해충(없음)												
수확							●	●				

특징

정원수로 알맞은 재배하기 쉬운 과일나무

나무키가 높은 편이므로 화분 재배보다는 정원 재배가 좋다. 봄에는 벚꽃을 닮은 하얀 꽃이 피고, 6월에는 열매가 달리며, 가을에는 단풍을 즐길 수 있고, 더위와 추위에 모두 강해서 정원의 심벌트리로도 안성맞춤인 과일나무이다.

다른 베리류보다 수확시기가 조금 빨라서 5월 하순~6월에 걸쳐 붉은색 열매가 달린다. 과육이 부드러워지면 따고, 빨리 상하므로 바로 먹거나 가공한다.

품종 선택 방법

나무자람새나 단풍을 보고 선택

미국에는 여러 가지 품종이 있지만 일본이나 한국에 도입된 것은 별로 없다. 정원수로 「채진목」이라는 이름으로 판매되기도 한다.

묘목은 봄~가을에 유통되므로 가지가 두껍고 튼튼한 것을 선택한다. 5~6년차부터 수확량이 많아지므로 구입할 때 몇 년생 묘목인지 확인한다. 1그루만 있어도 열매가 달리는 자가결실성이 있다.

1 심기 12~3월

건조를 싫어하므로 서향 빛이 비치는 장소는 피한다. 햇빛이 잘 드는 장소나 반음지에 심는다.

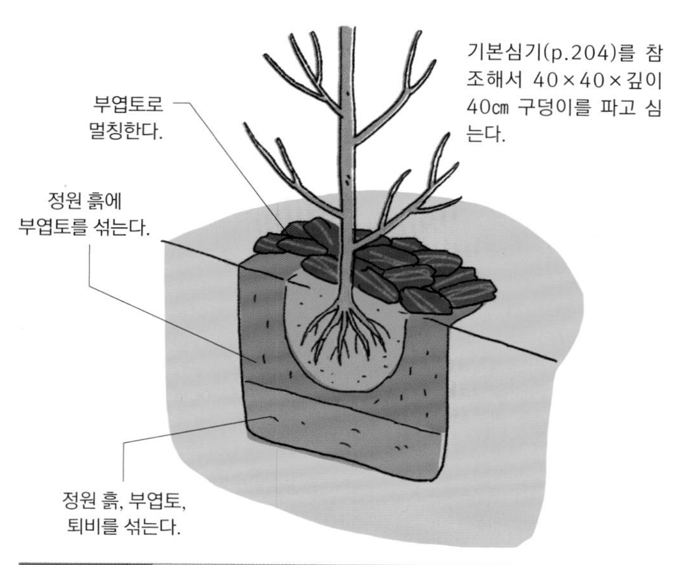

비료주기

밑거름_ 12~1월에 유기질배합비료(p.239) 700g을 기준으로 준다. 3월에는 화성비료(p.239) 50g을 기준으로 준다.

가을거름_ 8월에 화성비료 20g을 가을거름으로 준다.

2 가지치기 12~3월

다간형이지만 방치하면 크게 자라서 복잡해지므로 가지치기로 나무 모양을 잘 정리한다.

열매 맺는 습성

1년생 가지 끝에 있는 2~3개의 눈이 혼합꽃눈이 되고, 다음 해 봄에 여기에서 자란 새가지의 아래쪽에 꽃송이가 달리고 열매가 된다.

나무모양만들기

다간형이나 주간형으로 만든다. 심벌트리로 심는 경우에는 변칙주간형이 좋다.

다간형

움돋이가 많이 나오므로 다간형으로 구성하면 아담하게 관리할 수 있다.

꽃눈·잎눈

봄에 자란 눈. 끝부분 가까이에 있는 눈에서 잎과 꽃이 모두 나온다.

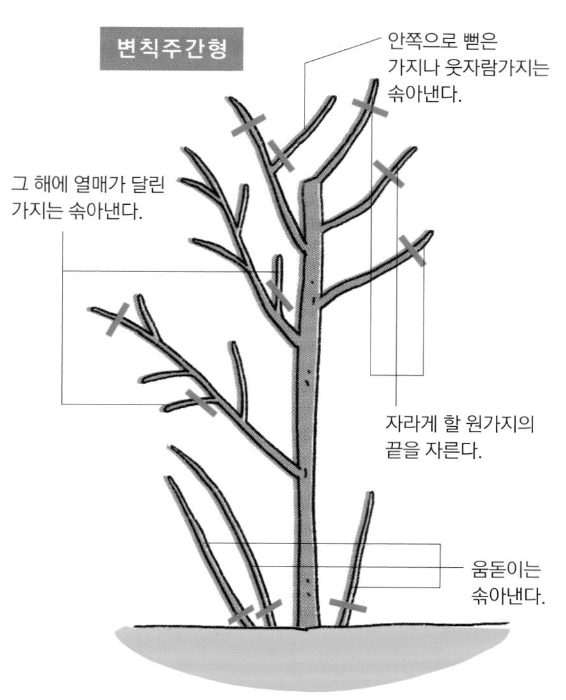

겨울가지치기

복잡해진 부분이나 필요 없는 가지를 솎아내는 가지치기 중심으로 작업한다.
여기서는 3년 정도 가지치기를 하지 않은 7년생 준베리의 나무모양을 정리하는 가지치기를 소개한다.

01 기본은 복잡해진 부분의 필요 없는 가지를 정리하는 것이다.

02 웃자람가지를 자른다. 4개가 있으므로 전체적인 균형이 맞게 1개를 남긴다.

03 오른쪽의 웃자람가지를 자른다. 그리고 왼쪽에 있는 2개의 웃자람가지도 자른다.

04 웃자람가지를 정리한 모습.

05 바퀴살가지를 자른다. 바깥을 향해 자라는 1개를 남긴다.

06 2개의 웃자람가지와 왼쪽의 가지, 모두 3개를 솎아내는 가지치기를 한다.

07 1개를 남긴 모습.

08 교차지를 자른다.

09 안쪽으로 뻗은 가지와 웃자람가지를 자른다.

10 벌어지는 방향으로 1개의 가지를 남긴 모습.

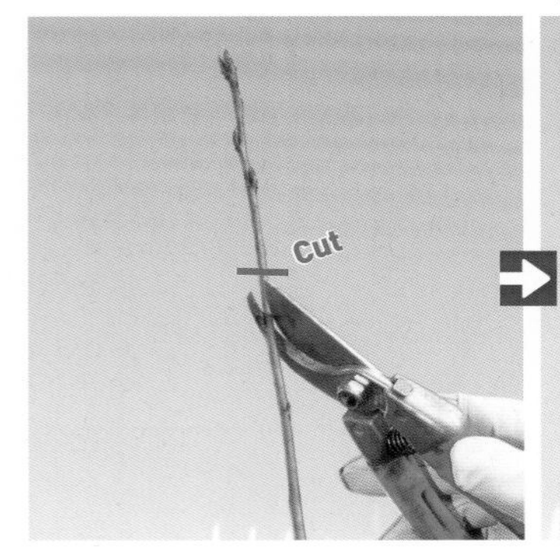

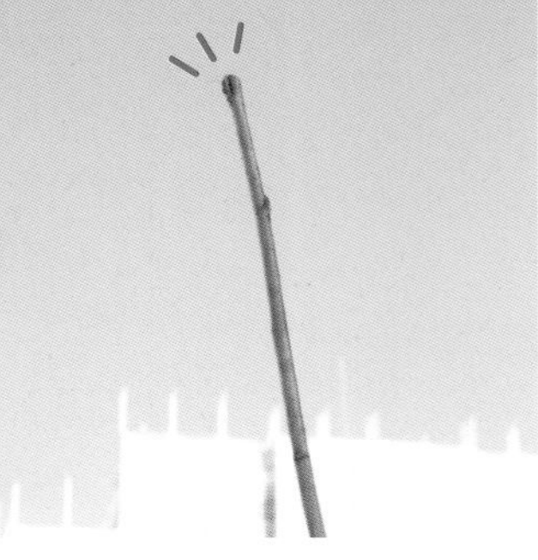

11 남기는 가지는 끝을 잘라둔다.

12 마찬가지로 다른 필요 없는 가지를 정리하고, 30㎝ 이상 되는 가지는 끝을 잘라서 완성한다.

3 개화 · 꽃가루받이 4~5월

4월경에 흰 꽃을 피운다. 자가결실성이 있으므로 인공꽃가루받이는 필요 없다.

봄에 귀여운 꽃이 핀다. 인공꽃가루받이는 필요 없지만, 비가 많이 오거나 곤충이 적으면 열매가 잘 달리지 않으므로 붓으로 문질러서 꽃가루받이를 시키는 것이 좋다.

▲ 꽃이 핀 뒤에는 녹색의 어린 열매가 달린다.

▲ 열매는 송이로 달린다.

병해충 대책

특별히 문제 되는 병해충은 없다. 더위나 추위에 강하고 튼튼하므로 가정용 과일나무로 적합하다.

과일 이용 방법

씨앗이 있고 껍질이 조금 단단하므로, 가열해서 씨앗과 껍질을 걸러내고 잼이나 소스 등으로 가공한다. 과실주를 담가도 좋다.

4 수확 5~6월

다른 베리류보다 조금 빠르게, 장마철에 열매에 색이 든다. 붉은색에서 짙은 붉은색으로 변하면 수확한다.

익은 것부터 손으로 따서 수확한다.

컨테이너 재배

더위와 추위에 강하지만 여름에는 건조에 약하다. 화분에 심을 경우 서향 빛이 드는 장소에 두면 안 된다. 또한 화분의 열에 의해 뿌리가 타는 경우도 있으므로, 흰색 화분을 사용하거나 화분에 흰 페인트를 칠해서 화분 속 온도를 낮춘다. 나무키가 큰 편이므로 원래는 정원에 심는 것이 좋지만, 화분에 심을 경우에는 다간형으로 만든다.

POINT

화분 크기

포트묘보다 1~2호 큰 사이즈의 화분을 준비한다. 2년에 1번 옮겨 심는다.

사용하는 흙

적옥토와 부엽토를 1:1로 섞는다. 피트모스를 첨가해도 좋다. 12~1월과 7월에 유기질 배합비료(p.239)를 준다.

물주기

건조를 싫어하므로 봄과 가을은 1일 1번, 겨울은 3~5일에 1번, 여름은 아침저녁으로 2번 물을 준다.

움돋이가 많이 나오는 편이므로 다간형으로 아담하게 구성하는 것이 좋다. 변칙주간형도 OK.

커런트·구스베리

유럽이나 미국에서는 대중적인 가정재배용 베리류.
작고 동그란 보석같은 열매가 사랑스럽다.

범의귀과 | 난이도 쉬움

서늘한 기후를 좋아한다. 물이 심하게 안 빠지는 장소만 아니라면 토양은 가리지 않는다.

DATA

영어이름 Currant, Gooseberry
분류 갈잎작은떨기나무
나무키 1~1.5m
자생지 유럽 서북부, 아시아 동북부
일조조건 반음지~음지
수확시기 6~7월
열매 맺는 기간 3~4년(정원 재배) / 2~3년(컨테이너 재배)
컨테이너 재배 쉬움(5호 화분 이상)

추천 품종

	품종	특징
커런트	런던 마켓	레드 커런트. 열매가 많이 달린다. 슈트가 많이 발생한다.
	레드 레이크	레드 커런트. 신맛이 강한 편이고 농후한 맛.
	보스콥 자이언트	블랙 커런트. 독특한 향이 있는 열매가 특징. 내서성이 강하다.
	화이트 더치	화이트 커런트. 연한 분홍색의 커다란 열매가 많이 달린다.
구스베리	오레곤 챔피언	미국계. 내서성이 강하다. 흰가루병에 강하다.
	글렌달	미국계. 내서성이 있다. 붉은 자주색 열매가 특징.
	적실대옥	유럽계. 내서성이 약하고 흰가루병에 약하다.

재배력

특징

유럽에서는 대중적인 아름다운 베리류

커런트는 까치밥나무 종류로 붉은색, 흰색, 검은색 열매가 있으며, 검은색 커런트는 「카시스」라고도 한다. 포도처럼 송이모양으로 아름다운 열매가 달리므로 관상용으로도 인기가 있다.

구스베리는 희미하게 세로무늬가 있는 녹색과 팥색의 열매가 달린다. 서양까치밥나무라고도 한다. 커런트와 구스베리 모두 내한성이 강하고 여름에 서늘한 기후를 좋아한다.

품종 선택 방법

1그루만 있어도 OK! 기후에 맞는 품종을 선택한다

커런트는 품종명을 표시하지 않고 판매하는 경우가 대부분이지만 우량품종이 많이 있다. 레드 커런트 중에서는 「런던 마켓」 품종을 추천한다.

구스베리는 크게 유럽계와 미국계로 나뉘는데, 유럽계는 여름의 고온에 약하므로 온난지에서는 화분에 심는다. 기온이 높은 지역에서는 내서성이 있는 미국계가 적합하다.

커런트와 구스베리 모두 1그루만 있어도 열매가 달린다.

1 심기 11월(온난지) 3월(한랭지)

기본심기(p.204)를 참조해서 심는다. 반음지를 좋아하므로 정원에서는 큰 나무 밑 등에 심으면 좋다.

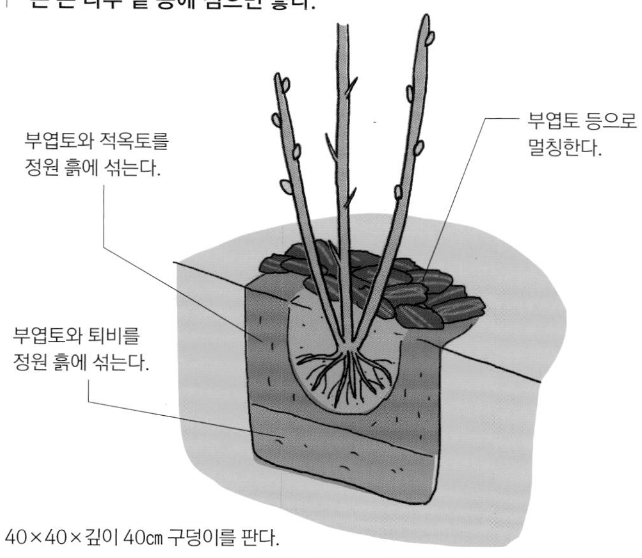

40×40×깊이 40㎝ 구덩이를 판다.

비료주기

밑거름_ 12~1월에 유기질배합비료(p.239) 1그루당 700g을 기준으로 준다. 3월에는 화성비료(p.239) 80g을 기준으로 준다.
가을거름_ 9월에 화성비료 40g을 기준으로 준다.

나무모양만들기

덤불형 떨기나무이므로 다간형으로 만드는 것이 좋다. 가는 가지나 복잡해진 가지를 솎아낸다.

다간형

2 가지치기 12~2월

지하줄기가 중앙에서 주변으로 뻗어간다. 가지 수가 늘어나면 영양분이 분산되므로 많이 늘리지 않는다.

열매 맺는 습성

1년생 가지의 잎겨드랑이에 꽃눈이 달리고, 다음 해 봄에 개화한다. 꽃눈은 잎눈보다 크고 둥근 것이 특징.

커런트

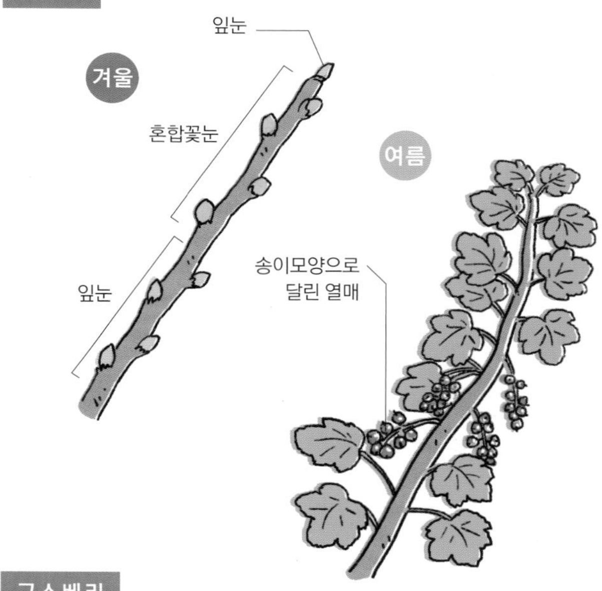

구스베리

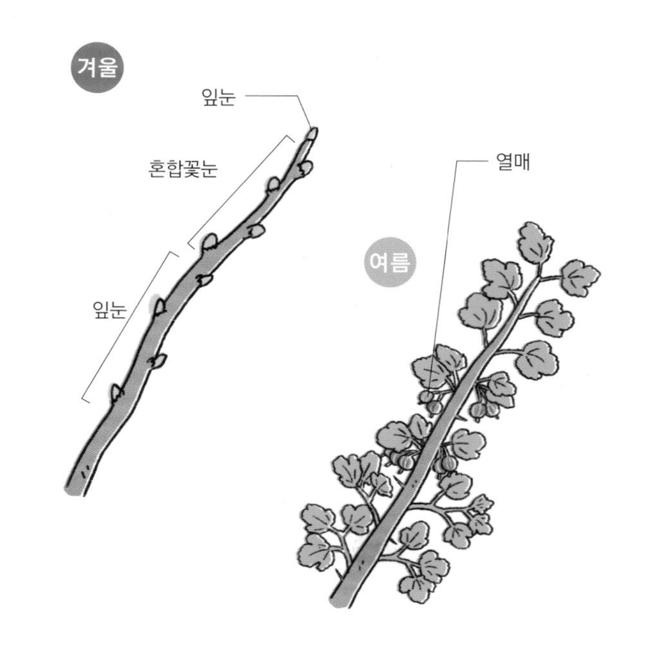

겨울가지치기

슈트는 3~4년째에 짧게 잘라서 갱신하거나, 밑동에서 솎아내서 새로운 슈트가 자랄 공간을 만든다. 가지 끝이 말라 있는 것은 끝을 자르는 것이 좋다. 레드 커런트의 가지치기 예.

01 커런트는 끝에 꽃눈이 달리므로 너무 많이 자르지 않도록 주의한다.

02 끝에 달린 꽃눈.

03 1개가 쭉 뻗어 있는 것은 1년생 가지. 왼쪽의 곁가지가 나와 있는 것은 2년생 가지.

04 1년생과 2년생 가지는 복잡해진 부분만 솎아낸다.

05 자른 모습.

06 3년생 가지는 짧게 잘라서 갱신한다.

07 자른 모습.

08 1년생 슈트와 부딪칠 것 같은 3년생 슈트를 가지치기한다.

09 자른 모습.

10 복잡해진 부분을 정리하면 끝.

3 개화·수확 3~4월(개화) / 6~7월(수확)

제꽃가루받이가 가능하므로 다른 품종을 심거나 인공꽃가루받이를 해줄 필요는 없다. 익어서 색이 들면 수확한다.

커런트류는 송이 전체에 색이 들면 손으로 따서 수확한다. 왼쪽이 레드 커런트 오른쪽이 화이트 커런트.

▼ 구스베리는 손으로 만져봐서 살짝 부드럽게 익었으면 잡아 당겨서 수확한다.

병해충 대책

병_ 걱정할 것이 별로 없으나 점무늬병이나 흰가루병이 발생하는 경우가 있으므로, 곰팡이를 발견하면 바로 제거한다.
해충_ 깍지벌레나 잎응애가 발생하는 경우가 있으므로 발견하면 제거한다.

과일 이용 방법

구스베리는 날것으로 먹어도 좋지만 커런트는 껍질이 입에 남기 때문에 가열해서 이용한다. 잼, 소스, 과실주, 과자의 재료로 이용한다. 수확 후에는 상하기 쉬우므로 냉장, 냉동 보관하면 좋다.

컨테이너 재배 반음지에서도 잘 자라기 때문에 초보자에게 적합한 과일나무

컨테이너에서 재배해도 잘 자라고, 반음지에서도 잘 자라므로 베란다 재배에 적합하다. 관리방법은 기본적으로 정원에 심을 때와 같다. 컨테이너로 키울 때도 다간형이 좋고, 여름에는 오후의 서향 빛이 닿지 않는 곳으로 이동시킨다.

POINT

화분 크기

5~6호 화분에 심는다. 2~3년에 1번은 한 치수 위의 화분으로 옮겨 심는다.

사용하는 흙

적옥토와 부엽토, 흑토를 1:1:1로 섞은 용토에 심는다. 12~1월에 유기질배합비료(p.239)를 준다. 수확 후 8월에는 가을거름으로 화성비료(p.239)를 준다.

물주기

건조에 약하므로 흙이 건조해지면 물을 듬뿍 준다. 항상 적당히 습한 환경을 유지하고, 여름에는 아침저녁으로 2번 물을 준다.

묘목 심기와 가지치기

Before

구스베리 3년생 묘목

After

교차지만 가지치기해서 다간형으로 재배한다.

크랜베리

붉은색 열매와 두루미(크랜) 모양의 꽃을 즐길 수 있는,
화분 재배에 적합한 아담한 과일나무.

진달래과 **난이도** 쉬움

재배 포인트 **항상 습한 반음지를 좋아한다. 여름의 서향 빛과 물 부족에 주의하면 잘 자란다.**

DATA

영어이름 Cranberry
분류 늘푸른작은떨기나무
나무키 30㎝ 정도
자생지 북반구 북부
일조조건 반음지
수확시기 9~11월
열매 맺는 기간 2~3년(정원 재배 · 컨테이너 재배)
컨테이너 재배 쉬움(5호 화분 이상)

재배력

월	11	12	1	2	3	4	5	6	7	8	9	10
심기	■ 온난지				■ 한랭지							
가지고르기 • 가지치기							■					
개화(인공꽃가루받이)							■	■				
비료주기		■ 밑거름	■		■ 밑거름							■ 가을거름
병해충						■	■	■	■			
수확	■										■	■

특징

꽃과 열매를 즐길 수 있는 아담한 과일나무

고산성인 월귤과 같은 종류로 블루베리에 가까운 과일나무이다. 미국에서는 가을의 추수감사절이나 크리스마스에 별식으로 칠면조요리와 크랜베리 소스가 빠지지 않는다.

나무키가 낮고 옆으로 기듯이 자라는 성질이 있으므로 여러 종류를 모아서 심을 때도 좋다. 가을에는 단풍이 들고, 귀여운 꽃과 열매를 즐길 수 있어서 정원에 심기 좋은 나무이다.

품종 선택 방법

나무자람새나 단풍 색깔 등을 기준으로 선택한다

튼튼하고 열매가 잘 달리는 외국 품종이 몇 가지 있지만, 한국이나 일본에서는 단순히 「크랜베리」라는 이름으로 판매되는 경우가 대부분이다. 가지 끝이 말라 있는 것은 피하고 두꺼운 가지가 몇 개 정도 나와 있는 것, 잎에 광택이 있는 것을 선택한다.

제꽃가루받이가 가능하므로 1그루만 있어도 된다. 다른 품종을 함께 심을 필요는 없다.

가을이 되면 단풍이 들지만
잎이 떨어지지 않고,
봄이 되면 다시 녹색이 된다.

1 심기 11월(온난지) / 3월(한랭지)

물이 잘 빠지는 토양을 좋아하지만 건조에 약하므로 습한 장소가 적합하다. 햇빛이 잘 들고 여름에도 바람이 잘 통하는 장소에 심는다.

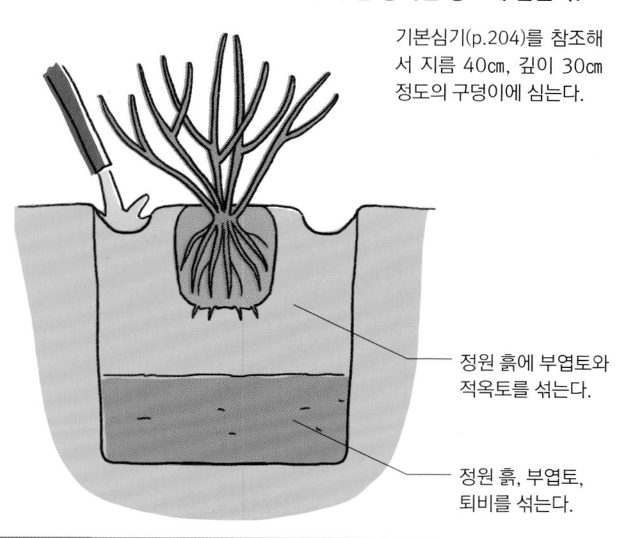

비료주기

밑거름_ 12~1월에 유기질배합비료(p.239) 700g을 기준으로 주고, 3월에는 화성비료(p.239) 70g을 기준으로 준다.
가을거름_ 10월에 화성비료 40g을 가을거름으로 준다.

2 가지치기 5월

복잡해진 가지를 밑동에서 솎아낸다. 가지 끝에 꽃눈이 달려 있으므로 끝을 깎지 않는다.

열매 맺는 습성

1년생 가지 끝의 눈이 꽃눈이 되고, 다음 해 봄에 자라서 아래쪽에 꽃자루를 만들고, 초여름에 꽃이 핀다.

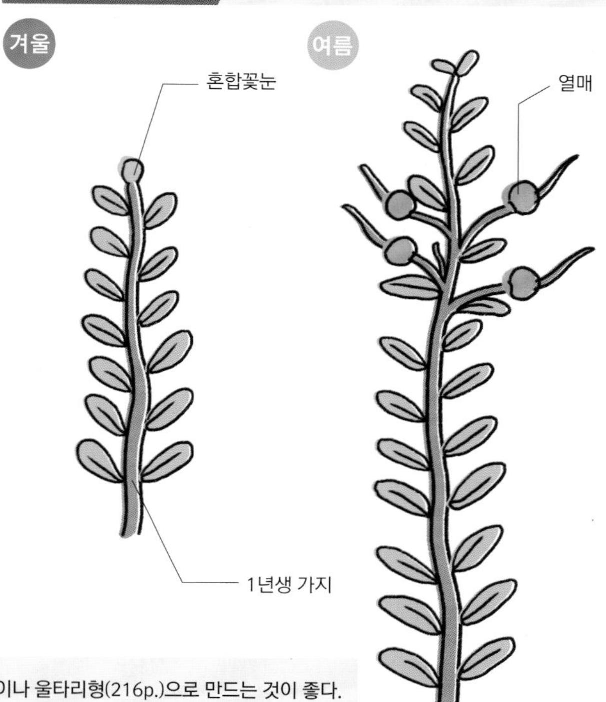

나무모양만들기

가지에서 곁가지가 나와 옆으로 벌어지기 쉬우므로, 다간형이나 울타리형(216p.)으로 만드는 것이 좋다.

다간형

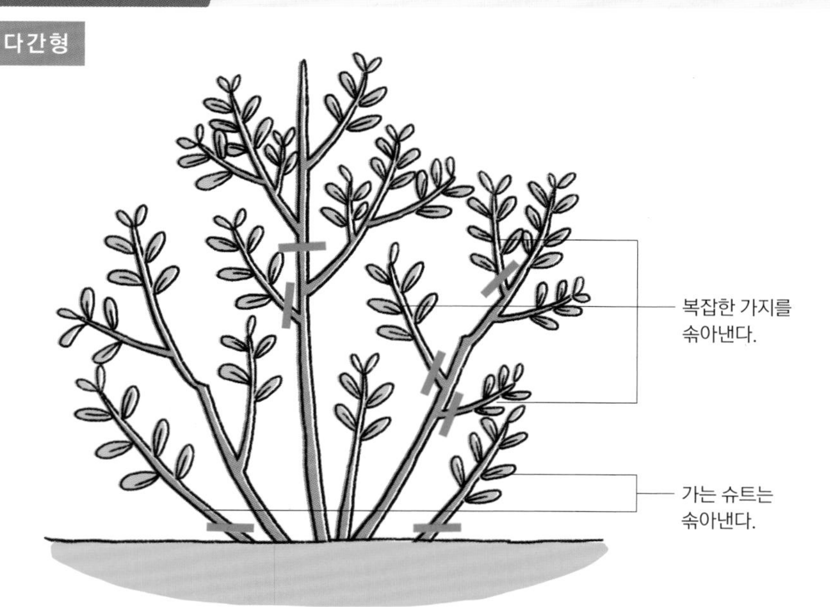

지나치게 길게 자란 가지는 자르고 복잡한 부분은 솎아낸다.

병해충 대책

병_ 특별히 문제가 되는 병은 없으며 재배하기 쉽다.
해충_ 잎말이나방류, 잎응애, 깍지벌레 등에 주의하고 발견하면 제거한다.

과일 이용 방법

과일은 날것으로 먹는 방법 외에 주스, 과실주, 과자의 재료로 이용할 수 있다. 수확 후에는 상하기 쉬우므로 냉장, 냉동보관하거나, 잼 등으로 빨리 가공하는 것이 좋다.

3 개화·수확 5~6월(개화) 9월 중순~11월 상순(수확)

이름의 유래가 된 크랜(두루미)을 닮은 연한 복숭아색 꽃을 피운다. 1그루만 있어도 꽃가루받이가 가능하므로 기본적으로 인공꽃가루받이는 필요 없다.

▲붓 등으로 꽃을 문질러서 꽃가루받이를 시키면 열매가 좀 더 잘 달린다.

녹색 열매가 ▶ 빨갛게 익으면 손으로 따서 수확한다.

컨테이너 재배

아담하게 키울 수 있으므로 컨테이너 재배에 적합하다

크랜베리는 아담하게 키울 수 있어 컨테이너 재배에 적합하다. 건조에 약하므로 수분을 관리하기 쉬운 화분에 심으면 잘 키울 수 있다. 내한성은 있지만 더위에는 약하므로 땅의 온도가 상승할 때 주의해야 한다. 여름에는 멀칭을 하고 서향 빛이 닿지 않는 장소에 둔다.

번식력이 강하므로 포기나누기나 휘묻이(p.247)로 번식시킬 수 있다.

POINT

화분 크기

5~7호 화분에 심는다, 나무가 크게 자라면 한 치수 큰 화분으로 옮겨 심거나 포기나누기한다.

사용하는 흙

산성 흙을 좋아하므로 적옥토, 피트모스, 부엽토를 4:3:3으로 섞은 용토에 심는다.

물주기

항상 흙이 습하도록 봄과 가을에는 1일 1번, 겨울에는 3~5일에 1번, 여름에는 아침저녁으로 2번 물을 준다.

묘목 심기와 가지치기

Before

크랜베리는 건조에 약하므로 포트에서 빼낸 뒤, 뿌리분을 물이끼로 감싸서 심는 것이 좋다.

After

길게 자란 끝부분만 가지치기한다. 높이가 있는 컨테이너 등에 심어서 가지를 늘어뜨리게 만들 때는, 끝을 아주 조금만 자르면 된다.

이것이 알고 싶다! >>> 크랜베리

Q 열매가 많이 달리지 않을 때는?

A 1년 내내 실외에서 재배한다.

밝은 창가 등 실내에서 재배하는 사람도 많지만 크랜베리는 겨울에 저온을 겪지 않으면 꽃눈이 달리지 않는다. 겨울에도 실외에 두고 자연적인 기온 변화를 겪게 하면 꽃눈이 달린다.

PART 04

열대 과일나무

남국의 분위기가 물씬 느껴지는 열대 과수.
최근에는 다양한 품종의 묘목을 구할 수 있게 되었다.
재배할 때 가장 중요한 것은 온도관리이며, 겨울에는 저온에 대비해야 한다.

구아버·스트로베리 구아버

꽃과 잎이 아름다워서
관상용으로도 인기가 높다.

도금양과 | 난이도 보통

따듯한 장소에서 물을 듬뿍 주고, 열매가 달리면 솎아서 열매를 크게 키운다.

DATA

영어이름 Guava, Strawberry Guava
나무키 2m
일조조건 양지
수확시기 9~10월
열매 맺는 기간 2~3년(컨테이너 재배)
컨테이너 재배 쉬움(10호 화분 이상)
분류 늘푸른작은큰키나무
자생지 열대 아메리카

재배력

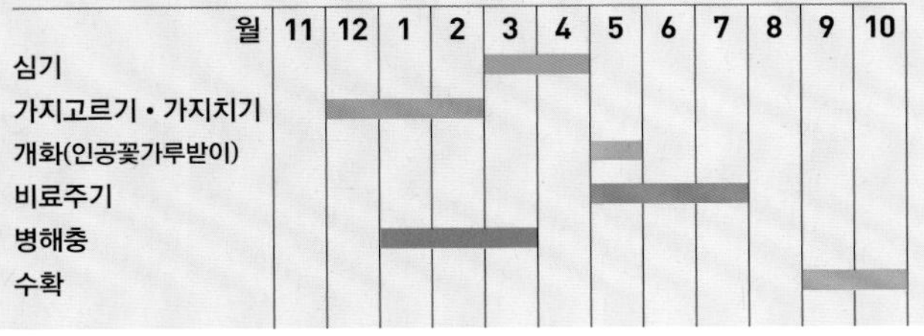

월	11	12	1	2	3	4	5	6	7	8	9	10
심기					●	●						
가지고르기·가지치기		●	●	●								
개화(인공꽃가루받이)							●					
비료주기							●	●	●			
병해충			●	●	●							
수확											●	●

특징

열매와 잎을 모두 활용할 수 있다

고온다습한 환경을 좋아하므로 방한대책과 물주기에 신경 써야 한다. 과일은 공모양, 달걀모양, 서양배모양 등이 있으며, 익으면 황백색이 된다. 잎에 탄닌이 함유되어 녹차 대용으로 사용할 수 있다.

스트로베리 구아버는 빨간 열매로 딸기와 비슷한 풍미가 있다. 구아버보다 내한성이 강하므로 일본의 경우 관동 이남에서는 정원 재배가 가능하다. 잎도 광택이 있고 아름다워서 관상용으로도 좋다.

품종 선택과 재배 포인트

스트로베리 구아버가 추위에 강하다

열대 아시아 원산의 「구아버」와 브라질 원산의 「스트로베리 구아버」 등이 있으며 일본의 경우 정원 재배가 가능한 지역도 있지만, 한국은 화분 재배하는 것이 안전하다.

기본적인 재배 방법은 모두 같으며, 직사광선을 충분히 받게 해주고, 물은 화분 밑으로 흘러나올 정도로 충분히 준다. 겨울에는 최저기온이 5℃ 이상이 되도록 관리한다.

1 심기 3~4월

물이 잘 빠지는 흙에 심는다.

화분 재배가 일반적. 4~5월에 물이 잘 빠지는 용토에 심는다. 봄~가을에는 햇빛이 잘 드는 실외에서 관리한다.

2 컨테이너 위치·물주기

양지에 두고 물을 충분히 준다.

최저기온이 5℃ 이하가 되면 실내로 옮긴다. 조금 건조한 흙을 좋아하므로 발아기, 개화기에는 물을 듬뿍 주고 겨울에는 살짝 건조하게 둔다.

3 가지치기 12~2월

복잡해진 부분을 가지고르기한다.

원가지를 3~4개 남기고 나무모양을 정리해서 변칙주간형으로 만든다. 복잡한 부분은 정리하지만, 꽃눈이 끝부분에 생기므로 너무 많이 자르지 않도록 주의한다.

비료주기

비료는 5, 6, 7월에 유기질배합비료(p.239)를 1줌 준다. 비료를 너무 많이 주면 나무자람새가 강해져서 생리적 낙과를 유발하므로 주의한다.

4 개화·꽃가루받이 5월

열매가 달리면 열매솎기한다.

제꽃가루받이가 가능하므로 1그루만 심어도 된다. 4~5월(스트로베리 구아버는 조금 늦게)에 꽃이 피고 열매가 많이 달리면 잎 10~12장당 열매 1개, 화분 1개당 열매 8개 정도를 기준으로 솎아낸다.

5 열매 관리

황녹색이 되면 수확한다.

9~10월에 껍질이 황록색으로 변하면 수확(개화하고 5~6개월 뒤)한다.
스트로베리 구아버는 8~10℃의 장소에 보관한다.

병해충 대책

병은 그을음병, 해충은 진딧물, 깍지벌레가 많이 발생한다. 해충은 칫솔 등으로 문질러서 떨어트리거나 약제를 살포한다.

리치

양귀비가 좋아했다는
중국 남부 원산의 과일나무.

무환자나무과 | 난이도 쉬움

겨울철 온도관리와
한파 피해에 주의한다.
5~7℃의 저온에서
꽃눈이 달린다.

DATA

영어이름 Litchi, Lychee
나무키 2~3m
일조조건 양지
열매 맺는 기간 3~5년
컨테이너 재배 가능(12호 화분 이상)
분류 늘푸른큰키나무
자생지 중국 남부
수확시기 7~8월

재배력

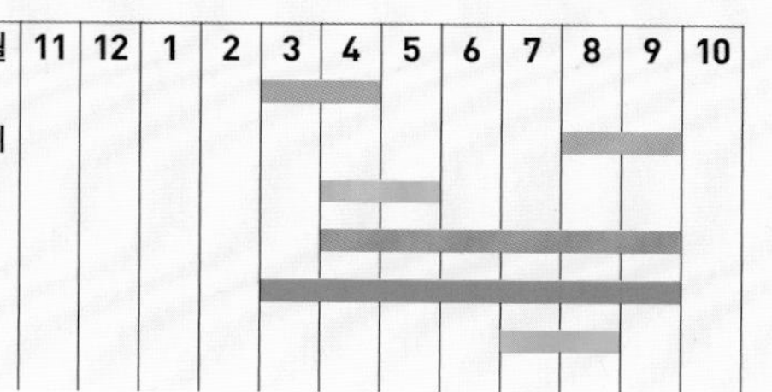

월	11	12	1	2	3	4	5	6	7	8	9	10
심기					■	■						
가지고르기·가지치기										■	■	
개화(인공꽃가루받이)						■	■					
비료주기						■	■	■	■	■	■	
병해충					■	■	■	■	■	■	■	
수확									■	■		

특징

거북의 등 같은 껍질을 벗기면 고급스럽고 달콤한 과육이 나온다

중국에서는 기원전부터 재배되어 양귀비가 즐겨 먹었다는 맛있는 과일이다. 투명한 유백색의 가종피(씨앗 주위에 붙어 있는 과육)를 먹는다. 단맛과 신맛이 적당하고 독특한 풍미와 좋은 향이 있다.

원래는 나무키가 10m 정도로 자라는 큰키나무이다. 봄에 원줄기를 잘라서 지나치게 커지지 않게 정리하면 화분 재배도 가능하다.

품종 선택과 재배 포인트

겨울철 온도관리에 주의한다

자생지인 중국에는 100가지 이상의 품종이 있는데, 「부르스터」, 「구이비」 등 우량품종의 꺾꽂이모를 선택한다.

생육에 적합한 온도는 15~30℃. 최저기온이 13℃ 이상일 때는 실외에서 재배한다. 발육 상태가 좋은 2년생 가지에 열매가 달리므로, 가지 끝을 자르지 않는다. 리치는 해거리가 심하고 열매가 잘 달리지 않는 것이 문제이다.

1 심기 3~4월

화분재배가 일반적이다.

3~4월경에 물이 잘 빠지는 용토에 심는다. 묘목은 접나무모, 꺾꽂이모, 휘묻이모를 추천한다. 크게 성장하므로 화분도 점점 큰 것으로 바꿔준다.

2 컨테이너 위치·물주기

과일 비대기에는 물을 듬뿍 준다.

봄부터 가을은 햇빛이 잘 드는 실외에서 물을 주고, 특히 과일이 크게 자라는 비대기인 6~7월에는 하루에도 몇 번씩 물을 듬뿍 준다. 겨울에는 실내에서 서리를 맞지 않도록 관리하지만, 꽃눈이 달리려면 5~7℃의 저온도 겪어야 한다.

3 가지치기 8~9월

가지치기를 게을리하면 큰키나무가 된다.

가지치기로 아담하게 구성한다. 복잡해진 가지는 솎아내고 긴 가지는 잘라서 나무갓 안쪽에 햇빛이 잘 들게 한다.

비료주기

비료는 4~9월에 유기질배합비료(p.239)를 주면 좋다. 질소성분을 많이 주면 수확량과 품질이 떨어지므로 주의한다.

4 개화·꽃가루받이 4~5월

인공꽃가루받이로 열매가 달리는 비율을 높인다.

리치는 하나의 꽃이삭에 수꽃, 암꽃, 암수갖춘꽃이 섞여서 피기 때문에, 수꽃을 따서 암꽃과 인공꽃가루받이를 시킬 수 있다. 단, 리치는 500~1000개의 꽃이 피더라도 열매를 맺는 꽃은 20~40개로, 열매 맺는 비율이 낮은 과일나무이다.

5 열매 관리

완숙 후 수확해서 바로 먹는다.

나무 위에서 붉은색이 될 때까지 완전히 익힌 뒤 수확한다. 하루만 지나도 껍질이 갈색으로 변하고 품질이 급속도로 떨어지므로, 보관할 때는 1~2℃로 냉장보관한다.

병해충 대책

병해충에는 비교적 강하다. 깍지벌레, 잎말이나방, 잎응애 등이 생기면 바로 제거한다. 필요 없는 가지나 시든 가지를 제거해서, 햇빛이 잘 들고 바람이 잘 통하게 한다.

망고

진하고 깊은 단맛을 가진 인기 과일.

옻나무과 | 난이도 | 조금 어려움

화분에 심고 온실에서 재배하는 것이 일반적이다. 온도, 일조량, 수분을 관리해서 달콤한 열매를 키운다.

DATA

영어이름 Mango
나무키 1.5~2m
일조조건 양지
열매 맺는 기간 3~4년
컨테이너 재배 가능(10호 화분 이상)
분류 늘푸른큰키나무
자생지 인도북부, 말레이시아
수확시기 9~10월

재배력

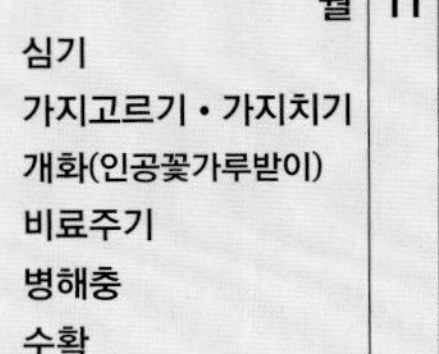
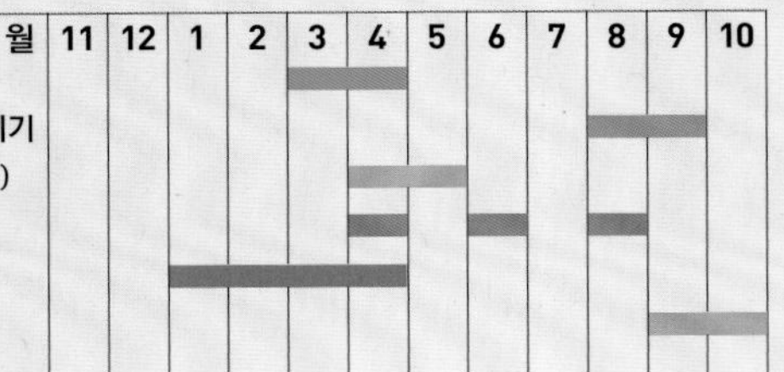

월	11	12	1	2	3	4	5	6	7	8	9	10
심기					■	■						
가지고르기・가지치기										■	■	
개화(인공꽃가루받이)						■	■					
비료주기						■		■		■		
병해충			■	■	■	■						
수확											■	■

특징

국내산도 많아져서 친근한 과일

동남아시아 원산의 늘푸른큰키나무로 원래는 10~20m로 자란다. 일본이나 한국에서도 재배할 수 있게 되면서 친근해진 열대 과일 중 하나. 옻나무과여서 미숙과를 먹거나 하얀 수액에 닿으면 옻이 오르는 경우도 있다.

당도 높은 열매를 수확하기 위해 온도와 일조량 관리가 필수적이다. 인공꽃가루받이와 열매솎기도 필요하다.

품종 선택과 재배 포인트

햇빛을 충분히 받으면 크고 달콤한 열매가 된다

가장 많이 재배하는 망고 품종은 「어윈」이며, 그 밖에 「키츠」, 「센세이션」 등이 있다.

고온다습한 환경을 좋아하고, 생육 적정온도는 24~27℃, 겨울에도 15℃ 이상을 유지해야 하므로, 열대지방 이외의 지역에서는 화분에서 재배한다. 열매가 완전히 익으면 자연스럽게 떨어지므로, 열매가 커지면 네트를 치는 것이 좋다. 달콤한 망고를 맛보고 싶다면 햇빛을 많이 받게 하는 것이 가장 중요하다.

1 심기 3~4월

물이 잘 빠지는 용토에 심는다.

3~4월에 심는 것이 일반적이지만, 장마 전인 6월에 심어도 괜찮다. 곧은뿌리여서 가는 뿌리가 적기 때문에 물이 잘 빠지는 용토에 심는다.

2 컨테이너 위치·물주기

계절에 따라 물주는 양을 조절한다.

봄~가을은 햇빛이 잘 드는 실외에서 키우고, 최저기온이 15℃ 이하로 내려가면 실내로 옮긴다. 물은 11~12월에는 살짝 건조할 정도로 주고, 과일비대기 후에도 과일의 품질을 위해 물을 적게 준다. 그 외의 시기에는 물을 듬뿍 준다.

3 가지치기 8~9월

주간형으로 나무 전체에 햇빛이 들게 한다.

주간형으로 원줄기는 40~50㎝ 높이에서 자르고, 원가지 3개를 키운다. 각각의 원가지는 20~30㎝ 길이로 자르고 원가지에서 버금가지가 나오게 한다. 다 자란 나무는 웃자람가지나 복잡해진 부분을 가지치기해서 햇빛을 잘 받게 해준다.

4 인공수분·열매솎기 4~5월(개화) 6~7월(열매솎기)

만개하면 인공꽃가루받이를 시키고 열매는 솎아낸다.

제꽃가루받이를 하지만 인공꽃가루받이를 해주면 열매가 더 잘 달린다. 작은 열매가 달리기 시작하면 7월까지 1송이에 열매를 1~2개씩 남기고 솎아낸다

5 열매 관리 9~10월

열매가 떨어지지 않도록 네트를 친다.

완전히 익으면 열매가 떨어지기 쉬우므로 열매가 커지면 네트를 쳐서 낙과를 막는다. 과일껍질이 녹색에서 노란색이나 붉은색으로 변하고, 나무에서 떨어지면 수확한다. 후숙은 필요 없다.

비료주기

비료는 봄부터 가을까지의 성장기간 중에는 유기질배합비료(p.239)를 4월, 6월, 8월에 준다. 수확 후에도 가을거름를 준다.

병해충 대책

잎 끝부분에 반점이 생기거나 시들어버리는 탄저병에 걸리기도 한다. 복잡한 부분을 솎아내고 바람이 잘 통하게 해서 예방한다. 발병하면 약제로 대처한다.

바나나

녹색일 때 수확해서
노랗게 변할 때까지 후숙시킨다.

파초과 | 난이도 조금 어려움

온도, 일조량, 수분을 고려한 관리가 필요하다. 새가지를 심어서 번식시킬 수 있다.

DATA

영어이름 Banana
나무키 2.5~3m(삼척바나나)
일조조건 양지
자생지 중국 남부(삼척바나나)
열매 맺는 기간 1~2년
컨테이너 재배 가능(12호 화분 이상)
분류 늘푸른 여러해살이풀
수확시기 7~9월

재배력

월	11	12	1	2	3	4	5	6	7	8	9	10
심기						■	■					
가지고르기 • 가지치기	■	■	■	■	■	■	■	■	■	■	■	■
개화(인공꽃가루받이)						■	■					
비료주기							■		■		■	
병해충						■	■	■	■	■	■	
수확									■	■	■	

특징

모두에게 사랑받는 과일의 왕

야생종에서 돌연변이로 태어난 파초과의 다년초이다. 성장하면서 새로운 잎이 위로 나오고, 더 자라면 밑동에서도 눈이 나온다. 꽃가루받이는 하지 않고 씨방만 발달해서 씨 없이 열매가 달리는 단위결실 식물이다.

과일은 신맛이나 수분이 적고 당질을 균형 있게 함유한 고열량식품으로, 운동 전이나 아침에 먹기 좋다. 손으로 까서 간편하게 먹을 수 있어서 더 인기가 높은 과일.

품종 선택과 재배 포인트

화분에 심은 뒤 온실재배하는 것이 일반적

날것으로 먹는 「바나나」와 「삼척바나나」, 요리용으로 사용하는 「애기바나나(Plantain)」가 있다. 가정에서 재배하기에는 「삼척바나나」가 좋다.

정원에서 재배할 수 있는 지역이 한정적이므로 화분 재배가 일반적이다. 겨울에는 최저기온이 10℃ 이하로 내려가지 않도록 관리한다. 점점 커다란 화분으로 옮겨 심고, 최종적으로는 12호 이상의 화분에서 재배하는 것이 좋다.

1 심기 4~5월

잎이 벌어지지 않은 묘목이 좋다.

4~5월에 물이 잘 빠지는 용토에 심는다. 묘목은 덩이줄기가 두껍고 짧으며, 잎이 많이 벌어지지 않은 것을 선택한다. 화분은 조금씩 크기를 키우고, 최종적으로는 12호 이상의 화분에 심는다.

2 컨테이너 위치·물주기

직사광선이 닿는 장소에서 키우고 물을 충분히 준다.

봄~가을에는 실외에서 재배하고 직사광선을 충분히 받게 한다. 겨울에는 햇빛이 잘 드는 실내에서 재배한다. 수분 증발량이 많으므로 물을 많이 준다.

3 가지치기 연중

시든 잎과 새가지 정리

특별히 가지치기를 할 필요는 없지만 시든 잎은 밑동에서 제거한다. 나무가 커지면 밑동에서 새가지가 나오므로 1개만 남기고 솎아낸다.

비료주기

비료는 4~10월의 성장기간 중에는 2개월에 1번 유기질배합비료(p.239) 적당량을 주고, 액체비료를 월 1~2번 준다. 잎이 노랗게 되면 비료 부족이다.

4 꽃·열매 솎기 4~5월

가장 아랫단 열매를 제거한다

좋은 열매를 수확하기 위해서는 꽃이 피고 1주일 뒤에 꽃(중성꽃과 수꽃포)을 제거하고, 열매가 달리면 가장 아랫단 열매를 솎아낸다. 열매가 커지면 받침대를 세운다.

5 열매 관리

녹색일 때 수확해서 후숙한다.

꽃이 핀 다음 70~100일이 지나 열매의 단면이 사각형에서 둥글게 변하기 시작하고, 열매 색깔이 연한 녹색이 되면 수확한다. 상온에서 노란색이 될 때까지 후숙시킨다.

병해충 대책

병해충 걱정은 별로 없는 편이지만, 건조하면 잎응애나 깍지벌레가 많이 생긴다. 병해충의 온상이 되는 시든 잎을 자주 치워주면 방지할 수 있다.

스타프루트

배를 닮은 식감의
싱싱한 과일이 맛있다.

괭이밥과 | **난이도** 보통

햇빛이 잘 드는 장소에 두고 온도를 잘 관리한다. 녹색에서 노란색으로 변하면 수확한다.

DATA

영어이름 Star Fruit, Carambola
나무키 2m
일조조건 양지
열매 맺는 기간 2~3년
컨테이너 재배 쉬움(10호 화분 이상)
분류 늘푸른작은큰키나무
자생지 인도, 인도네시아, 말레이반도
수확시기 10~11월

재배력

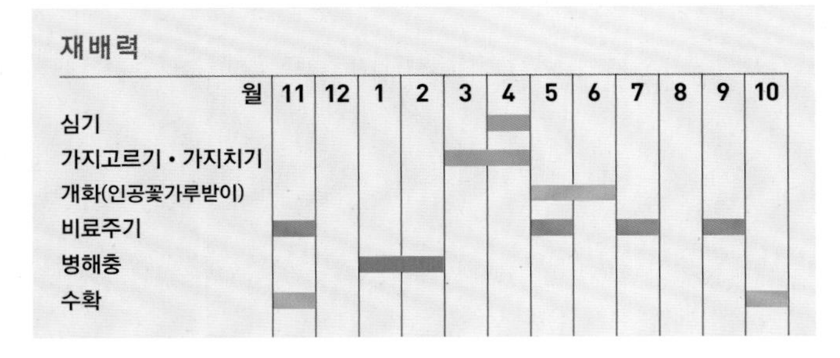

특징

독특한 모양과 산뜻한 맛의 과일이 인기

길이 10㎝ 정도의 과일은 5개의 뾰족한 각이 있기 때문에, 통썰기를 하면 별모양이 되는 데서 이름이 유래되었다. 「오렴자」라고도 한다. 또한 날개모양의 잎은 밤이 되면 아래로 처지는 습성이 있는데, 이 습성과 독특한 모양의 열매 때문에 관상용으로도 재배된다.

동남아시아 말레이 지방 원산의 늘푸른나무이므로 일본의 경우 규슈 남부와 오키나와 외의 지역에서는 화분 재배를 한다. 한국의 경우 제주도 등지에서 하우스 재배를 추진 중인데, 하우스 재배의 경우에는 열매가 많이 달리므로 적절히 열매를 솎아내야 한다.

품종 선택과 재배 포인트

밤낮의 온도차이에 주의!

단맛이 강한 대과계와 신맛이 강한 소과계로 나뉜다. 대과계의 「밀도」 등 우량품종을 선택한다.

봄부터 가을에 걸친 생육기에는 실외에 화분을 내놓고 직사광선을 받게 한다. 최저기온이 5℃ 이하로 내려가면 실내로 옮기는데, 온도차가 10℃ 이상이 되면 시들어버리는 경우가 있으니 주의한다. 물은 1년 내내 듬뿍 준다.

1 심기 4월

원줄기를 화분 높이 정도로 자른다.

4월에 물이 잘 빠지는 용토에 심는다. 원가지를 3~4개 남기고 원줄기를 가지치기한다. 처음에는 6~7호 화분으로 충분하지만 점점 큰 화분으로 옮겨 심는다.

2 컨테이너 위치·물주기

양지에 두고 물을 충분히 준다.

봄부터 가을에 걸친 생육기에는 실외에 내놓고 직사광선을 듬뿍 받게 한다. 화분 재배의 경우 겨울에는 햇빛이 잘 드는 실내에서 재배한다. 물을 충분히 주고 특히 여름의 건조기에 물이 부족하지 않도록 주의한다.

3 가지치기 3~4월

1번째 수확 후에 과감하게 잘라서 가지치기한다.

가지가 복잡해지면 복잡한 가지를 정리한다. 1번째 수확 후에 끝을 자르고, 원가지를 3~4개 남기는 변칙주간형(p.214)으로 만든다. 심고 나서 3년 정도 지나 다 자라면 10호 정도의 화분으로 옮겨 심고, 그 뒤에는 솎아내는 가지치기를 한다.

비료주기

비료는 봄부터 가을에 걸쳐 3~4번 유기질배합비료(p.239)를 1줌 정도 준다. 잘 자라기 때문에 생육기간 중에 비료가 부족하지 않도록 신경 쓴다.

4 개화·꽃가루받이 5~6월

꽃은 튼실한 가지의 잎겨드랑이에 달린다.

자신의 꽃가루로 열매를 맺기 때문에 1그루만 심어도 열매가 달린다. 꽃은 5~6월에 피지만 개화 시기에 비를 맞으면 꽃가루받이를 하지 못해서, 열매 맺는 비율이 떨어진다.

5 열매 관리

녹색에서 노란색으로 변하면 수확한다.

1송이에 열매가 많이 달린 경우에는 1~3개로 솎아내고, 7호 화분에 8~10개 정도를 기준으로 열매를 솎아낸다. 껍질이 녹색에서 노란색으로 변하고 완전히 익은 매실 같은 향기가 나기 시작하면 수확한다. 후숙시켜서 별의 뾰족한 부분이 갈색이 되면 맛있게 먹을 수 있다.

병해충 대책

병은 적지만 해충은 잎응애나 총채벌레류를 조심한다.

아보카도

과일 중에서 가장 영양분이 많다.
별명은 「숲의 버터」.

녹나무과 | 난이도 | 조금 어려움

추위에는 강한 편이지만, 가정에서는 화분 재배로 추위를 피한다.

DATA

영어이름 Avocado, Alligator Pear　분류 늘푸른큰키나무
나무키 2~3m　자생지 중앙아메리카, 멕시코
일조조건 양지　수확시기 11~12월
컨테이너 재배 쉬움(12호 화분 이상)
열매 맺는 기간 3년(정원 재배) / 2~3년(컨테이너 재배)

재배력

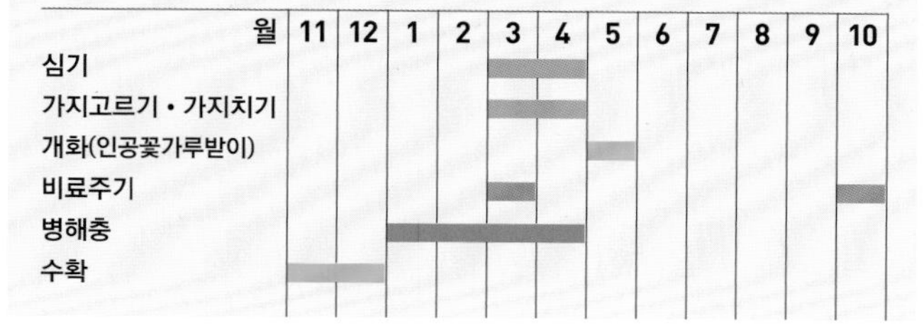

월	11	12	1	2	3	4	5	6	7	8	9	10
심기					■	■						
가지고르기 • 가지치기					■	■						
개화(인공꽃가루받이)							■					
비료주기					■							■
병해충			■	■	■	■						
수확	■	■										

특징

방풍·방한 대책을 세운다

열대 아메리카 원산의 늘푸른큰키나무로 열대식물 중에서는 비교적 추위에 강하므로, 일본의 경우 온주밀감 재배가 가능한 이즈반도 이남에서는 정원에 심을 수 있다. 물이 잘 빠지고 햇빛이 잘 드는 남향의 토심이 깊은 경사지를 선택해서 심으면 나무키가 6~25m까지 자라는 경우도 있다.

단, 찬바람에 약하기 때문에 가정에서는 화분에 심은 뒤 겨울에는 실내나 온실에서 추위를 피하게 한다.

품종 선택과 재배 포인트

열매를 얻으려면 2가지 품종을 커다란 화분에 심는다

묘목은 「푸에르테」, 「멕시콜라」 등 비교적 추위에 강한 우량품종의 접나무모를 선택한다. 자신의 꽃가루로는 열매를 맺지 않으므로, 열매를 얻으려면 2가지 품종 이상 심어야 한다. 생육에 적합한 온도는 25~30℃로 겨울에는 최저기온이 5℃ 이하로 내려가지 않도록 관리한다. 원래 크게 자라는 나무여서 작은 화분에서는 열매가 달리지 않기 때문에, 되도록 큰 화분(정원 재배가 이상적)에서 키우는 것이 좋다.

1 심기 3~4월

2가지 품종 이상 심는다.

자가결실성이 없으므로 열매를 맺기 위해서는 2가지 품종 이상 심어야 한다. 봄에 심으며, 화분 크기는 최종적으로 10호 이상이 좋다. 관엽식물로 즐기려면 작은 화분에서 1그루만 키워도 좋다.

3년생 씨모.
봄에 화분 높이로
잘라주면 좋다.

2 컨테이너 위치·물주기

양지에서 관리하고 물을 충분히 준다.

1년 내내 햇빛이 잘 드는 장소가 가장 좋다. 겨울에는 실내라도 골판지나 비닐시트로 나무를 덮어주는 등 방한 대책이 필요하다. 흙 표면이 마르면 물을 듬뿍 주고, 특히 여름에는 건조해지지 않도록 주의한다.

3 가지치기 3~4월

변칙주간형으로 만든다.

심고 나서 3년 정도는 화분의 크기에 맞게 잘라서 아담하게 만들고, 성장한 뒤에는 3~4개의 원가지를 키우는 변칙주간형(p.214)으로 만든다. 가지치기는 복잡한 가지를 솎아내서 바람이 잘 통하게 관리하는 것이 중요하다.

비료주기

비료는 3월과 10월에 유기질배합비료(p.239)를 1줌씩 준다. 비료의 양이 많으면 너무 크게 자라므로, 나무 상태를 보면서 양을 조절한다.

4 개화·꽃가루받이 5월

만개하면 인공꽃가루받이를 한다.

개화하면 수술 꽃가루를 면봉 등에 묻힌 뒤, 암술에 발라서 인공꽃가루받이를 시킨다. 2가지 품종 이상 심은 경우에는 하지 않아도 좋다.

5 열매 관리

녹색일 때 수확해서 후숙시킨다.

11~12월에 껍질이 녹색일 때 수확하고 상온에서 후숙시킨다. 껍질이 흑갈색으로 변하고 과육이 부드러워지면 먹기 좋을 때이다.

병해충 대책

병해충 걱정은 별로 없으나 바람이 안 통하면 진드기가 발생하는 경우가 있으므로, 가지치기로 바람이 잘 통하게 해서 나무갓 안쪽이 너무 덥지 않게 해준다.

아세로라

비타민C가 풍부한 열대과일.

말피기과 | 난이도 보통

최저온도 15℃를 유지한다. 고온다습한 환경에서 비료가 부족하지 않게 주의한다.

DATA

영어이름 Barbados Cherry
나무키 2m
일조조건 양지
열매 맺는 기간 1~2년
컨테이너 재배 쉬움(10호 화분 이상)
분류 늘푸른떨기나무
자생지 남아메리카 북부, 서인도제도
수확시기 5~11월

재배력

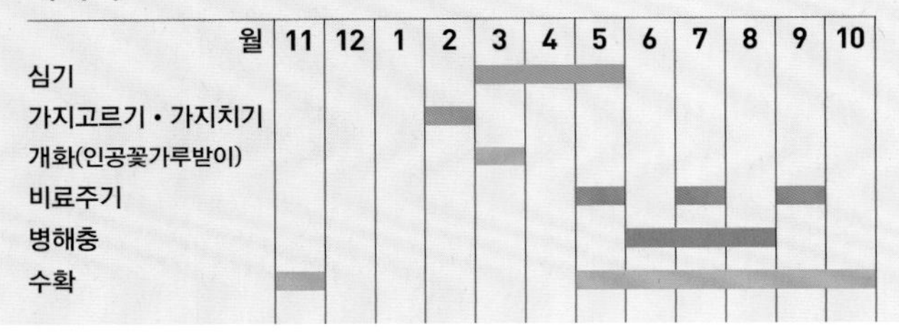

월	11	12	1	2	3	4	5	6	7	8	9	10
심기					●	●	●					
가지고르기 • 가지치기				●								
개화(인공꽃가루받이)					●							
비료주기							●		●		●	
병해충								●	●	●		
수확	●						●	●	●	●	●	●

특징

온도관리와 물주기에 신경 쓴다

원산지는 열대 아메리카, 서인도 제도 등의 고온다습한 지역. 일본의 경우 오키나와나 규슈 남부지역에서 정원 재배가 가능하다. 생육을 위해서는 온도가 25~30℃가 되어야 하고, 겨울에는 8~10℃까지 견딜 수 있다. 가정에서는 화분 재배로 온실에서 관리하는 것이 좋다.

번식력이 왕성하므로 1년에 3번 정도 비료를 주고 물을 듬뿍 주면 1년에 몇 차례 수확할 수 있다.

품종 선택과 재배 포인트

가지를 짧게 잘라서 아담하게 재배한다

생식용 감미계통과 가공용 신맛계통이 있으며, 나무모양은 직립형, 개장형, 하수형 등이 있다. 생육이 왕성하여 겨울 외에는 성장을 계속한다. 물이 잘 빠지는 모래 성분의 토양에서 직사광선을 받게 해주고 물을 듬뿍 주면서 재배한다. 짧은열매가지에 열매가 많이 달리는 습성이 있기 때문에, 적당히 끝을 잘라주는 가지치기로 나무모양을 아담하게 정리하면 열매가 잘 달린다.

1 심기 3~5월

원줄기는 화분 높이로 자른다.

봄에 물이 잘 빠지는 용토에 심는다. 심은 뒤 화분과 같은 높이로 원줄기를 자르는 것이 좋다.

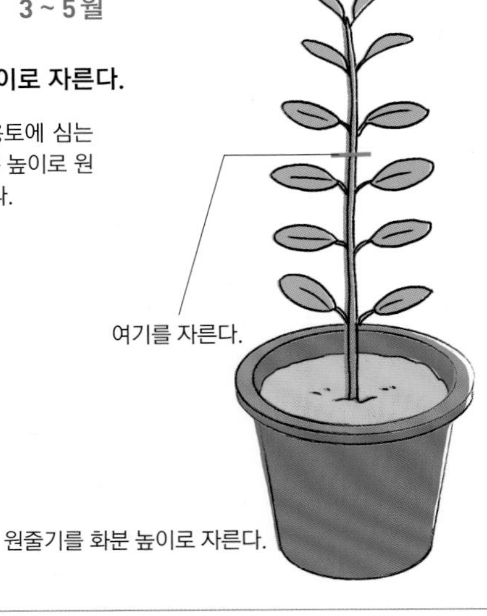

2 컨테이너 위치·물주기

햇빛과 물을 충분히 준다.

1년 내내 직사광선을 충분히 받을 수 있는 장소가 가장 좋다. 겨울에는 10℃ 이하로 내려가지 않도록 가능하면 온실 등에 두는 것이 좋다. 물은 표면의 흙이 건조해지면 듬뿍 준다. 여름에는 물이 부족하면 시들어버리는 경우도 있으니 주의한다.

3 가지치기 2월

성장을 억제해서 가지를 튼튼하게

해마다 2월경 생육기가 시작되기 전에 원가지를 20~30㎝ 정도 자른다. 가지가 곧게 자라므로, 가지치기로 성장을 적당히 억제하고 가지를 튼튼하게 만들어서 아담하게 재배하면 열매가 잘 달린다.

비료주기

1년차에는 1년에 3번(5, 7, 9월) 유기질배합비료(p.239) 1줌을 밑동에 준다. 열매가 달리면 비료를 줄여서 1년에 2번 준다.

4 개화·꽃가루받이 3월

만개할 때 지베렐린 처리를 한다.

개화는 3월경이고 아세로라는 암수갖춘꽃으로 자신의 꽃가루로 열매를 맺지만, 개화할 때 지베렐린액(50~100㎖)을 꽃 전체에 살포하면 열매가 더 잘 달린다.

5 열매 관리

새빨갛게 변하면 수확한다.

꽃이 피고 1개월 정도 지나면 수확할 수 있다. 과일 전체가 빨갛게 변하면 수확하고, 상온에서는 2~3일이면 부패하므로 많이 수확했을 때는 냉장보관한다.

병해충 대책

봄부터 여름에 걸쳐서 새가지에 깍지벌레나 진딧물이 많이 발생한다. 열매에는 민달팽이가 생기기 쉬우므로 주의하고, 해충을 발견하면 바로 제거한다.

자부치카바

브라질 원산의 독특한 과일나무.

도금양과 | 난이도 보통

15~30℃의 생육 적정온도를 유지하면 1년에 몇 차례 수확할 수 있다. 서리를 맞지 않도록 주의한다.

DATA

영어이름 Jabuticaba
나무키 2m
일조조건 양지
열매 맺는 기간 5~6년
컨테이너 재배 쉬움(10호 화분 이상)
분류 늘푸른큰키나무
자생지 브라질 남부
수확시기 6~11월

재배력

월	11	12	1	2	3	4	5	6	7	8	9	10
심기					■	■						
가지고르기 • 가지치기		■	■	■								
개화(인공꽃가루받이)	■							■	■	■	■	■
비료주기	■				■							
병해충			■	■	■							
수확	■							■	■	■	■	■

특징

줄기에 직접 맛있는 과일이 달린다

브라질 원산으로 줄기나 가지에 직접 하얀 꽃과 열매가 달리는 특이한 과일나무. 과일의 모양, 색깔, 맛 모두 포도 「거봉」을 닮았다. 초봄부터 초가을에 걸쳐 3~4번 정도 수확이 가능하고, 브라질에서는 주요 과일나무 중 하나이다.

추위에는 비교적 강하지만 서리를 맞으면 시들어버리므로 주의한다. 열매가 달리려면 최저기온 15℃를 유지해야 한다.

품종 선택과 재배 포인트

가지를 두껍게 만든다

사계성 대엽계, 중엽대과계, 소엽계 등이 있는데 열매가 잘 달리는 대과 품종을 선택한다.

가는 가지에는 꽃이 피지 않기 때문에 가지가 복잡해지지 않도록 정기적으로 솎아내서 가지를 두껍게 만든다. 추위에는 강한 편이지만 서리를 맞으면 시들어버리므로, 그런 지역에서는 화분에 심고 겨울에는 실내로 옮겨서 재배한다.

1 심기 3~4월

화분 재배의 경우 최종적으로 10호 화분에 심는다.

3~4월에 심는다. 일본의 경우 관동 이남에서는 정원 재배도 가능하다. 화분 크기는 어린나무일 때는 7호 화분도 좋지만, 조금씩 화분을 크게 키운다. 1그루만 있어도 열매를 맺는다.

2 컨테이너 위치·물주기

10℃ 이하일 때는 실내에서 관리한다.

최저기온이 13℃를 넘는 날이 3~4일 계속되면 실외에 내놓고, 10℃ 이하면 실내로 옮긴다. 물은 화분 바닥에서 흘러나올 정도로 듬뿍 준다.

3 가지치기 12~2월

가는 가지를 정리한다.

가는 가지에는 꽃이 피지 않으므로 가지가 지나치게 빽빽해지지 않도록 가는 가지를 솎아내서 나무갓 안에 햇빛이 잘 들게 한다.

비료주기

비료는 3월, 11월에 인산칼륨이 많이 함유된 화성비료를 1줌 정도 준다.

4 개화·꽃가루받이 6~11월

적합한 온도에서는 몇 번씩 꽃이 핀다.

6~11월에 하얀 꽃이 가지나 줄기에서 직접 핀다. 인공꽃가루받이는 필요 없다.

5 열매 관리

윤이 나고 싱싱할 때 수확한다.

꽃이 핀 뒤 약 1개월 반이면 열매가 익고, 크고 동그랗게 부풀어서 진한 갈색빛이 도는 자주색이 되면 수확한다. 생육에 적합한 온도일 경우 여러 차례 수확할 수 있다. 늦게 수확하면 맛이 떨어지므로 적기를 놓치지 않는 것이 중요하다. 수확한 과일은 상하기 쉬우므로 냉장보관해서 날것으로 먹거나 젤리 등으로 가공한다.

병해충 대책

가끔 깍지벌레가 발생하는 정도이며 문제가 될 만한 병해충은 없다. 해충은 낡은 칫솔 등으로 긁어서 제거하거나 약제를 살포한다.

커피

아름다운 붉은 열매를 커피체리라고 부르기도 한다.

꼭두서니과 | 난이도 | 보통

온난한 기후를 좋아하지만 30℃ 이상의 고온과 직사광선은 피한다. 인공꽃가루받이는 필요 없다.

DATA

영어이름 Coffee, Arabica Coffee
나무키 2m
일조조건 반음지
열매 맺는 기간 3~4년(컨테이너 재배)
컨테이너 재배 쉬움(10호 화분 이상)
분류 늘푸른떨기나무
자생지 아프리카
수확시기 12월

재배력

월	11	12	1	2	3	4	5	6	7	8	9	10
심기						■	■					
가지고르기 • 가지치기					■							
개화(인공꽃가루받이)									■			
비료주기						■			■			■
병해충						■	■	■	■	■	■	
수확		■										

특징

약간의 수고로 수제 커피를 즐길 수 있다

나무모양이 아름답고 하얀 꽃을 즐길 수 있어 관엽식물로도 인기가 많다. 일본의 경우 오키나와 지역에서 정원 재배를 하기도 하지만, 한국은 정원 재배에 적합하지 않으므로 화분에 심고 아담하게 가지치기해서 재배한다.

커피의 신맛, 단맛, 쓴맛은 품종과 재배지에 따라 크게 달라진다. 열매를 수확하면 햇빛에 말리고 로스팅해서 수제 커피를 즐길 수 있다.

품종 선택과 재배 포인트

지나친 더위나 강한 햇빛에 약하다

세계 커피의 90%는 에티오피아 원산의 아라비아커피가 점유하고 있다. 나무모양이 아담하고 아름다우며, 열매는 풍미와 향이 뛰어나 가정 재배에 적합하다.

최저기온은 1℃까지 견딜 수 있지만 겨울에는 실내에서 재배하고, 최저기온이 10℃ 이상이 되면 실외로 옮기는 것이 좋다. 생육 적정 온도는 18~25℃이지만 표고 1000~2000m의 고산지가 원산지이므로, 여름의 고온과 강한 서향 빛을 싫어한다. 반음지에서 재배한다.

1 심기 4~5월

물이 잘 빠지는 흙에 심는다.

4~5월에 물이 잘 빠지는 용토에 심고, 봄~가을에는 실외의 반음지에서 관리한다. 커피나무는 1그루만 있어도 열매를 맺기 때문에 꽃가루받이나무는 필요 없다.

겨울철에는 실내에서 관리한다. 컨테이너에서 재배하기 좋다.

2 컨테이너 위치·물주기

반음지에 두고 물을 충분히 준다.

최저기온이 10℃ 이상이 되면 실외에서 관리한다. 흙 표면이 건조해지면 물을 주고 직사광선이 닿는 장소는 피한다.

3 가지치기 3월

단간형으로 만든다.

기본적으로는 단간형으로 만든다. 정원에 심을 때는 160㎝, 화분에 심을 때는 120~130㎝에서 원줄기를 가지치기하고, 원가지 10~12개를 키우고 다른 것은 잘라 버린다. 열매가 달리고 2년이 지난 가지는 밑동에서 잘라 새로운 가지가 나오게 한다.

비료주기

비료는 4~10월경에 3~4번에 나눠서 준다.

4 개화·꽃가루받이 7월

인공꽃가루받이는 필요 없다.

열매는 타원형으로 길이 1.2~1.6㎝ 정도. 익으면 붉은 루비색을 띠지만 노랗게 되는 품종도 있다. 암수갖춘꽃이고 바람에 의해 꽃가루받이가 이루어지는 풍매화이므로, 인공꽃가루받이는 하지 않는다.

5 열매 관리 12월

자주색이 되면 수확한다.

과일은 익어가면서 녹색에서 붉은색, 어두운 자주색으로 변한다. 12월경에 열매가 어두운 자주색이 되면 수확한다. 커피를 만드려면 과육은 벗기고 씨앗을 잘 씻어서 햇빛에 말린다. 건조시킨 뒤 겉껍질을 제거하고 속에 있는 콩을 꺼내서 프라이팬 등으로 로스팅한 뒤 가루로 만든다.

병해충 대책

녹병이나 깍지벌레가 많이 발생하고, 그을음병에 걸리는 경우도 있다. 가지치기로 바람이 잘 통하게 해주고 약제를 살포한다.

파인애플

인기 있는 남국과일로
관상용으로도 좋다.

파인애플과 | 난이도 | 조금 어려움

꺾꽂이로 재배.
햇빛이 잘 드는 장소에서
여름에는 듬뿍, 겨울에는
약간 건조하게 물을 준다.

DATA

영어이름 Pineapple
나무키 약 1m
일조조건 양지
열매 맺는 기간 3년(정원 재배)
컨테이너 재배 쉬움(10호 화분 이상)
분류 늘푸른 여러해살이풀
자생지 브라질, 아르헨티나, 파라과이
수확시기 8~9월

재배력

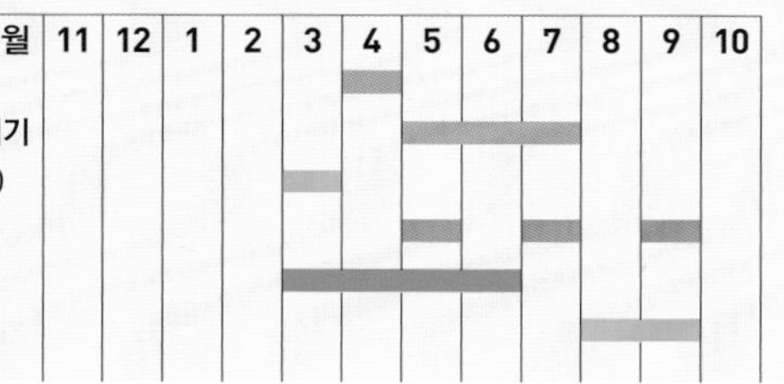

월	11	12	1	2	3	4	5	6	7	8	9	10
심기						■						
가지고르기 • 가지치기							■	■	■			
개화(인공꽃가루받이)					■							
비료주기							■		■		■	
병해충					■	■	■	■				
수확										■	■	

특징

줄기 끝에 커다란 열매가 달리는 늘푸른 여러해살이풀

브라질 원산의 대표적인 열대과일. 나무가 아니라 늘푸른 여러해살이풀이며, 꽃줄기가 자라서 그 끝에 열매가 달리는 독특한 형태이다. 파인애플은 땅에 뿌리를 내리지 않고 잎을 통해 영양분을 섭취하는 에어 플랜트(Air Plant) 종류로, 건조에는 강하지만 성장기에는 물을 충분히 줘야 한다.

과일에는 브로멜린이라는 단백질 분해효소가 함유되어 있어, 먹으면 입이나 혀가 꺼끌거리는 경우도 있다.

품종 선택과 재배 포인트

꺾꽂이로 재배하는 것도 가능하다

대부분의 품종은 잎 가장자리 전체에 가시가 있지만 대과품종인 「스무스카이엔」은 가시가 없어서 재배하기 좋으므로, 전 세계 생산량의 90%를 점유하고 있다.

생육 적정온도는 25~30℃로 높고 최저기온은 10℃를 유지해야 한다. 강한 햇빛을 좋아하므로 실외에서 직사광선을 받을 수 있게 재배한다. 마트에서 파는 파인애플을 이용해서 꺾꽂이로 번식시키는 것도 가능하다.

1 꺾꽂이 5~7월

잎부분을 이용해서 꺾꽂이한다.

시판되는 파인애플을 이용한 꺾꽂이 방법을 소개한다.

01 과일 윗부분을 2~3㎝ 남기고 잎을 잘라낸다.

02 아래쪽 잎은 잘라내고 5~6시간 건조시킨다.

03 녹소토 6, 강모래 4의 비율로 섞은 용토에 심는다.

2 컨테이너 위치·물주기

여름에는 물을 듬뿍 주고, 겨울에는 조금 건조하게 준다.

실외에서 직사광선을 듬뿍 받게 한다. 파인애플은 건조에 강한 식물이지만 봄~여름의 성장기에는 물을 충분히 주고, 겨울에는 1주일에 1번 정도로 건조하게 겨울을 난다.

3 심기 4월

물이 잘 빠지는 용토에 심는다.

꺾꽂이한 뿌리가 화분에 가득차면 뿌리를 흩트리지 말고 물이 잘 빠지는 용토에 심는다. 화분에서 재배하는 경우에는 한 치수 큰 화분에 옮겨 심는다.

비료주기

비료는 생육기간 중 3번, 5, 7, 9월에 유기질배합비료(p.239)를 준다. 겨울에는 주지 않아도 된다.

4 받침대 설치 5~7월

열매가 달리면 받침대를 세운다.

가지치기는 필요 없고 시든 잎이 있으면 제거한다. 열매가 달리면 줄기가 휘지 않도록 받침대를 세운다.

5 열매 관리

녹색일 때 수확해서 후숙시킨다.

8~9월, 과일 전체가 노란색에서 붉은색이 감도는 노란색으로 변하고 향기가 나면 수확한다. 과일 바로 밑의 줄기에서 자른다.

포기나누기

6월과 9월에 포기 밑동 근처에서 겨드랑눈이 나오는데, 이것을 나눠서 아래쪽 잎을 여러 장 제거하고 꺾꽂이와 같은 요령으로 심어서 번식시키는 것도 가능하다.

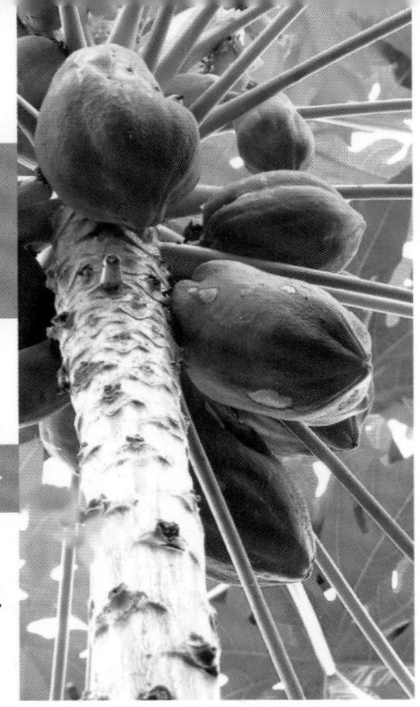

파파야

비타민A, C가 듬뿍 들어 있고
미숙과도 먹을 수 있다.

파파야과 | 난이도 | 조금 어려움

항상 온도와 일조량에 신경 쓴다. 원래는 암수딴그루지만 아닌 것도 있다.

DATA

영어이름 Papaya
나무키 2~3m
일조조건 양지
열매 맺는 기간 1~2년(정원 재배)
컨테이너 재배 쉬움(10호 화분 이상)
분류 초본성 늘푸른작은큰키나무
자생지 열대아메리카
수확시기 10~11월

재배력

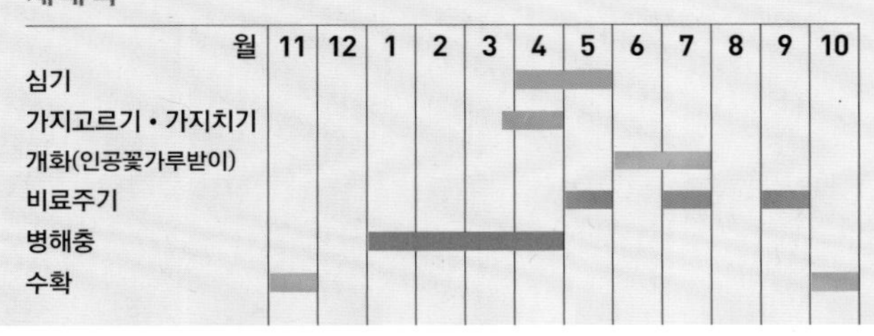

월	11	12	1	2	3	4	5	6	7	8	9	10
심기						●	●					
가지고르기 • 가지치기					●	●						
개화(인공꽃가루받이)								●	●			
비료주기							●		●		●	
병해충			●	●	●	●						
수확	●											●

특징

완전히 익은 것이나 덜 익은 것 모두 식용 가능

직립성의 늘푸른나무로 야생에서는 나무키가 7~10m에 달한다. 가정에서 재배하는 경우에는 되도록 커지지 않는 품종을 선택한다.

과일은 강한 단맛이 있으며 레몬즙을 뿌려서 날것으로 먹는다. 나무 위에서 완전히 익힌 것은 단맛이 상당히 강하지만, 빨리 따서 후숙시킨 것은 단맛이 덜하다. 덜 익은 과일을 볶음 요리나 샐러드에 이용해도 좋다.

품종 선택과 재배 포인트

원래는 크게 자라지만 작게도 재배할 수 있다

과일 모양이나 크기가 다른 품종이 여러 종류 있지만, 그다지 크게 자라지 않는 「원더 드워프」, 「원더 브라이트」 등의 왜성 품종이나 「카포호 솔로」, 「선라이즈 솔로」 등의 양성 솔로종을 추천한다.

고온과 직사광선을 좋아하며 생육에 적합한 온도는 25~30℃이다. 원래는 크게 자라지만 화분에서 재배하면, 낮은 위치에서 짧게 잘라도 다시 눈이 나오고 열매가 달린다.

1 심기 4~5월

묘목의 뿌리분을 그대로 심는다.

4월경에 따뜻해지면 물이 잘 빠지고 양분이 풍부한 용토에 심는다. 처음에는 6호 화분이면 되지만, 점점 큰 화분으로 옮겨 심는다.

2 컨테이너 위치·물주기

직사광선과 충분한 물이 필요하다.

봄~가을에는 직사광선이 닿는 실외에서 키우고 겨울에는 실내로 옮긴다. 물은 흙의 표면이 마르면 듬뿍 주지만, 과습은 싫어하므로 물이 잘 빠지는 용토에서 재배한다.

3 가지치기 3월 하순~7월

작게 재배하는 것도 가능하다.

아래쪽 잎은 자연적으로 시들어서 떨어지므로 대부분의 경우 가지치기는 필요 없다. 다만 너무 크게 자란 경우에는 줄기를 위에서 1/3 높이로 자르면, 겨드랑눈이 자라서 새로운 줄기가 되어 다시 수확할 수 있다.

비료주기

성장기인 5, 7, 9월에는 비료가 부족하지 않게 준다. 유기질배합비료(p.239) 또는 화성비료를 줘도 좋다.

4 개화·꽃가루받이 6~7월

솔로종은 인공꽃가루받이가 필요 없다.

솔로종은 양성이므로 인공꽃가루받이가 필요 없다. 원래는 암수딴그루이므로 그런 경우에는 2종류 이상 준비해서 인공꽃가루받이를 한다.

5 열매 관리

덜 익었을 때 수확한다.

10~11월, 과일껍질의 10~20%가 노랗게 변하면 수확한다. 노랗게 후숙시킨 과일은 그대로 먹거나 과자로 가공하고, 녹색의 덜 익은 과일은 볶음요리나 절임요리, 튀김요리 등에 이용한다.

병해충 대책

흰가루병에 많이 걸리므로 바람이 잘 통하게 하고 온도나 습도가 지나치게 차이 나지 않게 관리한다. 해충은 잎응애나 깍지벌레를 주의한다.

패션프루트

시계를 닮은 꽃이
특징인 과일나무.

시계꽃과 | 난이도 쉬움

재배 포인트

아름다운 꽃을 즐길 수 있어 관상용으로도 좋다. 덩굴성이므로 심을 때 원형 받침대를 세우는 것이 좋다.

DATA

영어이름 Passion Fruit
나무키 덩굴성
일조조건 양지
열매 맺는 기간 1~2년
컨테이너 재배 쉬움(10호 화분 이상)
분류 덩굴성 여러해살이풀
자생지 브라질, 파라과이
수확시기 7월 하순~9월

재배력

월	11	12	1	2	3	4	5	6	7	8	9	10
심기						●						
가지고르기・가지치기				●	●						●	
개화(인공꽃가루받이)						●	●					
비료주기					●				●			●
병해충					●	●						
수확									●	●	●	

특징

젤리 상태의 과육을 과자나 주스에 이용한다

브라질 원산의 덩굴성 열대 과일나무. 꽃이 시계를 연상시켜서 「시계꽃」이라고 부르기도 한다. 열매는 공모양 또는 달걀모양으로, 젤리 같은 과육에 특유의 단맛과 향이 있다. 날것으로 먹는 방법 외에 과자를 만들 때도 활용한다. 비타민C가 풍부하다.

추위에는 강한 편이지만 서리를 여러 번 맞으면 시들어버리니 주의한다.

품종 선택과 재배 포인트

서리 걱정이 없다면 정원 울타리로 만들어도 좋다

과일껍질의 색깔에 따라 자색종인 「와이마날로」, 「넬리켈리」와 황색종인 「이에」, 「세브식」, 그리고 두 가지의 교잡종이 있다. 황색종은 1그루만 있으면 열매를 맺지 못하므로 황색종인 다른 품종과 같이 심는다.

생육에 적합한 온도는 20~25℃. 추위에 강한 편이어서 서리가 없는 지역이라면 실외에서 울타리 등으로 만들어서 재배해도 좋다. 건물 외벽에 그린 커튼처럼 이용할 수도 있다.

1 심기 4월

받침대를 세워서 심는다.

4월에 따듯해지면 심는다. 포트보다 한 치수 큰 화분에 심고 받침대를 세워서 덩굴을 유인한다. 심을 때는 화분 높이 정도로 원가지를 자른다.

2 컨테이너 위치・물주기

초여름에 물을 듬뿍 준다.

햇빛이 잘 드는 장소에 둔다. 성장이 빠르고 잎의 수분 증발량이 많아서 수확 전인 6~7월에는 특히 물을 듬뿍 준다.

3 가지치기 2~3월, 9월

복잡한 덩굴을 잘라서 바람이 잘 통하게 한다.

2년차에 한 치수 큰 화분으로 옮겨 심고 유인한다. 복잡해진 부분과 새가지 끝은 가지치기한다.

원형 받침대

해마다 덩굴을 풀어서 다시 모양을 잡아준다.

울타리형 받침대

안길이가 좁은 장소에 적합하다.

4 개화・꽃가루받이 5~6월

자주색인지 노란색인지 확인한다.

자색종은 1그루만 있어도 열매를 맺는다. 황색종은 2가지 품종 이상 재배하면 인공꽃가루받이가 필요 없다.

비료주기

비료는 3, 7, 10월에 유기질 배합비료(p.239)를 적당량 준다. 고형 비료는 화분 가장자리 가까이에 밀어 넣는다.

5 열매 관리

저절로 떨어지면 맛있을 때이다

과일은 개화 후 약 70~80일이면 익는다. 자색종은 껍질이 자주색이 되면 떨어지기 직전이나 떨어진 뒤에 수확한다. 과일을 반으로 잘라서 씨앗과 함께 젤리 상태인 부분을 생식하거나, 씨앗을 걸러내고 주스나 과자로 만든다.

페피노

샐러드로도 먹을 수 있는
산뜻한 단맛의 과일.

가지과 | 난이도 쉬움

25℃ 이상이 되면 열매가 잘 달리지 않는다. 과일비대기에는 물을 덜 주는 것이 좋다.

DATA

영어이름 Pepino, Melon Pear
나무키 1~2m
일조조건 양지
열매 맺는 기간 1년
컨테이너 재배 쉬움(7호 화분 이상)
분류 늘푸른 여러해살이풀
자생지 페루, 에쿠아도르
수확시기 7~8월

재배력

월	11	12	1	2	3	4	5	6	7	8	9	10
심기					●							
가지고르기 · 가지치기		●	●									
개화(인공꽃가루받이)						●	●	●				
비료주기		●	●		●							
병해충			●	●	●							
수확									●	●		

특징

은은한 단맛의 싱싱한 과일

페피노는 스페인어로 오이라는 뜻. 남미 안데스 고산지 원산의 가지과 식물이다. 지름 10~15㎝의 달걀모양 과일이 열리며, 멜론과 서양배를 섞은 듯한 산뜻한 단맛이 난다. 덜 익은 과일은 오이처럼 샐러드로 먹고, 완전히 익은 과일은 날것으로 단맛을 즐긴다.

추위에 약해서 생육 적정온도는 18~20℃지만, 25℃가 넘으면 꽃가루가 생기지 않아 열매가 달리지 않는다.

품종 선택과 재배 포인트

과일이 커지는 비대기에는 물을 적게 준다

과일 끝부분이 뾰족하고 자주색의 반점이 있는 「엘카미노」, 왜성인 「미스키」 등이 알려져 있는데, 최근 육성된 「골드 No.1」은 당도가 특히 높은 품종이다.

여름의 고온기에는 열매가 잘 달리지 않으므로 봄에 심는다. 과일비대기에는 당도를 높이기 위해 물을 조금 덜 주는 것이 좋지만, 심한 건조는 피한다. 최저기온이 10℃ 이하로 내려가면 실내로 옮긴다.

1 심기 3월

초봄에 심는다.

봄이 시작되는 3월에 심는다. 따듯해지고 나서 심으면 열매가 잘 달리지 않는다. 초여름에 열매가 달린 묘목이 있으면 그것을 심어도 좋다. 어느 정도 자라면 받침대를 세워서 유인한다.

2 컨테이너 위치·물주기

건조를 싫어하므로 물을 충분히 준다.

봄부터 가을은 햇빛이 잘 드는 실외에서 키우고 물이 부족하지 않게 준다. 과일비대기에는 물을 조금 적게 주면 당도가 올라간다. 겨울철에는 최저기온이 5℃ 이하로 내려가지 않도록 관리한다.

3 가지치기 12~1월

가지고르기로 겨드랑눈을 키운다.

원가지를 잘라서 겨드랑눈을 키우고, 2~3개의 가지를 남긴다. 겨드랑눈이 많이 나오므로, 정기적으로 자란 부분을 잘라줘야 한다. 방치하면 열매가 잘 달리지 않으므로 주의한다.

비료주기

유기질배합비료(p.239)는 12~1월에, 화성비료는 3월에 준다. 질소성분을 많이 주면 수확량과 품질이 떨어진다.

4 개화·꽃가루받이 4~6월

만개할 때 인공꽃가루받이를 한다

암수갖춘꽃이며 제꽃가루받이가 가능하지만, 열매 맺는 비율이 낮으므로 인공꽃가루받이를 시키는 것이 좋다. 열매는 송이 1개에 3개씩, 큰 것을 남기고 나머지 열매는 솎아낸다.

5 열매 관리

노랗게 익으면 수확하고 2~3일 후숙시킨다.

열매는 7~8월에 연한 녹색에서 노란색으로 익는다. 익은 뒤에 수확하고 2~3일 후숙한 뒤 날것으로 먹는다. 덜 익은 것을 오이처럼 샐러드 등으로 먹어도 좋다.

병해충 대책

진딧물, 잎응애, 온실가루이가 많이 발생하므로, 발견하면 바로 제거한다. 온실가루이가 발생하면 약제를 살포하는 것이 효과적이다.

그 밖의 열대과일

마카다미아 열매 ▶

마카다미아 [프로테아과]

DATA **원 산 지** 오스트레일리아 퀸즈랜드주
분 류 늘푸른큰키나무
수확시기 10~11월

POINT 생육 적정온도는 13~20℃. 저온에 잘 견디는 품종도 있지만 최저기온이 10℃ 이하가 되면 열매가 잘 안 달린다. 개화는 4~5월경. 열매는 꽃이 피고 약 5~6개월 뒤에 달린다. 제꽃가루받이도 가능하지만 인공꽃가루받이를 해주는 것이 좋다. 수분을 좋아하므로 생육기에는 물을 충분히 준다.

미라클프루트 [사포타과]

DATA **원 산 지** 서아프리카
분 류 늘푸른떨기나무
수확시기 5~11월

POINT 생육 적정온도는 25~30℃이므로 20℃ 이상에서 재배하는 것이 좋다. 물이 잘 빠지는 용토에 심고 변칙주간형(p.214)으로 만든다. 작고 새콤달콤한 맛의 붉은색이나 자주색, 녹색의 열매가 달린다. 미러클베리라고도 부르며 젤리 상태의 과육이 맛있다.

수리남체리 [도금양과]

DATA **원 산 지** 브라질 남부
분 류 늘푸른떨기나무
수확기 3~4월(춘과) · 10~11월(추과)

POINT 별명 피탕가. 생육 적정온도는 15~30℃. 15℃ 이상일 때는 실외에서 관리한다. 1그루만 있어도 자가결실이 가능하다. 3~5월에 심어서 변칙주간형(p.214)으로 만들면 좋다. 과일을 수확한 뒤에 가지치기한다. 붉게 물든 과일은 새콤달콤한 딸기와 비슷한 맛.

시쿠와사 [운향과]

DATA **원 산 지** 오키나와, 남서제도
분 류 늘푸른떨기나무
수확시기 8~12월

POINT 일본 오키나와 등에 자생하는 야생 감귤. 1그루만 있어도 열매를 맺는다. 물이 잘 빠지는 용토에 심는다. 관리방법은 감귤류 재배방법(p.132~139) 참조. 덜 익은 녹색 열매는 유자나 영귤처럼 이용하고, 완전히 익은 것은 날것으로 먹는다.

용과 [선인장과]

DATA **원 산 지** 남미 코스타리카, 콜롬비아
분 류 선인장
수확시기 6~12월

POINT 물이 잘 빠지는 용토에 위아래가 바뀌지 않게 심고, 뿌리내릴 때까지 조금 건조하게 키운다. 새로운 마디가 자라기 시작하면 물을 준다. 생육 적정온도는 25~30℃로 10℃ 이하로 내려가지 않도록 주의한다. 밤에 꽃이 피므로 붓으로 인공꽃가루받이를 시킨다.

용안 [무환자나무과]

DATA **원 산 지** 인도~중국남부
분 류 늘푸른큰키나무
수확시기 6~10월

POINT 껍질을 벗긴 모양이 용의 눈을 닮았다고 해서 붙은 이름이다. 생육 적정온도는 20~28℃지만 20℃ 이하의 저온을 겪어야 꽃눈이 달린다. 다른 품종을 섞어서 심으면 열매가 잘 달린다. 바퀴살가지가 되지 않도록 가지치기를 한다. 개화는 3~5월경. 꽃이 피고 5~6개월 지나면 수확할 수 있다.

자바애플 [도금양과]

DATA **원 산 지** 말레이 반도
분 류 늘푸른큰키나무
수확시기 6~8월

POINT 생육 적정온도는 25~30℃. 서양배를 닮은 과일은 사과와 비슷한 맛이 난다. 5~6월경에 내습성이 높은 용토에 심는다. 생육기에는 수분을 좋아하므로 물이 마르지 않도록 주의하고, 수확한 뒤에는 조금 건조한 상태로 키우는 것이 좋다. 자가결실성이 있으므로 1그루만 심어도 된다.

체리모야 [뽀뽀나무과]

DATA **원 산 지** 페루~에콰도르의 안데스산맥 고산지
분 류 늘푸른나무(온난대에서는 갈잎나무)
수확시기 10~11월

POINT 생육 적정온도는 10~25℃이므로 10℃ 이상의 실외에서 관리한다. 밤에 꽃이 피기 때문에 인공꽃가루받이를 시켜주는 것이 좋다. 저녁부터 이른 아침까지 습도가 높은 시간대를 골라서 꽃가루받이를 시킨다. 과일이 황록색이 되면 수확한다.

카니스텔 [사포타과]

DATA **원 산 지** 남미북부~멕시코 남부
분 류 늘푸른큰키나무
수확시기 5~10월

POINT 물이 잘 빠지는 용토에 3~5월경 묘목을 심는다. 2m 이하로 가지치기하면서 관리. 5~10월까지 개화와 결실을 반복한다. 생육 적정온도는 25~30℃. 7℃ 이하로 내려가지 않도록 주의한다. 과일껍질은 녹색이고, 과육은 오렌지색으로 찐 밤과 비슷한 식감이다.

화이트 사포테 [운향과]

DATA **원 산 지** 멕시코~중앙아메리카
분 류 늘푸른큰키나무
수확시기 10~11월

POINT 생육 적정온도는 20~30℃. 최저기온이 5℃ 이하인 환경에서는 열매가 달리지 않는다. 1그루만 있으면 열매를 맺지 못해서 꽃가루받이나무가 필요하므로, 꽃가루가 많은 품종을 같이 심는다. 2~4월경에 개화한다. 과일껍질은 녹색이고, 과육은 커스터드 같은 육질로 달콤하고 신맛이 적다.

열대 과수 기르기

지금은 열대 과일나무의 묘목을 예전보다 쉽게 구할 수 있다. 또한 주거환경의 변화에 따라 겨울에도 실내는 따뜻해서 가정에서도 쉽게 온도를 관리할 수 있으므로, 일반 가정에서도 남쪽나라 분위기를 만끽할 수 있는 열대 과일나무를 재배할 수 있다. 여기서는 열대 과일나무 재배에 공통적으로 필요한 기본 관리 작업을 소개한다.

심기와 화분선택

열대 과일나무는 최저기온이 0℃ 이하가 되는 지역에서는 아보카도 등 일부를 제외하면 정원재배를 할 수 없다. 기본적으로 열대 과일나무는 화분에 심고 겨울에는 실내로 옮기는 것이 좋다.

과일이 달리게 하려면 가능한 한 커다란 화분(최소 10호 이상)을 사용한다. 봄~가을의 기온이 생육 적정온도일 때는 실외에서 키우고, 겨울의 저온기에는 실내로 이동해야 하므로 다루기 쉬운 플라스틱 화분을 선택하는 것이 좋다.

사용하는 흙

컨테이너에 심을 경우 사용하는 용토는 적옥토(중립)와 부엽토를 1:1로 섞은 것이 기본이고, 물이 잘 빠지는 것도 중요하므로 배수용 흙을 넣으면 좋다. 심은 뒤에는 2년에 1번 정도 옮겨 심는다. 용토와 토양 만들기에 대해서는 p.203, 209를 참조한다.

비료

심을 때는 미리 용토에 유기질배합비료(p.239)를 섞어둔다. 그 뒤에는 성장기에 웃거름을 주는데, 분량이나 시기는 해당 과일나무 페이지를 참조한다. 효과가 빨리 나타나는 속효성 화성비료나 인산성분이 많이 함유된 유기질배합비료를 사용하면 과일 맛이 좋아진다.

기온이 내려가 생육이 멈추는 겨울에는 비료가 필요 없다. 이 시기에 비료를 주면 꽃눈이 잘 달리지 않거나 뿌리가 썩는 원인이 되기도 한다.

물주기·컨테이너 위치

기온이 높을 때는 물을 충분히 준다. 기온 저하에 따라 점점 물을 적게 주고, 겨울은 가능하면 건조한 느낌으로 나는 것이 기본. 겨울에 건조하게 키워야 꽃눈이 잘 달린다. 표면이 하얗게 마르면 물을 준다.

컨테이너는 1년 내내 햇빛이 잘 드는 곳에 두는데, 계속 실내에서만 재배하면 햇빛을 충분히 받지 못해 잘 자라지 못한다. 그래서 따듯해지면(15℃ 이상) 밖으로 내놓고 직사광선을 받게 해준다. 겨울에도 따뜻할 때는 낮에 창문을 열고 바깥공기를 쐬게 해주면 튼튼하게 자란다.

단, 낮과 밤의 기온차가 10℃ 이상이 되면 시들어버릴 수 있으므로 주의한다.

4계절 관리작업

봄~가을

대부분의 열대 과일나무는 생육 적정온도가 15~30℃이다. 평균기온이 13℃를 넘으면 화분을 실외로 옮겨서 바깥 공기와 직사광선을 쐬게 하고 아침저녁으로 물을 듬뿍 준다.

열대 과일나무라도 30℃ 이상 되는 생육 적정온도를 넘는 곳에서 관리하면 일시적으로 생육이 멈춰버린다. 특히 오후의 서향 빛은 피하고, 그늘이나 처마 밑으로 옮겨서 온도관리를 한다.

겨울

기온이 10~15℃ 정도로 내려가면 많은 열대 과일나무가 생육을 멈춘다. 그리고 0~10℃가 되면 잎이 떨어지거나 작은 가지가 시들어서 나무가 약해진다. 그래서 겨울철에는 10℃ 이하로 내려가지 않도록 온도를 관리하는 것이 중요하다.

단, 꽃눈이 나오고 열매를 맺게 하려면 기온이 낮은 휴면시기도 필요하다. 이때 지나치게 자란 가지를 자르거나 끈 등으로 가지를 옆으로 유인하면, 꽃눈이 나오는 가지가 튼실해져서 열매로 이어진다.

이 책에서 소개하는 아보카도나 구아버, 패션프루트는 비교적 저온에 강하므로 일본의 경우 관동 이남에서는 그림처럼 서리를 맞지 않게 덮개를 씌워서 실외의 처마 밑에 내놓아도 된다. 그 밖의 열대과일은 겨울에는 실내로 옮겨서 햇빛이 잘 드는 창가에 두는 것이 좋다.

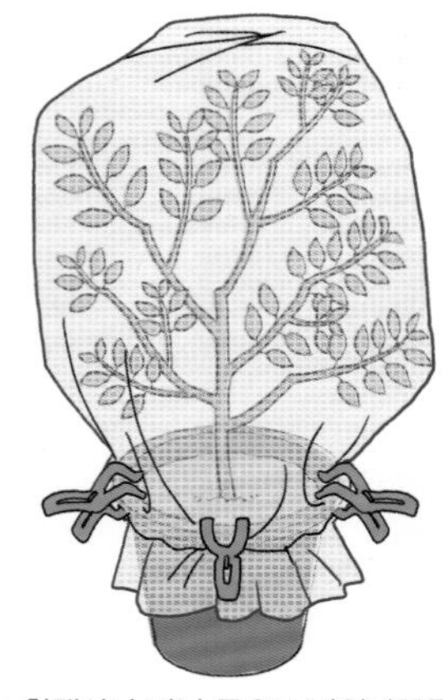

▲ 한랭사나 비닐 등으로 과일나무를 덮어서 서리를 피하게 하고, 햇빛이 잘 드는 처마 밑 등에서 관리한다.

수확

수확시기는 품종에 따라 다르지만 열대 과일나무의 열매는 바나나, 파인애플, 아보카도처럼 20~25℃에서 후숙한 뒤에 먹는 것이 많다.

시판하는 과일은 빨리 수확한 뒤 운송과정에서 후숙시키는 것이 대부분이지만, 나무 위에서 완전히 익힌 과일은 특별한 맛을 즐길 수 있다. 정성껏 키운 나무의 열매를 알맞은 시기에 수확하여 후숙한 뒤 그 맛을 느껴보기 바란다.

과수 재배의 기초

가정에서 과일나무 재배에 성공하기 위한 기초지식을 알아두자.
환경이나 목적에 맞는 품종을 선택하고, 가지치기나 열매솎기 등 적절한 관리를 해주면 해마다 많은 열매를 수확할 수 있다.

- 과일나무 재배의 기본과 즐기는 방법 A to Z
- 목적에 맞는 과일나무 선택 방법
- 묘목 선택 방법
- 토양 만들기
- 기본심기
- 컨테이너 재배의 기초
- 아담하게 재배하는 방법
- 열매가 잘 달리는 나무모양
- 가지치기의 기본
  - 기초지식
  - 실전
  - 케이스 스터디
- 비료
- 과일나무 관리작업
- 옮겨심기
- 번식 기술
  - 포기나누기
  - 휘묻이
  - 꺾꽂이
  - 접붙이기
- 병해충 대처 방법
- 농약 사용 방법
- 재배 도구

과일나무 재배의 기본과 즐기는 방법

내가 키운 과일의 맛은 각별하다!

과일나무 재배의 매력은 무엇보다 가장 맛있는 상태의 과일을 수확해서, 갓 딴 과일을 맛볼 수 있다는 것이다. 그리고 그 외에도 과일나무는 우리 생활에 여러 가지 기쁨과 위안을 준다. 과일나무 중에는 귀여운 꽃을 피우는 나무, 단풍이 아름다운 나무 등도 많아서 우리의 삶을 즐겁게 해주고 마음을 안정시켜 준다.

과일나무를 재배하려면 반드시 넓은 정원이 필요하다고 생각할 수 있지만, 대부분의 과일나무는 작은 정원이나 베란다 등 한정된 공간에서도 재배할 수 있다. 어떤 장소에서 어떻게 재배하는지 알면 맛있는 과일을 수확할 수 있다.

과일나무 재배의 매력

꽃이나 채소와는 조금 다른「기르는 기쁨」

꽃이나 채소와 달리 과일나무는 일단 기르기 시작하면 오랫동안 과일을 수확할 수 있다. 다 자란 뒤에도 십수 년, 수명이 긴 것은 100년 가까이 열매를 맺는다. 계절에 따라 꽃을 피우고 열매를 맺는 과일나무 재배는 세월이 지나면서 더 깊은 즐거움을 준다.

갓 딴「나무 위의 완숙과」가 주는 향기와 맛

나무에 달린 상태로 완전히 익힌「완숙과」는 매우 맛이 좋다. 그러나 시판되는 과일은 오래 보관하기 위해 빨리 딴 것이 대부분이다. 가정에서 재배하면 과일 본래의 맛이 응축된 나무 위의 완숙과로, 갓 딴 과일의 향기와 맛을 즐길 수 있다.

안심하고 먹을 수 있는 안전한 과일

가정에서 과일나무를 재배하는 가장 큰 장점은 농약 사용을 줄일 수 있다는 것이다. 시판 과일은 보기 좋게 만들거나 생산 효율을 높이기 위해 농약을 사용하는 경우가 대부분인데, 이 책에서는 농약을 거의 사용하지 않고 과일나무를 재배하는 방법을 소개한다.

시판되지 않는 과일을 맛볼 수 있는 즐거움

이 책에 나오는 과일 중에는 잘 판매되지 않는 과일도 포함되어 있다. 예전에는 많이 먹었지만 지금은 사라진 과일이나, 외국에서는 흔히 먹지만 국내에서는 생산되지 않는 종류나 품종 등, 여러 가지 과일나무 재배에 도전하는 것도 즐거운 일이다.

정원에서 재배한 과일은 맛과 즐거움을 준다.

과일나무 재배의 기본은「3가지 성장 사이클」

1 「나무의 성장」과「자손 남기기」작업이 동시에 진행된다

과일나무는 생육단계에서 가지와 잎, 뿌리가 자라는「나무의 성장」과 꽃을 피워 열매를 맺는「자손 남기기」과정이 나무 안에서 동시에 진행된다. 채소나 화초는 먼저 줄기와 잎, 뿌리가 성장하고 자신의 몸이 완성되면 꽃을 피우는 것이 많다. 과일나무 중에는 사과나 배처럼 먼저 꽃을 피운 뒤에 잎이 나오는 것도 있다.

과일나무 재배에서는 꽃이나 열매, 가지, 잎의 성장의 균형을 맞추면서 과일한테 양분이 충분히 전달되도록 재배하는 것이 중요한 포인트이다. 그러기 위해서는 가지치기가 반드시 필요하며, 부지런히 나무모양을 정리하는 것도 중요하다.

2 봄의 성장에 사용하는 양분은 전년도에 저장한 양분이다

과일나무의 커다란 특징 중 하나는 봄에 사용할 양분을 전년도 가을까지 나무에 축적해둔다는 점이다. 이 저장양분이 부족하면「나무의 성장」과「자손 남기기」작업이 서로 경쟁하게 되서, 꽃이 펴도 열매는 달리지 않는 일이 일어나기도 한다.

양분이 고르게 전달되도록 계절별로 과일의 양분 생산·축적 사이클에 맞게 나무를 관리하는 것이 맛있는 과일을 수확하기 위한 포인트이다.

A to Z

과일나무를 기르면 과일을 먹을 수 있는 것은 물론
「기르는 즐거움」도 맛볼 수 있다. 오랜 세월 꽃과 열매를 맺어
우리를 즐겁게 해주는 과일나무는 우리의 마음과 삶도 풍요롭게 해준다.

3 어린나무일 때는 쑥쑥 성장한다

과일나무는 묘목을 심은 뒤 바로 과일을 수확할 수는 없다. 묘목을 심고 몇 년 동안은 가지와 잎이 쑥쑥 자라서 접나무모의 경우 땅에 심으면 4~5년, 컨테이너에 심으면 2~3년 뒤부터 열매를 맺기 시작하는데, 어릴 때는 「나무의 성장」이 왕성하므로 좋은 열매를 얻기 힘들다.

몇 년이 지나면 과일나무도 어린 시기(유묘기)를 졸업하고 어른 시기(성목기)가 되어 열매를 많이 맺게 된다. 맛있는 과일을 얻기 위해서는 어릴 때부터 열매가 빨리 달리는 나무모양을 만들어주는 것이 중요하다.

과일나무는 크게 4가지로 분류할 수 있다

과일나무는 갈잎 과수(사과나 복숭아 등), 갈잎 소과수(블루베리 등), 덩굴성 과수(포도나 키위 등), 늘푸른 과수(감귤류)의 4가지로 분류할 수 있다.

그리고 이 4가지 분류에 따라 생육이나 양분의 축적 방법 등이 다르며 재배방법도 달라진다.

과일나무의 종류

갈잎 과수 감, 사과, 배, 매실, 복숭아, 무화과, 체리, 밤 등

갈잎 과일나무는 수확한 뒤인 가을에 주로 그 해에 자란 가지나 줄기, 뿌리에 양분을 축적한 뒤에 잎이 떨어진다. 따라서 4~11월에 잎이 햇빛을 충분히 받게 해서 영양성장을 촉진시키는 것이 중요하다. 겨울 휴면 중에는 추위에 강하며, 저장성분이 많을수록 내한성이 강해진다. 가지치기는 낙엽기에 한다.

갈잎 소과수 블루베리, 라즈베리, 블랙베리, 크랜베리 등

베리류처럼 떨기나무인 과일나무를 말하는 것으로, 크게 자라지 않으므로 가정재배에 적합하다. 겨울이 되면 잎이 떨어지므로 가지치기는 겨울에 한다. 종류에 따라 열매 맺는 습성이 다르기 때문에, 해마다 많은 열매가 달리도록 필요 없는 가지를 잘라서 햇빛이 잘 들게 하고, 묵은가지는 잘라서 갱신한다.

덩굴성 과수 포도, 키위, 다래, 으름 등

덩굴성 과일나무의 저장양분은 가지보다 뿌리에 축적되어 있다. 그리고 그 양분은 봄에 새로운 덩굴이나 가지의 성장에 쓰이며, 어리고 건강한 덩굴에는 열매도 달린다.
따라서 여름가지치기로 묵은가지를 제거해서 항상 새로운 가지로 갱신하는 것이 중요하다.

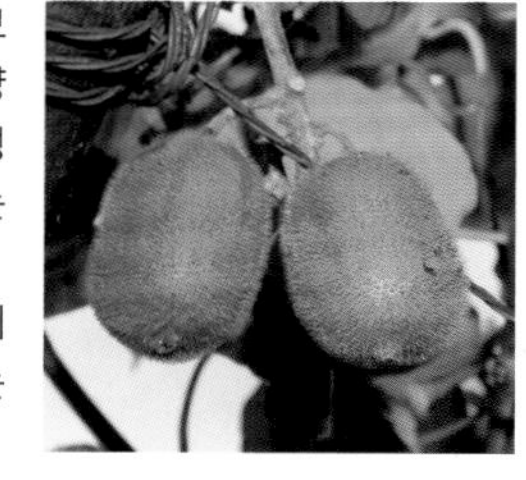

늘푸른 과수 감귤류, 비파, 멀꿀, 페이조아 등

겨울에도 휴면하지 않고 잎을 달고 있어서 추위에 약하다. 겨울에는 줄기와 잎이 거의 자라지 않지만, 그 잎에 다음 해 봄에 생육할 양분을 많이 축적하고 있다. 따라서 혹독한 추위로 잎이 떨어지거나 겨울에 가지치기를 지나치게 하면, 봄에 에너지가 부족해서 열매가 잘 안 달린다.

목적에 맞는 과일나무 선택 방법

어떤 과일나무를 기르지 정할 때는 「예쁜 꽃을 즐길 수 있다」거나 「햇빛이 잘 들지 않는 장소에서도 재배하기 쉽다」 등과 같이 과일나무의 성질이나 특징을 기준으로 선택하는 것이 좋다. 환경이나 목적을 생각하면 자신에게 알맞는 과일나무를 선택할 수 있다.

1그루만 있어도 열매가 달린다

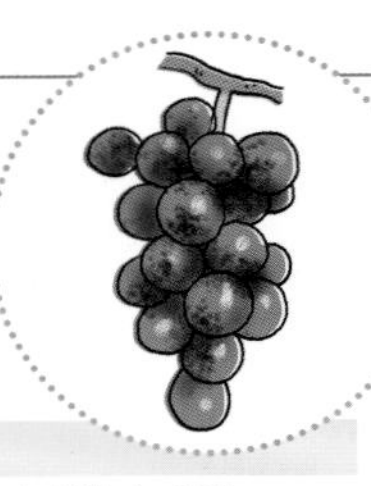

1그루만 심으면 꽃은 펴도 열매는 달리지 않는 과일나무가 많다. 1그루만 심어도 열매를 맺는 과일나무라면 초보자도 쉽게 재배할 수 있다.

- **대추 ➡ p.26**
  7월경에 열매를 솎아내서 해거리를 막으면 해마다 수확할 수 있다.
- **무화과 ➡ p.38**
  수확 1개월 정도 전에 열매를 솎아내면 열매가 좀 더 튼실해진다.
- **비파 ➡ p.60**
  꽃송이솎기, 꽃봉오리솎기, 열매솎기 등의 방법으로 열매를 관리하면 좋은 열매를 맺을 수 있다.
- **석류 ➡ p.80**
  붓으로 꽃의 중심을 살짝 문질러서 인공꽃가루받이를 시키면 좋다.
- **포도 ➡ p.122**
  넓은 장소가 필요하다고 생각하기 쉽지만 컨테이너 재배도 가능하다.
- **레몬, 온주밀감 등 ➡ p.140, p.142**
  감귤류는 1그루만 있어도 열매를 맺는 품종이 많다.
- **라즈베리, 블랙베리, 준베리 등 ➡ p.152 / p.156 / p.168**
  라즈베리, 블랙베리, 준베리는 1그루만 있어도 열매를 맺는다.

꽃이 아름답다

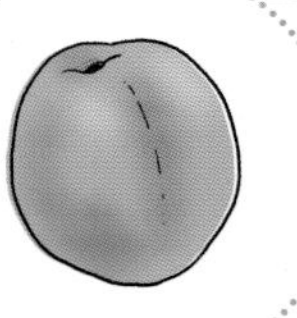

과일나무의 아름다운 꽃은 눈을 즐겁게 해준다. 매실이나 복숭아 등은 봄을 알리는 꽃으로 친숙하다.

- **복숭아 ➡ p.56**
  4월에 품위 있는 핑크색의 향기가 진한 꽃을 피운다.
- **매실 ➡ p.30**
  2월부터 흰색과 붉은 색의 귀여운 꽃을 피운다. 과수 중에서는 꽃이 빨리 핀다.
- **살구 ➡ p.76**
  3월 하순 ~ 4월 상순에 귀여운 분홍색 꽃을 피운다.
- **석류 ➡ p.80**
  5월 하순 ~ 7월 상순에 선명한 붉은색 꽃을 피운다.
- **페이조아 ➡ p.118**
  6~7월에 이국적인 분위기의 꽃을 피운다.

심고 나서 열매가 빨리 달린다

과일나무는 품종에 따라 묘목을 심어도 열매가 달릴 때까지 몇 년이 걸리는 나무도 있다. 베리류는 열매를 빨리 수확할 수 있다.

- **복숭아 ➡ p.56**
  심고 나서 약 3년 뒤에 수확할 수 있다.
- **라즈베리, 블랙베리 ➡ p.152, p.156**
  심고 나서 2~3년 뒤부터 본래 크기의 과일을 수확할 수 있다.
- **블루베리 ➡ p.160**
  심고 나서 2~3년 지나면 작은 열매가 달린다.
- **커런트 ➡ p.172**
  심고 나서 3~4년 뒤부터 과일을 수확할 수 있다.

단풍을 즐길 수 있다

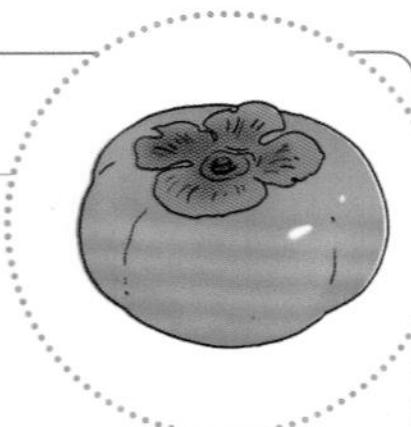

계절의 변화와 함께 잎 색깔이 변하는 단풍은 가을을 느끼게 해준다. 단풍을 즐길 수 있는 과일나무는 정원수로 더할 나위 없다.

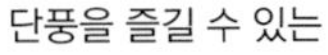

- **감 ➡ p.16**
  봄에는 아름다운 신록을, 가을에는 윤기 나는 붉은색 단풍을 즐길 수 있다.
- **뽀뽀나무 ➡ p.66**
  정원수로 인기가 많다. 독특한 모양의 커다란 잎이 노랗게 변한다.
- **블루베리 ➡ p.160**
  낮은 다간형 정원수 중에 단풍이 드는 나무는 별로 없는데, 블루베리는 가을에 진한 붉은색이 된다.
- **준베리 ➡ p.168**
  가는 잎에 선명한 붉은색으로 단풍이 들면 매우 아름답다.
- **크랜베리 ➡ p.176**
  진한 붉은색 단풍이 든다. 늘푸른나무지만 잎 색깔의 변화를 즐길 수 있다.

병해충에 강하다

병해충에 강한 과일나무는 약제를 사용하지 않고 재배할 수 있고 손도 많이 가지 않아 기르기 쉽다.

- **보리수 ➡ p.54**
  병해충이 거의 없어서 약제를 살포할 필요가 없다.
- **다래 ➡ p.22**
  특별히 문제가 되는 병해충이 없다. 약제를 살포할 필요가 없다.
- **비파 ➡ p.60**
  병해충 피해는 적지만 봉지를 씌우면 더 안심할 수 있다.
- **소귀나무 ➡ p.84**
  한국, 일본 등에 자생하는 야생종으로 병해충에 대한 내성이 강하다.

나무에서 완숙시킨 열매를 즐긴다

시판되는 과일은 상하지 않도록 빨리 수확한 것이 많다. 가정에서 재배하면 나무 위에서 익힌 완숙과를 맛볼 수 있다.

- **무화과 ➡ p.38**
  완전히 익어서 낙과 직전의 것이 맛있다.
- **배·서양 배 ➡ p.50**
  막 딴 완숙과는 달콤한 향기가 강하고 과즙도 풍부하다.
- **복숭아 ➡ p.56**
  완숙과는 껍질을 벗기기 쉬우며 향기가 매우 좋다.
- **자두 ➡ p.102**
  시판되는 것은 신맛이 강하지만 완숙시키면 달콤해진다.
- **페이조아 ➡ p.118**
  자연낙과한 것이 가장 맛있다.

심벌트리가 된다

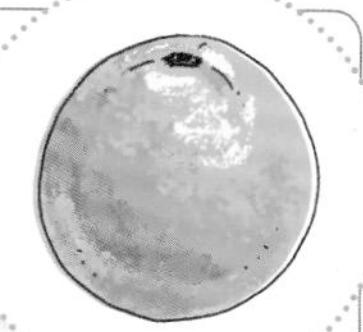

정원에 심벌트리(기념수)로 과일나무를 심으면 오랫동안 추억과 함께 과일도 즐길 수 있다.

- **자두 ➡ p.102**
  아담하게 재배할 수 있다. 아름다운 꽃을 즐길 수 있다.
- **올리브 ➡ p.94**
  잎이 아름다워서 심벌트리로 알맞다. 나무모양도 즐길 수 있다.
- **오렌지류 ➡ p.144**
  잎이 무성해지고 오렌지색 과일이 악센트가 된다.
- **금귤류 ➡ p.146**
  감귤류 중에서 나무모양을 아담하게 만들 수 있는 나무이다.
- **준베리 ➡ p.168**
  나무갓의 볼륨이 적어서 다른 나무와 조합하기 쉽다.

반음지에서도 재배할 수 있다

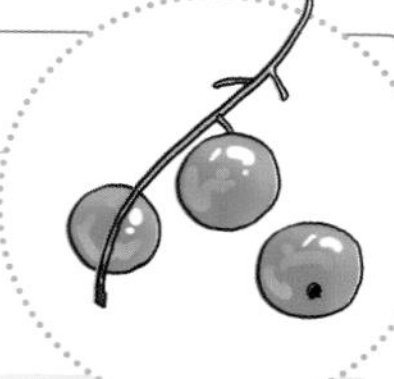

정원이나 베란다는 햇빛이 잘 들지 않는 곳도 있는데, 내음성이 있는 품종이라면 반음지에서도 재배할 수 있다.

- **라즈베리·블랙베리 ➡ p.152, p.156**
  서향 빛을 싫어하고 다른 나무의 그늘 아래에서도 잘 자란다.
- **준베리 ➡ p.168**
  건물이나 다른 나무의 그늘 아래에서도 잘 자란다.
- **커런트·구스베리 ➡ p.172**
  중부 이남에서는 그늘진 시원한 장소에서 재배하는 것이 좋다.
- **크랜베리 ➡ p.176**
  서향 빛이 직접 닿지 않는 장소에서 재배하는 것이 좋다.

과일이 거의 시판되지 않는다

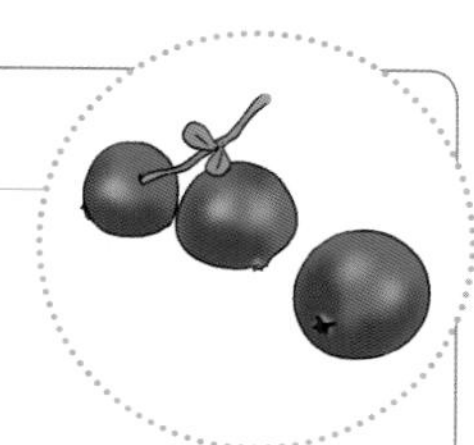

시판되지 않는 과일나무도 묘목은 구할 수 있다. 가정재배를 통해서만 맛볼 수 있는 최고의 맛을 즐길 수 있다.

- **다래 ➡ p.22**
  산과 들에 자생하는 키위의 친구.
- **뽀뽀나무 ➡ p.66**
  과육은 크림 상태이며 단맛이 강하고 독특한 맛이 있다.
- **준베리 ➡ p.168**
  알이 작지만 과일 색깔이 아름답고 날것으로 먹거나 가공해도 맛있다.
- **크랜베리 ➡ p.176**
  날것으로 먹기에는 적합하지 않지만 주스나 소스로 만들기 좋다.

좁은 장소에서도 재배할 수 있다

공간이 한정된 정원이나 베란다 등에서 재배하려면 좁은 공간에서도 재배할 수 있는 과일나무가 좋다.

① 크게 자라지 않는 종류

원래부터 크게 자라지 않는 떨기나무를 선택하면 공간이 좁아도 재배하기 쉽다.

- **꽃사과 ➡ p.70**
- **앵두 ➡ p.90**
- **베리류 ➡ p.152~178**
  (블루베리·블랙베리·커런트·준베리·크랜베리 등)

② 울타리형으로 만들 수 있는 종류

나무모양을 잘 만들면 장소가 좁아도 재배할 수 있다. 울타리형은 좁은 공간에서 재배하기 좋다.

- **으름덩굴·멀꿀 ➡ p.98**
- **키위 ➡ p.112**
- **포도 ➡ p.122**
- **베리류 ➡ p.152~178**

묘목 선택 방법

과일나무 기르기는 묘목 선택부터 시작된다. 좋은 묘목을 선택하면 과일나무가 순조롭게 성장해서 맛있는 과일을 수확할 수 있다. 묘목의 상태를 꼼꼼하게 확인한 뒤 구입한다.

열매가 빨리 열리는 접나무모를 추천한다

묘목이란 1~2년생 어린나무를 말한다. 번식방법에 따라 꺾꽂이모, 휘묻이모, 접나무모 등이 있다. 블루베리 등의 베리류나 무화과 등의 일부 과일나무 외에는 「접나무모」를 선택하는 것이 좋다.

접나무모는 대목의 뛰어난 형질(나무의 모양이나 열매의 성질)을 이어받고 열매가 빨리 달린다. 접나무모를 선택할 때는 접붙인 부분에 틈이 있으면 그곳에 병해충이 발생할 위험이 있으므로, 접붙인 부분이 눈에 잘 띠지 않고 단단히 붙어 있는 것을 선택한다.

접붙이기 1년생으로 막대처럼 보이는 「1년생 접나무모」와 포트에 심은 「포트묘」가 있는데, 1년생 접나무모 중에는 흙을 제거해서 뿌리 상태를 볼 수 있는 것도 있으며 전문점에서 구할 수 있다.

품종명과 심는 시기를 확인하고 구입한다

과일나무 중에는 1가지 품종만 있어도 열매가 열리는 나무와 2가지 품종 이상 심지 않으면 열매가 열리지 않는 나무가 있다. 구입할 때는 1그루면 되는지 2그루가 필요한지 반드시 확인하고, 묘목의 품종명이나 연수도 확인해야 한다.

또한 농원에서는 가지가 길면 공간을 차지하므로 짧게 잘라서 파는 경우가 있다. 구입할 때는 가능한 한 가지 수가 많고 가지가 긴 것을 선택해야, 나무모양을 만들 때 여러 가지 방법으로 가지치기할 수 있다. 적당한 수의 가지가 균형 있게 배치된 묘목을 선택하는 것이 좋다.

또한 포트 바닥에 있는 구멍으로 뿌리가 나와 있는 것은 안쪽에 뿌리가 가득 차 있을 가능성이 높으니 피하는 것이 좋다.

품종명을 체크한다.

2~4년생 포트묘(접나무모)

장점
열매가 빨리 달린다.

단점
원하는 나무모양을 만들기 어렵다.

1년생 접나무모

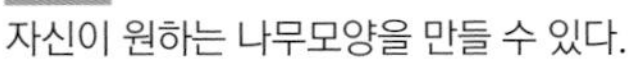

장점
자신이 원하는 나무모양을 만들 수 있다.

단점
열매가 달릴 때까지 시간이 걸린다.

1가지 품종만으로는 열매가 달리지 않는 과일

반드시 2가지 품종을 심어야 되는 나무	키위, 배, 팔삭, 일향하 등(키위는 수나무, 암나무가 1종류씩 필요하다.)
대부분 2가지 품종을 심어야 되는 나무	사과, 자두, 체리, 매실, 밤, 올리브, 블루베리 등
품종에 따라 2가지 품종을 심어야 되는 나무	복숭아, 감 등

좋은 묘목과 나쁜 묘목을 구별하는 방법

포트묘의 경우

○ 좋은 묘목

옆에서 볼 때

- 접붙인 부분에서 곧게 쭉 자랐다.
- 접붙인 부분에서 위아래로 두께의 차이가 없다.
- 가지가 좌우로 균형을 이루면서 적당한 간격으로 나 있다.

위에서 볼 때

- 튼실하고 두꺼운 가지가 3~6개 나와 있다.
- 360° 다양한 방향으로 균형 있게 나와 있다.

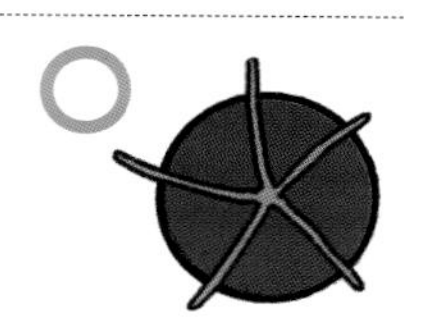

✕ 나쁜 묘목

옆에서 볼 때

- 접붙인 부분의 높낮이가 다르다.
- 움돋이가 나와 있다.
- 접붙이기 테이프가 속으로 말려 들어 갔다.
- 묘목이 가늘고, 가지 수가 적으며, 같은 방향으로 나와 있다.

움돋이

접붙인 부분과 줄기가 곧지 않고, 움돋이가 나와 있다.

위에서 볼 때

- 가지가 가늘다.
- 가지가 같은 방향으로만 나와 있다.

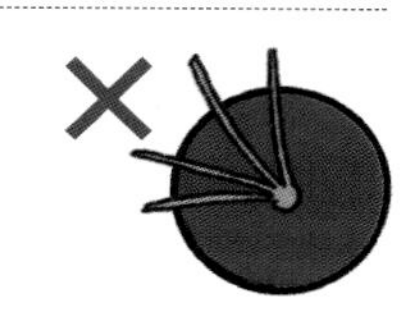

1년생 접나무모에서 뿌리가 보이는 경우

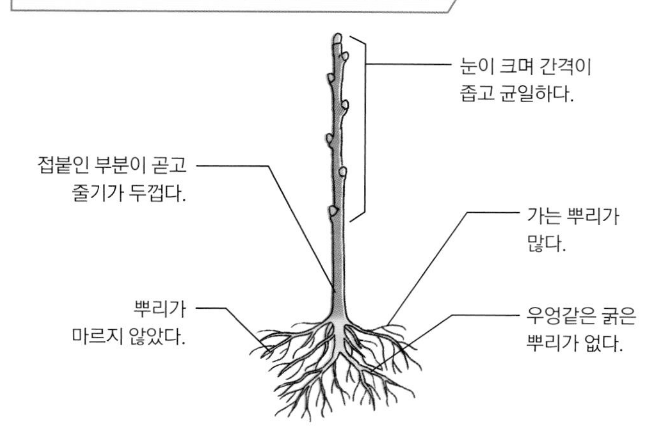

재배공간이 좁으면 왜성대목을 접붙인 묘목이 좋다

접나무모 중에는 나무키가 높아지지 않는 왜성대목(난장이바탕나무)에 접붙인 묘목도 있는데, 재배공간이 좁거나 컨테이너에서 재배할 때 적합하다. 왜성대목에 접붙인 묘목은 나무자람새가 억제되어 일반 대목에 접붙인 묘목에 비해 열매가 빨리 달린다.

단, 꽃눈이 잘 달리기 때문에 열매가 지나치게 많이 달릴 수 있으므로, 꽃솎기, 열매솎기 등의 관리를 잘 해야 한다. 또한 뿌리가 얕게 뻗어서 흙의 건조나 과습에 약하기 때문에, 물을 조금 주거나 너무 많이 주지 않도록 주의한다.

왜성대목 묘목이 있는 나무 **체리, 배, 복숭아, 사과 등.**

씨앗을 재배하는 경우

원래의 열매와 같은 맛이 나는 열매가 열리지 않는다

과일을 먹은 뒤 남은 씨를 심어서 똑같은 과일이 열리는 나무를 키우고 싶다고 생각하는 사람도 있을 것이다. 그러나 먹은 과일이 맛있었다고 해서 그 씨에서 같은 맛이 나는 과일이 열리는 과일나무가 나온다고 장담할 수는 없다. 대부분의 과일나무는 품종개량을 반복해서 형질이 안정되지 않기 때문에, 원래의 나무와는 다른 다양한 형질의 씨모(실생묘)가 나온다.

게다가 원래의 나무보다 못한 경우가 대부분이어서, 안타깝지만 맛있는 과일을 기대할 수 없다.

그러나 열매는 맛이 없어도 관엽식물로 즐기는 데는 문제가 없으므로, 어떤 나무로 자랄지 도전해보는 것도 재미있는 일이다.

같은 형질의 나무가 나오기도 한다

비파나무나 감귤류의 경우에는 원래의 나무와 같은 형질의 나무가 나올 가능성이 크다. 감귤류는 다배(多胚)라고 해서 유전적으로 원래의 나무와 같은 나무가 나올 확률이 높다. 수정배는 1개이고 나머지는 클론인데 여기서 많은 가지가 만들어진다. 이 가지를 정리하거나 그대로 두어도 원래의 나무와 같은 종류의 나무가 된다.

씨앗에서 키운 아보카도 3년생.

과일나무에 적합한 환경과 토양 만들기

과일나무를 심기 전에 각각의 품종에 적합한 환경을 만드는 것이 중요하다. 토양 조성, 온도와 습도, 일조조건 등도 과일나무의 종류에 따라 다르므로 미리 체크한다.

햇빛이 잘 들고 바람이 잘 통하는 장소를 선택한다

재배할 장소를 선택할 때는 바람이 잘 통하고 해가 잘 드는 장소를 선택한다. 햇빛이 잘 들지 않으면 광합성이 충분히 이루어지지 않아 나무가 건강하게 성장하지 못한다. 식물의 광합성은 오전 중이 가장 활발하므로 아침 햇살이 잘 닿는 남향의 장소가 재배에 적합하다.

특히 갈잎 과일나무는 눈이 달릴 때부터 낙엽이 질 때까지, 하루의 1/2 이상(오전 중) 해가 드는 장소가 이상적이다. 그에 비해 늘푸른 과일나무는 햇빛이 조금 덜 들어도 자란다. 과일나무의 특성을 파악한 뒤 정원 어디에 심을지, 컨테이너 재배의 경우에는 화분을 어디에 둘지 정한다.

과일나무의 햇빛·물빠짐·건조에 대한 적응도

내음성	
그늘에 매우 약하다	사과, 밤
그늘에 약하다	복숭아, 배, 자두, 매실
그늘에 약한 편이다	포도, 귤
그늘에 강한 편이다	감, 무화과, 키위, 으름덩굴
내습성	
강하다 (물이 잘 안 빠지는 장소도 가능하다)	감, 배, 포도, 석류, 블루베리, 마르멜로
약하다 (물이 잘 빠지는 장소를 좋아한다)	무화과, 복숭아, 매실, 체리, 자두, 살구, 키위, 밤
내건성	
건조에 강하다	복숭아, 자두, 살구, 포도, 매실, 밤, 올리브, 보리수, 호두, 감귤
건조에 약하다	사과, 배, 감, 마르멜로, 블루베리, 키위, 모과

과일나무 재배에 적합한 환경

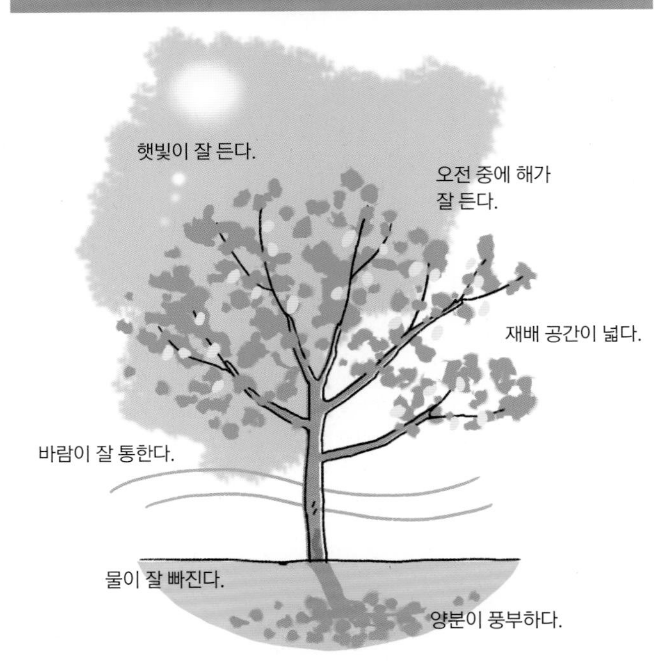

과일나무 재배에 적합한 온도

과일나무	연평균 기온
감귤	15℃ 이상
사과	6℃ 이상 14℃ 이하
포도	7℃ 이상
배	7℃ 이상(서양배는 7℃ 이상 15℃ 이하)
복숭아	9℃ 이상
비파	15℃ 이상
감	단감은 13℃ 이상, 떫은감은 10℃ 이상
밤	7℃ 이상
매실	7℃ 이상
자두	7℃ 이상
파인애플	20℃ 이상

원래 있던 흙을 파내서 적합한 토양을 만든다

과일나무는 기본적으로 물이 잘 빠지고, 수분보존력이 어느 정도 있으며, 양분이 풍부한 토양을 선호한다. 일반적으로 주택 정원의 흙은 단단하고 비료성분이 적기 때문에 먼저 적합한 토양을 만들어야 한다.

구체적인 순서는 p.204에서 소개하지만 심기 전에 먼저 흙을 깊이 파는 것이 중요하다.

파낸 흙에 부엽토와 적옥토를 섞어서 용토로 사용한다.

원래의 흙이 심한 점토질이거나 돌이나 모래가 많은 경우에는 정원의 흙을 사용하지 않고 적옥토와 부엽토, 경우에 따라 흑토를 섞은 것을 용토로 사용한다.

지름 40㎝ 정도로 구덩이를 판다.

과일나무 재배에 적합한 비율은 적옥토 1 : 부엽토 1

적옥토와 부엽토를 섞은 용토가 과일나무에 적합한 이유는 물이 잘 빠지고, 공기가 잘 통하며, 수분보존력이 높아져서 흙 속의 양분을 유지하기 쉽기 때문이다. 적옥토와 부엽토를 1:1 비율로 섞은 용토는 대부분의 과일나무에 적합하다.

또한 과일나무에 가장 잘 맞는 흙은 그 나무가 자생하는 땅에 가까운 흙이다. 과일나무의 종류에 따라 아래에서 소개하는 다른 용토를 섞는 것이 좋은 경우도 있다.

과일나무를 재배할 때는 적옥토 1 : 부엽토 1의 비율로 용토를 만든다.

주요 용토의 종류와 특징

적옥토

적토를 입자 크기에 따라 대·중·소로 나눠서 작은 덩어리로 만든 것. 기본 흙으로 사용한다.

부엽토

넓은잎나무(활엽수)의 낙엽이 발효, 부패한 것. 기본 용토에 섞으면 통기성, 투수성, 보비성이 높아진다. 기본 흙으로 사용한다.

피트모스

습지에 있는 물이끼가 퇴적되어 썩어서 숙성된 것. 부엽토와 비슷한 성질이지만 산도가 높아서, 산성 토양을 좋아하는 과일나무에 적합하다.

흑토

화산재 등이 바람에 날려 지표나 수중에 퇴적하여 생긴 화산회토의 표면 흙. 유기물과 비료성분은 많지만 인산성분은 적다.

버미큘라이트

질석을 구워서 여러 층으로 이루어진 얇은 판 상태로 만든 것. 수분보존력, 통기성 개선에 도움이 된다.

펄라이트

진주암을 고온·고압에서 구워 다공질로 만든 것. 통기성을 개선하고 흙을 가볍게 만들어 준다.

녹소토

다공질의 화산성 모래와 자갈이 풍화한 것. 일본 도치기현 가누마시 부근에서 생산된다. 산성으로 비료성분은 거의 없다.

야자껍질

야자열매 껍질 바깥쪽의 부드러운 부분을 잘라서 스펀지 상태로 만든 것.

강모래

하천 중류~하류 지역에 있는 동그랗고 작은 입자, 또는 모래 상태의 용토.

기본심기①_ 정원 재배

재배할 장소가 정해지면 나무를 심는다. 알맞는 시기에 땅을 잘 갈아서 나무가 잘 자랄 수 있는 상태로 만든 다음 심는 것이 뿌리를 잘 내리게 하는 비결이다. 뿌리가 마르면 뿌리를 잘 내리지 못하므로 작업 중에도 주의해야 한다.

적합한 시기는 11~3월이지만 여름 외에는 모두 가능

과일나무를 심기에 적합한 시기는 갈잎 과일나무의 경우 뿌리가 활동하지 않는 휴면기나 새 뿌리가 발생하기 전이 적합하다.

과일나무를 심기 좋은 시기는 ①11~3월(겨울 휴면기), ② 장마(6월~7월 상순), ③9월(가을뿌리가 자라기 전), ④여름 이외의 시기(4, 5, 10월경)의 순서이다.

겨울 이외의 계절에 심을 때는 뭉쳐 있는 뿌리분을 흩트리지 않도록 주의한다.

베리류는 겨울에도 뿌리분을 흩트리지 않도록 주의한다.

늘푸른 과일나무는 겨울에도 휴면이 약하기 때문에 뿌리가 활동을 시작하기 전인 3월이 심기에 적합하다.

심는 구덩이 준비

심는 구덩이는 지름 40㎝, 깊이 30㎝가 기본. 너무 깊으면 흙이 내려앉아서 뿌리가 상하거나 물이 고여서 습기로 인한 피해를 입을 수 있다.

01 심을 장소를 정한다. 평평하고 햇빛이 잘 드는 장소, 주위에 나무가 없는 장소를 선택한다.

02 심는 구덩이를 판다. 가로세로 40×40㎝, 또는 지름 40㎝, 깊이 30㎝ 정도가 되도록 삽으로 판다. 절구모양이 되지 않도록 수직으로 판다.

03 부엽토와 적옥토를1 : 1로 잘 섞는다. 적옥토는 중립~소립이 좋다.

04 원래의 흙이 점토질이거나 자갈이 많이 섞여 있을 때는 사용하지 않는다. 그만큼 새로운 흙을 넉넉히 준비한다. 원래의 흙에 묵은 뿌리가 있으면 날개무늬병의 원인이 되므로 제거한다.

05 **03**에 원래의 흙을 섞는다. 원래의 흙이 무겁기 때문에 **03** 위에 올리고 밑에서부터 뒤섞는다. 2번 정도 뒤섞어서 잘 섞이게 한다.

06 **05**의 흙으로 구덩이를 절반 정도 채운다.

POINT

밑거름를 넣을 때

밑거름은 넣지 않아도 되지만 넣을 경우에는 구덩이 바닥에 2kg 정도 넣는다. 깻묵이나 우분(쇠똥), 퇴비 등이 좋다. 계분(닭똥)은 빨리 분해되므로 밑거름으로 적합하지 않다(비료는 p.238 참조).

묘목을 심는다

심을 때는 뿌리가 마르지 않도록 주의하고 심은 뒤에는 물을 듬뿍 줘야 한다. 사과 묘목을 예로 심는 순서를 설명한다.

01 뿌리가 상하지 않도록 조심해서 포트를 뺀다. 접붙이기 테이프가 있으면 벗겨 둔다.

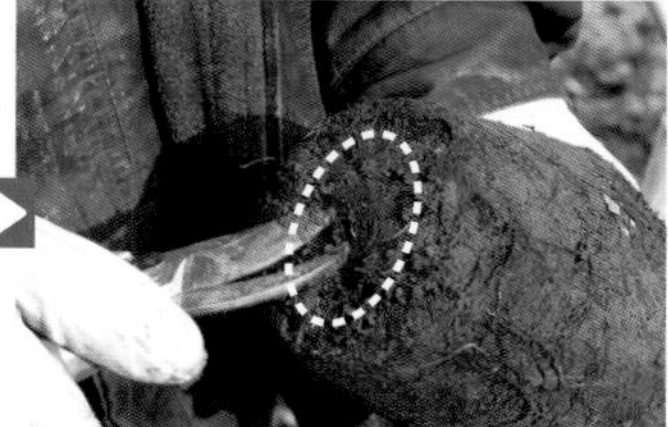

02 바닥의 흙을 모종삽 등으로 긁어낸다. 포트의 흙은 좋은 흙이 아닌 경우가 많기 때문에, 긁어내서 새로운 흙이 들어가기 쉽게 만든다. 옆면에도 모종삽을 이용해서 3㎝ 간격으로 홈을 판다.

POINT

뿌리는 자르지 않아도 된다.

03 묘목 위치를 정하고 지면과 포트 윗부분의 높이가 같게 흙을 넣는다. 줄기가 구덩이 가운데에 오도록 놓고 주위에 흙을 충분히 넣는다.

04 주위를 살짝 밟아서 안정시킨다. 그런 다음 흙을 줄기쪽으로 긁어 모아서 살짝 불룩하게 덮어준다.

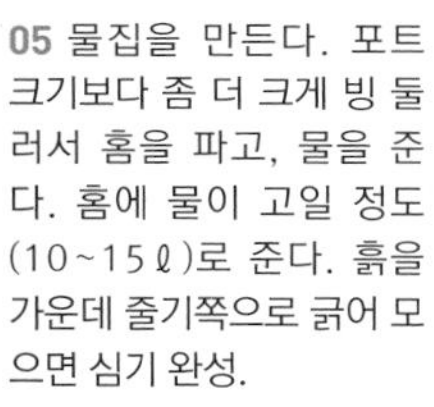

05 물집을 만든다. 포트 크기보다 좀 더 크게 빙 둘러서 홈을 파고, 물을 준다. 홈에 물이 고일 정도(10~15ℓ)로 준다. 흙을 가운데 줄기쪽으로 긁어 모으면 심기 완성.

06 첫 해에는 꽃을 피우지 않고 나무를 성장시키는 것이 좋으므로, 끝에 꽃눈이 생기면 모두 잘라낸다.

POINT

흙을 불룩하게 덮어주는 북주기로 뿌리를 지킨다

심은 뒤 몇 년이 지나면 베리류, 감귤류, 포도, 복숭아 등은 뿌리가 땅 표면으로 올라오는 경우가 있다. 또한 뿌리를 덮은 흙이 줄어들어서 뿌리가 마르고 잘 자라지 못하는 경우도 있다. 이럴 때는 부엽토 + 적옥토 등으로 줄기 밑동을 불룩하게 덮어서 뿌리를 지켜야 한다. 땅 표면이나 땅속 온도가 올라가는 5월 상순경, 또는 8월 하순~9월경에 하는 것이 좋다.

컨테이너 재배의 기초

컨테이너 재배는 넓은 정원이 없는 사람도 간단하게 과일나무 재배를 즐길 수 있는 재배방법이다. 한정된 공간에서 재배하기 때문에, 좋은 열매를 맺게 하려면 가지치기를 비롯해서 매일매일 꼼꼼하게 관리해야 한다.

어떤 과일나무가 컨테이너 재배에 적합할까?

컨테이너 재배는 장소를 옮겨서 재배환경을 바꿀 수 있다는 것이 큰 장점이다. 바람, 추위, 더위, 비 등을 쉽게 피할 수 있어서 관리하기 쉽다. 그러나 한정된 양의 흙에 심는 것이므로 햇빛이 강한 여름에는 수분이 부족해지기 쉽고, 물주는 것을 잊어버리면 시들어 버린다. 이런 점 때문에 건조에 강한 과일나무를 선택하는 것이 좋다.

또한 감귤류나 블루베리 등은 아담하게 만들기 쉬우므로 한정된 공간에서 재배하기 좋다. 컨테이너 재배에 처음 도전하는 사람은 오른쪽에서 예로 든 재배하기 쉬운 과일나무부터 시작해보자.

감귤류는 컨테이너에서도 잘 자란다.

건조에 비교적 강한 과일나무

으름. 매실, 살구, 올리브, 석류, 멀꿀, 앵두 등.

올리브는 건조에 강해서 베란다의 심벌 트리로도 잘 어울린다. 열매를 맺으려면 2가지 품종이 필요하다.

아담하게 만들기 쉬운 과일나무

감귤류(온주밀감, 유자, 금귤, 레몬 등) 베리류(블루베리, 라즈베리, 블랙베리, 커런트, 구즈베리 등), 앵두 등.

블루베리는 초보자에게 추천하는 과일나무이다. 2가지 품종을 심으면 열매가 잘 달린다.

컨테이너 재배의 장점과 단점

과일나무는 줄기나 가지와 잎만 크게 자라면 양분이 나무의 성장에 사용되어 좀처럼 열매를 맺지 못한다. 그런데 컨테이너에서 재배하면 용토가 한정되어서 뿌리가 지나치게 자라지 않고 나무가 아담해지므로, 정원에 심을 때보다 1~2년 빨리 과일을 수확할 수 있다.

다만 아담하게 재배하려면 과일나무의 성질에 맞는 가지치기가 필요하다. 또한 용토의 양이나 양분도 한정되기 때문에, 1~2년에 1번 정기적으로 옮겨 심거나 분갈이(한 치수 큰 화분으로 옮겨 심는 것)를 해야 한다.

컨테이너 재배의 장점

- ○ 정원에 심을 때보다 빨리 꽃이 피고 열매가 달린다.
- ○ 햇빛이 잘 드는 장소, 온도가 적합한 장소로 이동할 수 있다.
- ○ 아파트 등 공동주택에서도 간단하게 재배할 수 있다.

컨테이너 재배의 단점

- △ 흙이나 양분의 양이 한정되어 있으므로 정기적으로 분갈이한다.
- △ 물주기를 게을리하면 시들어 버리는 경우도 있다.

컨테이너 재배의 규칙

햇빛이 잘 들고 바람이 잘 통하는 장소에 둔다

과일나무가 충분히 성장하려면 햇빛과 바람이 중요하므로 컨테이너를 햇빛이 잘 들고 바람이 잘 통하는 장소에 두어야 한다. 또한 컨테이너를 받침대 위에 올려두면 햇빛도 잘 들고 바람도 잘 통한다. 단, 강풍에 주의한다.

1화분에 1그루가 기본, 2그루는 피한다

과일나무 중에는 2가지 품종을 심지 않으면 열매를 맺지 않는 것이 많다. 2가지 품종을 재배할 때는 반드시 각각 컨테이너를 나누어서 1화분에 1품종 1그루만 심는다. 2그루를 함께 심으면 어느 한쪽으로 양분이 치우친다.

성장기에는 한 치수씩 큰 화분으로 바꿔준다

한정된 흙으로 재배하기 때문에 흙 속에 있는 양분의 양도 과일나무의 성장에 따라 부족해지기 쉽다. 또한 뿌리가 자라서 화분 속이 꽉 찰 수도 있다. 따라서 해마다 한 치수 큰 화분으로 옮겨 심어야 한다.

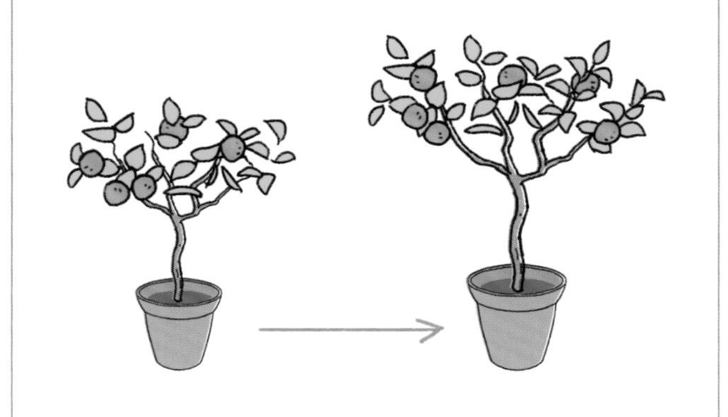

화분을 두는 장소에 맞는 나무모양을 만든다

아파트 베란다 등 높이나 너비에 제한이 있는 경우에는 그 장소에 맞는 나무모양을 만든다. 포도 등 덩굴성 과일나무는 원형 받침대를 사용하면 아담하게 재배할 수 있다.

공동주택에서 컨테이너 재배를 하는 경우

베란다에서 과일나무를 재배하면 낙엽이나 꽃잎, 물을 줄 때 밑으로 흘러나오는 흙 등으로 인해 쓰레기가 생긴다. 이런 쓰레기로 배수구가 막히지 않게 주의하고, 이웃에게 불편을 주지 않도록 규칙을 지키면서 컨테이너 재배를 즐기자.

쓰레기의 행방에 신경쓴다

낙엽이나 꽃잎 등의 쓰레기가 이웃집 베란다로 날아가거나, 배수구를 막지 않도록 각별히 주의하고 꼼꼼하게 청소한다.

물을 줄 때는 아래층을 배려한다

베란다 난간 주변에 컨테이너를 놓아두는 경우, 물을 줄 때 아래층 베란다에 물이 튀지 않도록 주의해야 한다.

비상용 해치나 칸막이를 막지 않는다

컨테이너를 놓는 장소는 이웃집과의 사이에 있는 칸막이쪽을 피해서 놓는 것이 좋다. 베란다에 비상용 해치가 있는 경우에도 그 앞은 반드시 비워둔다.

컨테이너 재배용 흙 준비하기

컨테이너에서 재배할 때는 정원에서 재배할 때 이상으로 흙의 질이 과일나무의 생육을 좌우한다. 과일나무에 적합한 용토를 준비하고, 사용하는 화분은 나무의 성장에 따라 크기를 바꿔서 최적의 환경을 만들어주는 것이 중요하다.

크기나 소재가 알맞은 화분을 선택한다

컨테이너 재배에 사용하는 화분의 크기는 과일나무의 성장에 따라 정한다. 처음부터 커다란 화분에 심는 것이 아니라 처음에 심을 때는 묘목보다 1~2호 큰 것을 선택하는 것이 좋다. 과일나무 종류에 따라 크기가 달라지지만, 대부분 6~8호 화분(지름 18~24㎝)이 기준이다.

또한 화분은 다양한 소재와 형태의 제품이 있다. 도기나 나무로 만든 화분은 바람이 잘 통하고, 플라스틱으로 만든 화분은 수분보존력이 있고 가벼우며 운반하기 쉬운 것처럼 각각의 특징이 있다. 물이 잘 마르지 않는 플라스틱 제품은 대부분의 과일나무에 사용하기 좋다. 어린나무나 고온에 약한 나무는 흰색계통의 화분으로 화분 속 온도를 조절할 수 있다.

플라스틱 제품은 가볍고 다루기 쉽다.

크기의 기준

화분 크기는 호수로 표시한다. 호수는 화분의 지름을 재서 약 3㎝를 1호라고 한다.

7호 화분

처음 묘목을 심을 때는 6~8호가 기준.

10호 화분

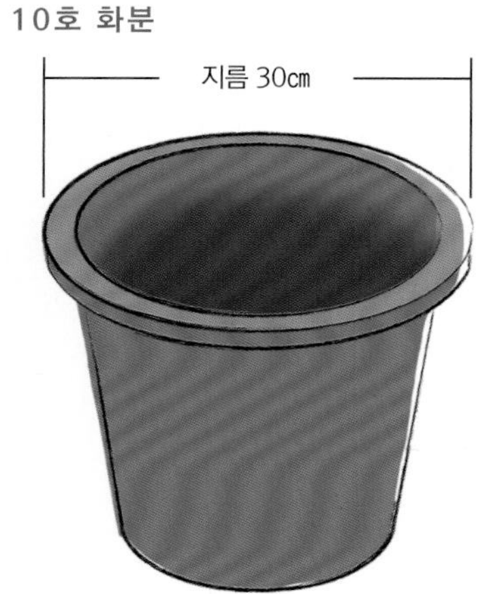

1~2년에 1번 옮겨 심는다.

컨테이너 종류

플라스틱 제품

공기는 잘 통하지 않지만 수분보존력이 뛰어나다. 가격도 저렴하며 가볍고 내구성이 좋은 것이 많다.

도기 제품

무게가 있고 깨지기도 하지만 공기가 잘 통한다. 테라코타 화분은 보기에도 좋고 내구성도 있다.

나무 제품

나무 화분은 공기가 잘 통하고 디자인이 자연스러워서 보기 좋다. 내구성은 제품에 따라 다르다.

화분 크기 선택 방법

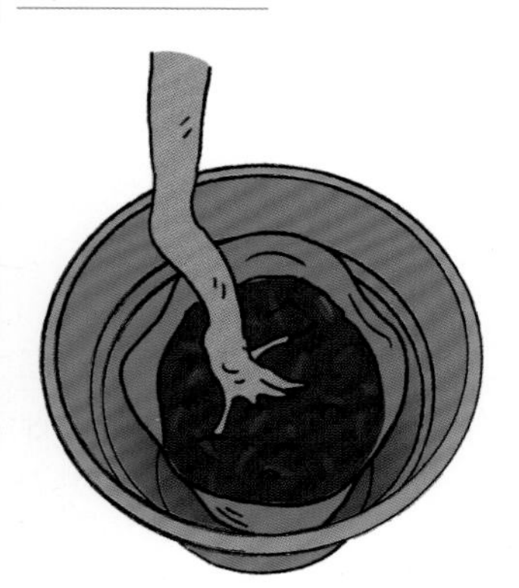

화분의 중앙에 묘목을 놓고 공간이 1.5~3㎝ 정도 남으면 딱 1~2호 큰 사이즈이다.

컨테이너 재배의 용토는 적옥토1 : 부엽토1이 기본

컨테이너에서 재배할 때는 적옥토와 부엽토를 1:1로 섞은 용토를 사용하는 것이 좋다.

적옥토는 중간 크기의 입자가 가장 좋은데, 물이 잘 빠지고 공기가 잘 통하며, 수분보존력이 뛰어나다.

부엽토는 낙엽 등을 발효 및 분해시킨 흙으로 유기질이 많이 함유되어 있다.

적옥토와 부엽토를 섞은 용토는 공기가 잘 통하고 물이 잘 빠져서 컨테이너 재배에 가장 적합한 흙이다.

과일나무에 따라서는 버미큘라이트 또는 펄라이트를 섞어주기도 하고, 산성 흙을 좋아하는 과일나무는 피트모스를 섞는 등 그 과일나무가 원래 좋아하는 흙의 성질에 가깝게 만드는 것이 중요하다.

크기의 기준

부엽토 1 : 적옥토 1

심기 전에 양동이 등에 적옥토와 부엽토를 넣고 잘 섞어둔다.

그 밖의 용토

버미큘라이트

광물을 건조시킨 용토로 수분보존력이 좋아진다. 감 등 수분을 좋아하는 과일나무는 적옥토의 1/3을 버미큘라이트로 대체하면 좋다.

피트모스

물이끼 등을 발효시킨 산성도 높은 용토. 블루베리 등 산성을 좋아하는 과일나무에 부엽토 대신 사용하면 좋다.

펄라이트

광물을 건조시킨 가벼운 용토로 통기성이 좋아진다. 복숭아, 포도 등을 심을 때 적옥토의 1/3을 펄라이트로 대체하면 좋다.

부엽토는 굵은 체로 걸러서 커다란 낙엽이나 시든 가지를 제거한다

부엽토에 들어 있는 커다란 낙엽이나 시든 가지는 병해충을 발생시키는 원인이 되므로, 사용하기 전에 굵은 체로 걸러내는 것이 좋다.

배수용 돌은 사용하지 않아도 좋다

배수용 돌은 반드시 넣지 않아도 된다. 기본 용토에서 사용하는 적옥토를 중간 크기의 입자로 하면, 흙 속에 공기가 잘 통하고 습도도 적절하게 유지된다. 단, 길이가 긴 화분을 사용하는 경우에는 배수성과 통기성이 떨어질 수 있으므로 배수용 돌을 넣는 것이 좋다.

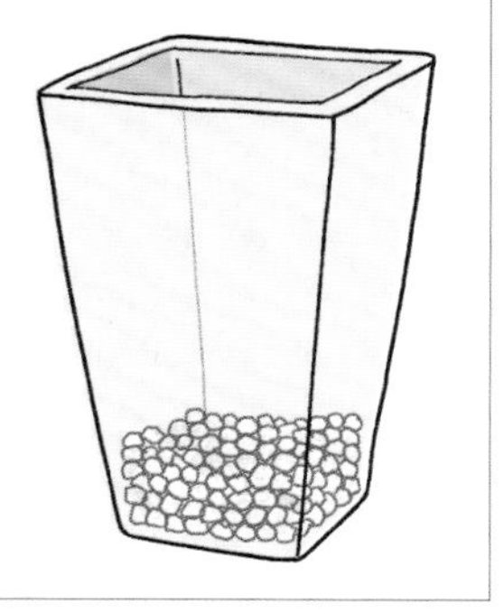

사용한 용토를 다시 사용하는 경우

컨테이너 재배에서 나무를 옮겨 심을 경우 지금까지 사용한 흙은 어떻게 처리할까. 한 번 사용한 흙은 뿌리나 잎 등의 쓰레기를 제거하고 체에 걸러서 더 작은 불순물도 제거한다. 그리고 2~3일 햇빛이 잘 드는 장소에 펼쳐둔 다음, 부엽토나 적옥토, 유기질비료 등을 섞어주면 다시 사용할 수 있다. 단, 병에 걸린 나무를 심었던 흙은 폐기하는 것이 기본이다.

기본심기② _ 컨테이너 재배

묘목 크기에 맞는 화분과 용토가 준비되면 묘목을 심는다. 심을 때 기본적인 주의사항은 정원에 심을 때와 같지만, 컨테이너에 심을 때 특별히 주의할 점도 몇 가지 있다. 건강하게 키울 수 있도록 알아두고 주의하자.

심는 시기는 초봄이 가장 좋다

컨테이너에 심을 때 적절한 시기는 초봄인 3월경이지만 뿌리분을 흩트리지 않고 심는다면 여름 외에는 1년 내내 심을 수 있다.

잎이 떨어진 겨울의 갈잎 과일나무를 11~3월에 심는 경우에는 포트에서 꺼낸 뒤 묘목 바닥이나 주변의 흙을 조금 흩트린 다음 심는다. 늘푸른 과일나무나 잎이 달린 상태의 갈잎 과일나무(봄~가을)는 흙을 흩트리지 않고 그대로 심는다.

컨테이너와 용토 준비

컨테이너는 포트보다 1호 큰 것을 준비한다. 처음부터 너무 큰 화분에 심으면 뿌리가 썩는 원인이 될 수 있으니 주의한다.

01 컨테이너에 구멍이 있는 경우에는 네트를 넣는다.

02 배수용 흙을 한 층 넣는다. 배수용 흙 외에 녹소토나 입자가 큰 적옥토도 관계없다. 또한 바닥으로 공기가 잘 통하는 형태의 화분이라면 배수용 흙을 넣지 않아도 좋다.

03 적옥토와 부엽토를 1 : 1로 섞은 용토(p.209)를 사용한다. 화분의 1/3 정도를 용토로 채운다.

묘목을 심는다

묘목의 뿌리분을 흩트리는 것은 심는 시기와 포트 속에 있는 흙의 상태를 보고 결정한다.

01 묘목의 줄기 밑동을 한손으로 잡고 다른 한손으로 포트 위쪽 테두리를 살짝 눌러서 포트를 빼낸다.

POINT

부드럽게 뺀다

뿌리가 감겨 있으면 빼기 어렵지만, 포트를 세게 누르면 뿌리가 상할 수 있으므로 부드럽게 뺀다.

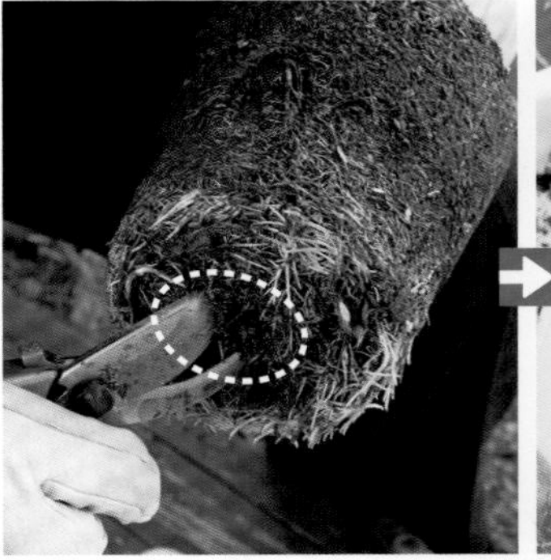

02 가지치기 가위나 모종삽으로 바닥에 감겨 있는 뿌리에 칼집을 내서, 새로운 뿌리의 재생을 촉진시킨다.

03 옆면에도 칼집을 낸다. 깊이 1cm, 너비 3cm 정도를 기준으로 위에서 아래로 칼집을 낸다. 새로운 뿌리의 재생을 촉진시킨다.

04 윗면의 흙은 잡초나 잡초의 뿌리가 남아 있는 경우가 많기 때문에, 모종삽으로 표면의 흙을 긁어낸다

POINT

감겨 있는 뿌리는 풀지 않는다

오래된 흙을 제거하고 뿌리를 완전히 풀어주는 방법도 있지만, 뿌리가 감겨 있으면 풀기도 어렵고 뿌리를 자르거나 뽑으면 재생하기 어렵다.

뿌리를 물에 담가두는 것이 좋은 경우

케이스1

포트에 뿌리가 감겨 있지 않고 쑥 빠질 경우에는, 뿌리가 마르지 않도록 바로 물에 담가둔 뒤에 심는다. 뿌리를 씻을 필요는 없다.

케이스2

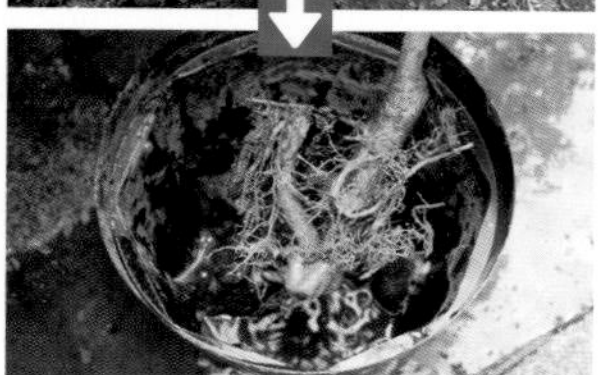

점토질 흙이 사용된 경우에는 성장에 적합하지 않으므로, 물에 담가서 흙을 씻어낸 다음에 심는다.

05 접붙이기 테이프가 있는 경우에는 제거한다. 그대로 두면 나무의 성장에 방해가 된다.

06 일단 화분에 묘목을 넣고 높이를 확인한다. 낮을 경우에는 용토를 더 넣는다. 줄기가 가운데로 오도록 묘목을 넣고 주위에 용토를 넣는다.

07 용토를 넣는다. 윗부분에는 최종적으로 1㎝ 이상 물을 채울 공간이 필요하지만, 물을 주면 흙이 가라앉기 때문에 흙을 최대한 가득 채우는 것이 좋다.

08 표면을 평평하게 정리한다.

09 흙과 화분이 밀착되도록 모종삽으로 컨테이너와 흙의 경계 부분을 눌러준다. 나무젓가락 등으로 찔러도 된다. 이 작업으로 컨테이너와 흙 사이의 틈을 없앤다.

POINT

화분으로 바닥을 치지 않는다

화분을 들고 바닥을 쿵쿵 치면 뿌리 끝이 잘라지는 경우가 있으므로 하지 않는다.

10 흙을 가운데로 불룩하게 긁어올린다. 이런 형태로 만들어야 물이 주위로 흘러서 흙이 단단해지고 안정된다.

11 물을 듬뿍 주면 심기 완성. 바닥에서 물이 흘러나올 때까지 2~3번에 나눠서 물을 준다. 심을 때의 가지치기는 p.234~235를 참조한다.

아담하게 재배하는 방법_ 근역제한재배

정원에서 과일나무를 재배할 때는 한정된 공간에서 재배하기 때문에 가능하면 아담하게 재배하는 것이 좋다. 뿌리가 자라는 것을 제한하는 「근역제한재배」 방법으로 재배하면 손을 많이 대지 않아도 아담한 나무모양을 유지할 수 있다.

뿌리가 자랄 공간을 제한하면 아담해진다

지하에 있는 뿌리가 자라는 것을 제한하면 지면 위에 있는 과일나무의 지상부를 아담하게 만들 수 있는데, 이를 「근역제한재배」라고 한다.

지하의 뿌리가 자랄 공간이 좁으면 뿌리가 굵게 자라기 어려우므로 가는 뿌리가 많아진다.

굵은 뿌리가 자라지 않으면 나무 전체가 크게 성장하기 어려우므로, 자연스럽게 재배하기 쉬운 크기로 만들 수 있다. 기본적인 원리는 컨테이너 재배와 같다.

비닐 시트를 사용하는 트렌치 방식, 부직포 자루를 사용하는 부직포 방식, 블록 등을 사용하는 블록 베드 방식을 주로 사용한다.

벽돌로 바닥과 옆면을 둘러싼 ▶
블록 베드 방식으로 하귤을 재배하는 모습.

비닐시트로 둘러싸서 제한하는 「트렌치 방식」

비닐시트를 사용하는 방식. 적당한 크기로 심는 구덩이를 파고, 두꺼운 비닐시트에 배수용 구멍을 뚫어서 구덩이 속에 깐다.
시트 위의 바닥에 두께 5㎝ 정도의 스펀지를 까는 것이 포인트. 스펀지로 필요한 수분을 유지할 수 있으므로 뿌리가 잘 자란다.

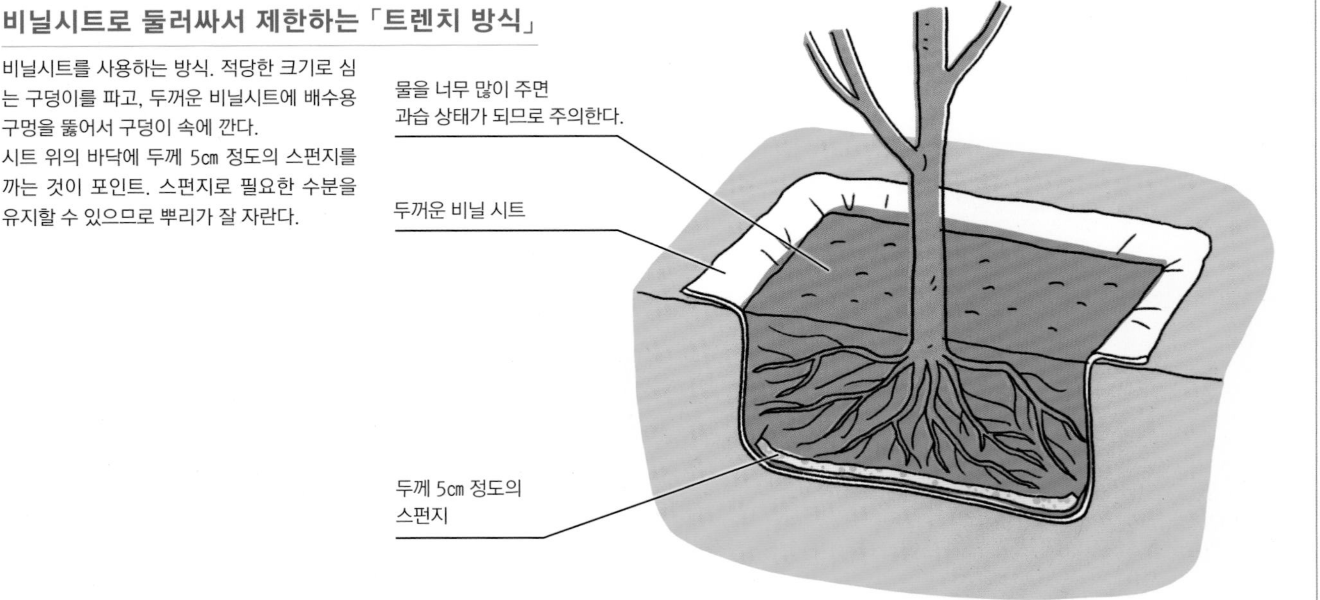

통기성이 뛰어난 부직포 자루로 재배하는「부직포 방식」

합성섬유인 부직포로 만든 자루나 화분(근역제한 포트)을 사용하는 방식. 부직포는 통기성, 투수성이 있고 가는 뿌리는 통과하지만 굵은 뿌리는 통과하지 못하므로, 뿌리가 자랄 수 있는 영역이 제한된다. 수분을 관리하기 편하고 옮겨 심을 때도 간단하게 할 수 있다.
땅에 심는 방법 외에 화분 대신 사용할 수 있다. 부직포는 다양한 크기가 있는데, 과일나무 재배에는 10ℓ 이상의 용량을 선택한다.

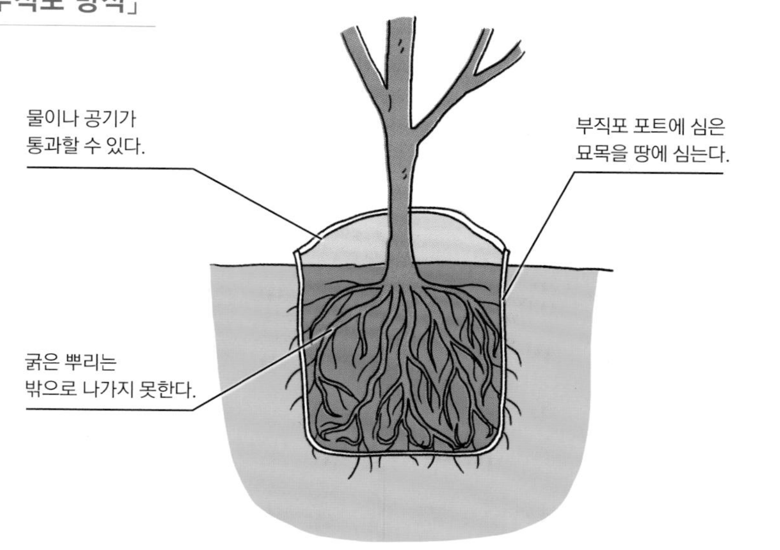

벽돌이나 블록으로 제한하는「블록 베드 방식」

벽돌이나 콘크리트 블록으로 주위와 바닥을 둘러싸는 방식. 먼저 바닥에 전체적으로 벽돌이나 콘크리트 블록을 평평하게 깔고, 그 위에 방충네트를 깔아서 틀을 만든 다음 그 안에 용토를 넣는다. 흙의 깊이가 20~30㎝ 정도로 제한되어 아담하게 재배할 수 있고, 물은 블록 틈새로 흘러나가므로 습기 걱정도 없으며, 공기도 아래쪽으로 들어오기 때문에 가는 뿌리가 잘 자라는 것이 특징이다.
크기는 과일나무 1그루에 가로 2m, 세로 80~100㎝, 높이 20㎝ 정도면 된다. 정원 외에 옥상이나 어느 정도 공간이 있는 베란다 등에서 활용할 수 있다.

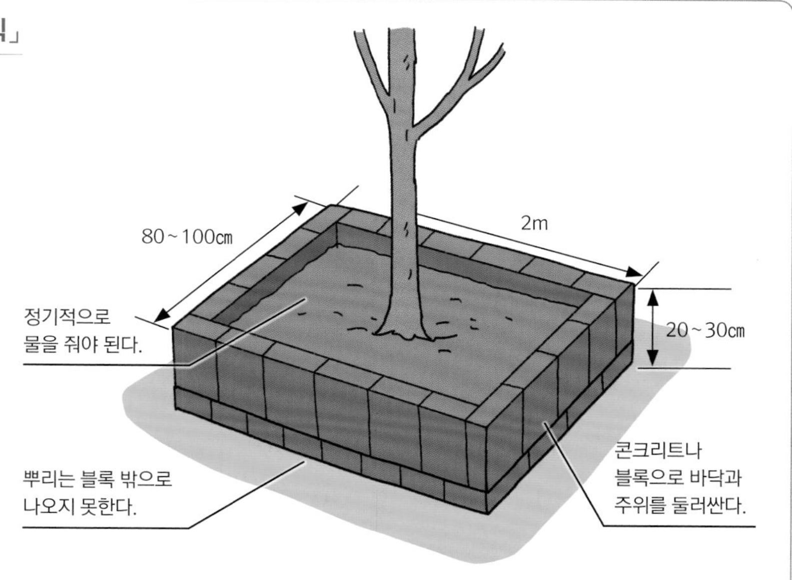

이럴 때는 어떻게 할까?_ 근역제한의 주의점

Q 열매가 지나치게 많이 달려서 다음 해에 열매가 잘 안 달린다면?

A 열매를 적당히 솎아낸다. 열매가 지나치게 많이 달리면 해거리할 수 있으니 주의한다.

Q 여름에 나무가 약해졌을 때는?

A 컨테이너에 심었을 때처럼 물을 충분히 줘야 한다. 여름에는 특히 정기적으로 물을 줘야 한다.

Q 비료는 어떻게 줄까?

A 비료는 조금씩 자주 준다. 비료를 한꺼번에 주면 비료과다 증상이 나타날 가능성이 크다. 효과가 천천히 나타나는 유기질배합 비료를 추천한다.

Q 강풍으로 기울어진 나무는?

A 곧은 뿌리가 뻗어나가지 못하기 때문에 강풍으로 기울어지거나 무게 때문에 쓰러지는 경우가 있다. 받침대 등으로 확실하게 지탱해준다.

열매가 잘 달리는 나무모양_ 정원 재배

과수 재배에서 가장 중요한 과정 중 하나가 나무모양을 만드는 것이다. 각각의 과일나무의 성질에 맞게 나무모양을 만들면 맛있는 과일을 많이 수확할 수 있다. 먼저 어떤 나무모양이 좋을지 생각하고 여기서 알려주는 포인트에 따라 나무모양을 만들어보자.

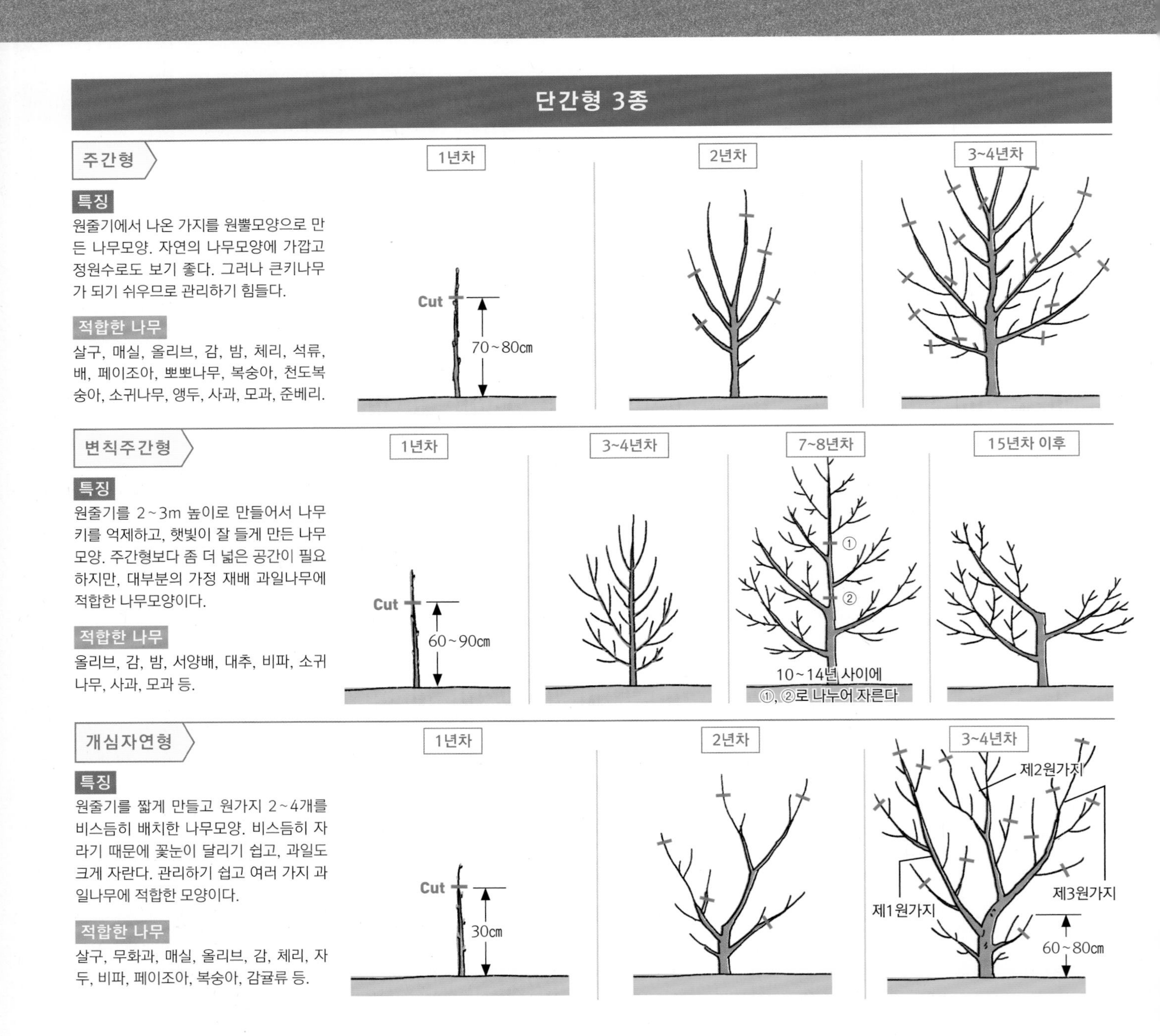

단간형 3종

주간형

특징

원줄기에서 나온 가지를 원뿔모양으로 만든 나무모양. 자연의 나무모양에 가깝고 정원수로도 보기 좋다. 그러나 큰키나무가 되기 쉬우므로 관리하기 힘들다.

적합한 나무

살구, 매실, 올리브, 감, 밤, 체리, 석류, 배, 페이조아, 뽀뽀나무, 복숭아, 천도복숭아, 소귀나무, 앵두, 사과, 모과, 준베리.

변칙주간형

특징

원줄기를 2~3m 높이로 만들어서 나무키를 억제하고, 햇빛이 잘 들게 만든 나무모양. 주간형보다 좀 더 넓은 공간이 필요하지만, 대부분의 가정 재배 과일나무에 적합한 나무모양이다.

적합한 나무

올리브, 감, 밤, 서양배, 대추, 비파, 소귀나무, 사과, 모과 등.

개심자연형

특징

원줄기를 짧게 만들고 원가지 2~4개를 비스듬히 배치한 나무모양. 비스듬히 자라기 때문에 꽃눈이 달리기 쉽고, 과일도 크게 자란다. 관리하기 쉽고 여러 가지 과일나무에 적합한 모양이다.

적합한 나무

살구, 무화과, 매실, 올리브, 감, 체리, 자두, 비파, 페이조아, 복숭아, 감귤류 등.

반원형

특징

2개의 원가지가 좌우로 벌어지게 유인하고, 원가지에서 열매가지가 나오게 만든 나무모양. 전체적으로 햇빛이 잘 들어서 열매가 빨리 달린다. 안길이가 좁은 장소에서도 OK.

적합한 나무

살구, 매실, 감, 체리, 자두, 서양자두, 복숭아, 비파, 감귤류 등.

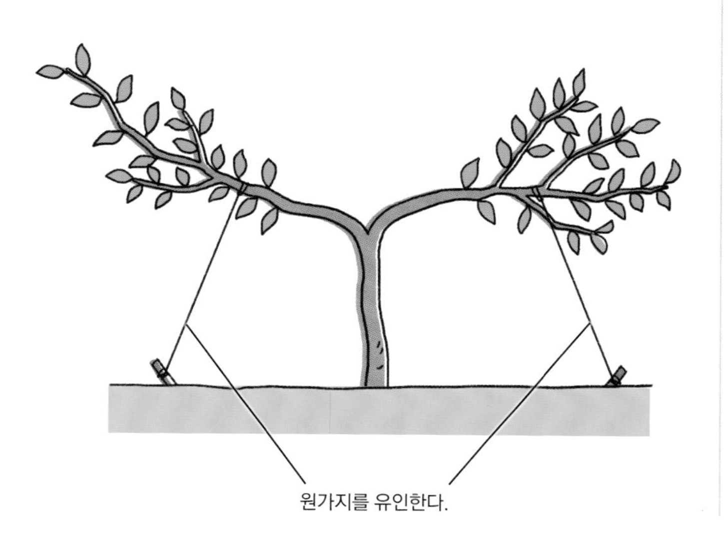

배상형(사발꼴)

특징

원가지 2~3개를 술잔모양이 되도록 벌려서 유인하고, 각각의 원가지나 버금가지에서 열매가지 3~4개가 나오게 만든 나무모양. 나무갓 내부까지 햇빛이 잘 든다.

적합한 나무

살구, 매실, 무화과, 비파, 복숭아, 사과.

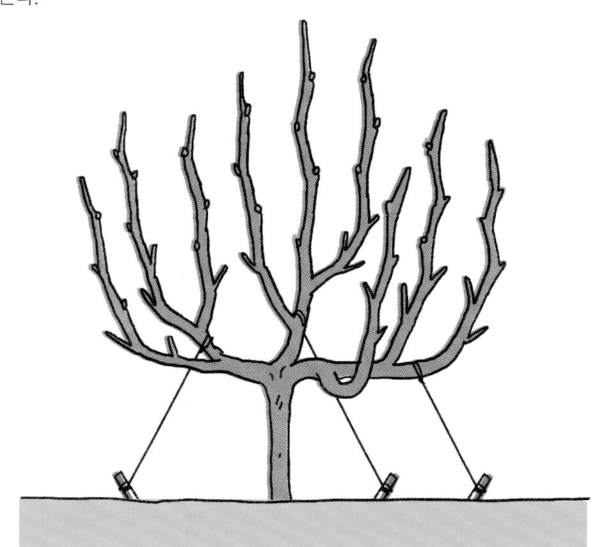

U자형

특징

2개의 원가지를 U자형으로 유인한 나무모양. 원가지를 4개나 8개로 만드는 경우도 있다. 열매가 잘 달리고, 관리하기 쉬우며, 안길이가 좁은 장소에서도 가능하다.

적합한 나무

사과, 배, 마르멜로 등.

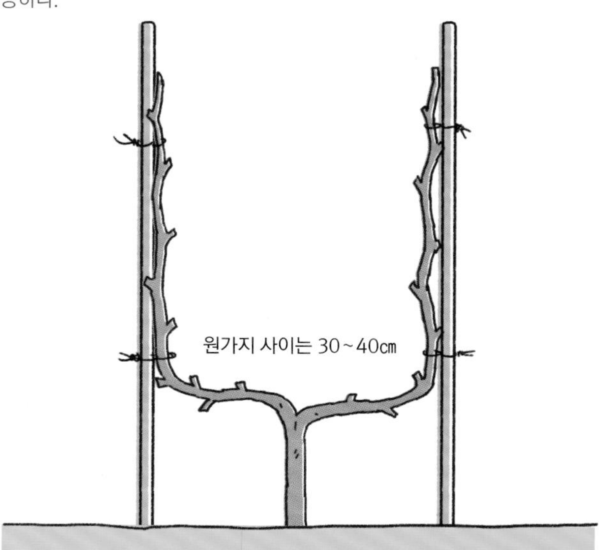

다간형

특징

덤불형 떨기나무인 과일나무의 자연적인 나무모양. 줄기 밑동에서 원가지가 5~10개 정도 나오게 만든다. 3~5년이면 나무 전체가 갱신되도록 가지치기한다.

적합한 나무

뽀뽀나무, 블루베리, 라즈베리, 블랙베리, 준베리, 크랜베리, 커런트, 구스베리, 앵두 등.

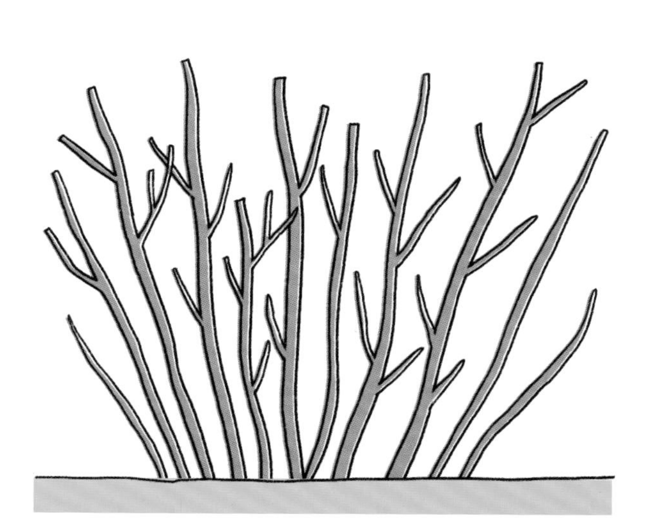

울타리형 2종

울타리형

특징
원가지를 좌우로 유인해서 펜스나 받침대에 고정시킨다. 안길이가 좁은 장소나 집 담장 등에도 좋다.

적합한 나무
으름, 무화과, 키위, 체리, 포도, 멀꿀, 라즈베리, 블랙베리, 커런트, 크랜베리.

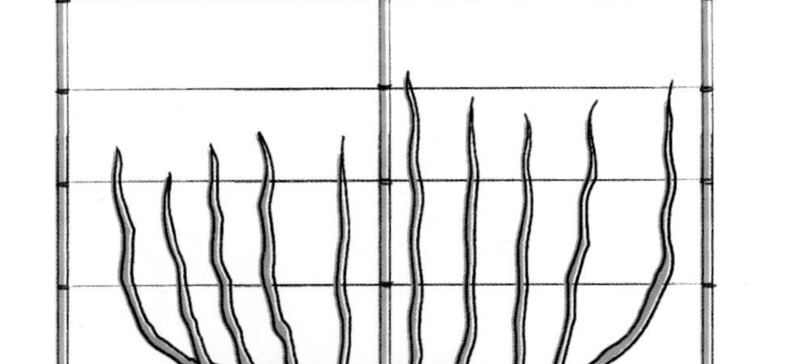

단간형 나무의 수평울타리형

특징
단간형 나무를 울타리로 유인한 나무모양. 안길이가 좁은 장소에서도 아담하게 만들 수 있으며 열매도 빨리 달린다.

적합한 나무
왜성대목묘 과일나무. 사과, 복숭아, 서양배 등.

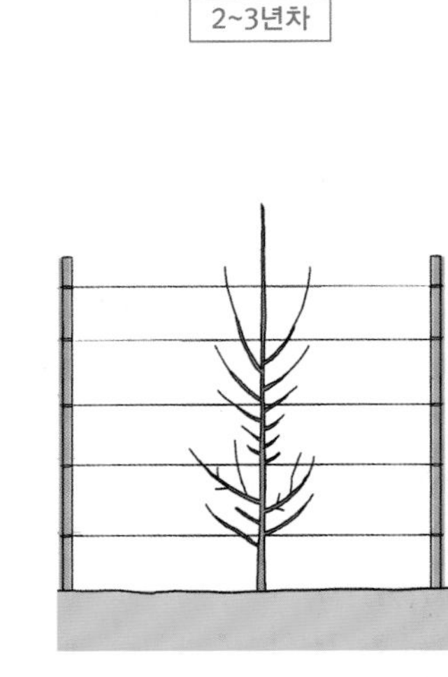

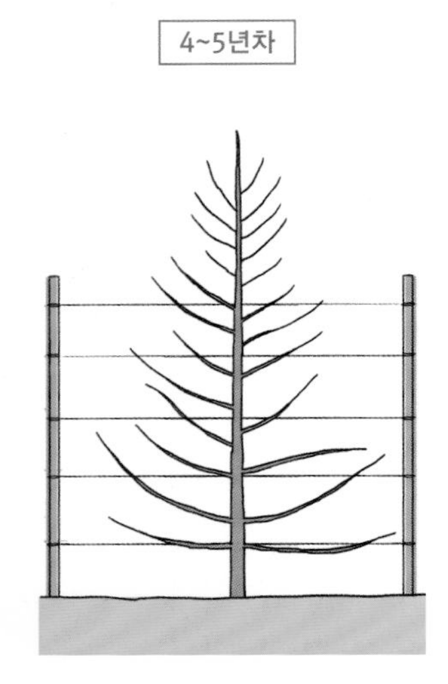

평덕형 2종

특징
시렁(선반)에 1~2개의 원가지를 유인한 나무모양. 면적에 따라 아담하게 만들 수 있고 열매가 빨리 달린다. 묘목을 시렁 끝쪽에 심는 올백형이나 중앙에 심는 T자형이 일반적이다.

적합한 나무
으름, 키위, 자두, 배, 포도, 멀꿀, 사과.

올백형

높이 약 2m

너비나 길이는 공간에 맞게 만든다.

T자형

열매가 잘 달리는 나무모양_ 컨테이너 재배

컨테이너에서 재배하는 경우에도 과일나무의 종류에 맞는 나무모양을 만들어야 한다. 아담하게 만들면 열매도 잘 달린다. 또한 보기에도 좋아서 관상용으로 눈을 즐겁게 해줄 것이다.

개심자연형(원가지 4개)

특징

원줄기를 짧게 만들고 원가지를 4개 배치한 나무모양. 좁은 장소에서 재배할 때 좋다.

적합한 나무

살구, 매실, 모과, 마르멜로, 올리브, 감, 밤, 체리, 배, 비파, 페이조아, 복숭아, 자두, 앵두, 감귤류 등.

개심자연형(원가지 3개)

특징

원줄기에서 나온 가지를 각각 원뿔모양으로 만든 것. 자연에 가까운 나무모양.

적합한 나무

살구, 매실, 올리브, 감, 밤, 체리, 석류, 배, 천도복숭아, 페이조아, 뽀뽀나무, 복숭아, 소귀나무, 앵두, 사과, 모과, 준베리 등.

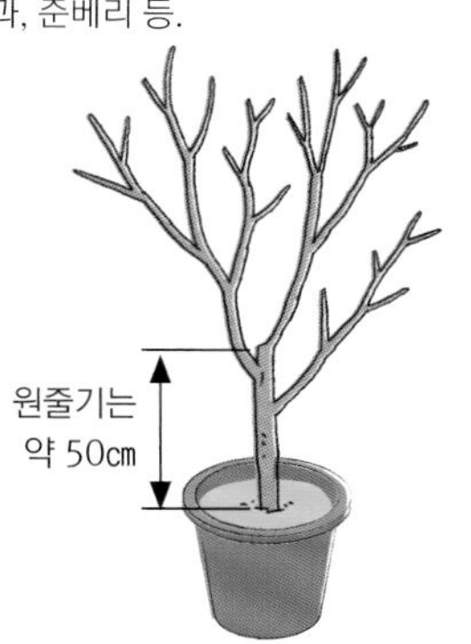

변칙주간형

특징

원줄기를 똑바로 자라게 하고 그 끝부분에 원가지를 아담하게 배치한 나무모양. 관상용으로 적합하다.

적합한 나무

살구, 매실, 무화과, 올리브, 감, 밤, 자두, 비파, 뽀뽀나무, 앵두, 사과, 블루베리, 금귤, 유자 등.

다간형

특징

줄기 밑동에서 가지가 많이 나오는 모양으로, 베리류나 움돋이가 많은 품종에 적합하다. 묵은가지는 정기적으로 정리해서 어린가지에 열매가 달리게 한다.

적합한 나무

석류, 블루베리, 라즈베리, 블랙베리, 커런트, 구스베리, 크랜베리 등.

울타리형 받침대

특징

컨테이너에 받침대를 세우고 가지를 좌우로 수평을 이루게 유인한다. 가지치기 등의 손질이 쉽고, 열매가 잘 열리며, 아담하게 키울 수 있다.

적합한 나무

으름, 키위, 다래, 포도, 사과, 라즈베리, 블랙베리 등.

원형 받침대

특징

원형 받침대에 원을 그리듯이 둥글게 가지를 유인한다. 덩굴성 과일나무도 나무모양이 퍼지지 않기 때문에 좁은 공간에서 재배할 수 있다.

적합한 나무

으름, 키위, 다래, 포도, 멀꿀, 라즈베리 등.

가지치기의 기본_ 기초지식

과일나무 재배에 성공하기 위해서 「가지치기」는 매우 중요한 작업이다. 가지치기는 가지를 자르는 것이지만, 과일나무의 성질에 맞게 가지치기를 해주면 보다 맛있는 열매를 많이, 안정적으로 수확할 수 있다.

과일나무에는 왜 가지치기가 필요할까?

과일나무를 자연 그대로 자라게 하면 가지와 잎의 성장에만 양분이 사용되어, 가지는 무성해지고 잎은 햇빛을 충분히 받지 못해서 열매가 안 달리게 된다. 또한 나무키가 너무 높아지면 가지치기나 수확 작업도 힘들어져서, 점점 더 방치하게 되는 악순환에 빠지기 쉽다.

그래서 필요한 것이 가지치기(전정)이다. 가지치기란 열매가 잘 달리도록 가지를 자르는 것으로, 필요 없는 가지를 자르거나 나무모양을 정리하는 작업은 가지고르기(정지)라고 부르기도 한다. 이 책에서는 겨울부터 봄에 걸쳐서 나무모양을 만들거나 필요 없는 가지를 많이 솎아내는 작업을 가지치기, 여름에 가지를 부분적으로 자르거나 끝을 잘라내는 작업을 가지고르기라고 부른다.

과일나무 끝부분에 달린 끝눈에서는 아래쪽 눈을 억제하고 뿌리의 양분을 끌어올리는 작용을 하는 호르몬이 많이 나온다. 그래서 끝눈은 아래쪽에 달린 눈보다 기세 좋게 자라며, 이를 방치하면 나뭇갓이 커지고 나무 안쪽이나 아래쪽에 햇빛이 잘 들지 않게 된다.

가지치기를 하는 시기는 갈잎 과일나무는 나무가 휴면 중인 11~3월이 적기이며, 이를 「겨울가지치기」라고 한다. 또한 일부 과일나무는 6월경에 「여름가지고르기」를 한다.

Before

높은 부분은 수확이나 가지치기 작업이 힘들다.

위를 향해 뻗은 가지는 잘 자란다.

시든 가지도 생긴다.

햇빛이 잘 들지 않고 바람이 잘 통하지 않으면 병해충이 발생하기 쉽고 바깥쪽에만 열매가 달린다.

After

가지치기나 수확을 하기 쉬운 높이.

전체적으로 열매가 잘 달린다.

햇빛이 잘 들고 바람이 잘 통해서 병해충이 예방된다.

심고 나서 열매가 열릴 때까지 걸리는 기간이 짧다.

갈잎 과일나무의 여름가지치기

낙엽기인 11~3월에 한다. 나무모양을 정리하고 필요 없는 가지를 솎아내서 열매가 잘 달리게 한다.

나무키가 높아지고 가지가 복잡해졌다.

나무키가 낮아져서 햇빛이 잘 들고 바람이 잘 통하며, 가지 끝을 잘라서 열매도 많이 달린다.

여름가지고르기는 솎아내고 끝부분을 자르는 작업 위주로 한다

나무 종류에 따라서는 여름에 가지고르기를 해주는 것이 좋다. 지나치게 자란 새가지나 복잡한 가지를 솎아내서 햇빛이 잘 들게 하고 바람이 잘 통하게 한다. 성장이 왕성한 6월경이 적기이며, 가볍게 가지치기하는 정도면 된다.

새가지가 자라서 복잡해진 모습. 바람이 안 통해서 병해충이 발생하기 쉽다.

복잡한 부분을 솎아내고 긴 새가지는 끝을 잘라서, 햇빛과 바람이 잘 통하게 한다.

골격을 만드는 가지치기(나무모양만들기)

어린나무일 때 나무를 튼튼하게 성장시킨다

심은 뒤 1~4년차인 어린나무는 새가지가 기세 좋게 자라므로 나무의 골격을 잘 잡아줘야 한다. 원가지나 버금가지 등 골격이 되는 가지를 선택하고 어떤 모양으로 만들지 생각하면서, 가지가 균형 있게 배치되도록 가지치기한다. 어린나무일 때 가지치기를 잘 해두면 자라서 열매가 많이 달린다.

어린나무의 나무모양을 만드는 가지치기

1년차 겨울

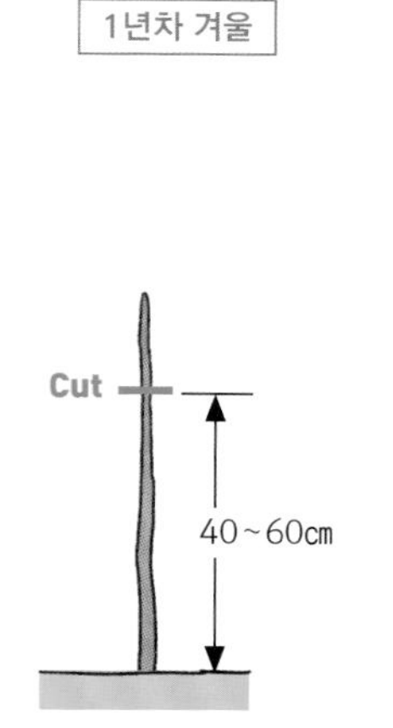

원줄기를 잘라서 원가지가 될 가지가 나오게 한다. 지면 위의 높이는 40~60㎝ 정도.

2~3년차 겨울

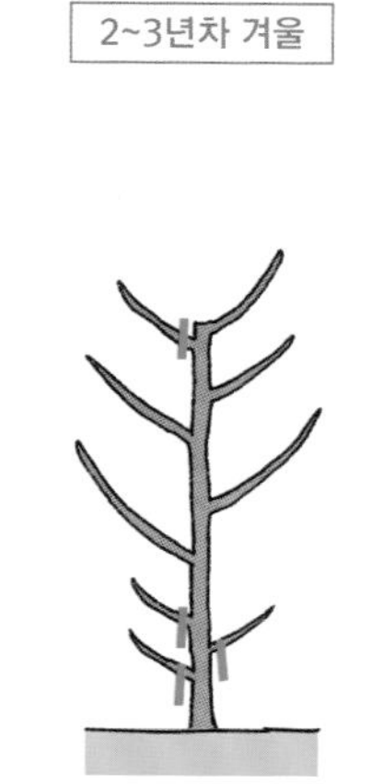

원가지의 후보 가지를 4~5개 남긴다. 아래쪽에서 나오는 것은 솎아내고, 위의 원가지도 균형에 맞게 솎아낸다.

4년차 겨울

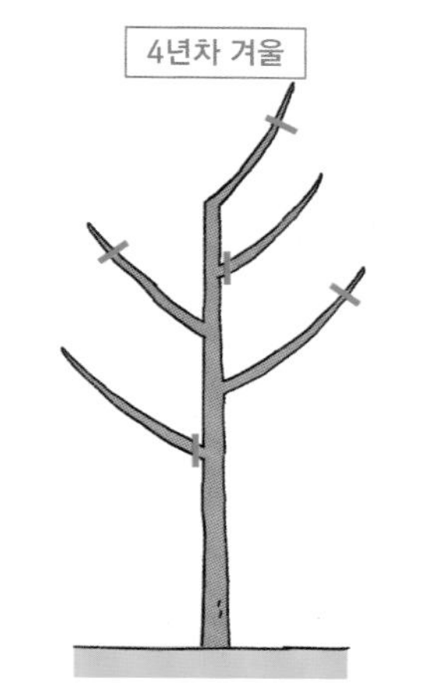

원가지 3~4개를 남기고 그 밖의 가지는 솎아낸다. 원가지 끝을 1/3~1/4 정도 자른다.

어떤 가지를 원가지로 할까?

원가지로 남겨두는 가지는 자라는 방향, 가지와 가지 사이의 간격, 길이와 각도, 두께 등을 종합적으로 판단해서 정한다.

가장 주의해야 될 포인트는 자라는 방향이다. 위에서 볼 때 가지가 360° 안에서 사방으로 균형 있게 퍼지도록 자라는 가지를 선택하는 것이 좋다.

망설여질 때는 후보를 많이 남겨두고 다음 해 이후에 가지치기를 해도 좋다. 이 가지를 자르면 어떻게 될지 1년, 2년, 3년 뒤를 상상하면서 가지를 잘라나간다.

아래의 그림처럼 조건에 딱 맞는 가지는 없는 경우가 많으므로, 조금이라도 조건에 맞는 가지를 선택한다.

위에서 볼 때

옆에서 볼 때

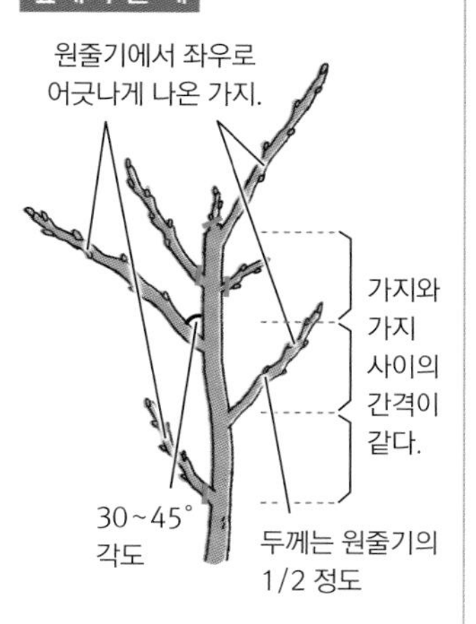

이상적인 원가지의 배치는?

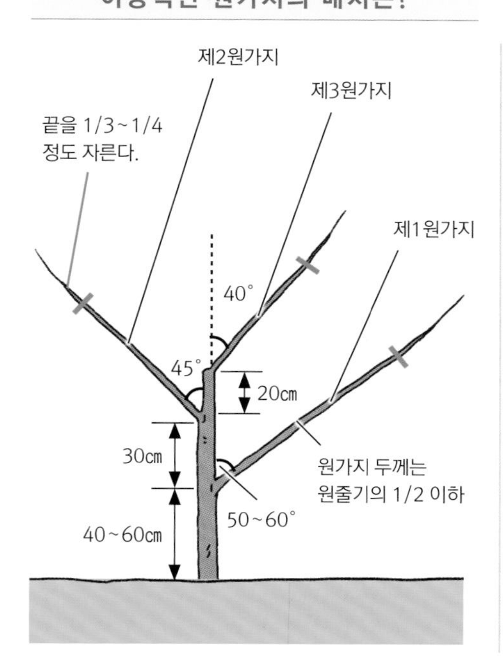

가지의 종류와 특징

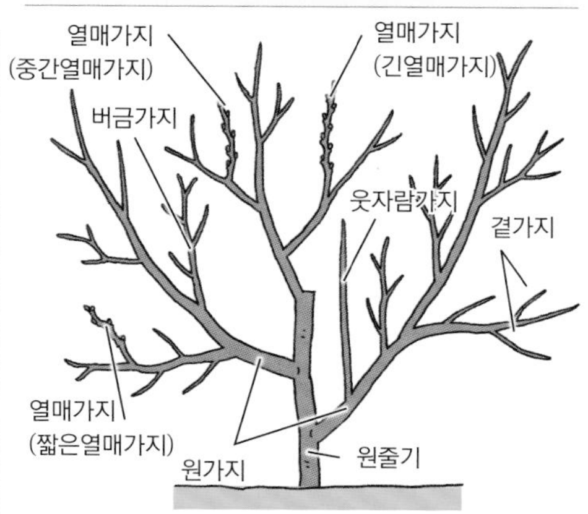

원가지_ 원줄기에서 나온 골격이 되는 가지.

버금가지_ 원가지에서 나온 가지로 원가지 다음으로 골격 역할을 하는 가지.

곁가지_ 원가지나 버금가지에서 나오는 가는 가지.

열매가지_ 꽃눈이나 열매가 달리는 가지.

웃자람가지_ 잎눈이 많고 꽃눈이 잘 안 달리는 가지. 발육지라고도 한다.

나무모양이 흐트러지는 원인

골격이 되는 가지가 약해지면 안 된다

골격이 되는 원가지와 버금가지를 선택할 때 중요한 것은 가지의 두께와 강한 정도가 몇 년이 지나도 「원줄기 > 원가지 > 버금가지」 순서가 되도록 각 가지를 배치하는 것이다.

원가지가 나오는 위치나 원줄기와 원가지의 갈라진 각도, 원가지 사이의 간격 등에 주의해서 가지치기하지 않으면, 골격이 되어야 할 가지의 기세가 약해진다. 이렇게 가지가 약해지면 가지의 두께와 강한 정도의 순서가 무너지고 나무모양 전체가 흐트러진다. 여기서 소개하는 가지 배치 규칙에 따라 가지치기하면 이를 막을 수 있다.

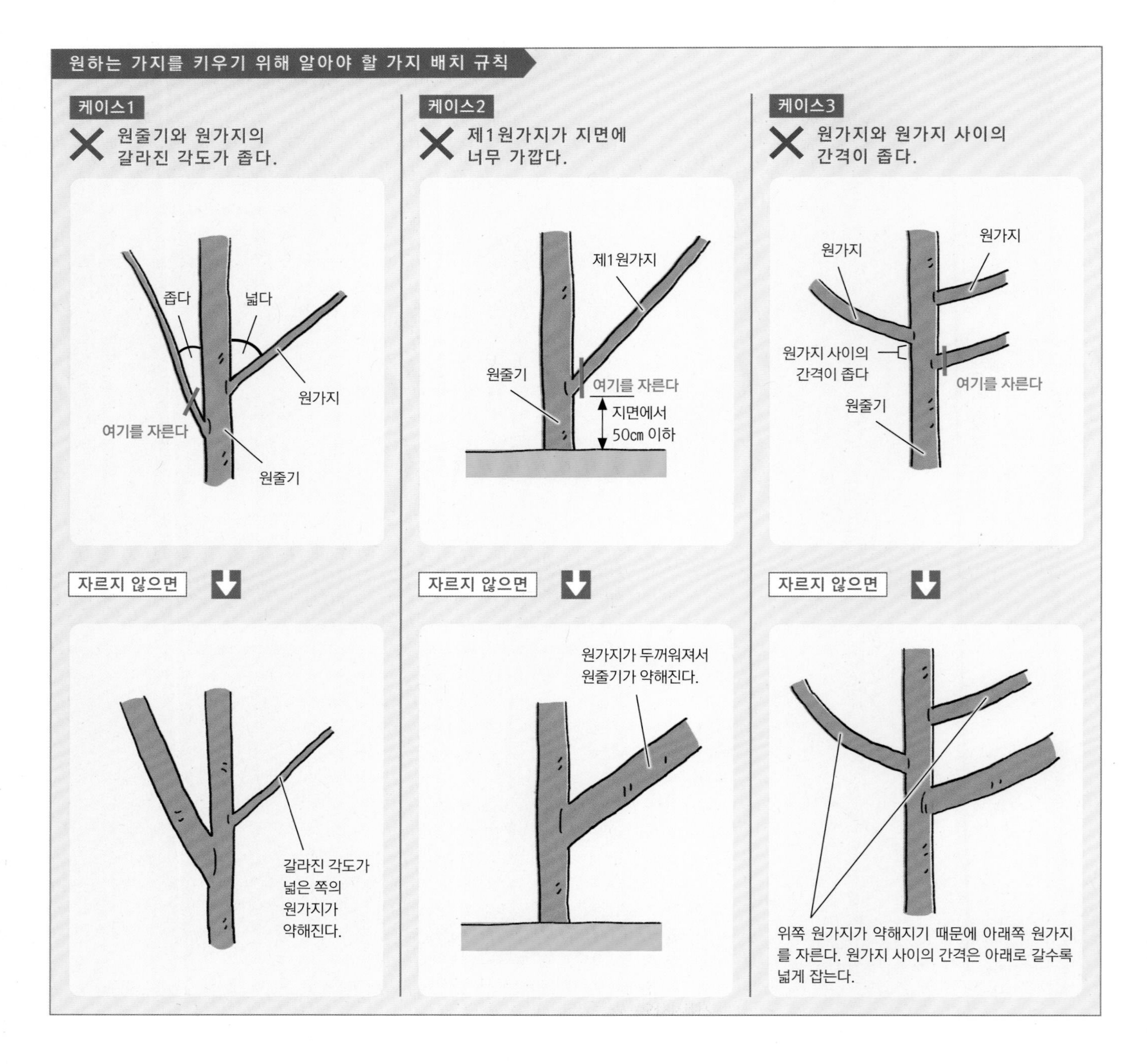

다른 가지의 생육을 방해하는 필요 없는 가지를 제거한다

과일나무의 성장에 따라 키우고 싶은 가지의 생육을 방해하는 필요 없는 가지를 제거한다. 필요 없는 가지는 가지가 나오는 방식에 따라 몇 가지 종류가 있다.

필요 없는 가지를 솎아낸 뒤에는 남은 가지의 끝을 잘라둔다. 이렇게 하면 꽃눈이나 꽃눈이 달리는 가지가 많이 나와서 열매가 잘 달린다.

필요 없는 가지의 종류

필요 없는 가지를 솎아내는 방법

움돋이

줄기 밑동에서 나오는 가지. 다간형으로 만드는 경우가 아니라면 지면 가까이에서 자른다.

웃자람가지

똑바로 위를 향해 자라는 가지에는 열매가 달리기 힘들고, 다른 가지의 양분도 빼앗아가기 때문에, 아래쪽에서 솎아낸다.

교차지

서로의 성장을 방해하므로 남길 가지를 정해서 1개는 솎아낸다.

안쪽으로 뻗은 가지

나무 안쪽으로 자라는 가지는 가지가 복잡해지는 원인이 되므로 밑동에서 자른다.

바퀴살가지

같은 곳에서 가지가 2개 이상 나온 경우에는 1개를 남기고 솎아낸다.

평행지

평행하게 자라는 가지는 가지가 복잡해지는 원인이 되므로 한쪽만 남기고 솎아낸다.

아래로 뻗은 가지

아래를 향해 자라는 가지는 나무자람새가 약해지고 복잡해지는 원인이 되므로 솎아낸다.

꽃눈을 늘려서 열매가 잘 달리게 하는 방법

과일나무는 품종에 따라 열매 맺는 습성이 다르다

과일나무는 꽃이 핀 뒤에 열매가 달리는데, 가지에 달리는 눈에는 몇 가지 종류가 있다.

크게 나누면 꽃눈과 잎눈이 있는데 꽃이 피고 열매가 열리는 것이 「꽃눈」, 그리고 잎이나 가지만 자라는 것이 「잎눈」이다. 또한 꽃눈 중에는 꽃은 피고 잎이 나지 않는 「순정꽃눈」과 꽃과 가지, 잎이 같이 달리는 「혼합꽃눈」이 있다. 꽃눈의 종류나 어디에 꽃눈이 달리는지는 과일나무의 품종에 따라 달라지며 이를 「열매 맺는 습성(결과습성)」이라고 한다.

따라서 과일나무별로 꽃눈이 달리는 습성을 알아두는 것이 가지치기에서 매우 중요하다.

예를 들어 끝에만 꽃눈이 달리는 종류의 경우 끝을 자르면 꽃이 피지 않게 된다. 반대로 끝을 자르면 다음 해에 꽃눈이 많이 달리는 과일나무도 있다.

꽃이 피고 열매가 달리는 습성을 알고 가지치기를 하면 열매가 많이 달리게 만들 수 있다.

순정꽃눈이 달리는 과일나무

1 가지 끝과 그 아래에 3~4개의 순정꽃눈이 달리는 종류

➡ **비파, 블루베리 등.**

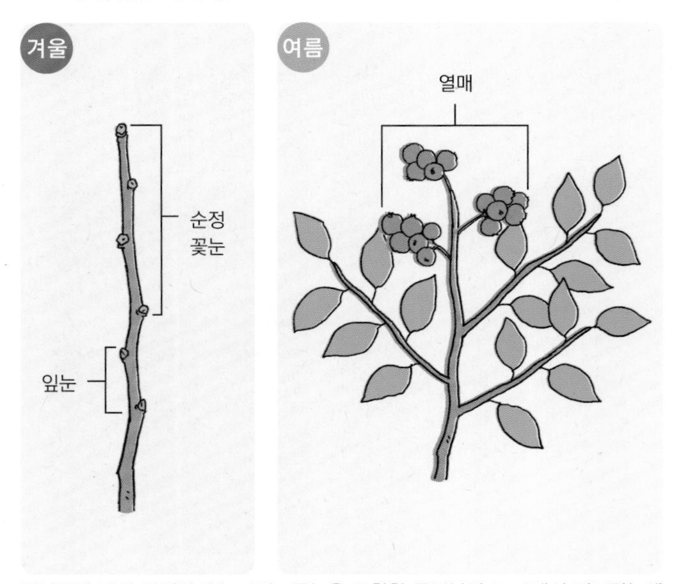

전년도에 자란 가지의 끝눈, 또는 끝눈을 포함한 끝부분의 3~4개의 겨드랑눈에 순정꽃눈이 달려서 꽃이 피고 열매가 달린다. 가지치기할 때 끝을 많이 자르지 않도록 주의한다.

2 가지의 중간~끝에 순정꽃눈이 달리는 종류

➡ **살구, 매실, 체리, 복숭아, 자두, 앵두 등.**

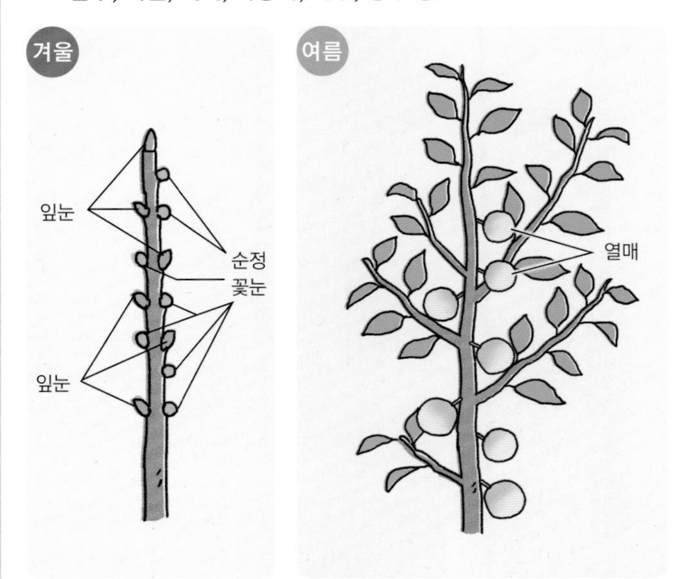

전년도에 자란 가지의 잎겨드랑이(잎과 잎이 붙어 있는 줄기가 갈라진 부분)에 순정꽃눈이 달리고, 그곳에서 꽃이 피고 열매가 달린다. 가지치기할 때 끝을 조금 잘라내도 열매가 달린다.

혼합꽃눈이 달리는 과일나무

3 가지 끝과 그 아래에 2~3개의 혼합꽃눈이 달리는 종류

➡ **감, 밤, 감귤류 등.**

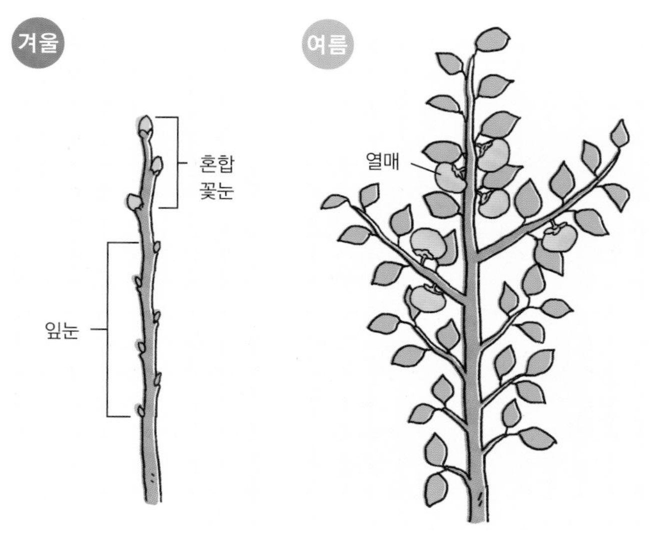

전년도에 자란 가지에 혼합꽃눈이 달리고, 봄에 혼합꽃눈에서 자란 새가지에 꽃이 피고, 열매가 달린다. 혼합꽃눈은 끝눈과 그 아래 2~3개의 잎겨드랑이에 달린다. 가지치기할 때 끝을 너무 많이 자르지 않도록 주의한다.

4 가지 중간에 혼합꽃눈이 달리는 종류

➡ **으름, 무화과, 커런트류, 키위, 석류, 포도, 멀꿀, 베리류 등.**

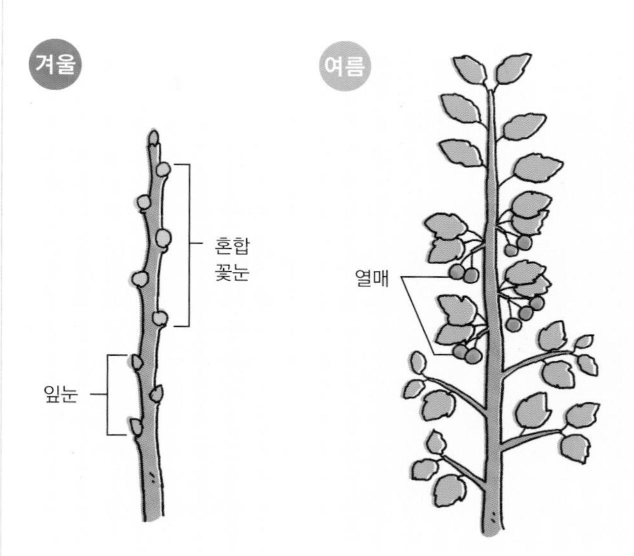

3의 경우와 마찬가지로 전년도에 자란 가지에 혼합꽃눈이 달리고, 봄에 혼합꽃눈에서 자란 새가지에 꽃이 피고 열매가 달린다. 3과 다르게 혼합꽃눈이 잎겨드랑이에 달리므로 끝을 잘라도 된다.

5 2년생 가지에 혼합꽃눈이 달리는 종류

➡ **배, 사과, 모과, 마르멜로 등.**

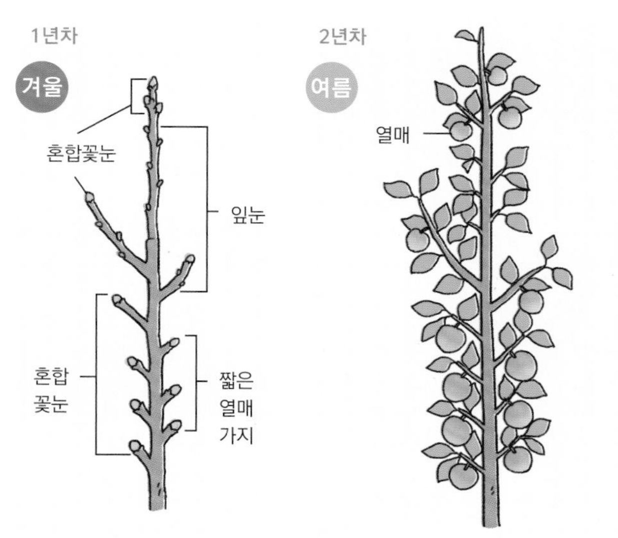

2년생 가지에 혼합꽃눈이 달린다. 1년생 가지에는 잎눈만 달린다. 2년차가 되면 끝부분의 눈이 길게 자라고 가지 아래쪽 가까이에 달린 눈은 짧은열매가지가 되며, 여기에 혼합꽃눈이 달리고 다음 해에 꽃이 핀다. 끝부분이나 꽃눈이 달리는 짧은열매가지를 자르지 않도록 주의한다.

꽃눈이 달리는 가지가 나오게 하는 「자름 가지치기」

새가지가 기세 좋게 자라면 꽃눈이 달리기 힘들어진다. 나무모양을 만들기 위한 가지치기에서 남겨둔 새가지의 끝을 1/3 정도 잘라두면, 꽃눈이나 꽃눈이 달리는 가지가 나올 수 있다(p.225).

다만 1, 3, 5의 사과, 배, 비파, 밤, 감귤류 등의 과일나무는 끝을 지나치게 많이 자르면 꽃눈이 없어진다. 품종에 따라 자르는 수와 위치를 잘 기억해두자.

긴 새가지는 끝을 자른다.

가지치기의 기본_ 실전

가지치기를 하는 이유, 가지의 습성이나 필요 없는 가지, 열매 맺는 습성 등을 알았으니, 이제 실제로 가지치기에 도전해보자. 먼저 기본적인 가지 자르는 방법을 설명한다.

가지치기 가위를 사용한다

01 왼쪽이 절단날, 오른쪽이 받침날.

02 절단날을 가지에 대고 받침날을 움직여서 자르는 것이 기본.

자른 뒤 손질 방법

가지를 자른 면이 지름 1㎝ 이상일 경우에는 자른 면에 유합제를 발라두는 것이 좋다. 목공본드를 대신 발라도 좋다.

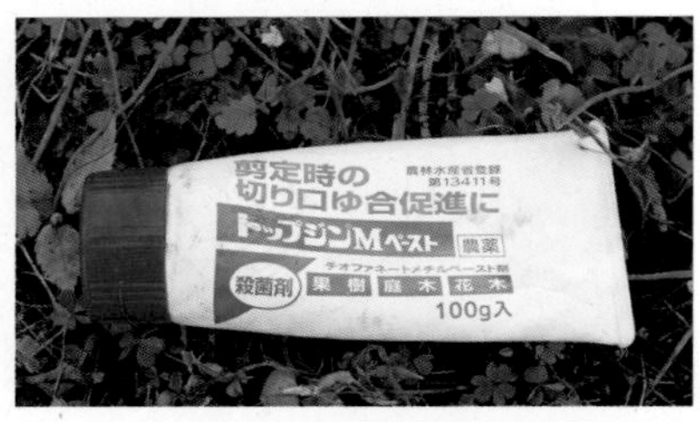

◀ 시판 유합제.

자른 면에 골고루 발라서 보호한다. 자른 면이 빨리 회복되고 마르지 않게 보호해준다.

톱을 사용한다

가는 가지를 자른다

01 위로 뻗은 곁가지 바로 밑에서 자른다.

02 위에서부터 자른다.

03 자른 모습.

굵은 가지를 자른다

01 왼쪽 가지를 남기는 경우, 사진의 손가락을 댄 위치에서 자른다.

02 먼저 한쪽에서 1/4 정도 자른다.

03 반대쪽에서 먼저 잘라둔 부분을 향해 자른다.

04 나무껍질이 벗겨지지 않고 깨끗하게 잘렸다.

솎음 가지치기

필요 없는 가지를 밑동에서 솎아내는 가지치기. 나무모양을 만들 때나 필요 없는 가지를 자를 때는 솎음 가지치기를 한다.

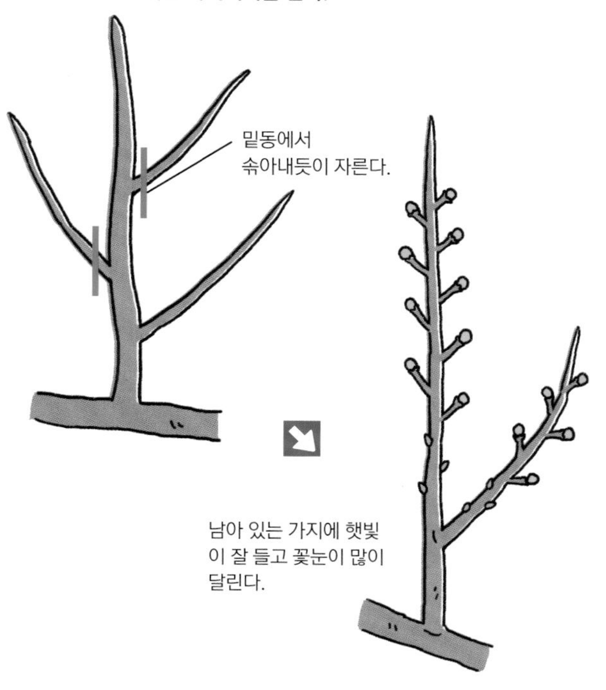

자름 가지치기

긴 가지 끝을 잘라서 새로운 가지의 발생을 촉진하거나, 꽃눈이 잘 달리게 해주는 가지치기를 자름 가지치기라고 한다.

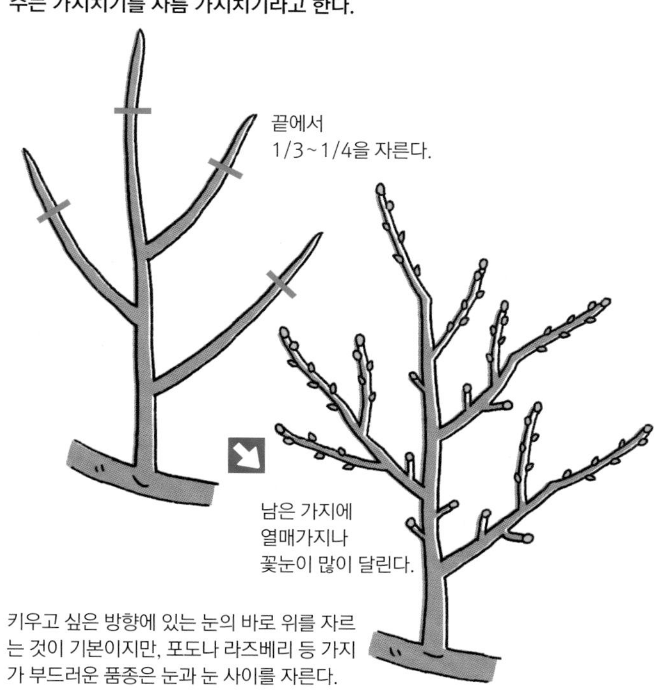

키우고 싶은 방향에 있는 눈의 바로 위를 자르는 것이 기본이지만, 포도나 라즈베리 등 가지가 부드러운 품종은 눈과 눈 사이를 자른다.

가지를 자르는 위치

최대한 밑동에 가깝게 자른다.

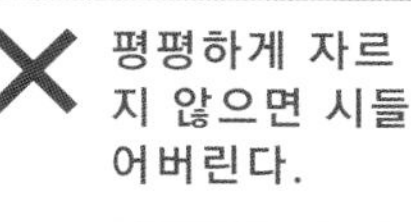
가지를 너무 많이 남기면 시들어버린다.

평평하게 자르지 않으면 시들어버린다.

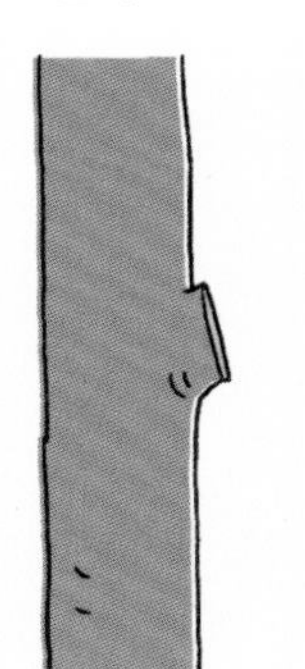

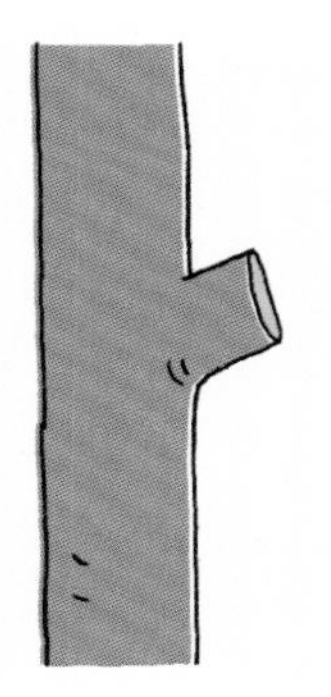

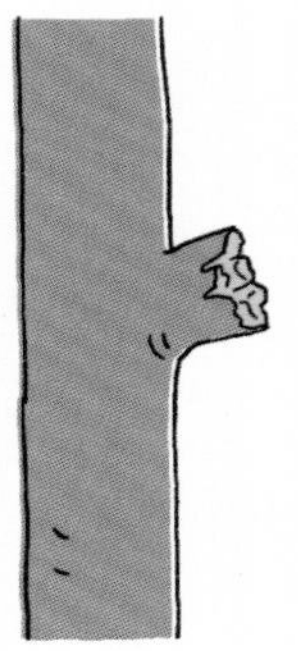

중앙의 위로 뻗은 가지를 너무 많이 남겼다. 최대한 밑동에 가깝게 자른다.

눈의 방향을 보고 자른다

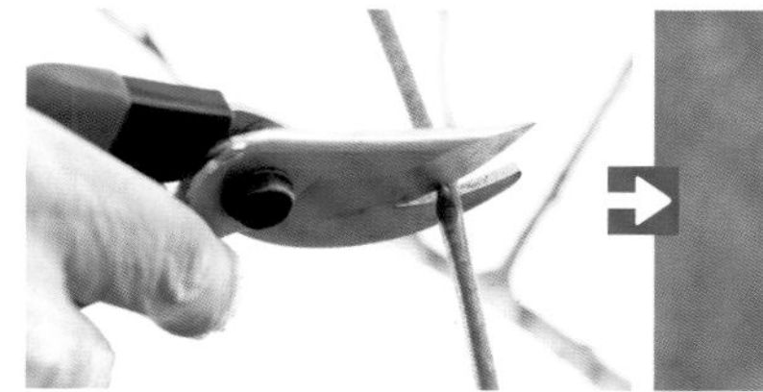

01 가지 바깥쪽에 달리는 눈 바로 위에서 자르는 것이 기본.

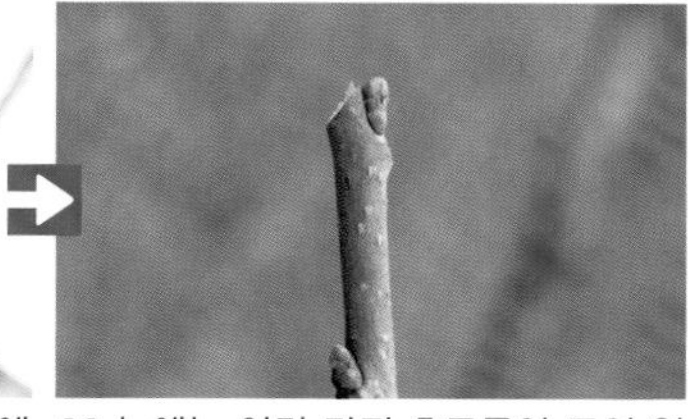

02 눈에는 여러 가지 호르몬이 모여 있어서, 상처가 쉽게 낫는다.

강한 가지치기와 약한 가지치기

강한 가지치기

약한 가지, 열매가 잘 안 달리는 가지는 짧게 가지치기한다.

새가지가 자란다.

약한 가지치기

튼튼한 가지는 끝을 자른다.

아래쪽에 꽃눈이 많이 달린다.

케 이 스 12 스 터 디

가지치기 케이스 스터디

실제 사례를 참조해서 가지치기 순서를 알아보자. 가지치기할 때는 현재의 나무모양을 잘 보고 어떤 모양으로 바꿀지 생각한 뒤에 자르는 것이 중요하다. 자른 다음 해, 그 다음 해의 모습을 상상하면서 자를 가지를 정한다.

가지치기 순서

가지치기를 할 때는 어떤 나무모양을 만들지, 어디를 자르고 어디를 남길지 등을 미리 정하고 시작하는 것이 성공의 포인트이다. 가지치기는 자르기 전에 잘 생각하는 것부터 시작된다.

나무모양을 관찰하고 어디를 자를지 생각한다.

- ☐ 현재의 나무모양을 관찰한다.
- ☐ 관리하기 쉬운 높이는 어느 정도인지 본다.
- ☐ 원가지 개수를 살펴본다.
- ☐ 복잡한 부분이 어디인지 확인한다.
- ➡ **어떤 나무모양으로 만들지 정한다.**

나무모양(골격)을 만드는 가지치기

- ☐ 원가지 개수와 남길 가지를 정한다.
- ☐ 360° 옆으로 돌면서 본다.
- → 균형을 이루면서 좌우로 어긋나게 원가지를 배치한다.
- ☐ 위에서 본다.
- → 여러 방향으로 가지가 자라도록 배치한다.
- ➡ **나무모양을 만드는 가지치기를 한다.**

필요 없는 가지의 가지치기

- ☐ 웃자람가지, 평행지, 교차지, 바퀴살가지, 아래로 뻗은 가지, 안으로 뻗은 가지, 약한 가지, 가는 가지, 복잡해진 가지를 찾아본다.
- → 원가지 단위로 생각한다. 원가지의 끝을 정하고 거기서부터 원뿔모양으로 정리되도록 잘라나간다.

열매가 달리게 하는 가지치기

- ☐ 긴 가지나 약한 가지가 있는지 살펴본다.
- → 자름 가지치기를 한다.

가지치기 완성!

자르기 전에 만들고 싶은 나무모양을 머릿속으로 그려본다.

물결모양으로 만들면 전체적으로 고르게 햇빛이 든다.

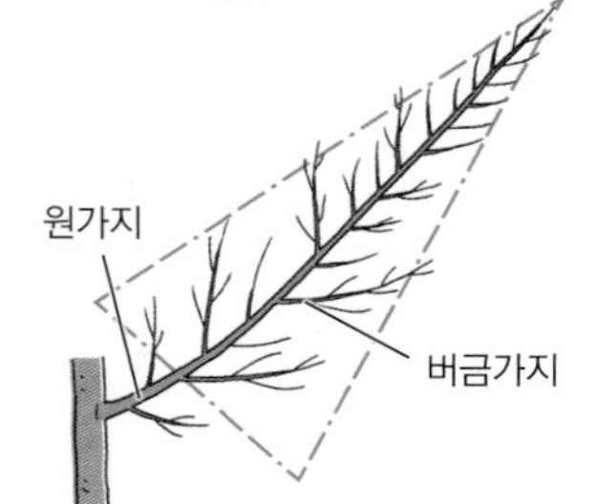

각각의 원가지 단위로 원뿔모양이 되도록 가지치기하는 것이 좋다.

남기는 가지와 자르는 가지의 두께

자라게 할 목적으로 남기는 가지와 잘라낼 가지의 지름은 1:3~1:4의 비율 정도가 좋다. 남기는 가지의 지름이 잘라낼 가지의 지름보다 지나치게 가늘면, 자른 뒤에 가는 가지에 양분이 돌지 않아 시들 확률이 높아진다.

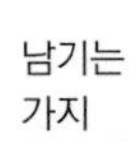

오른쪽 위로 자란 남기는 가지의 지름이 자르는 가지의 1/3 정도이다.

케이스 스터디 01

갈잎 과일나무 1

어린나무의 나무모양을 만드는 가지치기①_ 매실

갑주소매 4년생 어린나무의 가지치기 예. 원가지 수가 많으므로 3개를 남기고 가지치기한다.
원가지는 좌우로 어긋나면서 사방으로 골고루 퍼지는 가지를 남긴다.

7~8개의 원가지가 나와 있다. 바퀴살 가지는 정리 대상. 원줄기에서 가지가 나와 있는 간격을 보면서 남길 가지를 정한다.

원가지 3개로 가지치기한 모습. 맨 위의 위치를 정하고, 남기는 가지를 그보다 짧게 잘랐다.

01 위에서도 보고 각 가지가 어느 방향으로 자라고 있는지 확인하면서 원가지 후보를 정한다.

02 웃자랄 가능성이 보이는 가운데의 가지부터 자른다.

03 같은 곳에서 2개가 나온 바퀴살가지이므로, 굵은 쪽을 남기고 자른다.

04 위쪽의 남기는 가지와 가까운 거리에 있는 약한 가지를 자른다.

05 원가지를 4개까지 정리한 모습. 왼쪽의 2개는 평행지이므로 어느 한쪽을 자른다.

06 벌어진 각도를 봐서 위의 가지를 남기고 아래의 가지를 자른다.

07 남기는 원가지에서 나온 버금가지의 끝을 자른다.

08 자른 가지. 맨 위로 정한 가지보다 높게 자란 버금가지이므로 자르는 대상이 되었다.

케이스 스터디 02

갈잎 과일나무 2

어린나무의 나무모양을 만드는 가지치기②_ 사과

부사 3년생 어린나무의 골격을 만드는 가지치기 예.
나무모양은 5년 이내에 만드는 것이 좋으므로 딱 적당한 시기이다. 사방에서 보고 남길 원가지를 정한다.

7~8개의 원가지가 있으므로 두께나 각도, 자라는 방향을 보고 3개를 남긴다.

3개의 원가지를 남기고 받침대를 세워서 각각의 원가지를 키우고 싶은 방향으로 유인하여 완성.

01 위에서도 가지가 자라는 방향을 보고 체크한다.

02 맨 위의 원가지를 남기기로 정하고, 위에서부터 순서대로 필요 없는 가지를 자른다.

03 왼쪽은 평행지이므로 아래의 가는 가지를 자른다.

04 원줄기 아래쪽에서 나온 원가지는 자른다.

05 남기는 가지는 끝 1/3 정도를 키우고 싶은 방향의 바깥쪽 눈이 달린 곳 바로 위에서 자른다.

06 2번째 원가지도 같은 방법으로 자른다.

07 3번째 원가지도 끝을 자른다.

08 가지치기가 끝나면 받침대를 세운다. 받침대는 가지를 키우고 싶은 각도로 세운다.

09 3개를 세우고 단단히 묶어서 고정시킨다.

10 각 받침대에 원가지를 유인한다.

케이스 스터디 03

갈잎 과일나무 3

방치해둔 어린나무의 나무모양을 만드는 가지치기

묘목을 심어놓고 8년 정도 방치해둔 케이스.
원래는 5년 이내에 원줄기를 잘라서 나무모양을 만들지만, 이때부터 골격을 만들어도 관계없다.

주간형(p.214)이 된 모습. 이대로 두면 지나치게 커져서 관리하기 힘들어진다.

가운데 원줄기를 순지르기해서 복잡해진 가지를 정리했다. 관리하기 쉬운 높이가 되어, 모든 가지에 햇빛이 잘 든다.

01 위쪽과 아래쪽은 가지의 밀도가 높고 가운데는 잘록한 이층구조가 되어버렸다.

02 가운데의 잘록한 부분에서 원줄기를 순지르기한다.

03 원가지의 높이를 정한다. 그곳을 기준으로 균형 있게 가지가 퍼지도록, 바퀴살가지나 웃자람가지를 자르고 긴 가지도 자른다.

케이스 스터디 04

갈잎 과일나무 4

다 자란 나무의 겨울가지치기_ 감

다 자란(성목) 감나무가 변칙주간형일 때의 가지치기 예. 각각의 원가지 단위로 모양을 보고 정리한다. 필요 없는 가지를 솎아내고 긴 가지의 끝을 자르는 것이 주된 작업이다.

3개의 원가지가 있으므로 먼저 각각의 끝을 정하고 거기서부터 각각의 원가지가 원뿔모양이 되도록 자른다.

높이가 낮아져서 관리하기 쉬워졌다. 필요 없는 가지를 솎아내서 전체적으로 햇빛이 잘 들고 바람이 잘 통한다.

01 가장 위에 있는 원가지의 끝을 정한다.

02 끝은 위로 뻗은 가지를 남기고 자른다.

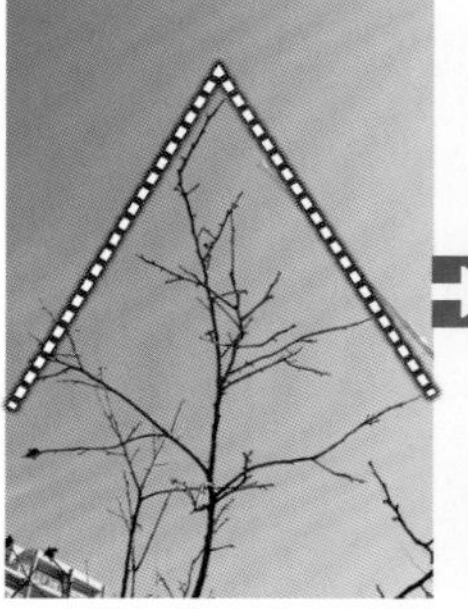

03 원뿔모양이 되도록 자른다. 각 원가지별로 같은 방법으로 작업한다.

04 필요 없는 가지인 안쪽으로 뻗은 가지를 자른다.

05 오른쪽 위로 뻗은 평행지는 1개만 남긴다.

06 위의 가지를 옆으로 벌어지는 가지 위에서 잘랐다.

07 웃자람가지를 자른다.

08 웃자람가지 2개를 자른 모습. 햇빛이 잘 든다.

09 바퀴살가지를 1개로 정리한다.

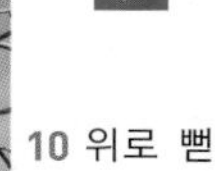

10 위로 뻗은 가지를 남기고 잘랐다.

11 웃자람가지는 밑동에서 솎아낸다.

12 남기는 가지의 끝을 키우고 싶은 방향으로 달린 바깥쪽 눈 위에서 자른다.

케이스 스터디 **05**

갈잎 과일나무 5

방치한 다 자란 나무의 겨울가지치기_ 자두

개심자연형이지만 2~3년 정도 가지치기하지 않고 방치해둔 10년생 자두나무.
필요 없는 가지를 가지치기해서 흐트러진 나무모양을 정리한다.

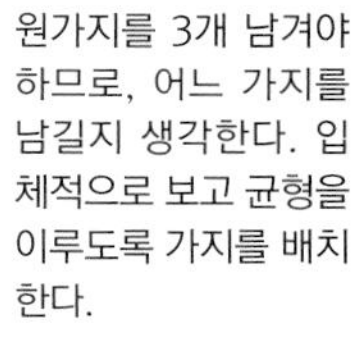

원가지를 3개 남겨야 하므로, 어느 가지를 남길지 생각한다. 입체적으로 보고 균형을 이루도록 가지를 배치한다.

이렇게 가지치기한다. 관리하기 쉬운 높이가 되었고, 전체적으로 해가 잘 든다.

01 필요 없는 원가지를 자른다. 큰 나무의 경우에는 아래부터 자르는 것이 좋다.

02 왼손으로 잡은 가지를 밑동에서 자른다.

03 바퀴살가지이므로 왼쪽에 있는 안쪽으로 뻗은 가지를 자른다.

04 버금가지의 안쪽으로 뻗은 가지를 자른다.

05 원가지의 끝이 가늘게 갈라져 있으므로 정리한다.

06 밖으로 퍼지면서 자라는 가지 몇 개를 남기고 가지치기한다.

07 왼쪽 원가지에서 나온 버금가지는 왼쪽의 가늘고 밖으로 퍼지면서 자라는 가지를 남기고 자른다.

케이스 스터디 06

늘푸른 과일나무 1

금귤의 봄가지치기

늘푸른나무는 새로운 눈이 나오기 직전인 3월이 가지치기의 적기이다. 잎에 양분을 저장하기 때문에 너무 많이 자르지 않도록 주의하고, 필요 없는 가지를 솎아내는 가지치기 중심으로 작업한다.

단간형 나무의 개심자연형이지만 원가지가 5개 있으므로 4개로 가지치기한다. 복잡해진 부분을 솎아낸다.

원가지 4개를 정하고 안쪽으로 뻗은 가지나 웃자람가지, 평행지를 솎아냈다. 원가지 단위로 원뿔모양을 만들고, 전체적으로는 물결모양으로 만들어서 햇빛이 잘 들게 되었다.

01 가장 오른쪽의 가는 원가지를 가지치기한다.

02 원가지가 4개가 되었다.

03 안쪽에 있는 웃자랄 것 같은 가지를 자른다.

04 평행지는 안쪽에 있는 가지를 자른다.

케이스 스터디 07

늘푸른 과일나무 2

온주밀감 어린나무의 가지치기

어린나무일 때는 열매를 맺지 않고 나무가 성장하게 한다.
정원에 심은 어린나무는 심은 뒤 4~5년 정도는 꽃눈이 달리더라도 솎아내는 것이 좋다.

온주밀감 3년생. 꽃봉오리를 솎아내는 것이 더 좋지만, 열매가 달렸을 때 솎아내도 된다.

모든 열매를 솎아낸 모습. 5~6년차부터는 열매가 달려도 좋지만, 어릴 때는 열매가 지나치게 많이 달리지 않도록 주의한다.

케이스 스터디 08

갈잎 소과수 1

블루베리의 겨울가지치기

5~6년생 래빗아이계열은 슈트 8~10개 정도가 기준(하이부시계열은 3~4개).
묵은가지는 새로운 가지가 나온 부분에서 갱신하고 어린 슈트는 끝을 자른다.

밑동에서 나온 슈트는 두꺼운 것을 남기고 정리한다. 남기는 슈트는 끝을 자른다.

슈트의 수를 제한하고 묵은가지는 갱신한다. 자름 가지치기로 다음 해의 수확량이 증가한다.

01 두껍고 기세가 좋은 슈트는 남긴다. 끝은 키우고 싶은 방향으로 달린 눈 위에서 자른다.

02 가는 슈트는 가지치기 대상. 밑동에서 자른다.

03 몇 년 동안 열매가 달린 묵은가지는 기세가 좋은 새가지쪽에서 잘라 갱신한다.

04 안쪽으로 뻗은 가지 등 복잡한 가지는 솎아낸다.

케이스 스터디 09

갈잎 소과수 2

블랙베리의 갱신가지치기

2년생 가지에 열매가 달리므로 이미 열매가 달렸던 묵은가지는 모두 잘라서 갱신한다.
1년생 가지는 지나치게 길게 자란 것을 가지치기한다.

먼저 그 해에 열매가 달렸던 가지는 모두 자른다. 다음 해에 열매가 달릴 새가지는 관리하기 쉬운 길이로 가지치기한다.

가지치기가 끝나면 받침대를 엮어서 만든 울타리로 유인한다. 끝을 잘라낸 새가지에 꽃눈이 많이 달린다.

01 묵은가지는 색깔이 변했으므로 밑동에서 자른다.

02 마찬가지로 열매가 달린 묵은가지를 땅 가까이에서 가지치기한다.

03 새로운 눈이 달린 것은 1년생 가지이므로 남겨둔다.

04 남겨둔 1년생 가지도 너무 긴 것은 자른다.

케이스 스터디 **10**

컨테이너 재배 1

심을 때 하는 가지치기_ 매실

매실(백가하) 2년생 묘목. 원가지는 3~4개면 되지만 심을 때는 원가지 후보를 많이 남겨도 좋다. 위에서도 보고 균형에 맞게 배치한다.

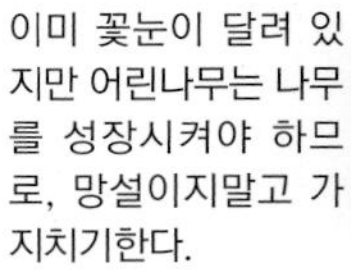

이미 꽃눈이 달려 있지만 어린나무는 나무를 성장시켜야 하므로, 망설이지말고 가지치기한다.

After

원가지 후보를 6개 남긴 모습, 이후 3~4년에 걸쳐 원가지를 3~4개로 만든다.

01 원줄기에서 중앙보다 아래쪽에 있는 원가지는 모두 자른다,

02 아래쪽 원가지를 남겨두면 원줄기보다 강하게 자랄 수 있으므로 솎아낸다.

03 원가지 후보를 몇 개 남겨두고 다른 원가지는 자른다.

04 위에서도 보고 360°로 균형이 맞게 배치한다.

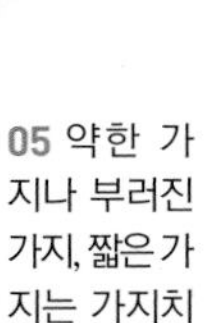

05 약한 가지나 부러진 가지, 짧은 가지는 가지치기 대상.

06 맨 위에 남겨둘 가지를 정하고 그 가지 바로 위에서 원줄기를 자른다.

07 위에서 본 모습.

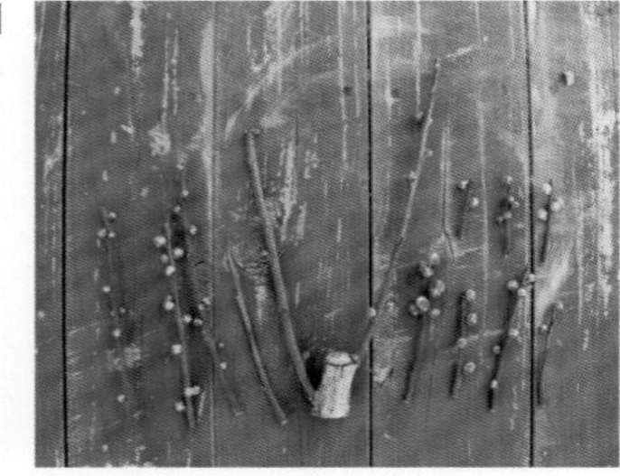

08 심을 때 자른 가지.

케이스 스터디 11

컨테이너 재배 2

심을 때 하는 가지치기_ 자두

솔담 2년생. 원가지 후보를 4개 남기고 다른 가지는 자른다.
한정된 범위 안에서 되도록 균형이 맞게 벌어진 가지를 남긴다.

바퀴살가지가 몇 개 있으므로 남길 가지를 정하고 다른 1개는 자른다. 남기는 가지는 끝을 잘라둔다.

4개의 원가지를 남기고 아래쪽 가지나 약한 가지는 정리했다. 위에서 볼 때 가능한 한 사방으로 고르게 퍼지도록 가지를 남기고 가지치기한다.

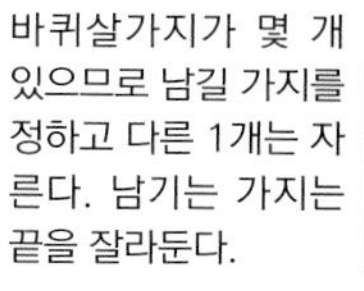

01 맨 위가 될 후보 원가지를 정한다.

02 남기는 원가지 바로 위에서 원줄기를 자른다.

03 같은 곳에서 2개가 나온 바퀴살가지는 1개만 남긴다.

04 가는 가지를 자른다.

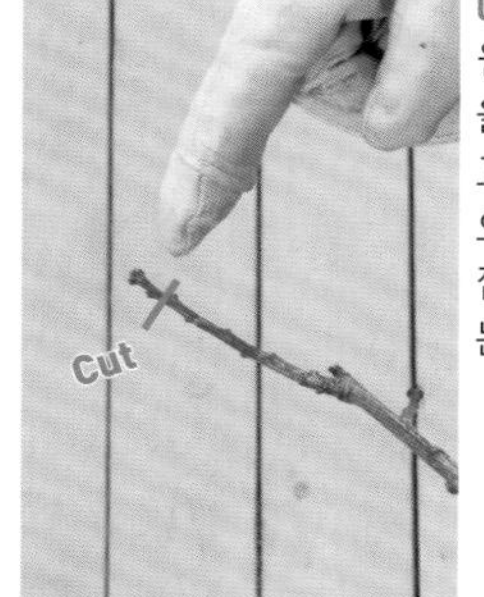

05 남겨둔 원가지의 끝을 보고 키우고 싶은 방향으로 달린 바깥쪽 눈을 찾는다.

06 바깥쪽 눈 바로 위에서 가지치기한다.

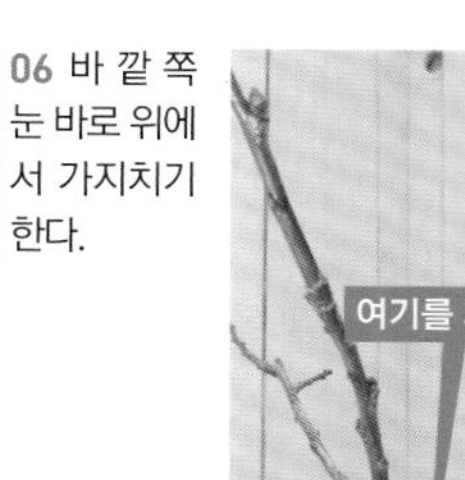

07 다른 곳에 있는 바퀴살가지도 굵은 가지를 남기고 밑동에서 자른다.

08 남기는 원가지의 끝은 키우고 싶은 방향으로 달린 바깥쪽 눈 바로 위에서 자른다.

케이스 스터디 12

컨테이너재배 3

블랙베리의 갱신가지치기

블랙베리는 그 해에 자란 새가지에 다음 해에 열매가 달린다.
한 번 열매가 달린 가지는 더 이상 열매가 달리지 않고 말라버리므로 묵은가지는 솎아내서 갱신한다.

열매가 달린 묵은가지는 밑동에서 자르고, 새가지도 끝을 자르며, 곁가지를 정리한다.

새로운 가지를 남기고 자름 가지치기를 한 모습. 가시가 있는 품종이 많으므로 주의한다.

01 열매가 달린 흔적. 이 가지에는 더 이상 열매가 달리지 않으므로 가지치기 대상이다.

02 열매가 달렸던 가지는 하얗게 변한다. 밑동에서 자른다.

03 2번째 묵은가지도 자른다.

04 마찬가지로 3번째 묵은가지도 자른다.

05 새가지는 끝을 자른다.

06 곁가지는 끝에서 밑동으로 갈수록 점점 벌어지게 자른다.

유인 포인트

가지를 끈 등으로 받침대에 묶거나 지면으로 끌어당기는 것을 유인이라고 한다. 가지를 원하는 방향으로 자라게 만드는 작업이다.

가지를 원하는 방향으로 유인한다

과일나무를 재배할 때는 가지를 원하는 방향으로 자라게 해서 나무 모양을 만드는 유인 작업을 한다.

가지를 받침대 등에 묶을 때는 가지에 상처가 나지 않도록 느슨하게 묶는다.

가지와 받침대를 8자 모양이 되도록 끈이나 철사로 묶는다.

묘목을 심을 때 필요한 유인

묘목을 심을 때는 묘목이 제대로 뿌리내릴 때까지 받침대를 세워서 지탱해 주는 것이 좋다.

원가지 유인 1 _ 받침대

원가지를 원하는 방향으로 자라게 하려면, 원하는 각도로 받침대를 세워서 가지를 유인한다.

어린 사과나무 원가지를 유인한 모습.

무화과는 가지 끝이 위를 향하게 유인한다.

원가지 유인 2 _ 끈

원줄기와 원가지의 각도가 좁으면 원가지가 지나치게 두꺼워진다. 가지를 끈 등으로 잡아당겨서 사이가 벌어지게 유인한다.

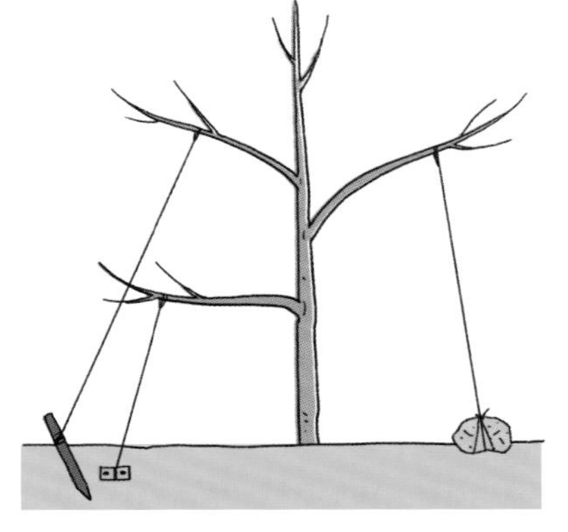

울타리로 유인

안길이가 좁은 장소에서 울타리형으로 만들 경우에는, 받침대로 울타리를 엮어서 가지를 벌리고 싶은 방향으로 유인한다.

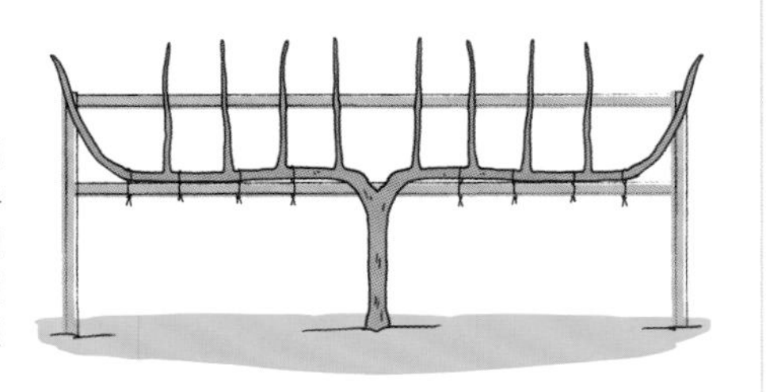

시렁으로 유인

포도나 키위 등의 덩굴성 식물은 가지를 시렁으로 유인한다.

키위 유인.

비료의 종류와 주는 방법

과일나무에 맛있는 열매가 달리게 하거나 크고 건강하게 기르기 위해서는 햇빛이나 물주기 외에 언제, 어떤 비료를, 얼마나 주는지도 매우 중요하다. 나무의 상태를 잘 살펴서 지나치게 많이 주지 않고 적당히 주는 것이 중요하다.

비료의 3대 영양소란?

식물은 뿌리를 통해 흙에서 양분을 흡수한다. 그런데 나무가 성장하면서 흙 속의 양분이 나무에 흡수되어 줄어든다. 이렇게 줄어든 양분을 보충하기 위해서 주는 것이 비료이다.

비료 성분 중에서 질소(N), 인산(P), 칼륨(K)을 3대 영양소라고 하는데, 과일나무의 생육에 없어서는 안 되는 성분이다. 질소는 가지와 잎의 생육을 촉진하고, 특히 물과 공존하면서 활발하게 활동한다. 인산은 가지나 잎의 성장을 억제하고 꽃이나 눈, 열매가 잘 달리게 해준다. 칼륨은 뿌리나 열매의 생육을 촉진한다.

나무의 상태를 보면서 이러한 3대 영양소를 균형 있게 공급하는 것이 중요하다.

질소(N)
줄기나 가지의 성장을 촉진한다.

인산(p)
꽃눈을 만들고 열매가 잘 달리게 한다.

칼륨(K)
뿌리를 두껍게 만들고, 열매를 크게 키운다.

나무의 성장에 맞는 비료주기

어린나무(~5년)

비료를 많이 주면 나무가 안정되지 않고 열매가 달리는 시기도 늦어진다. 양분이 부족한 산성 토양이면 비료도 필요하지만, 먼저 부엽토나 석회 등으로 적합한 토양을 만드는 것이 중요하다.

다 자란 나무(6~25년)

열매가 달리기 시작하면 나무의 크기에 맞춰서 점점 비료의 양을 늘린다.

늙은나무(25년~)

양분을 저장하는 기능이 떨어지기 때문에 조금씩 몇 차례에 나눠서 주는 것이 좋다.

비료의 종류

비료는 유기질과 무기질 2종류가 있는데 유기질비료는 효과가 늦게 나타나고, 무기질비료는 효과가 빨리 나타나는 속효성 비료와 늦게 나타나는 지효성 비료가 있다. 필요에 따라 사용한다.

유기질비료

동물의 배설물이나 뼈, 식물을 태운 뒤에 남은 재 등 자연의 동식물을 재료로 만든 비료. 효과가 천천히 나타나므로 양분이 필요해지기 3~4개월 전에 주면 좋다.

계분

닭의 배설물을 발효시킨 것. 질소나 인산이 많이 함유되어 있다. 분해속도가 느리다.

우분

소의 배설물을 발효시킨 것. 질소나 인산이 많이 함유되어 있다. 분해속도가 빠르다.

골분

돼지나 닭의 뼈를 갈아서 가루로 만든 것. 인산이 많이 함유되어 있다.

초목회

식물을 태우고 남은 재로 칼륨이 많이 함유되어 있다. 깻묵 등과 섞어서 사용한다.

깻묵

유채씨나 콩 등의 기름을 짜고 남은 찌꺼기. 질소가 많이 함유되어 있다.

굴껍질석회

굴껍질을 갈아서 만든 석회. 3대 영양소 외에 망간 등의 미네랄 성분이 풍부하게 함유되어 있다.

무기질비료

3대 영양소 중 2가지 이상을 화학적으로 합성한 화성비료(복합비료)와 1가지 성분만 포함하는 유안 등의 단일비료가 있다. 유기질비료와 함께 사용하는 경우에는 효과가 빨리 나타나는 속효성 비료를 사용한다.

화성비료

3대 영양소를 다양한 비율로 배합한 것. 과립형과 액체형이 있다.

유안

정식명칭은 황산암모늄. 고농도 질소가 들어 있으므로 조금씩 사용한다.

고토석회

광석을 가루 상태로 간 것. 고토(=마그네슘)와 석회가 주성분이다.

용성인비

인광석이라고 하는 인산과 석회가 많이 들어 있는 광석이 원료. 유리상태의 가루이므로 반드시 장갑을 끼고 살포한다.

유기질배합비료

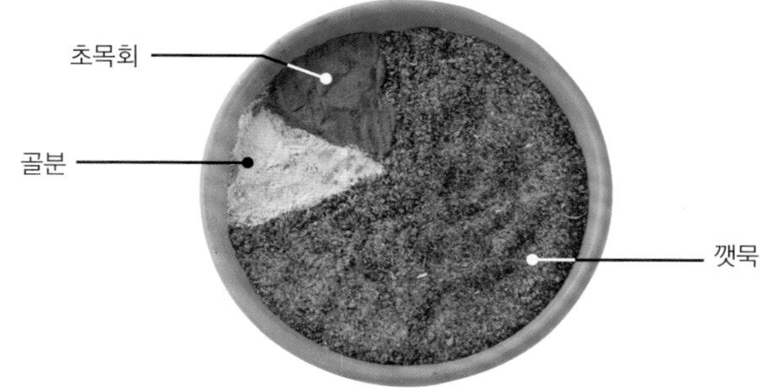

깻묵, 골분, 초목회를 5:1:1로 섞은 것. 이 책에 나오는 「유기질배합비료」는 이렇게 배합한 비료를 가리킨다. 보카시비료(p.241)나 시중에서 판매하는 유기질비료를 사용해도 좋다.

유기질비료와 화성비료의 비율

과일나무 종류	유기질비료와 화성비료의 비율	이유
귤, 감 등	8:2	개화 후 천천히 수확하는 나무는 효과가 천천히 나타나는 유기질비료를 많이 준다.
배, 복숭아 등	6:4	개화부터 수확까지 걸리는 시간이 짧은 나무는 화성비료를 조금 더 준다.
매실, 살구 등	5:5	개화부터 수확까지 매우 빨리 진행되는 나무는 효과가 빠른 화성비료와 유기질비료를 같은 비율로 주는 것이 좋다.

※ 이 책에서는 질소(N), 인산(P), 칼륨(K)이 100g당 10g씩 들어 있는 화성비료를 권장한다.

비료를 주는 시기와 목적

비료를 주는 것을 시비라고도 한다. 주는 시기에 따라 밑거름, 웃거름, 가을거름으로 나뉘며 각각 목적이 다르다. 또한 과일나무의 종류와 재배연수에 따라 비료의 양이나 종류가 달라진다(p.241 표 참조).

비료는 무조건 많이 준다고 좋은 것이 아니며, 너무 많이 주거나 너무 적게 줘도 좋은 과일을 수확할 수 없다.

예를 들어 채소나 꽃을 재배하던 정원에 과일나무를 심은 경우, 심은 뒤 5년 정도는 비료를 줄 필요가 없는 경우가 대부분이다.

특히 어릴 때 비료를 많이 주면 열매가 늦게 달리는 원인이 된다. 또한 다 자란 뒤에도 비료를 너무 많이 주면 나무자람새가 지나치게 강해져서 열매가 달리지 않는 경우도 있으므로 주의한다. 적당량을 알맞은 시기에 주는 것이 맛있는 과일을 수확하는 비결이다.

밑거름 · 웃거름 · 가을거름의 목적과 주는 방법

	밑거름(12~1월 · 3월)	웃거름(6~7월)	가을거름(9~10월)
목적과 주는 방법	• 봄부터 초여름까지 단숨에 성장하는 가지나 잎, 꽃눈의 생육을 촉진한다. • 12~1월에는 겨울거름, 3월에는 봄거름으로 모두 2번 준다. • 1년 동안 주는 비료의 70~80%를 밑거름으로 준다.	• 밑거름이 부족하면 주는 비료이므로 모든 과일나무에게 필요한 것은 아니다. 열매를 성장시키기 위해서, 나무의 성장을 보면서 준다. • 여분의 비료는 새가지의 생육에 사용되므로 주로 나무자람새가 약할 때 준다.	• 나무에게 감사하는 마음으로 준다. 약해진 나무자람새를 회복시키고, 다음 해에 순조롭게 성장하기 위한 양분이 된다. 감사비료라고도 한다. • 꽃눈이 달린 뒤에 좋은 열매를 맺도록 주는 경우도 있다.
주로 사용하는 비료	• 12~1월의 겨울거름은 질소나 인산을 많이 함유한 우분이나 골분, 초목회 등 유기질비료를 중심으로 준다. • 3월의 봄거름은 효과가 빠른 화학비료를 준다.	• 효과가 빠른 화성비료로, 칼륨이 함유된 것이 좋다. • 여름에 질소를 많이 주면 과일의 질이 떨어지므로 적게 준다.	• 효과가 빨리 나타나는 화학비료가 좋다. 3년 이내의 어린나무에게 줄 때는 3대 영양소가 같은 비율로 배합된 것을 선택한다.

※ 비료의 양 등은 나무의 종류에 따라 다르므로 구체적인 양은 각 나무의 페이지를 참조한다.

비료 주는 방법

화성비료 주는 방법_ 정원 재배

01 가지와 잎의 가장 바깥쪽 아래에 빙 둘러서 비료를 뿌린다.

02 비료 위에 부엽토를 올려서 안정시킨다.

화성비료 주는 방법_ 컨테이너 재배

필요한 양을 밑동에서 조금 떨어진 표면에 한 바퀴 빙 둘러서 뿌린다.

액상비료 주는 방법

설명서에 나온 대로 물로 희석한다. 4~5월은 10일에 1번, 6월에는 5일에 1번 정도 주면 좋다.

비료를 줄 때 주의할 점

정원에서 재배할 때는 비료가 직접 뿌리에 닿지 않도록 주의한다. 비료가 뿌리에 닿으면 수분을 흡수하지 않게 되거나, 비료가 분해될 때 발생하는 열에 의해 뿌리가 상하는 원인이 된다. 화분에서 재배할 경우에는 물을 줄 때마다 비료가 밖으로 흘러나오기 때문에, 정원에 심을 때보다 더 자주 비료를 준다.

나무의 나이에 따라 달라지는 비료주기

과일나무의 재배연수나 종류에 따라 알맞은 비료의 성분과 양이 달라진다. 나무가 어릴 때 비료를 많이 주면 나무만 크게 자라고 좀처럼 열매가 달리지 않게 될 수도 있다. 어릴 때는 비료를 적게 주고, 열매가 달리기 시작하면 비료를 늘려간다.

또한 개화부터 열매를 맺기까지 걸리는 기간에 따라 비료의 양이 달라지므로 그 기준을 알아둔다.

나무 종류와 나이별 1그루당 비료량(단위 g)

나무의 나이	1~3년	4~9년	10년 이상
비료의 종류	질소·인·칼륨	질소·인·칼륨	질소·인·칼륨
갈잎 과일나무	50·20·50	100·100·100	200·200·200
늘푸른나무 (감귤류 등)	80·50·50	200·150·100	350·250·250
소과수류 (베리류 등)	10·10·10	30·30·30	50·50·50

보카시 비료 만들기

보카시 비료(혼합발효 유기질비료)는 깻묵이나 우분 등 유기질비료를 섞은 다음 물을 넣고 발효시킨 비료이다. 일반적인 유기질비료에 비해 과일나무의 부담이 적고, 효과도 안정적이어서 밑거름이나 웃거름으로 모두 사용할 수 있는 만능 비료이다.
단, 화성비료 보다 효과가 늦게 나타나므로 웃거름일 경우에는 비료를 좀 더 일찍 주는 것이 좋다.

준비 도구

- 양동이 (밑에 물빠짐용 구멍을 뚫어둔다.)
- 모종삽

재 료

- 부엽토
- 깻묵
- 골분
- 계분
- 우분

모두 같은 양

- 쌀겨(또는 시중에서 파는 발효촉진제)를 깻묵 분량의 1/5 정도 준비

만드는 방법

01 양동이에 부엽토를 넣고 깻묵, 골분, 계분, 우분, 쌀겨를 순서대로 모종삽 1개 분량씩 넣는다. 같은 순서로 반복해서 재료를 넣는다.

02 양동이 위까지 차면 전체가 촉촉해지도록 물을 듬뿍 준다.

03 뚜껑을 덮고 7~10일 동안 어두운 장소에 둔다. 모종삽으로 전체를 섞고 건조하면 물을 뿌린 뒤 뚜껑을 덮고 다시 숙성시킨다.

완성의 기준

그 뒤에도 1주일에 1번씩 잘 섞어주고 건조하면 물을 준다. 발효 중에는 60~70℃의 발효열이 발생한다. 작업 후 1개월 반~2개월(여름은 1개월) 정도 지나서 암모니아 냄새가 사라지고 발효열이 진정되면 완성이다. 발효촉진제보다 쌀겨를 사용하는 쪽이 완성하는 데 시간이 더 걸린다.
완성되면 유기질복합비료로 사용한다.

과일나무 관리작업

맛있는 과일을 수확하기 위해서는 평소에 나무를 잘 돌보는 것이 중요하다. 과일나무 관리작업은 날마다 해야 하는 것과 1년 중 정해진 시기에 해야 하는 것이 있다. 자신이 재배하는 과일나무에 알맞은 관리 방법을 알아두자.

올바른 관리로 맛있는 과일을 수확한다

과일나무를 재배할 때 가장 중요한 것은 항상 과일나무의 상태를 잘 관찰하는 것이다. 특히 컨테이너 재배의 경우 흙이 마르면 물을 듬뿍 주고, 인공꽃가루받이가 필요한 시기나 열매솎기가 필요한 시기에 타이밍을 놓치지 않도록 잘 관찰해야 한다. 갑자기 병에 걸리거나 해충이 발생해서 정성껏 기르던 과일나무가 못쓰게 되는 경우도 있으므로 빨리 대처하는 것이 중요하다.

적절한 환경에서 기르고 필요한 관리작업을 제대로 해야, 비로소 맛있는 과일을 수확할 수 있다. 과일나무의 관리작업은 성장단계에 따라 필요한 작업이 다르다. 자신이 기르는 과일나무의 상태에 맞게 필요한 작업을 해야 한다.

과일나무 재배에 필요한 관리

일상적으로 필요한 관리	• 환경관리(햇빛이 잘 들고, 바람이 잘 통하게 해주며, 비나 바람에 대비하는 것 등) • 물주기(컨테이너 재배의 경우) • 온도관리(더위·추위에 대한 대책 등)
나무를 기르기 위해 필요한 관리	• 가지치기 • 병해충 대책 • 비료 주기(필요에 따라)
열매를 맺게 하고 수확하기 위해 필요한 관리	• 봉오리솎기, 꽃솎기 • 인공꽃가루받이 • 열매솎기 • 봉지씌우기 • 수확·후숙

햇빛이 잘 들고 바람이 잘 통하는 좋은 환경 만들기

정원 재배

대부분의 과일나무는 햇빛이 잘 들고 바람이 잘 통하는 환경을 좋아한다. 그러나 강한 햇빛을 좋아하지 않는 종류도 있고 습한 환경을 좋아하는 종류도 있다. 정원에 심을 때는 한 번 심으면 장소를 옮기기 어려우므로 과일나무의 성질을 잘 알아본 뒤 심을 장소를 정한다.

햇빛을 좋아하는 과일나무의 경우 해가 떠 있는 시간대에는 계속 햇빛을 받을 수 있는 곳이 좋지만, 그러기 어렵다면 오전 중~오후 2시 정도까지 햇빛이 잘 드는 장소를 선택한다.

바람도 중요하다. 바람이 잘 통하지 않는 장소는 병해충이 발생하기 쉽다. 다만 바람이 강한 지역에서는 가지와 잎이 다치지 않도록 방풍네트로 보호하거나, 가지를 끈으로 고정하는 것이 좋다.

대부분의 과일나무는 햇빛과 바람을 좋아한다.

컨테이너 재배

컨테이너 재배의 경우 쉽게 이동할 수 있으므로 계절이나 시간대에 따라 적합한 환경으로 화분을 옮기는 것이 가능하다. 장마철에는 비를 맞지 않는 처마 밑으로, 추위가 심할 때는 실내로 옮기는 것이 좋다.

또한 바람이 잘 통하도록 지면 위에 바로 화분을 두는 것보다, 받침대나 블록 등을 깔고 그 위에 두는 것이 좋다.

장마철에는 비를 맞지 않도록 처마 밑으로 옮긴다.

여름에는 그늘로 옮겨서 강한 햇빛을 피한다.

추위에 약한 과일나무는 실내나 처마 밑에서 추위를 피한다.

물주기

정원 재배

정원에서 재배하는 경우 묘목이 뿌리내리면 기본적으로 물은 주지 않아도 된다. 다만 여름에 오랫동안 비가 내리지 않는 등 흙이 매우 건조해졌을 때는 물을 듬뿍 준다. 특히 어린나무는 건조에 주의한다.
해가 떠 있는 더운 시간대에는 뿌리나 잎이 상할 수 있으므로, 아침이나 저녁에 물을 준다.

건조해지면 물을 듬뿍 준다.

물을 준 뒤 부엽토로 흙 표면을 덮어 두면, 건조해지는 것을 방지할 수 있다.

컨테이너 재배

컨테이너에서 재배할 때는 매일 물을 줘야 한다. 흙 표면이 건조해지면 물을 줄 때이다. 특히 한여름에는 바로 건조해지므로 하루 2번, 아침저녁으로 물을 주는 것이 좋다. 바닥에서 물이 흘러나올 때까지 물을 듬뿍 준다.
과일나무의 종류에 따라 살짝 건조한 상태를 좋아하는 나무와 건조에 약한 나무가 있으므로, 구체적인 물주기 방법은 각 과일나무의 재배 방법을 참조한다. 흙이 건조해지기 전에 물을 주면 뿌리가 썩을 수 있으니 지나치게 많이 주지 않도록 주의한다.
또한 꽃이 피는 시기에는 꽃에 물이 닿지 않도록 주의하고, 갈잎나무의 휴면기(겨울)에는 물 주는 횟수를 줄인다.

화분 밑으로 흘러나올 때까지 물을 듬뿍 준다.

비료주기

과일나무를 재배할 때는 알맞은 양의 비료를 주는 것이 중요하다. 비료에 대해서는 p.238~241을 참조한다. 또한 각각의 품종에 적합한 비료에 대해서는 각 나무의 「비료주기」를 참조한다.

컨테이너로 재배할 때는 물과 함께 양분도 흘러나오기 쉬우므로 정기적으로 비료를 준다.

외출할 때는?

여행 등으로 며칠 동안 나무를 돌볼 수 없을 때, 컨테이너에서 재배하는 경우에는 물이 부족해서 나무가 시들어버릴 우려가 있다. 정원이나 베란다의 비가 내리면 물이 닿는 장소에 화분을 옮겨두어도, 맑은 날이 계속되면 흙이 점점 건조해진다.
이럴 때는 화분을 통째로 물에 담가 두는 방법을 추천한다. 크고 깊은 쟁반이나 대야 등에 물을 가득 담고, 그 안에 화분을 담가 둔다.
오랜 기간이면 뿌리가 썩을 수 있지만, 며칠 동안이라면 이 방법으로 물 부족을 방지할 수 있다.

가지치기

가지치기는 과일나무의 건강한 성장을 촉진하고 열매가 잘 달리게 만드는 필수적인 관리작업이다. 묘목을 심고 몇 년에 걸쳐 작업하는 것이 과일나무의 나무모양을 만드는 가지치기이다. 그 이후에는 나무모양이 흐트러지지 않도록 1년에 1번 가지치기(겨울에서 초봄)를 한다.
그리고 과일나무에 따라서는 여름에 복잡해진 가지를 자르는 여름가지고르기가 필요하다. 가지치기에 대해서는 p.218~236에서 구체적으로 설명하였으므로 참조한다.

갈잎 과일나무의 겨울가지치기

원가지 수를 정리하고 복잡해진 가지를 솎아내서 나무모양을 다듬고, 열매가 많이 달리도록 끝을 자른다.

여름가지고르기

복잡해진 가지를 솎아내거나 지나치게 자란 새가지의 끝을 자른다.

인공꽃가루받이

과일나무가 열매를 맺으려면 꽃가루받이를 해줄 필요가 있다. 꽃가루받이란 암술의 암술머리에 수술 꽃밥 속의 꽃가루가 달라붙는 것을 말한다. 암술머리에 붙은 꽃가루에서 꽃가루관이 자라 난핵세포와 결합하는 것이 수정이다. 수정하면 씨앗이 자라고 나무의 양분은 과일의 성장을 위해 우선적으로 사용된다.
과일나무 중에는 1그루만 있으면 수정하지 않는 품종이 많은데, 1그루만 있어도 열매를 맺는 것은 자가결실성이 있는 것이고, 1그루로만으로는 열매를 맺지 않는 것은 자가결실성이 없는 것이다. 자가결실성이 없는 품종은 꽃가루받이나무가 필요하다.
꽃가루받이나무가 있거나 1그루만 있어도 열매가 열리는 품종이라도, 꽃가루받이를 도와주는 곤충이 적거나 꽃이 피는 시기에 비가 오면 수정률이 낮아진다.
확실하게 열매를 맺기 위해서는 인공꽃가루받이를 해주는 것이 좋으며, 인공꽃가루받이는 다음의 3가지 방법으로 할 수 있다.

꽃을 통째로 따서 묻힌다

꽃가루가 있는 꽃을 따서 다른 꽃에 직접 묻힌다.

붓 등을 사용해서 묻힌다

꽃가루를 묻힌 붓이나 면봉으로 암술의 암술머리를 살짝 문지른다.

손톱으로 묻힌다

꽃가루를 손톱 위에 올려서 암술에 묻힌다.

방화곤충의 활약

과일나무가 꽃가루받이를 하기 위해서는 꿀벌 등 「방화곤충」의 존재가 필수적이다. 방화곤충에는 꿀벌 외에도 꽃등에 등 다양한 곤충이 있다. 곤충이 많이 찾아 오는 정원이나 베란다를 만들기 위해서는 꿀이 있는 꽃을 심는 방법을 추천한다.

블루베리 꽃에 다가온 꿀벌.

생리적 낙과란?

꽃이 핀 뒤 꽃가루받이를 해도 모든 열매가 크게 자라는 것은 아니다. 수정이 잘 되지 않아서 씨앗이 적거나, 열매 수에 비해 잎의 수가 적은 경우, 또는 한 그루의 나무에 지나치게 많은 과일이 달린 경우 등에는 어린 과일이 자연스럽게 떨어지는데, 이를 생리적 낙과라고 한다.
열매솎기는 생리적 낙과가 끝난 뒤에 하는 것이 좋다.

모든 열매가 크게 자라는 것은 아니다.

열매 관리

꽃봉오리솎기·꽃솎기·열매솎기

맛있는 열매를 많이 맺게 하려면 열매 수를 제한해서 재배해야 한다. 이를 위해 꽃봉오리나 꽃, 열매를 솎아내서 알맞은 수로 유지하는 꽃봉오리솎기·꽃솎기·열매솎기 등의 작업이 필요하다.

이런 작업을 미리 해두면 남은 과일이 잘 자란다. 열매솎기는 꽃이 피고 열매가 달린 뒤 생리적 낙과가 끝난 6~8월경에 2~3번에 나눠서 하는 것이 좋다. 남기는 열매의 수는 잎의 수에 비례한다. 과일나무에 따라 열매 1개당 기준이 되는 잎의 수는 달라진다. 구체적인 내용은 각 과일나무의 열매솎기를 참조한다.

온주밀감의 열매솎기 예. 잎의 수를 보면서 열매를 솎아낸다.

주요 과일나무의 열매솎기 기준과 시기

종류		열매솎기 기준	시기
감귤류	온주밀감	잎 20~25장당 1개	7월 중·하순
	네이블 오렌지	잎 60장당 1개	8월 상·중순
비파	전중	화방 1개당 1개	꽃봉오리솎기_ 10~12월
	무목	화방 1개당 2개	열매솎기_ 4월. 그 후 바로 봉지를 씌운다.
사과(부사 등)		화방 4~5개당 1개	낙화 후 2~3주. 30일 이내에 마무리한다.
배(행수 등)		화방 3~4개당 1개 (가지 20㎝에 1개)	낙화 후 2~3주. 40일 이내에 마무리한다.
복숭아		긴열매가지 2~3개 중간열매가지, 짧은열매가지 1~2개	발아 전에 위의 눈을 솎아낸다. 만개 후 30~35일에 마무리 열매솎기.
포도	델라웨어	열매가지 1개당 2개	첫 번째 개화 전, 두 번째 개화 2주 후에 마무리 열매솎기와 알솎기.
	거봉	열매가지 1개당 1개	
감		봉오리_ 열매가지 1개당 2~3개 열매_ 열매가지 1개당 1~2개	봉오리솎기_ 개화 전 5월에 하면 생리적 낙과가 적어진다. 열매솎기_ 7월 상순

봉지씌우기

복숭아, 배, 비파, 사과, 포도 등의 과일은 봉지를 씌우면 과일이 보기 좋게 자란다. 봉지를 씌우면 농약 사용 횟수도 줄일 수 있어 안전한 과일을 수확할 수 있다는 것도 장점이다. 농약을 사용하고 싶지 않은 가정 재배에서 더 필요한 작업이다.

봉지를 씌우면 색깔이 잘 들지 않으므로 수확 전에 봉지를 제거하거나 찢어둔다. 전용 봉지를 사용하면 편리하지만 신문지를 사용해서 봉지를 만들어도 좋다.

열매에 봉지를 씌우고 꼭지에서 고정시킨다.

시판 과일용 봉지.

수확·후숙

가정에서 과일나무를 재배할 때의 가장 큰 즐거움은 완전히 익힌 과일을 바로 따서 먹을 수 있다는 것이다. 다만 과일의 수확시기는 다양해서, 완전히 익혀서 수확하는 것이 맛있는 경우와 수확 후에 후숙하는 것이 맛있는 경우로 나뉜다.

색깔이 들지 않아서 익었는지 판단하기 어려운 키위나 서양배, 페이조아, 추위를 피해 빨리 따는 감귤류는 수확 후에 후숙한다. 과일을 숙성시키는 에틸렌 가스를 많이 배출하는 사과를 몇 개 정도 비닐봉지에 같이 넣고 1~2주 정도 후숙하면 맛있어진다.

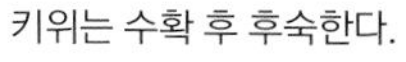

키위는 수확 후 후숙한다.

나무에서 완숙시키는 것이 가정재배의 가장 큰 매력.

컨테이너 재배의 옮겨심기

심고 나서 2년 이상 지나면 뿌리가 성장해서 화분 안이 꽉 찬다. 이런 「뿌리참(Pot Boundness)」 현상을 방치하면 생육이 점점 악화되는데, 이를 방지하기 위해 1년에 1번, 적어도 2년에 1번은 나무를 옮겨 심는다.

화분에 심은 나무는 정기적으로 옮겨 심어서 나무를 재생한다

컨테이너에서 재배하는 과일나무는 묘목을 심은 뒤 2~3년이 지나면 화분 안에 뿌리가 자랄 공간이 좁아진다. 그리고 결국에는 화분 가득 뿌리가 뭉쳐서 산소가 결핍되고 잘 자라지 못한다. 이처럼 심하게 뿌리가 꽉 차면 그대로 정원에 옮겨 심거나 커다란 화분에 옮겨 심는 것만으로는 좀처럼 회복되지 않는다. 그렇게 되기 전에 기본적으로 1년에 1번, 적어도 2년에 1번은 나무를 옮겨 심어서 재생시킨다.

나무를 옮겨 심을 때는 뿌리분 바닥과 주위의 흙을 뿌리와 함께 조금씩 긁어내서 새로운 뿌리가 나오기 쉽게 해준다. 옮겨 심은 뒤에는 나무모양을 정리하고 꽃이 잘 피도록 가지치기나 가지고르기를 하는 것이 좋다.

옮겨 심을 때는 사용하던 화분보다 한 치수 큰 화분을 선택하는데, 이 작업을 「분갈이」라고 한다. 옮겨 심는 시기는 갈잎나무는 12~3월, 늘푸른나무는 3월이 좋다.

옮겨심기 순서

01 구스베리 3년생 묘목.

02 화분에서 묘목을 빼낸다. 모종삽으로 밑바닥을 찔러 원을 그리듯이 뿌리와 흙을 파낸다.

POINT
화분에서 빼기 힘든 경우에는 물에 담가서 흙을 털어내고, 바닥 가운데에 가위를 넣어 엉켜 있는 뿌리를 자르고 빼낸다.

03 옆면에 3㎝ 간격으로 칼집을 넣어 흙과 뿌리를 파내서, 공기가 들어가기 쉽게 만든다.

04 위쪽 가장자리의 흙을 모종삽으로 빙 둘러서 깎아낸다.

05 컨테이너용 배양토를 준비한다. 부엽토:적옥토=1:1로 준비한다.

POINT
적옥토를 중간 입자로 선택하면 공기가 잘 통해서 배수용 돌은 필요 없다.

06 양동이에 아래쪽은 가벼운 흙(부엽토), 위쪽은 적옥토를 넣고 모종삽으로 섞는다.

07 컨테이너의 1/2 정도까지 새로운 배양토를 채운다.

08 묘목을 넣고 가장자리에 배양토를 가득 채운다.

09 화분을 돌리면서 모종삽을 흙과 화분 사이에 넣어 흙을 속까지 잘 넣어준다.

10 물이 화분 가장자리까지 찰 정도로 물을 듬뿍 준다.

POINT
물을 가득 채우면 흙 안의 낡은 공기가 한꺼번에 새로운 공기로 바뀐다.

11 워터 스페이스는 손가락 2개 정도가 기준.

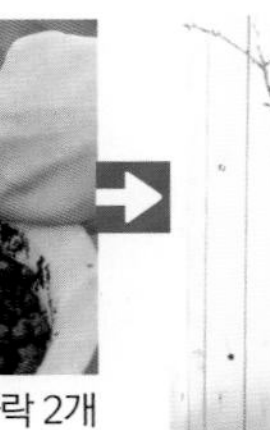

12 옮겨심기 완성.

과일나무 번식 기술

과일나무 재배에 익숙해지면 나무를 번식시키는 것도 즐거움 중 하나이다. 번식방법으로 포기나누기, 휘묻이, 접붙이기, 꺾꽂이 등이 있으며, 정원이 공간이 좁은 경우에는 1그루의 나무에 꽃가루받이나무나 다른 품종을 접붙이는 것도 가능하다.

포기나누기, 접붙이기, 꺾꽂이 등을 마스터한다

과일나무를 번식시키기 위해서 새로운 묘목을 사지 않아도 바탕나무(대목)가 있으면 번식이 가능하다. 꺾꽂이는 꺾꽂이모(삽수)를 사용해서 나무를 번식시킨다. 포기나누기와 휘묻이는 다간형 식물에 적합하기 때문에 블루베리나 라즈베리 등을 번식시킬 때 좋다. 낙엽기가 적기이므로 11~2월경에 한다.

접붙이기는 번식뿐 아니라 원하는 곳에 가지를 만들거나, 제꽃가루받이가 불가능한 품종의 과일나무에 다른 품종의 가지를 접붙여서 꽃가루받이의 효율성을 높여주기도 한다.

포기나누기

어미포기의 흙을 부드럽게 씻어서 제거하고 움돋이나 포기째로 뿌리를 잘라 여러 포기로 나눈다. 11~2월경에 작업한다.

01 블랙베리의 포기나누기 예. 포기는 가지를 정리하고 컨테이너에서 꺼낸 다음, 물을 뿌려서 흙을 꼼꼼히 제거하고 뿌리만 남긴다. 오른쪽이 어미포기 왼쪽이 아들포기.

02 어미포기와 아들포기를 연결하는 뿌리(지하경)를 가위로 자른다.

03 각각 큰 컨테이너와 작은 컨테이너에 심으면 완성.

휘묻이

키위, 포도, 블랙베리 등에 적합하다. 자란 가지를 휘묻이해서 가지를 자르지 않고 뿌리내리게 한다. 12~3월에 작업한다.

01 크랜베리의 휘묻이 예. 화분에 녹소토를 1/3 정도 채운다.

02 원래의 화분 옆에 **01**의 화분을 놓고 휘묻이할 가지(길고 잘 휘어지는 가지)를 끌어다 넣은 뒤 철사 등으로 눌러준다.

03 그 위에 녹소토를 넣으면 완성.

관리

어둡고 습한 장소에서 관리하며, 6월경에 뿌리가 나온 것이 확인되면, 원래의 화분에서 분리한다.

꺾꽂이(삽목)

어미나무의 가지, 잎, 뿌리의 일부를 잘라서 꺾꽂이모로 용토에 꽂아서 뿌리내리게 하는 방법. 묵은가지꺾꽂이(숙지삽)와 새가지꺾꽂이(녹지삽)가 있다.

성공 비결은 꺾꽂이모의 절단면에 있다

꺾꽂이는 휴면지(묵은가지)를 사용하는 방법과 새가지를 사용하는 방법이 있다. 묵은가지꺾꽂이는 잎이 떨어진 휴면지를 꺾꽂이모로 사용하며, 4월에 작업한다. 키위, 포도, 무화과 등에 적합하다. 새가지꺾꽂이는 잎이 달린 새가지를 사용하며, 6~7월에 한다. 키위, 포도, 무화과, 블루베리, 비파 등에 적합하다.

꺾꽂이는 성공률이 80% 정도 되면 잘 된 것이라 할 수 있는데, 성공을 위해 가장 중요한 포인트는 꺾꽂이모를 깔끔하고 매끄럽게 자르는 것이다. 이를 위해서는 꺾꽂이용 나이프를 사용해야 하고 날을 잘 갈아두는 것이 중요하다. 뿌리내리는 비율을 높이기 위해서 촉진제를 사용하는 방법도 있다.

여기서는 블루베리를 예로 설명한다.

용토 준비

꺾꽂이 용토는 녹소토 중간 입자와 작은 입자를 1:1로 섞어서 사용한다. 중간 입자만 있으면 흙이 건조해지기 쉽다. 또 작은 입자만 사용하면 고운 흙이 꺾꽂이모의 자른 면에 붙어서 수분 흡수를 방해하기 때문에 실패할 가능성이 높아진다. 또한 트레이 바닥의 구멍을 고운 흙이 막아서 물이 잘 빠지지 않게 된다.

01 꺾꽂이용 트레이에 녹소토를 담는다. 물을 주면 가라앉으므로 위까지 꽉 채워서 담는다.

02 샤워기로 물을 골고루 뿌린다. 처음에는 트레이 바닥의 구멍에서 탁한 물이 흘러 나온다.

03 탁한 물에는 고운 흙이 포함되어 있으므로, 이 물이 투명해질 때까지 물을 계속 준다. 꺾꽂이판 완성.

꺾꽂이모 준비(새가지꺾꽂이)

양동이에 물을 받아 준비하고 꺾꽂이모로 사용할 새가지를 자른다. 올해 30㎝ 이상 자란 새가지를 자른 뒤, 마르지 않도록 물을 담은 양동이에 바로 담가놓는다.

01 꺾꽂이모는 10년 이상 자란 블루베리도 10개 정도면 된다.

02 꺾꽂이모용 가지는 길이 10㎝ 정도로 잘라서 사용한다. 길이 30㎝ 정도의 가지라면 꺾꽂이모 3개를 만들 수 있다.

POINT

손가락으로 가리키는 부분을 자른다. 위쪽에 건강한 잎 2장이 있는 것이 중요하다. 이보다 아래쪽 잎은 제거하기 때문에 지저분한 잎이어도 관계없다.

03 물을 담은 대야를 준비한다. 마르지 않게 하는 것이 중요하므로, 자르자마자 물에 넣는다. 남겨둘 잎의 바로 위를 가위로 자른다.

04 꺾꽂이모의 위쪽에 있는 잎 2장을 남기고 아래쪽 잎을 제거하면 준비 끝.

POINT

위아래를 혼동하면 안 된다. 잎 위에 눈이 달린 쪽이 윗부분이다.

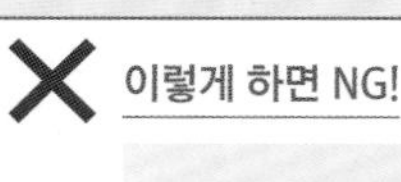

잎을 딸 때는 위쪽으로 당긴다. 아래쪽으로 당기면 사진처럼 껍질이 벗겨져서 사용할 수 없다.

꺾꽂이 순서

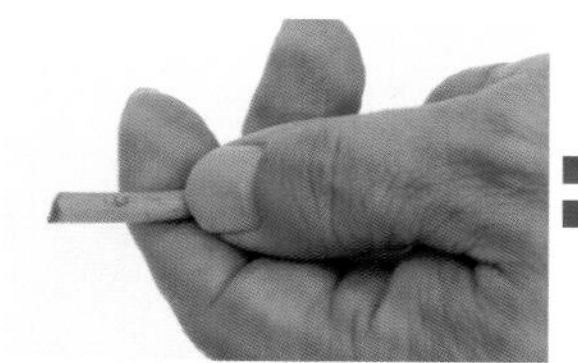

01 꺾꽂이모에서 꽃을 면을 자른다. 꺾꽂이모를 새끼손가락과 약지로 받치고 엄지와 검지로 자를 눈 바로 위를 누른다.

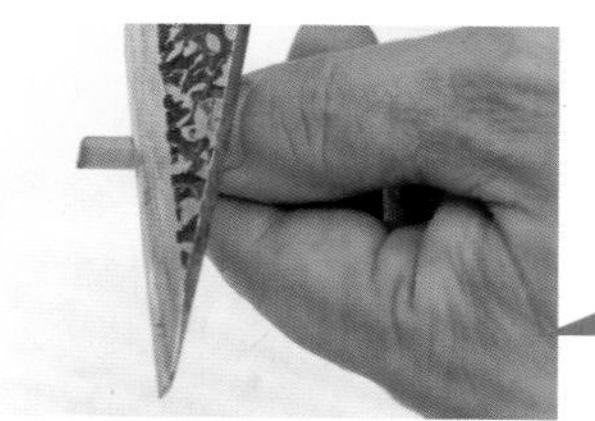

02 눈 바로 아래에 칼을 댄다. 눈 가까이에는 뿌리내리는 데 필요한 호르몬이 있으므로, 눈 바로 아래를 자른다.

POINT

꺾꽂이용 가지는 단단하므로 칼의 끝부분이 아니라 가운데로 잘라야 깔끔하게 잘린다. 꺾꽂이모에 직각으로 작은 칼을 대고 45° 각도로 비스듬히 자른다.

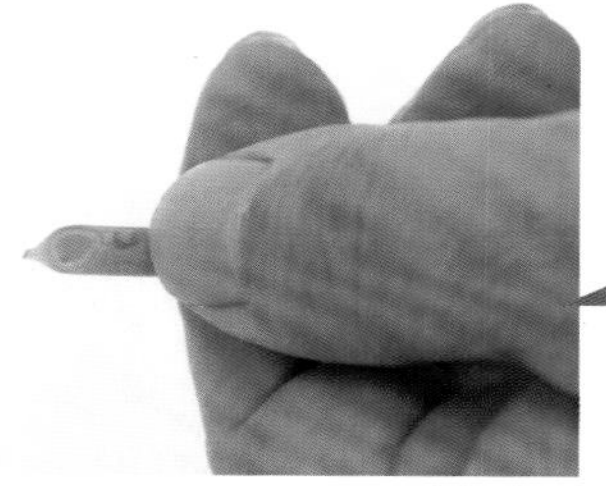

03 칼날을 단번에 빨리 움직이는 것이 비결이다. 칼날을 똑바로 세워서 자르면 껍질이 남기 쉬우므로, 날을 비스듬히 눕혀서 자르면 깨끗하게 잘린다.

껍질이 남은 경우

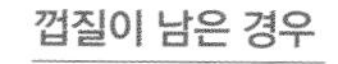

껍질이 조금 남은 경우에는 꺾꽂이모를 뒤집어서 칼끝으로 껍질을 제거한다.

04 꺾꽂이모의 자른 면에 발근촉진제를 바른 뒤에 심으면 뿌리내리는 비율이 높아진다.

뿌리내림 비율을 높이는 방법

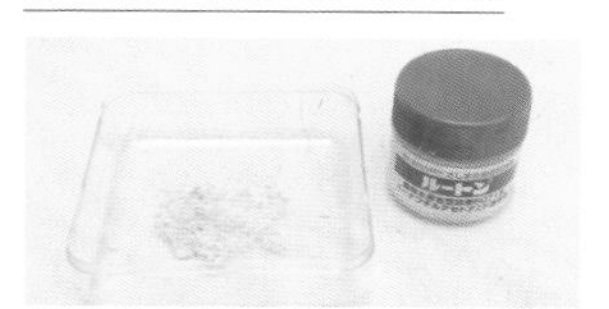

꺾꽂이모를 심을 때 나무 끝에 발근촉진제(루톤)를 바른다. 또는 꺾꽂이모를 전용액에 하룻밤(약 12시간) 담가두고 물올림을 해준다.

05 꺾꽂이판에 나무젓가락으로 구멍을 내고 나무젓가락을 빼는 것과 동시에 꺾꽂이모를 꽂는다.

POINT

꺾꽂이판 깊이의 중간쯤에 끝이 오도록 꽂는다.

06 꺾꽂이모 주위의 흙을 손으로 모은 뒤 잘 눌러서 흙과 꺾꽂이모를 밀착시킨다.

POINT

꺾꽂이모는 잎이 각각 다른 방향으로 향하거나 서로 겹치지 않게 잎 방향을 일정하게 꽂는다.

07 꺾꽂이판에 세로 5㎝, 가로 6~7㎝ 정도의 간격으로 꺾꽂이모를 꽂는다.

08 꺾꽂이판에 꺾꽂이모를 다 꽂은 다음, 꺾꽂이모의 윗부분에 시판 유합제(p.224) 등을 바르면 성공률이 높아진다. 끝나면 물을 준다.

09 꺾꽂이 완성.

꺾꽂이모에서 위쪽 잎이 큰 경우

잎의 크기가 그 품종의 표준 크기보다 큰 경우에는 잎 끝부분을 1/2~1/3 자른 다음 꺾꽂이판에 꽂는다. 그러면 잎의 증산작용이 억제되어 꺾꽂이모가 시드는 것을 막을 수 있다. 꺾꽂이모는 뿌리가 없으므로 잎이 크면 아래쪽 자른 면에서 흡수하는 수분으로는 부족하기 때문에, 말라서 시들어 버릴 가능성이 높다.

관리

꺾꽂이판을 그늘에 두고 1일 1번 물을 줘서 마르지 않게 한다. 더운 시기가 지나고 9월 하순이 되면, 양지쪽에 트레이를 두고 계속해서 마르지 않도록 물을 준다.
꺾꽂이 후 15일~1개월 반이면 뿌리가 나오는데, 뿌리가 조금 나왔다고 해서 바로 화분에 옮겨 심으면 안 된다. 잎이 떨어져야 충분히 뿌리내린 상태이므로 그때 화분으로 옮긴다.

접붙이기(접목)

다 자란 나무에 새로운 가지를 접붙여서 품종을 갱신하거나, 1그루에 여러 종류의 꽃이나 열매가 달리게 할 수 있다.

건강한 바탕나무에 새로운 접수의 성질을 더해준다

접붙이기는 가지나 눈을 잘라서 다른 나무와 하나로 연결해주는 방법으로, 연결받는 쪽을 「바탕나무(대목)」라고 하고, 연결하는 쪽을 「접수」, 또는 「접눈」이라고 한다. 접붙이기에는 「깎기접(절접)」, 「배접(복접)」, 「깎기눈접(삭아접)」 등이 있는데, 어느 경우에도 순서는 「1. 접수 준비, 2 바탕나무에 칼집 내기, 3. 바탕나무에 접수를 꽂고 테이프 감기」의 3단계로 진행된다.

성공을 좌우하는 것은 바탕나무나 접수를 자를 때 사용하는 접붙이기용 칼인데, 자른 면이 평평해야 하므로 단번에 깔끔하게 자를 수 있도록 날을 잘 갈아둔다. 10개 중 8개를 성공하면 명인이라고 할 정도로 쉽지 않은 작업이므로 여러 개를 동시에 진행하는 것이 좋다.

접붙이기로 번식시킨 가지는 접수와 같은 성질을 이어받은 나무가 된다.

접붙이기의 목적

1. 다른 품종 재배

오래된 품종에 질려서 새로운 품종을 재배하고 싶을 때 묘목부터 재배하면 시간이 오래 걸리지만, 다 자란 나무에 접붙이면 빠르게 많이 수확할 수 있다.

2. 꽃가루받이

제꽃가루받이를 하지 않는 품종에 다른 품종을 접붙여서 꽃가루받이용으로 사용할 수 있다. 정원 등 재배 공간이 좁은 곳에서 2가지 품종을 재배하기 어려운 경우에 접붙이기 방법을 사용한다.

3. 가지가 없는 곳에 가지 만들기

한정된 공간에서 효과적으로 재배하기 위해 빈 공간에 다른 품종을 접붙인다.

4. 취미

다른 품종을 접붙이면 1그루의 나무로 다양한 종류의 꽃이나 열매를 즐길 수 있다.

깎기접 순서

새가지를 자른 뒤 냉장보관해서 접수로 사용한다. 접붙이기 작업은 3~4월경이 적기. 여기서는 블루베리를 예로 소개했는데, 포도 등에도 활용할 수 있다.

접수 준비

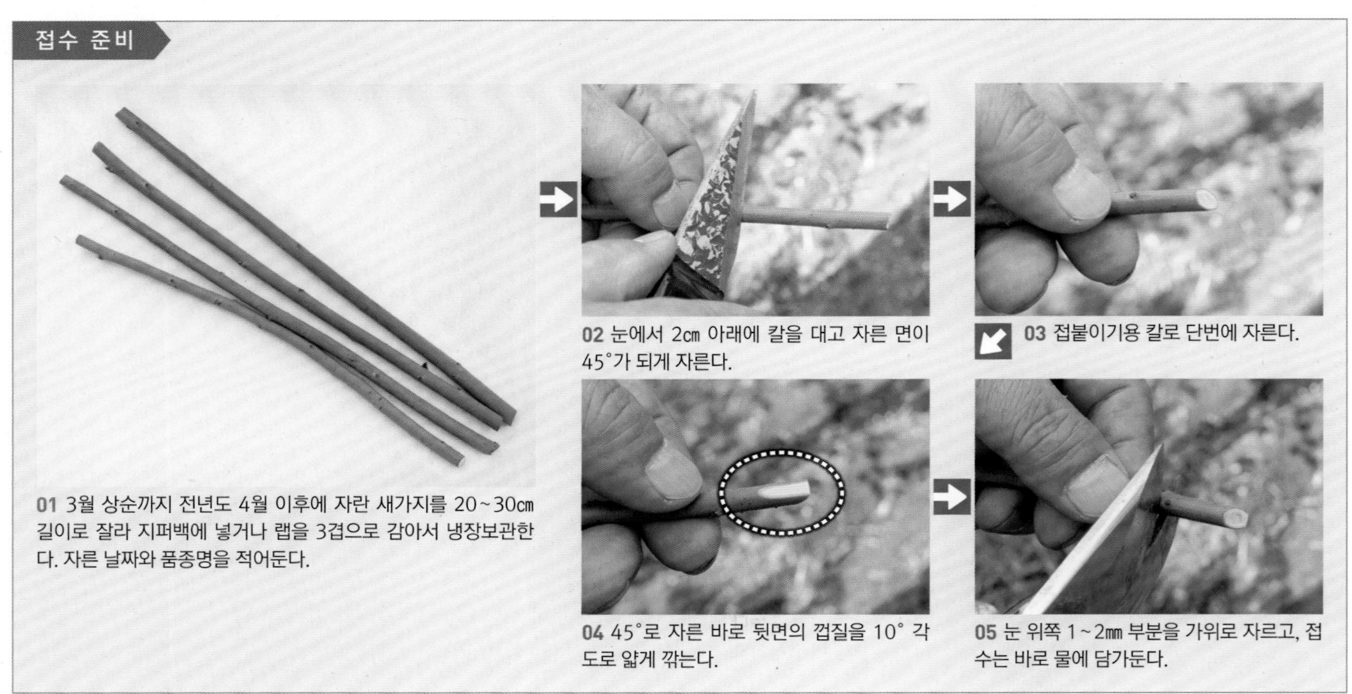

01 3월 상순까지 전년도 4월 이후에 자란 새가지를 20~30㎝ 길이로 잘라 지퍼백에 넣거나 랩을 3겹으로 감아서 냉장보관한다. 자른 날짜와 품종명을 적어둔다.

02 눈에서 2㎝ 아래에 칼을 대고 자른 면이 45°가 되게 자른다.

03 접붙이기용 칼로 단번에 자른다.

04 45°로 자른 바로 뒷면의 껍질을 10° 각도로 얇게 깎는다.

05 눈 위쪽 1~2㎜ 부분을 가위로 자르고, 접수는 바로 물에 담가둔다.

바탕나무에 접붙이기

01 지면 위 10㎝ 정도에서 접붙이기할 바탕나무를 가지치기용 가위로 자른다.

02 서쪽으로는 접붙이지 않는다. 서쪽 이외의 방향에서 바탕나무의 모서리를 살짝 깎은 뒤, 접수의 자른 면의 부름켜(형성층)와 바탕나무 부름켜의 위치가 맞는지 확인한다.

03 접수를 꽂아 넣을 길이를 확인하고, 바탕나무에 살짝 칼집을 낸다.

04 접수가 들어갈 길이로 바탕나무에 직선으로 칼집을 낸다. 너비는 접수보다 조금 넓거나 비슷한 정도가 좋다.

05 바탕나무의 칼집을 낸 곳에 접수를 단번에 꽂아 넣는다. 한 번에 쑥 넣어야 한다. 바탕나무와 접수의 부름켜가 밀착되는 것이 중요하다.

POINT

잘 안 들어가면 칼끝으로 바탕나무를 살짝 벌려도 관계없다. 기회는 한 번뿐이므로 흔들리지 않게 잘 꽂는다.

06 잘 꽂아 넣은 모습.

테이프 감기

01 시판되는 깎기접용 테이프나 색이 있는 비닐 테이프로 감는다. 아래쪽의 접붙인 면과 관계없는 부분에 2번 정도 감아준다.

02 2번 감은 뒤 위로 감는다. 접수가 위로 빠지지 않도록 눌러주면서 감는 것이 중요하다.

03 테이프에 눈이 걸리지 않도록 주의해서 위까지 감는다.

04 위의 자른 면에도 테이프를 대고 눌러주면서 꼼꼼하게 감는다.

05 위까지 감은 뒤 겉에서 테이프를 밑으로 내린 뒤 같은 방법으로 다시 위까지 감는다.

06 같은 방법으로 3번 정도 반복해서, 틈이 생기지 않게 단단히 감는다.

07 다 감았으면 테이프를 자른다.

08 마지막으로 접수의 자른 면에 시판 유합제를 바른다. 유합제가 눈에 닿지 않게 주의해서 바른다.

09 접붙이기 완성.

관리

접붙이기에 성공하면 접수의 눈에서 새가지가 자란다. 테이프는 접붙이기가 성공한 뒤 상처가 잘 아물면 제거한다.

배접 순서

가지의 몸통에 접붙이기 때문에 가지접이라고도 한다. 간단하게 여러 곳에 접붙이기할 수 있어서, 장미과나 감귤, 비파 등 여러 가지 과일나무에 적합하다. 3~4월이 적기이며, 여기서는 매실을 예로 소개한다.

접수 준비

01 접수 준비는 깎기접(p.250의 **01**)과 같은 방법으로 준비한다. 랩 등으로 싸서 날짜와 품종명을 적고 냉장 보관한다.

02 어떤 눈을 사용할지 정한다.

03 사용할 눈에서 약 1.5㎝ 아래를 작은 칼로 자른다.

04 자른 면이 45°가 되도록 단번에 쓱 자른다.

05 접수를 뒤집어서 칼끝을 이용해서 10° 각도로 깎는다.

06 1~1.5㎝ 정도 깎으면 OK.

07 눈 위 1~2㎜를 남기고 가위로 자른다.

08 접수가 마르면 안 되므로 바로 물에 담가둔다.

바탕나무 준비

01 접수보다 3배 정도 두꺼운 가지를 바탕나무로 정한다. 접붙이기는 가지 윗면에 한다.

02 접붙이기할 공간을 만들기 위해 가지를 4~5개 잘라낸다.

바탕나무에 접붙이기

01 접수의 너비보다 조금 넓게, 접수를 꽂는 길이보다 5㎜ 정도 길게 바탕나무에 칼집을 낸다.

02 칼집을 낸 바탕나무와 접붙일 접수.

03 접수와 바탕나무의 부름켜(껍질, 녹색, 흰색으로 이루어진 부름켜에서 녹색부분)끼리 붙이는 것이 중요하다. 바탕나무에 접수를 단번에 쑥 꽂는다.

04 꽂아 넣은 모습. 양쪽의 부름켜를 모두 맞추기는 힘들기 때문에, 위쪽의 부름켜가 맞게 꽂는 것이 좋다.

테이프 감기

01 접붙이기용 테이프를 사용해서 감거나 랩을 잘라서 사용해도 된다.

02 밑동부분에 교차되게 감아서 움직이지 않게 고정시킨다.

03 1㎝ 정도 겹치게 감는다. 접붙인 부분은 2~3번 감는다.

04 눈부분은 1번만 감는다.

05 눈부분에 테이프를 감고 다음은 눈 바로 위를 2~3번 감는다.

06 눈이 테이프에 걸리지 않게 주의해서 이번에는 아래쪽으로 감는다.

07 아래까지 감았으면 시작 부분의 테이프와 묶은 뒤 잘라서 완성.

관리

4월에 접붙이기하면 다음 해 봄부터 새가지가 자란다. 자란 새가지를 겨울에 가지치기해서 짧은열매가지가 나오게 하면, 3년차에는 꽃이 피고 열매가 달린다. 새로운 눈은 테이프를 찢고 나온다. 테이프는 접붙인 부분이 잘 아문 뒤 제거한다.

깎기눈접 순서

깎아낸 눈을 바탕나무에 접붙이는 방법. 난이도는 높지만 제대로 하면 배접보다 성공률이 높다. 적기는 8~9월경으로 모든 과일나무에 활용할 수있다. 여기서는 하귤에 온주밀감을 접붙인 예를 소개한다.

접눈 준비

01 접눈은 두껍게 성장한 그해 봄에 자란 새가지로 준비한다.

02 봄가지는 자른 면이 둥글다. 여름가지는 자른 면이 삼각형이므로 구별된다.

03 잎자루(엽병) 부분을 5㎜ 정도 남기고 잎은 모두 제거한다.

04 잎을 제거한 모습.

05 작은 칼로 눈(잎의 밑동에서 눈이 나온다)의 1㎝ 아래쪽부터 깎는다.

06 눈 위 1.5㎝ 정도까지 깎는다.

07 깎은 다음 가로로 칼집을 내서 눈을 떼어낸다.

08 접눈 완성. 바로 물에 담가둔다.

바탕나무에 접붙이기

01 바탕나무에서 접붙일 곳을 정하고 주위의 가지를 정리해둔다. 접붙일 부분에 직각으로 칼집을 낸다.

02 다시 직각으로 칼집을 낸다.

POINT

바탕나무는 부드러운 새가지를 선택한다. 묵은가지는 껍질이 잘 벗겨지지 않아서 실패할 가능성이 높다.

03 십자로 칼집을 낸 곳을 버리듯이 껍질을 벗긴다.

04 준비한 접눈을 바탕나무에 꽂아 넣는다.

POINT

접눈의 위아래가 바뀌지 않도록 주의한다.

05 접눈을 바탕나무에 꽂은 모습.

테이프 감기

01 접붙이기용 테이프(또는 랩)를 아랫부분에 교차시켜서 움직이지 않게 고정시킨다.

02 5㎜ 정도 어긋나게 감는다.

03 접붙인 부분은 2~3번 감는다.

04 접눈 바로 윗부분은 1번만 감는다.

05 위까지 감은 뒤 가지 뒤쪽을 지나 시작 부분으로 돌아와서 몇 번 더 감아 준다.

06 시작 부분의 테이프와 묶어서 고정시킨다.

관리

접붙이기에 성공하면 2주 정도 뒤에 접눈에서 새가지가 자란다. 1주일 뒤 접붙인 부분이 검게 변하면 실패.
새로운 눈은 테이프를 찢고 자라난다. 접붙인 부분이 잘 아물면 테이프를 제거한다.

과일나무의 병과 대처 방법

병의 주요 원인은 곰팡이, 세균, 바이러스의 3종류인데, 고온다습한 지역에서는 곰팡이로 인한 병이 많이 발생한다. 장마철이나 비가 많이 오는 계절에 특히 많이 발생하기 때문에, 증상이나 대책을 알아두고 빨리 대처해야 한다.

주요 병의 종류와 대처 방법

발생장소	병명	증상	주요 과일나무
잎이나 어린가지에 침투	붉은별무늬병	잎에 적갈색 반점이 나타난다	배, 사과, 마르멜로
	흰가루병	잎이 흰 가루를 뿌린 것처럼 변한다	포도, 으름, 멀꿀, 구즈베리
	역병	잎에 회녹색의 반점이 나타나, 암갈색으로 바뀐다. 습도가 높으면 반점이 퍼지고 하얀 곰팡이가 펴서 시든다	무화과, 사과 등
	갈색점무늬병	잎에 흑갈색의 반점이 나타나고 시든다	포도, 사과 배 등
	검은별무늬병	잎, 잎자루, 과일에 검은 반점이 생긴다	배(적배),복숭아, 매실
	잎오갈병	새 잎이 쪼그라든다	복숭아, 자두
	그을음병	감귤류의 잎이 검정 그을음을 바른 것처럼 변한다	감귤류, 늘푸른 과일나무
	빗자루병(천구소병)	빗자루처럼 작은 가지가 지나치게 많이 발생한다.	밤, 체리
	낙엽병	잎 표면에 갈색 반점이 나타나고 잎이 떨어진다	감, 사과
	새눈무늬병	덩굴, 잎, 과일에 검은 점이 생긴다	포도
	검은점무늬병	잎, 가지, 과일에 작고 검은 점이 생긴다	감귤류
	더뎅이병	어린 눈 등에 부스럼딱지 같은 반점이 생긴다	감귤류
	탄저병	새가지, 과일에 검은 반점이 나타난다	밤, 감, 무화과
	줄기마름병	줄기나 가지의 껍질이 적갈색이 된다	배, 밤, 자두
	잿빛곰팡이병	고온다습할 때 발생. 어린잎이나 줄기 등에 반점이 생긴다	감, 감귤류, 페이조아, 포도, 블랙베리
	점무늬병	잎 표면에 녹흑색 반점이 발생하고 잎이 떨어진다	거의 대부분의 과일나무
	노균병	잎 뒷면에 흰 곰팡이가 발생하고 열매로 퍼지면 열매가 떨어진다	포도
	모자이크병	꽃잎이나 잎 등에 얼룩 반점이 생기고 잎이 쪼그라들어 노랗게 변색한다	감귤류, 배, 포도, 복숭아, 사과 등
줄기나 뿌리에 침투	뿌리혹병	지표면 부근의 줄기나 뿌리에 혹이 생긴다	살구, 매실, 감, 모과, 체리, 밤 등
열매에 침투	궤양병	줄기, 가지, 과일에 갈색 반점이 생긴다	감귤류
	잿빛무늬병	숙성 직전의 과일이 썩는다	복숭아, 체리, 살구, 자두
기타	오갈병	특별한 반점은 생기지 않지만 나무가 작아진다	감귤류, 배

병에 걸린 매실. 검은 반점이 있다.

사과 새눈무늬병. 검은 반점이 특징.

델라웨어 포도의 새눈무늬병. 열매가 검게 변한다.

점무늬병에 걸린 감잎.

환경을 정비해서 예방한다

과일나무를 가정에서 재배하는 경우, 가능하면 농약을 사용하지 않고 수확량이나 품질을 유지하고 싶을 것이다.

p.260의 농약을 줄이는 병해충 대책을 참조해서 병이 발생하지 않도록 환경을 정비한다. 또한 바이러스를 전파하는 진딧물 등을 발견하면 바로 제거하는 것도 중요하다. 병의 종류는 다양하지만 발생하는 시기는 대개 정해져 있다.

병이 발생하기 전에 적절한 약물을 살포하면 효과적으로 병을 예방할 수 있고, 또한 약제를 적게 살포해도 되기 때문에 결과적으로 강한 약제를 사용하지 않아도 된다. 곰팡이가 원인인 병에 사용하는 살균제는 주로 예방에 중점을 두고 있으므로 발병 초기에 사용한다.

세균성 병의 경우 일단 걸리면 대응할 방법이 없으므로 토양소독 등으로 예방하는 것이 중요하다. 또한 바이러스성 병은 방제약이 없으므로 다른 과일나무에 옮기기 전에 처분한다.

주요 병의 종류와 대처 방법

효과적인 약제	대처 방법	발병시기
톱신엠 수화제, 벤레이트 수화제	주변에 향나무류를 심지 않는다. 발병한 곳은 제거한다	5월 이후
톱신엠 수화제, 벤레이트 수화제	질소과잉과 칼륨부족에 주의. 햇빛이 잘 들고 바람이 잘 통하게 한다	장마철
톱신엠 수화제, 벤레이트 수화제	물을 최소한으로 준다. 비를 피하게 해주는 것도 좋다. 발생부분은 제거한다	5~6월
벤레이트 수화제, 보르도액	발생부분을 제거한다	6월 상순
톱신엠 수화제, 벤레이트 수화제	바람이 잘 통하고 햇빛이 잘 들게 한다	5월부터 장마철 저온에서 발생
다이파 수화제, 석회유황합제	발생한 부분은 제거한다	4월에 저온이 계속되면 발생
석회유황합제(수확 후 살포)	더뎅이병을 매개로 하는 깍지벌레를 제거한다	8~11월
톱신엠 페스트	병에 걸린 가지를 자르고 자른 곳에 톱신 등을 살포한다	연중
톱신엠 수화제	낙엽을 처분한다. 바람이 잘 통하고 물이 잘 빠지게 한다	6~8월에 발생
톱신엠 수화제	장마 전에 봉지를 씌워서 비를 피하게 한다	5월~장마철
다이파 수화제	가지치기한 마른 가지를 처분한다	장마철
벤레이트 수화제	발생부분을 제거한다	6~7월
다이파 수화제, 벤레이트 수화제	반점이 생긴 가지를 잘라서 처분한다	5~10월
톱신엠 수화제	반점이 생긴 가지를 잘라서 처분한다	5~10월
톱신엠 수화제, 벤레이트 수화제	발생한 부분을 제거한다	연중
톱신엠 수화제, 만네브다이센 등	낙엽을 처분한다. 바람이 잘 통하고 물이 잘 빠지게 한다	4~11월
보르도액, 만네브다이센	가지치기로 햇빛이 들고 바람이 잘 통하게 한다. 밑동에 짚 등을 깔아서 흙에서 세균이 올라오는 것을 막는다. 발생부분은 바로 제거한다	장마철, 가을장마
특별히 없음.	바이러스성이므로 발생한 나무는 소각 처분한다. 감염원인 진딧물류를 제거한다	3~10월
다조멧 등으로 토양을 소독	발생한 줄기를 자른다	5~10월
스트렙토마이신 수화제	강풍을 피하고, 비료를 많이 주지 않는다	5월 하순
톱신엠 수화제(6월 중순에 살포)	개화 전에 소석회를 뿌려서 예방한다	과일의 성숙기
석회유황합제	바이러스성이므로 발생한 나무는 소각 처분한다. 감염원인 진딧물류를 제거한다.	4~11월

열매가 울퉁불퉁한 것은 궤양병에 걸렸기 때문이다. 꽃유자.

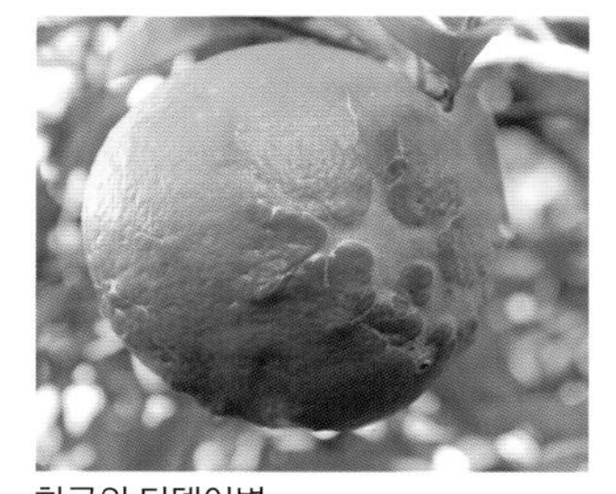

하귤의 더뎅이병.

보자기열매병에 걸린 자두나무의 어린 열매.

잎이 쪼그라드는 잎오갈병. 사진은 복숭아지만 장미과에 많다.

과일나무의 해충과 대처 방법

정원에서 과일나무를 재배하는 경우 대부분 가능하면 살충제를 사용하지 않고 재배하고 싶어한다. 안전하게 재배하기 위해서는 해충을 빨리빨리 발견해서 피해가 적을 때 대처하는 것이 중요하며, 발견하는 즉시 제거하고 봉지를 씌워서 예방하는 것이 좋다.

주요 해충과 대처 방법

발생장소	해충이름	증상과 발생시기	주요 과일나무
잎이나 어린가지에 침투	쐐기나방	잎을 갉아먹는다	감, 블루베리
	미국흰불나방	잎을 먹어치운다	호두, 매실, 복숭아, 체리 등 여러 종류
	진딧물류	어린 가지나 잎이 말리는 등 자라지 않는다	사과, 배, 복숭아 등 여러 종류
	천막벌레나방	잎을 갉아먹는다	매실, 복숭아, 배, 체리, 밤 등
	바구미	유충, 성충이 새순, 어린 눈, 가지 등을 갉아먹는다	올리브. 밤. 비파
	잎응애류	잎 색깔이 이상해진다	여러 가지 과일나무
	굴나방류	잎에 누런 줄무늬가 나타난다	사과, 귤, 복숭아
	잎말이나방류	잎이 안쪽으로 말린다	배, 사과, 살구, 블루베리
	먹무늬재주나방	잎을 갉아먹어서, 가지 단위로 잎이 없어진다	배, 사과, 체리, 매실 등
열매에 침투	노린재	열매를 갉아먹는다. 열매 모양이 변형된다	감, 배, 복숭아, 사과 등 여러 가지 과일나무
	나무좀	유충이 나무껍질 밑에 발생해서 갉아먹는다	감, 매실 등 여러 가지 과일나무
	심식충류	열매에 구멍을 뚫고 안쪽을 먹어치운다	복숭아, 사과, 배 등 여러 가지 과일나무
줄기나 가지에 침투	깍지벌레(패각충)류	조개껍질 모양의 껍질을 쓰고 가지에 붙는다. 나무자람새가 약해진다	귤, 복숭아 등 여러 가지 과일나무
	하늘소	유충이 줄기나 가지를 갉아먹는다. 나무자람새가 약해진다	포도, 밤, 무화과
	복숭아유리나방, 포도유리나방	유충이 줄기나 가지를 갉아먹어서 수액이 흘러내린다	복숭아, 살구, 포도
	박쥐나방	유충이 줄기나 가지를 갉아먹어서 말라죽는다	포도. 라즈베리, 블랙베리
	하늘소 유충	나방종류의 유충이 줄기 등에 침투한다	복숭아 등

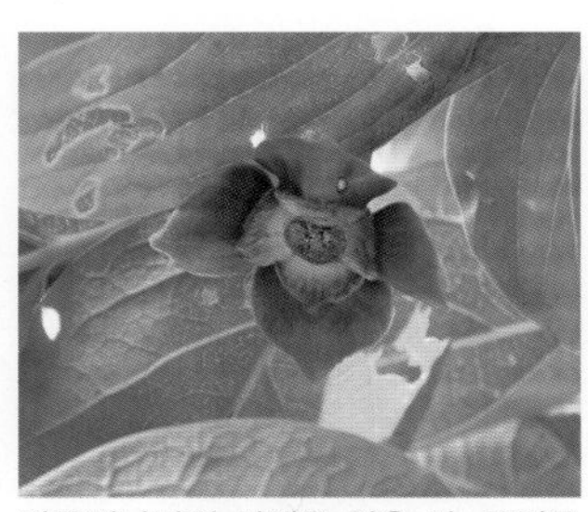

감꼭지나방의 피해를 잎은 감. 꼭지를 남기고 열매가 떨어진다.

감잎을 갉아먹는 쐐기나방 유충. 만지지 말 것.

왜콩풍뎅이가 갉아먹은 포도잎.

진딧물이 모여 있는 폰칸의 가지.

해충을 발견하면 바로 제거한다

해충에는 잎이나 눈 등을 갉아먹는 식해형과 주사기 같은 구기로 과일나무의 즙을 빠는 흡즙형이 있다. 흡즙형 진드기나 진딧물은 예방이 중요하지만, 식해형 해충은 발견했을 때 제거해도 늦지 않다. 기본은 발견 즉시 제거하는 것이다.

살충제는 주로 다음의 3종류를 사용한다. 해충의 종류나 재배 장소에 따라 적합한 것을 선택한다.

- **접촉독성 살충제_** 약을 벌레의 몸 표면에 부착시킨다. 애벌레, 진딧물 제거에 사용.
- **호흡독(가스)성 살충제_** 가스를 흡입시킨다. 비닐하우스 등 밀폐된 장소에서 사용.
- **식독성 살충제_** 약이 묻은 잎을 먹이거나 즙을 빨아먹게 한다. 박각시나방, 진딧물 제거에 사용하지만 흡즙형 해충에는 효과가 없다.

어쩔 수 없이 농약을 사용하는 경우에는 사용방법을 지켜서 안전하게 사용한다(p.262 참조).

주요 해충과 대처 방법

효과적인 약재	대처 방법	발생시기
스미치온유제	겨울에 고치를 제거한다. 발견하면 제거하지만 독이 있으므로 맨손으로 만지지 않는다	7월 상순~9월
칼호스, 디프테렉스 등	군생하는 경우 둥지를 통째로 제거한다	6~9월
스미치온유제	발견하면 제거한다	4~6월
스미치온유제	월동란을 제거하고 발견 즉시 제거한다	3월 상순 이후
스미치온유제	피해 가지를 잘라서 소각한다	연중
켈센유제	수압으로 날려버린다	7~9월
스미치온유제	잎 속으로 파고들면 약제가 잘 듣지 않으므로 빨리 대처한다	5~9월
스미치온유제	말린 잎 안에 있으므로 잎 위에서 눌러서 제거한다	4월
스미치온유제	뭉쳐서 군생하는 경우가 많으므로 유충이 있는 가지를 통째로 잘라서 제거한다	9~10월
스미치온유제, 마라손유제	잡아서 제거하고 봉지를 씌워서 예방한다	7월 하순~9월, 난지에서는 1년에 2회 발생
수간도포제를 바른다	약한 나무에 잘 붙기 때문에 자람새를 유지한다	5~9월
스미치온유제	봉지를 씌워서 예방한다	6~9월
기계유유제(12월에 살포)	천적인 무당벌레 종류를 이용한다	연중
스미치온유제	갉아먹은 부분을 찾아서 제거한다	7~8월
수프라사이드 수화제	비가 온 뒤 피해를 입은 부분을 깎아내고 잡아서 제거한다	5~6월
스미치온유제	갉아먹은 부분을 찾아서 제거한다	6~7월
DDVP, 다이아지논	유충이 배설물을 배출하는 구멍에 약제를 주입한다	연중

굴나방이 갉아먹은 흔적. 폰칸의 잎.

앵두에 생긴 먹무늬재주나방의 유충.

밤나무산누에나방이 밤나무 잎을 갉아먹은 흔적.

모과의 어린 열매에서 즙을 빠는 복숭아거위벌레.

농약을 줄이는 병해충 대처 방법

소중하게 키운 과일인 만큼 껍질까지 안심하고 먹고 싶은 것이 당연하다. 최대한 농약을 사용하지 않고 재배하기 위해서는 환경을 정비하는 것은 물론 평소의 관리가 중요하다. 농약을 줄이는 병해충 대처 방법을 소개한다.

환경 조성과 봉지씌우기로 병해충을 예방

과일나무를 재배할 때 병해충이 문제가 되긴 하지만 과일의 겉모습을 조금 손상시키는 정도라면 가정에서 재배하는 경우에는 지나치게 신경 쓸 필요는 없다. 다만 평소부터 병이나 해충이 발생하지 않도록 환경을 조성하면, 무농약 또는 농약을 최소한으로 사용해서 과일나무를 재배할 수 있다. 품종을 선택할 때 병해충에 내성이 있는 품종인지 아닌지 알아두는 것도 도움이 된다.

또한 열매가 달린 뒤 열매솎기를 하고 봉지를 씌우면 해충을 차단할 수 있을 뿐 아니라, 병원균의 공기 감염도 예방할 수 있다. 배나 복숭아, 사과, 포도, 비파, 모과 등에 효과적이다.

복잡해진 가지를 잘라서 바람이 잘 통하게 하면 병해충 예방에 도움이 된다.

1 바람이 잘 통하고 햇빛이 잘 들게 관리한다

습기가 있는 장소에는 곰팡이가 피기 쉽고 해충도 습기를 좋아하므로, 가지치기를 해서 환경을 개선한다. 복잡해진 가지나 시든 가지의 가지치기는 월동하는 병해충 제거를 위해서도 중요한 작업이다. 식물한테 필수적인 햇빛은 오전 중에 받는 것이 중요하다.

2 오랫동안 계속되는 비는 가능하면 맞지 않게 한다

장마 등으로 장기간 비가 계속되면 병에 감염되기 쉽다. 비를 막아주거나 화분이라면 지붕 밑으로 옮긴다.

화분에 심을 때는 땅 위에 직접 놓지 않고 선반이나 벽돌 위에 올려두면 더위와 추위를 막아줄 뿐 아니라, 땅에서 올라오는 해충의 접근도 막을 수 있다.

3 낙엽이나 시든 가지를 방치하지 않는다

낙엽이나 시든 가지는 토양에 유기질을 보급해주지만, 병원균이 붙어 있거나 해충의 월동 장소가 되기도 하므로 그대로 방치하면 안 된다.

가지치기한 가지도 마찬가지이다. 쓰레기로 처분하거나, 공간이 있다면 모아서 태우거나 구덩이를 파고 묻는다.

4 도구와 화분은 깨끗하게 관리한다

낡은 화분을 사용할 때는 화분 속을 깨끗이 씻어서 햇빛에 소독한다.
또한 모종삽이나 가지치기 가위 등은 한 번 사용할 때마다 잘 씻어서 완전히 말릴 것. 지저분한 상태로 사용하면 병해충을 퍼트릴 위험이 있다.

5 해충은 빨리 잡아서 제거한다

애벌레류, 깍지벌레, 진딧물 등은 발견하면 바로 잡아서 제거한다.
최대한 빨리 잡는 것이 효과적이므로, 알이나 알에서 부화 직후 분산되기 전에 잡아서 제거한다.

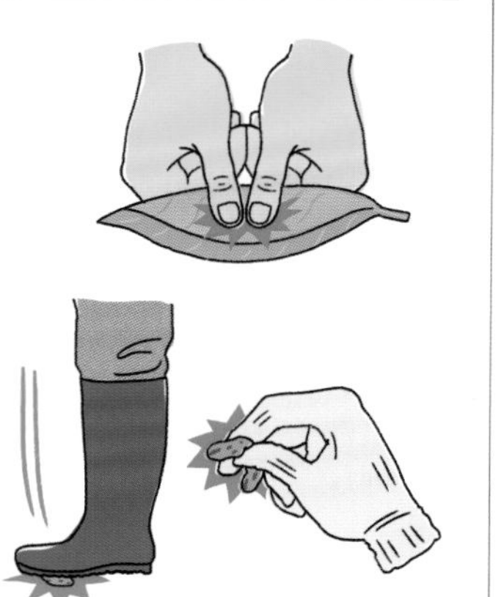

6 잡초를 제거한다

잡초도 병해충의 발생원인이므로, 나무 주위 1m 안에는 잡초가 자라지 않도록 주의한다.
시판하는 방초시트를 이용하거나 클로버 등을 나무 밑에서 재배하는 것도 좋은 방법이다.

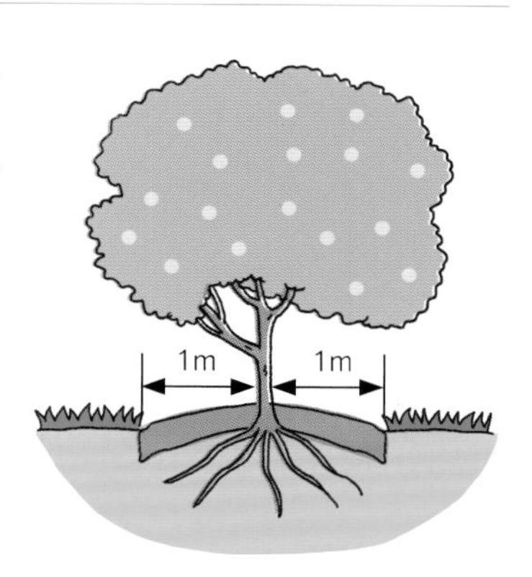

7 겨울 동안 해충을 제거하고 예방한다

겨울 동안 나무의 겉껍질 안쪽이나 낙엽 밑에는 해충의 알이나 유충이 숨어 있으므로, 활동을 시작하기 전에 찾아서 제거한다.
줄기를 짚으로 감싸고, 봄이 되면 그 짚을 제거해서 태우는 방법도 효과적이다.

8 거친껍질을 깎아낸다

감이나 배, 포도 등은 나무가 크게 자라면 표면에 거친껍질(표피가 죽어서 코르크처럼 되는 것)이 생긴다. 깍지벌레 등의 월동해충에게는 숨거나 알을 낳기 좋은 장소로 병이 발생하는 원인이 되므로, 1~2월에 거친껍질을 깎아서 처리한다.

감이나 배, 포도는 거친껍질을 깎아내는 것이 좋다.

9 질소성 비료는 적게 쓴다

질소성 비료를 지나치게 많이 주면 나무자람새가 약해지고 병에 걸리기 쉽다.
비료를 줄 때는 질소성분을 너무 많이 주지 않도록 주의하고, 인산, 칼륨과의 균형을 맞추는 것이 중요하다.

농약 사용 방법

가정에서 과일나무를 재배할 때는 최대한 농약을 사용하지 않고 재배하고 싶은 것이 사람 마음이다. 그러나 농약도 잘 사용하면 효과적으로 병해충을 예방할 수 있다. 농약이나 살균제를 사용할 때는 사용 방법을 지키고 무엇보다 주의해서 다뤄야 한다.

사용 방법을 지켜서 안전하게 작업한다

식물을 재배할 때는 농약의 도움이 반드시 필요할 때가 있다. 농약을 사용할 때는 그 단점도 알고 사용해야 한다.

과일나무의 경우 과일을 먹기 때문에 농약 성분이 사람의 몸 안에 들어오거나, 살포할 때 흡입할 위험성이 있다. 그리고 같은 농약을 너무 자주 사용하면 그 약이 듣지 않는 병이나 해충, 잡초가 대량 발생할 가능성도 있다. 그래서 다시 퇴치를 위해 더욱 강한 약제를 사용하는 악순환에 빠지는 경우도 있다. 이렇게 되지 않기 위해 저독성 농약, 무농약의 필요성이 증가하고 있다.

농약을 사용할 경우에는 살포 시기와 살포 방법을 지켜서 최소한의 살포로 안전하게 사용해야 한다.

살포시기

농약은 해충용, 병균용이 있으며 살포에 적합한 시기는 각각 다르다. 해충이나 병이 발생하는 시기가 정해져 있으므로 발생하기 시작할 때나 발생하기 전에 살포하면 전체적인 사용량을 줄이는 것도 가능하다. 개화 시기나 과일나무 수확 시기에는 사용하지 않는다.

해충용 살충제의 종류

살충제는 주로 3종류를 사용한다. 목적이나 재배하는 장소에 맞게 사용해야 하며, 종류는 p.259를 참조한다.

종류별 농약 살포 시기

해충용	살충제	5월 상순_ 월동한 벌레가 산란할 때 8월 상순_ 5월에 부화한 벌레가 산란할 때
	진드기약	5월 상순_ 장마철 습기로 진드기가 발생하기 전
병균용	살균제	3월 상순~4월 상순_ 토양, 눈, 나무의 표면 등에서 월동한 균이 움직이기 시작할 때 5월 상순(예비)_ 여름에 익는 과일나무에 살포하거나 봄에 살포했는데 병원균이 퇴치되지 않았을 때

※각각의 시기에 2번씩 살포한다(1번 살포하고 1주일 뒤에 1번 더 살포).

농약 만드는 방법

농약을 만들 때는 비닐장갑 등을 사용하고 맨손으로 작업하면 안 된다.

01 계량컵, 스푼, 약제, 물, 스프레이 용기, 나무젓가락을 준비한다.

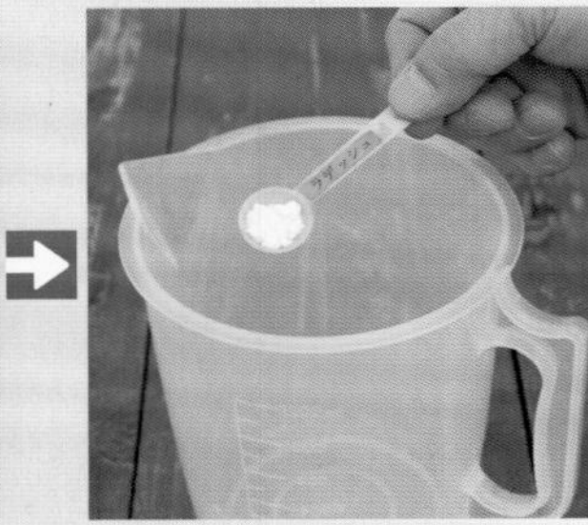

02 계량컵에 약제를 넣는다.

03 규정된 양의 물을 넣고 희석한다(여기서는 약제 0.5g에 물 500㎖를 넣어 1000배 희석액을 만든다).

04 나무젓가락으로 잘 섞는다.

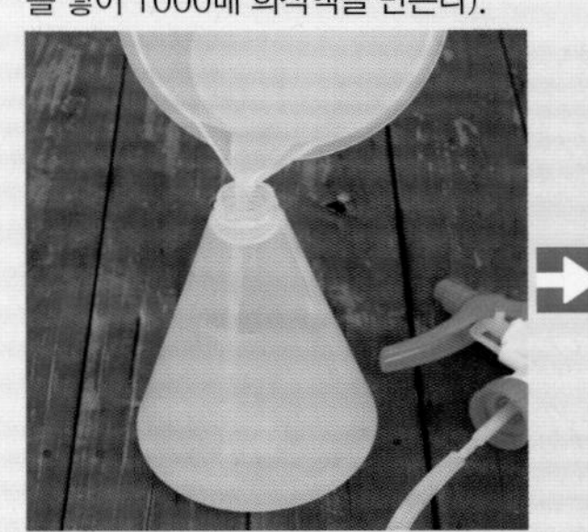

05 스프레이 용기에 넣는다.

06 살포한다. 남으면 구멍을 파서 버리고, 하수도 등에 버리는 것은 절대 금지.

농약을 사용할 때의 복장

농약은 코나 입뿐만 아니라 점막이나 피부로도 흡수되기 때문에 최대한 피부가 노출되지 않는 복장을 해야 한다.

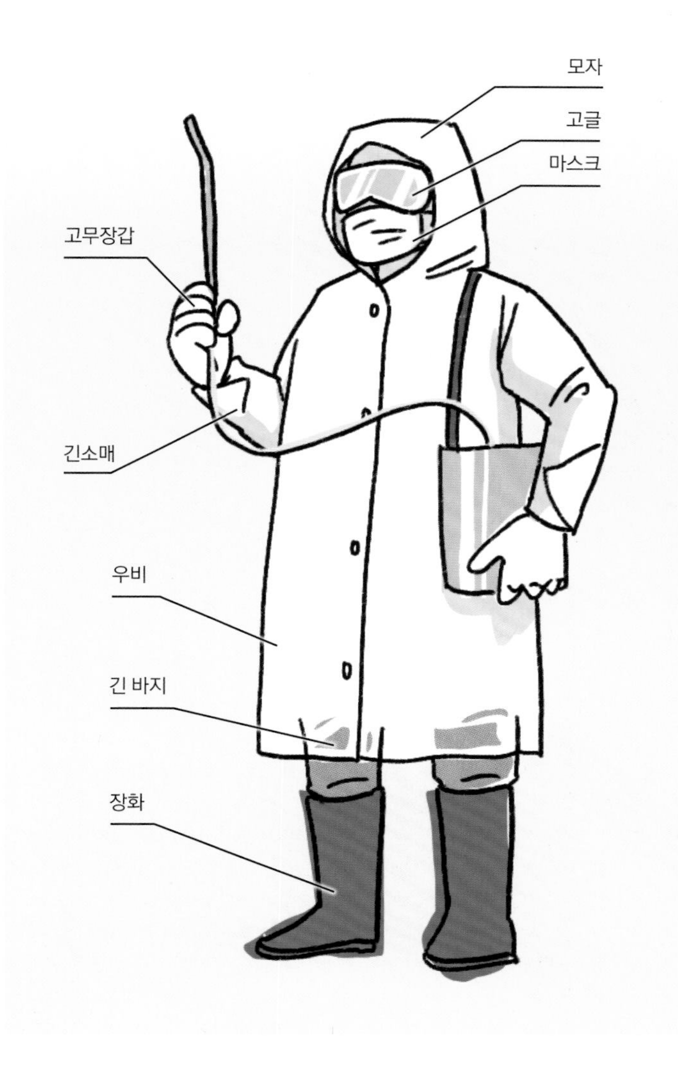

살포

화분에 살포

01 화분 위에서 잎 표면을 향해 살포한다 가지나 줄기에도 빠짐없이 골고루 뿌린다.

02 잎 뒷면도 잊지 말고 살포한다. 화분을 받침대 등에 올려두고 작업하면 편하다.

정원에 살포

약제를 분무기에 넣고 복장을 갖춘다. 바람이 없는 맑은 날, 시원한 시간대에 살포한다.

살포할 때 주의할 점

1 날씨나 바람의 방향에 주의한다

농약이 날아서 흩어지는 것을 막기 위해 바람이 강한 날은 사용하지 않는다. 또한 기온이 높은 시간대에는 농약으로 인한 피해가 생길 수 있으므로 오전 중 또는 저녁에 살포하고, 최대한 짧은 시간에 끝내는 것이 좋다.

2 반드시 바람을 등지고 살포한다

농약을 살포할 때는 먼저 바람의 방향을 알아본 뒤, 바람을 등지고 서서 살포한다. 등으로 바람을 받으면서 처음에는 나무 가까이에서 시작하고, 점점 멀어지면서 살포하면 농약과의 접촉을 최소화할 수 있다.

3 잎 뒷면이나 줄기에도 잊지 않고 살포한다

병해충의 대부분은 햇빛이 닿지 않는 잎 뒷면이나 잎이 무성한 가지와 줄기에 숨어 있다. 이러한 장소는 약제가 닿기 어려운 장소이므로 잊지 말고 골고루 살포한다.

4 컨디션에 따라 진행한다

컨디션이 나쁘거나 수면부족, 음주, 임신 중, 피부에 상처가 있을 때는 살포작업을 하지 않는다. 또한 살포 할 때 몸에 이상이 느껴지면 즉시 중지한다. 살포 후에는 손을 깨끗이 씻고 입안을 잘 헹궈낸다.

과일나무 재배 도구

모종삽이나 화분은 쉽게 구입할 수 있지만 오래 사용하는 것이므로, 제대로 된 물건을 선택하는 것이 중요하다. 가지치기 가위는 원예용으로 질이 좋은 제품을 구입하면, 손질만 잘하면 오랜 기간 사용할 수 있다.

가지치기 가위

선택
가위는 가지를 자르는 용도로 날의 폭이 넓은 것과, 새가지를 깎거나 과일 수확에 사용하는 날 끝이 가는 것으로 2개를 준비한다. 두께 2㎝ 정도의 가지는 가지치기 가위로 자르고 그 이상은 톱으로 자른다.

사용
가지치기 가위의 구부러진 부분으로 자르는데, 폭이 좁은 날은 가지에 대서 받치고 폭이 넓은 날로 잘라낸다.

손질
사용한 뒤에는 물로 씻고(병해충 예방을 위해) 물기를 잘 닦아서 말린다. 가지치기 가위를 갈 때는 가위를 닫은 상태로 한쪽 날의 곡선을 따라서 간다. 스스로 하기 힘든 경우에는 전문가에게 정기적으로 의뢰한다. 잘 안 잘리는 가위를 사용하면 작업효율이 떨어질 뿐 아니라 생각지도 못한 부상의 원인이 된다. 날에 눌어붙은 수액을 제거하기만 해도 가위가 잘 든다.

가지치기 톱

선택
가지치기 톱은 톱니의 폭이 넓어서 자른 찌꺼기가 끼기 쉽다. 잘 잘리는 것도 중요하지만 무엇보다 중요한 것은 가벼워야 한다. 양날은 다른 가지에 상처를 낼 수 있으니 외날을 사용한다.

사용
초보자는 가지치기 가위로 전부 해결하려고 하지만, 지름 2㎝ 이상의 가지는 톱을 사용하는 것이 좋다. 도구를 적절히 사용하면 노력과 시간을 절약할 수 있다.

손질
굵은 가지를 잘라내면 톱니 표면에 지저분한 것이 달라붙는다. 이를 방치하면 다음에 사용할 때 잘 안 잘라지므로, 지저분해진 톱은 따뜻한 물로 깨끗이 씻는다. 마지막에 뜨거운 물을 부으면 그것만으로도 수분이 증발해서 녹슬지 않는다. 천으로 닦아내면 오히려 물기가 남기 쉬우므로 주의한다.

사다리

선택
과일나무를 손질, 수확할 때 있으면 편리하다. 이동하는 경우가 많으니 가벼운 알루미늄 합금 제품이 좋다. 높이는 1.8m 정도면 충분하다. 이 높이에서 관리 가능한 범위로 나무키를 관리한다.

사용
작업 중에 사다리 다리가 미끄러지지 않도록 반드시 체인이나 끈을 걸어둔다. 꼭대기에는 올라가지 않고, 사다리 좌우에 다리를 걸치고 안정된 자세로 사용한다. 경사지에서 일반 사다리를 사용하는 경우에는 불안정하므로 발판을 잘 확인한다.

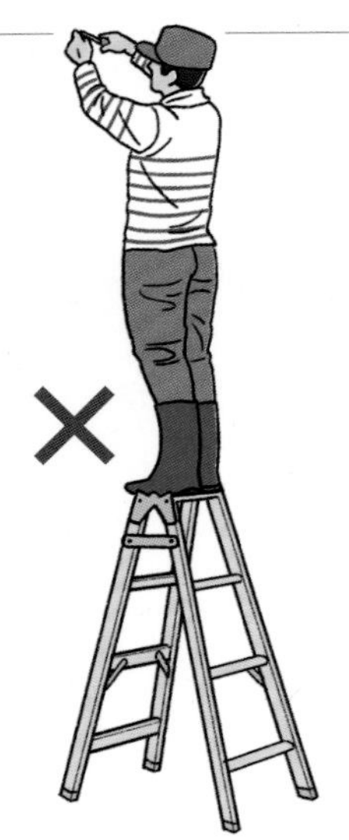

받침대

울타리를 만들거나 묘목을 받쳐주고 유인할 때 사용한다.

화분

심는 식물에 따라 알맞은 크기를 선택한다. 플라스틱, 도기, 나무 제품 등이 있다.

끈

가지를 유인할 때 사용한다. 마직끈이나 밧줄 등을 목적에 맞게 선택한다.

삽

나무를 심을 때 필요한 도구. 용토를 섞을 때도 편리하다.

모종삽

컨테이너 재배의 필수품. 사용하기 편한 것을 선택한다.

원통형 모종삽

손잡이가 없는 원통형 모종삽은 화분에 흙을 넣을 때 사용하면 편리하다.

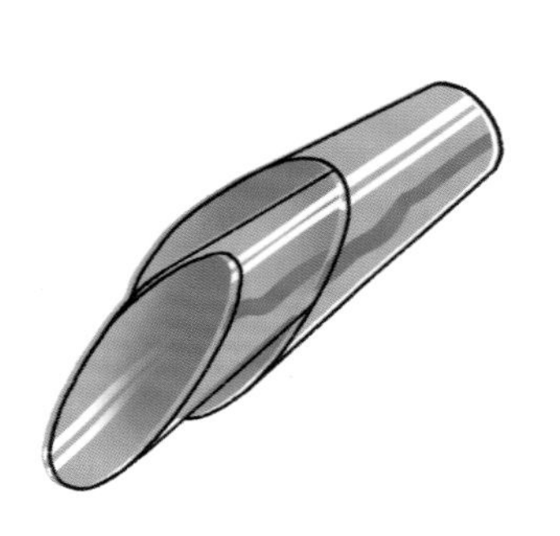

일륜차

가지치기한 가지나 낙엽, 용토를 운반할 때 사용한다.

체

고운 흙을 걸러내거나, 흙을 재생할 때 뿌리 등을 제거하기 위해 사용한다.

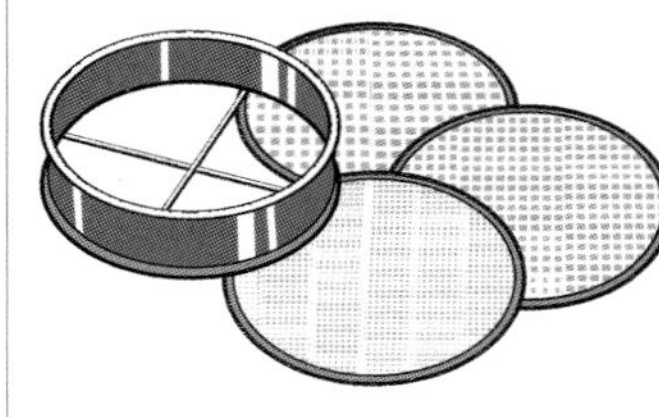

갈퀴

낙엽이나 가지치기한 가지를 모을 때 사용하면 편리하다.

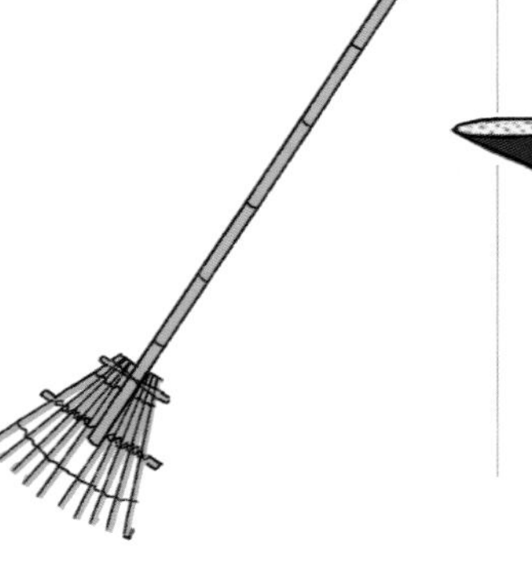

물뿌리개

물이 많이 들어가고 노즐을 떼어낼 수 있는 것이 사용하기 편하다.

용어 가이드

3대 영양소
식물의 생육이나 열매를 맺는 데 가장 중요한 3가지 영양소인 질소, 인산, 칼륨.

ㄱ

가을거름
다음 해를 위해 꽃눈이 생긴 뒤에 주는 비료. 꽃이나 열매를 맺기 위해 양분을 다 써버린 나무에 양분을 공급해서 저장하게 한다. 속효성 화성비료를 많이 준다. 감사비료라고도 한다.

가지고르기(정지)
가지치기나 유인을 통해 나무모양을 정리하는 것.

가지치기(전정)
가지를 잘라내는 것. 가지를 끝에서 잘라 작은 가지가 나오게 하거나 약한 가지를 회복시키기 위해서 하는 「자름 가지치기」와, 무거운 가지나 지나치게 자란 가지를 밑동에서 완전히 잘라내어 햇빛이 잘 들고 바람이 잘 통하게 하는 「솎음 가지치기」가 있다.

갈잎나무
1년에 1번 가을~겨울에 잎이 떨어지는 나무.

겨드랑눈(액아)
가지 옆면에 달리는 눈. 측아라고도 한다.

겨울비료(한비)
겨울 휴면기간 중에 주는 비료. 생육이 왕성해지는 봄을 준비하기 위한 비료로, 기름을 짜낸 찌꺼기(깻묵)나 골분 등 흙 속에서 분해되어 흡수되는 비료를 사용한다.

겹눈(복아)
하나의 잎겨드랑이에서 둘 이상의 눈이 나온 것.

곁가지(측지)
원가지나 버금가지에서 자라 열매가지 등이 나오는 가지. 수년마다 갱신하는 경우가 많다.

과습
물이나 습기가 지나치게 많은 것.

관아
파인애플처럼 열매의 끝에 달리는 눈.

균근균
특정 식물의 뿌리에서 공생하는 균.

근역제한재배
두꺼운 비닐이나 뿌리를 통과시키지 않고 썩지 않는 부직포 자루, 콘크리트 블록 등으로 뿌리가 뻗어나가는 것을 제한하면서 재배하는 것. 근역제한을 하면 나무가 크게 자라는 것을 방지할 수 있다.

긴열매가지(장과지)
→ 열매가지

꺾꽂이(삽목)
식물의 가지, 줄기, 잎 따위를 자르거나 꺾어서 흙 속에 꽂아 뿌리내리게 하는 번식방법. 무화과나 블루베리 등에 사용한다.

꺾꽂이모(삽수)
꺾꽂이에 쓰이는 줄기, 뿌리, 잎.

꽃눈(화아)
성장해서 꽃이 되는 눈.

꽃덩이짧은열매가지(화속상단과지)
짧은열매가지가 다발을 이룬 것.

꽃밥
수술의 일부분으로 꽃가루를 만드는 기관.

꽃봉오리솎기(적뢰)
꽃봉오리가 너무 많이 달렸을 때 꽃봉오리를 솎아내서 수를 조절하는 것. 열매가 튼실해진다.

꽃송이(화방)
꽃이 모여서 달려 있는 것.

끝꽃눈(정화아)
가지 끝에 달린 꽃눈.

끝눈(정아)
가지 끝에 달린 눈.

ㄴ

나무자람새(수세)
나무가 자라나는 기세.

노지 재배
화분 등을 사용하지 않고 직접 땅에 심어서 재배하는 것.

눈솎기(적아)
필요 없는 눈을 제거하는 것.

늘푸른나무(상록수)
1년 내내 낙엽기가 없는 나무. 과일나무 중에는 감귤류나 페이조아 등이 있다.

ㄷ

다른 꽃가루받이(타가수분)
다른 품종의 꽃가루로 꽃가루받이를 하는 것. 반대말 제꽃가루받이.

단위결과성
꽃가루받이와 수정을 하지 않고 열매를 맺는 성질. 무화과나 온주밀감 등에서 나타난다. 꽃가루받이를 하지 않으므로 열매에 씨앗이 없다.

동화양분
외부에서 섭취한 에너지원을 자체의 고유한 양분으로 변화시킨 것.

ㅁ

만생종
수확 시기가 그 과일의 평균보다 늦은 품종.

멀칭(Mulching)
흙 표면을 시트나 짚 등으로 덮어주는 것. 흙이 건조해지거나 잡초가 번식하는 것을 막아준다.

무기질비료
무기물로 만든 비료. 대부분 속효성이다.

묵은가지꺾꽂이(숙지삽)
잎이 떨어진 휴면지를 꺾꽂이모로 사용하는 꺾꽂이.

물거름(액비)
액체 상태의 비료. 원액을 그대로 사용하거나 희석해서 사용한다.

물집
묘목 주변에 흙을 둑처럼 쌓은 것. 묘목을 심은 뒤에 만들고 그 안에 물을 준다.

밑거름(기비)
심기 전에 흙에 섞어두는 비료. 봄 생육 전 연간 비료량의 70~80%를 주는 중요한 비료이다.

ㅂ

바탕나무(대목)
접붙이기의 바탕이 되는 나무. 바탕나무의 성질을 이용하여 사과나 앵두 나무를 작게 만들기도 한다.

박피역접
원가지나 원가지 아래쪽에서 나무껍질의 일부를 벗겨 위아래를 거꾸로 돌려서 붙이는 접붙이기 방법. 이렇게 하면 잎에서 만들어진 양분이 뿌리로 잘 이동하지 못하기 때문에, 나무자람새가 약해져서 꽃눈이 빨리 달린다.

반음지
하루 중 몇 시간만 햇빛이 드는 곳. 또는 엷은 햇살이 비치는 곳.

발육지
1년생 가지 중 가지나 잎의 생육이 강해서 열매가 달리지 않는 가지.

방화곤충
꿀벌처럼 꽃을 찾아오는 곤충. 꽃가루받이를 위해서 방화곤충이 반드시 필요하다.

배수용 돌
물이 잘 빠지도록 흙에 섞거나 화분 바닥에 까는 입자가 큰 돌.

배수용 흙
지름 7~10㎝ 이상의 입자가 큰 흙. 화분 바닥에 깐다.

배합비료
3대 영양소 중 1가지 성분만 함유한 비료를 단순히 혼합한 것.

버금가지
원가지에서 갈라진 두 번째로 굵은 가지.

병충해
식물의 생육에 나쁜 영향을 미치는 병이나 곤충으로 인한 피해.

봉지씌우기
열매의 겉모습을 보기 좋게 만들거나 병충해 등에서 보호하기 위해, 생육 중인 열매에 봉지를 씌우는 것.

부름켜(형성층)
세포 분열이 왕성하여 식물의 부피 생장을 일으키는 부분.

부엽토
넓은잎나무의 낙엽이나 마른 가지를 부식시킨 것. 유기질이 풍부해서 토양 속 미생물의 움직임을 활발하게 해준다.

부피
감귤류 중에서 특히 온주밀감 등의 비교적 껍질이 얇은 품종에 성숙기 또는 저장 중에 나타나는 생리장해의 하나로, 과일 껍질과 과육 사이에 틈이 생기는 현상.

비료주기(시비)
비료를 주는 것.

뿌리분
뿌리부분에 화분 모양으로 흙이 붙어 있는 상태.

뿌리썩음
물을 너무 많이 주거나 해서 뿌리가 썩는 것.

뿌리참(Pot Boundness)
화분 등에서 뿌리가 많이 자라서 화분이 가득 찬 것.

ㅅ

사계성
레몬이나 금귤 등과 같이 1년 동안 수차례 꽃을 피우고 열매를 맺는 성질.

사커
지하줄기에서 자란 새가지. 블루베리, 까치밥나무 종류, 나무딸기 종류 등에 많이 발생한다.

산성도
토양의 산성 강도. 산도측정기 등으로 측정한다. 산성도가 너무 강할 경우 석회질 비료 등으로 토양을 개량한다.

새가지(신초)
그 해 봄부터 자라기 시작한 가지.

새가지꺾꽂이(녹지삽)
그 해에 자라서 연하고 부드러운 새가지를 꺾꽂이모로 사용하는 꺾꽂이.

생리적 낙과
열매가 발육 도중 자연적으로 떨어지는 것. 일조량이나 기온 등의 환경조건, 나무의 영양상태 등이 원인이다.

솎음 가지치기
→ 가지치기

순정꽃눈
꽃눈 중 성장해서 꽃만 만드는 눈.

순지르기
겨드랑눈을 만들거나 가지가 지나치게 자라는 것을 억제하기 위해 가지 끝을 자르는 것.

슈트
새가지. 가지의 눈에서 나오는 경우뿐 아니라, 지면 가까이의 밑동에서 나오는 경우도 있다.

씨모(실생묘)
씨앗을 뿌려서 키운 묘목. 열매 맺기까지 시간이 오래 걸린다.

씨방(자방)
속씨식물의 암술대 밑에 붙은 통통한 주머니 모양의 부분. 대부분의 식물은 씨방이 비대해져서 열매가 된다.

ㅇ

알비료
깻묵이나 깻묵에 골분 등을 섞어서 엄지손가락 정도로 둥글게 만든 비료.

암수딴그루(자웅이주)
수술을 가진 나무와 암술을 가진 나무가 다른 식물. 열매를 맺기 위해서는 암나무와 수나무가 모두 필요하다.

암수딴꽃(자웅이화)
암술과 수술이 서로 다른 꽃봉오리에 있어서 암꽃과 수꽃의 구별이 있는 꽃.

얕은 뿌리성(천근성)
작물의 뿌리가 지표면에 가까운 토양에 분포하는 성질.

열매가지(결과지)
열매가 달리는 가지. 길이에 따라 긴열매가지(장과지), 중간열매가지(중과지), 짧은열매가지(단가지)라고 한다.

열매꼭지(과경)
가지에서 나와서 열매가 달린 부분. 과병이라고도 한다.

열매맺음(결실)
식물이 열매를 맺는 것. 결과라고도 한다.

열매솎기(적과)
튼실한 열매를 얻기 위해 어린 열매를 솎아내서 열매 수를 제한하는 것.

열매송이(과방)
열매가 모여서 달려 있는 것.

열매어미가지
열매가지가 달린 가지를 말하는데 일반적으로 열매가지보다 1년 더 묵은 가지.

열매터짐(열과)
열매가 생리적인 원인, 병충해, 또는 물리적 요인에 의해 갈라지는 것. 과일 껍질만 얇게 갈라지는 경우도 있으며, 과육까지 길게 갈라지는 경우도 있다.

왜성
나무키가 낮은 성질. 왜성대목을 사용하여 나무키가 높은 나무를 아담하게 만들기도 한다.

움돋이
나무 아래쪽이나 그 주변에서 나오는 어린 눈(=사커).

웃거름(추비)
식물의 생장에 맞춰서 주는 비료.

웃자람가지(도장지)
강한 기세로 지나치게 길게 자란 가지. 대부분 열매를 맺지 못하므로 밑동에서 잘라낸다.

원가지(주지)
원줄기에서 나와 나무모양을 결정하는 가지.

원줄기 순지르기
중심이 되는 줄기를 잘라서 곁가지가 자라게 하는 방법.

원줄기(주간)
나무의 줄기. 특히 수직인 부분을 가리킨다.

유기질비료
유기물로 만든 비료. 대부분 지효성으로 토양 개량에도 사용한다.

유인
받침대 등을 사용하여 가지나 덩굴을 일정한 방향으로 유인하는 것.

인공꽃가루받이
사람 손으로 꽃가루받이를 시키는 것. 제꽃가루받이하는 나무도 인공꽃가루받이를 해주면 열매가 잘 달린다.

잎겨드랑이(엽액)
잎이 가지에 붙는 부분으로 눈이 달리는 곳.

잎눈(엽아)
성장해서 가지나 잎이 되는 눈.

잎타기(엽소)
더운 여름에 수분 증산작용에 의해 잎이 시들거나, 직사광선에 의해 잎이 부분적으로 마르는 것.

ㅈ

자가불친화성
한 나무에 암꽃과 수꽃이 모두 있어도 같은 품종의 꽃가루로는 수분이 되지 않는 성질. 자가불결실성이라고도 한다.

자가결실성
자신의 꽃가루로 열매를 맺는 성질.

적옥토
적토를 건조시켜서 대립, 중립, 소립, 세립으로 나눈 용토. 통기성, 보수성, 배수성이 뛰어나 만능 용토로 컨테이너 재배에 사용한다.

접붙이기(접목)
어떤 나무의 가지나 눈을 잘라서 뿌리를 갖고 있는 다른 나무에 붙이는 번식방법. 대부분의 과일나무에 사용되고 꽃가루받이나 공간 절약을 위해 여러 가지 품종을 접붙이기도 한다.

접수
접붙이기에서 접붙이는 쪽의 가지.

제꽃가루받이(자가수분)
자신의 꽃가루로 꽃가루받이를 하는 것. 반대말 타가수분.

조생종
수확 시기가 그 열매의 평균보다 빠른 품종.

지베렐린 처리
식물 호르몬의 일종인 지베렐린을 사용하여 열매의 비대를 촉진시키는 등, 작물의 수확량 증가나 품질 개량을 위한 처리 방법. 포도 등에 사용한다.

짧은열매가지(단과지)
→ 열매가지

ㅊ

충매
곤충이 꽃가루를 운반해서 꽃가루받이를 하는 것. 대부분의 과일나무는 충매로 꽃가루받이를 하지만, 곤충이 적은 도시나 실내재배에서는 인공꽃가루받이가 필요하다.

측과
하나의 열매송이에 붙어 있는 열매 중 옆면에 붙어 있는 작은 열매.

측뢰
1개의 꽃송이에 붙어 있는 꽃봉오리 중 옆면에 붙어 있는 작은 꽃봉오리.

측아

가지 옆면에 붙어 있는 눈. 겨드랑눈(액아)이라고도 한다.

ㅌ

타가불친화성

같은 품종의 꽃가루로는 수정이 이루어지지 않으며, 다른 품종이라도 품종에 따라 유전적 요인으로 열매를 맺지 않는 현상.

토양개량

작물 재배에 알맞게 흙을 개량하는 일.

퇴비

낙엽, 볏짚, 계분 등을 발효시킨 유기질비료. 밑거름으로 사용한다.

트렐리스

격자형으로 된 받침대나 벽 등의 구조물. 덩굴성 식물을 유인하거나 행잉바스켓을 장식하기도 한다.

ㅍ

퍼짐성(개장성)

가지가 좌우로 벌어지면서 자라는 성질.

평행지

가까운 위치에서 평행하게 난 가지. 가지나 잎이 지나치게 복잡해지는 원인이 된다. 균형을 맞춰서 1~2개만 남기고 밑동에서 자르는 것이 기본이다.

포복성

덩굴이 지면을 기듯이 자라는 성질.

풍매

꽃가루가 바람을 타고 날아가서 꽃가루받이를 하는 것.

피트모스

물이끼나 고사리가 발효된 산성이 강한 토양. 블루베리 등에 사용한다.

ㅎ

해거리(격년결과)

열매가 많이 달리는 해와 그렇지 않은 해가 번갈아 나타나는 현상. 감귤류 등에 많이 나타난다.

혼합꽃눈

꽃눈 중에 성장해서 가지, 잎, 꽃을 만드는 눈.

화산회토

화산재 등이 바람에 날려 지표나 수중에 퇴적하여 생긴 토양. 한국에서는 제주도에 주로 분포한다.

화성비료

화학적인 방법으로 만든 비료로 3대 영양소 중 2가지 성분 이상 함유된 것.

화학비료

화학적인 방법으로 만든 비료로 3대 영양소 중 1가지 성분만 함유된 것.

환상박피

과일나무를 가꿀 때 열매가 잘 달리도록 굵은 나뭇가지의 겉껍질을 둥글게 벗겨 내는 것. 꺾꽂이할 때도 사용하는 방법이다.

활착

접붙이기나 옮겨심기를 한 식물이 건강하게 뿌리를 내리고 성장을 시작하는 것.

후숙

수확한 뒤에 열매를 더 숙성시키는 것.

휴면기

식물이 일시적으로 생육을 정지하는 기간. 겨울의 심한 추위나 여름의 더위 등 생육에 적합하지 않은 환경에서 일어난다.

흡아

식물체의 지하부 또는 아래쪽 잎겨드랑이에서 나오는 눈. 파인애플 등의 번식 기관으로 쓰며, 15~17개월이면 과일을 수확할 수 있어서 많이 이용한다. 바나나의 경우에는 지하의 알줄기에서 나온다.

INDEX

ㄱ

ㄴ·ㄷ·ㄹ

ㅁ

ㅂ

ㅅ

ㅇ

ㅈ

ㅊ

ㅍ·ㅎ

감수 고바야시 미키오[小林 幹夫]

1955년생. 게이센여학원대학 인간사회학부 사회원예학과 교수. 전문은 과수원예학. 특히 블루베리, 라즈베리, 블랙베리 등 베리류(소과수류)에 조예가 깊다. 주요 감수도서로『길러서 맛보는 베리_ 기초』,『맛있는 과수 재배방법』, 공저로『가정에서 즐기는 과수재배』등이 있다.

옮김 김현정

동아대학교 원예학과를 졸업하고 일본 니가타 국립대학 원예학 석사·박사 취득. 건국대학교 원예학과 박사 후 연구원, 학부 및 대학원 강사를 거쳐 부산 경상대 플로리스트학과 겸임교수, 인천문예전문학교 식공간연출학부 플라워디자인과 교수 역임. 현재 (사)푸르네정원문화센터 센터장.

내 손으로 직접 수확하는

과수[果樹]

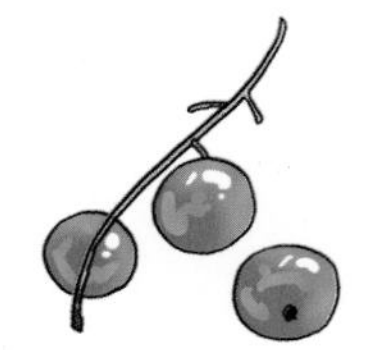

펴낸이 | 유재영
펴낸곳 | 그린홈
감 수 | 고바야시 미키오
옮긴이 | 김현정

기 획 | 이화진
편 집 | 박선희
표지디자인 | 임수미
디자인 | 정민애

1판 1쇄 | 2019년 9월 10일
1판 4쇄 | 2023년 7월 31일
출판등록 | 1987년 11월 27일 제10-149

ISBN 978-89-7190-683-5 13590

주소 | 04083 서울 마포구 토정로 53(합정동)
전화 | 324-6130, 324-6131 · 팩스 | 324-6135
E-메일 | dhsbook@hanmail.net
홈페이지 | www.donghaksa.co.kr, www.green-home.co.kr
페이스북 | www.facebook.com/greenhomecook

- 이 책은 실로 꿰맨 사철제본으로 튼튼합니다.
- 잘못된 책은 구매처에서 교환하시고, 출판사 교환이 필요할 경우에는 사유를 적어 도서와 함께 위의 주소로 보내주세요.
- 이 책의 내용과 사진의 저작권 문의는 주식회사 동학사(그린홈)로 해주십시오.